POLITEXT 181

Selección de materiales en el diseño de máquinas

POLITEXT

Carles Riba Romeva

Selección de materiales en el diseño de máquinas

EDICIONS UPC

Primera edición: enero de 2008
Reimpresión: junio de 2010

Diseño de la cubierta: Manuel Andreu

©   Carles Riba Romeva, 2008

©   Edicions UPC, 2008
       Edicions de la Universitat Politècnica de Catalunya, SL
       Jordi Girona Salgado 31, Edifici Torre Girona, D-203, 08034 Barcelona
       Tel.: 934 015 885   Fax: 934 054 101
       Edicions Virtuals: www.edicionsupc.es
       E-mail: edicions-upc@upc.edu

Producción: LIGHTNING SOURCE

Depósito legal: B-4574-2008
ISBN: 978-84-8301-738-8

Presentación

Una de las actividades más apasionantes, y a menudo más complejas, de la ingeniería es el proceso de creación, o diseño, de una máquina o un producto a partir de unas funciones y de unas prestaciones previamente especificadas. Constituye una materia pluridisciplinaria que incluye, entre otras, la teoría de máquinas y mecanismos, el cálculo y la simulación, las soluciones constructivas, los accionamientos y su control, la aplicación de materiales, las tecnologías de fabricación, las técnicas de representación, la ergonomía, la seguridad, la consideración de impactos ambientales y el fin de vida, que se integran en forma de un proyecto.

En la versión original en catalán, este texto forma parte de un conjunto de cinco trabajos que tratan el diseño de máquinas desde distintos puntos de vista complementarios (I-Mecanismos; II-Estructura constructiva; III-Accionamientos; IV-Selección de materiales; V-Metodología), cada uno de ellos un con tratamiento autónomo para ser leído o consultado con independencia de los otros.

El objetivo del conjunto de la obra es dar unas orientaciones conceptuales y metodológicas a aquellas personas con formación de nivel universitario que, en algún momento de su actividad profesional, deberán emprender el diseño o la fabricación de una máquina o de algún producto análogo.

Esta versión en castellano del volumen IV trata de la selección de materiales para cada una de las piezas o componentes de un conjunto, una de las tareas más decisivas en el diseño de máquinas. Su contenido se reparte en cuatro partes: el capítulo 1 trata sobre criterios de selección (cualitativos y cuantitativos), el capítulo 2 trata de los aceros y fundiciones, el capítulo 3 trata de los metales no férricos (entre otras, las aleaciones de aluminio y cobre), y el capítulo 4 trata de los materiales no metálicos (plásticos, elastómeros, materiales compuestos y cerámicas), complementados en esta nueva edición por unos anexos de ejercicios y de normativa.

Durante los últimos 50 años, el diseñador de máquinas ha visto aumentar de forma decisiva la disponibilidad de materiales, no tan sólo con la mejora de los materiales tradicionales (aceros, fundiciones, bronces y latones), sino también con el desarrollo de los metales ligeros (especialmente del aluminio), de los aceros inoxidables, de una gama creciente y cada vez más técnicas de plásticos y elastómeros, de los materiales compuestos e incluso de las cerámicas técnicas.

A su vez, la selección de materiales ha ido transformándose en una tarea cada vez más compleja, dada la necesidad de evaluar de forma ponderada numerosas propiedades físicas (densidad, características eléctricas, térmicas, ópticas), químicas (resistencia a la corrosión, a las radiaciones), mecánicas (resistencia, rigidez, fatiga, impacto, fluencia, propiedades deslizantes, desgaste) y tecnológicas (precio, fabricabilidad, temperaturas de servicio, deterioros, impactos ambientales).

El objetivo de este texto es doble: proporcionar criterios para la selección de materiales en el diseño de máquinas y, al mismo tiempo, ofrecer una panorámica de los principales materiales usados en esta disciplina, facilitando una estructura común en las tablas de propiedades y resaltando los rasgos más característicos de la aplicación de cada uno de ellos.

El presente texto es una revisión de la primera edición del año 1997 a la luz de las numerosas normas aparecidas en estos últimos 10 años (especialmente las europeas EN). Las tablas se basan fundamentalmente en las normas EN y se ha optado por incorporar unos anexos con las principales equivalencias entre las normas EN, las ISO, las normas americanas, las japonesas y las antiguas normas de los principales países europeos.

En la primera edición de esta obra fueron de gran utilidad las normativas (UNE; EN, aunque pocas; ISO; ASTM; DIN), y la documentación escrita y las informaciones proporcionadas por fabricantes de materiales (Thyssen, Schmidt+Clemens, Du Pont, Hoechst, Bayer, Basf, Cristalería Española), por casas comerciales suministradoras (Urssa, Ausa, Rovalma, Hastinik, Alumafel, Coasol, Macla, Posa), por empresas transformadoras (Fundiciones de Roda, Ames, Industrias Plásticas Trilla, Gates-Vulca) y por empresas fabricantes de maquinaria y producto (Girbau, Derbi, Construcciones Margarit, Ros Roca), especialmente en lo que se refiere a la selección de materiales incluidos en las tablas y a las recomendaciones para su uso. En esta segunda edición, además de las normas (fundamentalmente EN, ahora mucho más desarrollada, e ISO) y la consulta de nuevas empresas (Tratamientos Térmicos Carreras, Molfisa), se ha obtenido un gran volumen de información directamente de internet (Arcelor-Mittal, ThyssenKrupp, Corus, Salzgitter, USS, Euralliage, AluSelect, Kuperinstitut, International Zinc Assotiation, Key-to-Metals, OTUA, eFunda, IDES, Campus, MatWeb, Maryland Metrics y Global Spec entre otras).

Quiero agradecer las opiniones y criterios de muchos profesores compañeros de la Universitat Politècnica de Catalunya, especialmente de los Departamentos de Ingeniería Mecánica (Josep Fenollosa Coral, Adrià Candaló Cháfer, Albert Fortuny Garcia y Jordi Martínez Miralles), Ingeniería Química (Josep M. Fernández Santin) e Ingeniería de Materiales (José Manuel Prado Pozuelo, Antoni Martínez Benasat, Jordi Tartera Barrabeig, Antonio Herrero Palomo y Maria Lluïsa Maspoch Ruldua) de la Escola Tècnica Superior d'Enginyeria Industrial de Barcelona, así como el intercambio diario con los numerosos colaboradores del Centre de Disseny d'Equips Industrials de la Universitat Politècnica de Catalunya, CDEI-UPC, que dirijo y, de forma destacada con Carles Domènech Mestres, Sònia Llorens Cervera, Judit Coll Raïch, Huáscar Paz Bernales, Elena Blanco Romero y Andreu Presas Renom.

En la elaboración de la primera edición de la obra colaboraron Oriol Adelantado Nogué, siguiendo las vicisitudes de los trabajos desde el inicio, y Guillermo de Miguel Gambús, realizando las figuras. En esta segunda edición revisada ha colaborado Jordi Fabra Sales en la búsqueda de información y la elaboración de tablas y, en la traducción al castellano, han intervenido, además del propio autor, Valentina Kallewaard E., David Cortés Saenz, David Martínez Verdú y Jordi Fabra Sales.

Finalmente, quisiera agradecer nuevamente el apoyo y comprensión que han mostrado mi esposa Mercè Renom Pulit y mis hijas e hijos Martina, Nolasc y Joana.

ÍNDICE

1 Criterios de selección

1.1 Introducción

1.1.1 Carácter concurrente

La selección del material para las distintas piezas o componentes de un conjunto mecánico es una de las decisiones centrales del proceso de diseño de una máquina. A continuación se establecen diversas consideraciones generales sobre esta actividad.

Ciclo de vida

Respuesta a la función

El material elegido debe responder a las exigencias de la función de la pieza o componente. Este aspecto está íntimamente relacionado con sus características físicas (densidad, propiedades ópticas, térmicas y eléctricas) y mecánicas (resistencia mecánica, rigidez, propiedades deslizantes). Debe tenerse en cuenta el aspecto concurrente ya dentro de la misma función: por ejemplo, aunque sea muy caro, la selección de un material de propiedades elevadas para un elemento muy solicitado (un engranaje, un árbol) puede repercutir favorablemente en el peso y dimensiones del conjunto de la máquina.

Conformación y fabricación

La selección del material no puede desligarse del método de conformado y del proceso de fabricación de la pieza o componente. En efecto, aunque un material posea las propiedades requeridas para realizar una función, debe prestarse al método de elaboración deseado (o disponible) con un coste razonable.

Coste y suministro

Entre materiales candidatos equivalentes, el coste y las condiciones de suministro (productos semielaborados, regularidad en las propiedades, disponibilidad, lotes mínimos) son determinantes en la selección del material.

Relación con el usuario

Aspecto que cada día adquiere mayor importancia en la selección del material: facilidad para dar formas, colores y texturas atractivas, tacto amigable, sensación de solidez o de ligereza. Deben considerarse los costes asociados a las operaciones de acabado.

Facilidad de reciclaje

Es el último de los condicionantes de carácter concurrente que hay que incorporar en la selección del material: debe ser reciclable, tanto por imposición legal como por la creciente sensibilidad ciudadana. Este es el motivo de muchas decisiones de cambios de materiales y también en relación a su tratamiento (por ejemplo, las mezclas suelen ser más difíciles de reciclar).

Grado de innovación

Ante la selección de materiales para un determinado producto, el diseñador de máquinas puede orientarse hacia soluciones experimentadas o hacia soluciones innovadoras. La recomendación podría ser la siguiente:

Soluciones experimentadas

En general conviene analizar los materiales usados en soluciones experimentadas (la selección de materiales exige la consideración de un gran número de variables de difícil evaluación). Así pues, una solución prudente es basarse en aplicaciones experimentadas y materiales usuales.

Soluciones innovadoras

Cuando cambian las situaciones (nuevos requerimientos, nuevos materiales o nuevas relaciones de precios), la selección de los materiales adquiere toda su capacidad transformadora. A menudo, una máquina o un producto devienen competitivos gracias a la aplicación innovadora de un material tradicional o a la introducción de un nuevo material.

Características y propiedades de los materiales

Dos de los aspectos más importantes en la tarea de selección de materiales en el diseño de máquinas son disponer de una buena información de base sobre las características y propiedades de los materiales, así como de herramientas para procesar e interpretar esta información.

Organización de los datos sobre propiedades de los materiales

A pesar del gran volumen de información disponible sobre propiedades de los materiales, pocos textos las presentan de forma sistematizada y coherente, orientada a la fase inicial de selección (la mayoría de bases de datos, generalmente muy especializadas, suelen ser útiles en la fase final de selección). Para posibilitar las comparaciones entre materiales, las propiedades cuantificables deben obtenerse mediante metodologías y unidades coherentes, y las características no cuantificables (a menudo olvidadas) deben evaluarse con baremos de fácil interpretación. Este es uno de los retos asumidos en este texto.

Cuantificación de la selección de materiales

Las clasificaciones de materiales según una propiedad individual (resistencia a la tracción, conductividad eléctrica, transmisividad óptica) dan unos primeros criterios de selección. Sin embargo, cuando se cuantifica la influencia combinada de varias propiedades (resistencia por unidad de masa, conductividad eléctrica por unidad de coste; denominadas en este texto *magnitudes características*, sección 1.5), se obtiene una visión cuantitativa más profunda y a la vez más ajustada para una aplicación determinada.

1.1.2 Los materiales en el diseño de máquinas

Los materiales disponibles en ingeniería son muy numerosos y se distinguen fundamentalmente por su composición química, su estado (sólido, líquido, gas), su estructura (cristalina, amorfa), sus distintas fases, sus impurezas y la distribución de estos componentes. El diseño de máquinas se interesa fundamentalmente por los materiales sólidos que realizan funciones estructurales (soportar adecuadamente las tensiones y experimentar deformaciones controladas), funciones de guiado (deslizamiento y adherencia, resistencia a la abrasión) y otras funciones (contención de líquidos, protección, aspectos estéticos y relación con el usuario).

Tabla 1.1 **Cuadro comparativo de materiales de las principales familias**

		Materiales metálicos			Materiales basados en polímeros	
		Acero	Aluminio	Latón	Termo-plástico	Elastómero
		C45E	AlMg0,7Si T6	CuZn30 R480	PE-HD	NR
Composición química	Unidades					
Aluminio	%	-	Resto	≤0,02	-	-
Carbono C	%	0,42÷0,50	-	-	-	-
Cobre Cu	%	-	≤0,10	Resto	-	-
Hierro Fe	%	Resto	≤0,35	-	-	-
Magnesio Mg	%	-	0,45÷0,90	-	-	-
Silicio Si	%	-	0,20÷0,60	-	-	-
Cinc Zn	%	-	≤0,10	29,0÷31,0	-	-
Propiedades físicas	Unidades					
Densidad	Mg/m^3	7,85	2,70	8,53	0,94÷0,96	0,93
Coeficiente dilatación	μm/m·K	12,0	23,5	19,9	200	216
Calor específico	J/kg·K	440	898	375	2100÷2700	2500
Conductividad térmica	W/m·K	50	201	120	0,38÷0,51	0,165
Resistividad eléctrica	Ω·m	$150 \cdot 10^{-9}$	$33,2 \cdot 10^{-9}$	$62 \cdot 10^{-9}$	$>10^{15}$	$10^{13} \div 10^{15}$
Propiedades mecánicas	Unidades					
Resistencia tracción	MPa	≥620/560	≥245	≥480	18÷35	20÷28
Límite elástico	MPa	≥340/275	≥170	≥430	-	-
Alargamiento rotura	%	≥14/16	≥10	≥2	100÷1000	300÷900
Módulo de elasticidad	GPa	210	69,5	110	0,7÷1,4	0,001÷0,010
Dureza	HB	207	75	150	40÷65[1]	30÷95[2]
Propiedad. tecnológicas	Unidades					
Coste	€/kg	0,87	4,20	3,80	1,15	1,60
Temperatura de fusión	°C	1520	615÷655	915÷955	160÷200	-
Temp. máxima de uso	°C	450	100÷150	300	70÷80	70÷90

[1] Dureza a la bola (MPa)
[2] Dureza IRHD (≈ Shore A)

El objetivo de este texto no incluye los materiales destinados a aplicaciones eléctricas o magnéticas (conductores, semiconductores, imanes), ópticas (lentes) o térmicas (resistencias, aislantes, refractarios), pero sí la consideración de estas propiedades en cuanto aparecen indisolublemente ligadas a las funciones de las máquinas o productos (rotor de un motor eléctrico, parabrisa de motocicleta, disipación de calor en un motor térmico, cojinete de deslizamiento).

La clasificación más usual agrupa los materiales en *metales*, *polímeros* y *cerámicas*. Las dos primeras familias constituyen el grueso de los materiales utilizados en ingeniería mecánica (se les dedica la mayor parte de este texto), mientras que las cerámicas, a pesar de ciertas propiedades interesantes, hoy día aún presentan un uso muy limitado en este campo (Sección 4.5).

Metales

Se basan en una red cristalina regular de un único elemento metálico, en la que pueden mezclarse cantidades variables de uno o más metales distintos u otros compuestos (aleaciones). El enlace metálico se caracteriza por no fijar los electrones a ningún átomo en concreto, de lo que se deriva su buena conductividad eléctrica y térmica. Las propiedades más destacadas de los metales usuales son:

- Densidad relativamente elevada ($1,75 \div 9,00$ Mg/m^3)
- Resistencia mecánica elevada ($50 \div 2500$ MPa)
- Rigidez elevada ($40 \div 240$ GPa)
- Buena ductilidad
- Conductividad eléctrica y térmica elevadas
- Estabilidad química de media a baja

Polímeros

Se basan en macromoléculas orgánicas resultado de la polimerización de uno o más monómeros, con la incorporación de varios tipos de aditivos. Los enlaces son de tipo covalente, lo que no facilita la conductividad eléctrica ni térmica. Los materiales basados en polímeros incluyen los *plásticos*, los *elastómeros* y muchos de los componentes de los *materiales compuestos* (la mayor parte de las matrices y algunas fibras). Las propiedades más destacadas son:

- Densidad baja ($0,85 \div 2,20$ Mg/m^3)
- Resistencia mecánica baja ($1 \div 100$ MPa)
- Rigidez baja o muy baja ($0,001 \div 10$ GPa)
- Buena ductilidad (excepto los plásticos termoestables y elastómeros termoestables)
- Conductividad eléctrica y térmica muy bajas (fuera de excepciones)
- Estabilidad química elevada

Cerámicas

Se basan en compuestos químicos de composición fija formados por metales y no metales. Tienen una gran variedad de composiciones químicas que se reflejan en una gran diversidad de estructuras cristalinas, dado que en general los átomos que forman la red son distintos. Las propiedades más destacadas son:

- Densidad relativamente baja ($2,20 \div 5,60$ Mg/m^3)
- Resistencia mecánica moderadamente elevada ($50 \div 850$ MPa)
- Rigidez muy elevada ($60 \div 460$ GPa)
- Gran fragilidad
- Conductividad eléctrica y térmica bajas
- Estabilidad química muy elevada

1.2 Propiedades físicas

Varias de las propiedades físicas de los materiales son determinantes en su selección para el diseño de máquinas. Las más destacadas son la densidad, las propiedades ópticas, las propiedades térmicas y las propiedades eléctricas y magnéticas.

1.2.1 Densidad

Es una de las propiedades más decisivas en la selección de un material.

Densidad, ρ.
Relación entre la masa y el volumen del material. Su unidad es $Mg/m^3 = g/cm^3$. Se suele medir con métodos basados en el principio de Arquímedes.

Propiedad fundamental de los materiales que incide en varios aspectos del diseño de máquinas: *a*) *peso de las piezas y componentes*, factor que condiciona la facilidad de manipulación (especialmente en aparatos domésticos), la transportabilidad (uno de los factores decisivos en las prestaciones y los consumos de los vehículos) y que repercute sobre las estructuras y edificios que sostienen las máquinas; *b*) *coste* (indirectamente), puesto que éste suele darse por unidad de masa; *c*) *frecuencias propias y velocidades críticas* en los sistemas vibratorios y de rotación, puesto que la densidad determina la masa de las distintas partes. En determinados casos, las densidades elevadas son positivas (contrapeso de una lavadora).

Los materiales más densos son los metales ($1,75 \div 9,00$ Mg/m^3, los más usados en el diseño de máquinas), seguidos de las cerámicas ($2,20 \div 5,60$ Mg/m^3), y los menos densos son los polímeros ($0,85 \div 2,20$ Mg/m^3). La preocupación por aligerar las máquinas y los aparatos ha impulsado, en muchos casos, la sustitución de los metales por plásticos o materiales compuestos.

1.2.2 Propiedades ópticas

Son la respuesta de los materiales a las radiaciones electromagnéticas y, en especial, a la luz visible. La luz incidente en la superficie de un material se reparte entre la fracción (o porcentaje) que se transmite (o atraviesa el material, *transmisividad*), la que se absorbe (o se transforma en energía térmica, *absortividad*) y la que se refleja (o devuelve por el lado de la luz incidente, *reflectividad*).

Según el comportamiento ante la luz, los materiales pueden clasificarse en:

Transparentes
Materiales que transmiten la mayor parte de la luz y permiten la visión de los objetos (absorción y reflexión bajas).

Translúcidos
Materiales que transmiten una parte de la luz de forma difusa, pero no permiten la visión de los objetos del otro lado.

Opacos
Materiales que no transmiten la luz. El color de los objetos opacos se relaciona con la composición de la luz reflejada.

Los materiales transparentes (fundamentalmente los vidrios y determinados polímeros, todos ellos de estructura amorfa) se caracterizan por: *a*) *transmisividad elevada* (generalmente, $80 \div 95\%$); *b*) *índice de refracción, n* (o relación entre las velocidades de la luz en el vacío y en el seno del material; también, relación entre los senos de los ángulos de incidencia y de refracción): valores generalmente comprendidos entre $1,3 \div 2,0$; es una propiedad de interés en aplicaciones ópticas.

1.2.3 Propiedades térmicas

El comportamiento térmico de los materiales, o su respuesta cuando se les aplica calor, constituye uno de los aspectos determinantes en el diseño de máquinas.

Engloba varias propiedades como la dilatación térmica, la capacidad calorífica, la conducción térmica, así como determinadas temperaturas específicas. Las tres primeras propiedades varían con la temperatura y, si no se indica lo contrario, se entiende que son a la temperatura ambiente (20°C).

Dilatación térmica

Propiedad de los materiales de dilatarse cuando aumenta su temperatura; se mide por:

Coeficiente de dilatación lineal, α
Incremento unitario de longitud de una barra del material cuando la temperatura aumenta 1°K (la unidad es μm/m·K).

Coeficiente de dilatación volumétrico, α_v
Incremento unitario de volumen cuando la temperatura aumenta 1°K. En materiales homogéneos, su valor es $\alpha_v = 3 \cdot \alpha$.

La dilatación térmica tiene importantes consecuencias en el diseño de máquinas: *a*) *cambio dimensional* de las piezas cuando varía la temperatura (debe especificarse la temperatura de referencia); *b*) *modificación del juego* en los enlaces entre piezas de distintos materiales al variar la temperatura (juego entre pistón y cilindro en los motores de explosión); *c*) origen de *tensiones térmicas* entre piezas de distintos materiales, unidas (por soldadura, determinadas uniones atornilladas) o rígidamente encajadas (uniones forzadas entre árboles y botones) al variar la temperatura; *d*) Origen de *tensiones internas* en procesos de conformado, con zonas de enfriamiento desigual (materiales moldeados de gruesos desiguales, aleaciones que han sufrido tratamiento térmico, calentamientos localizados en soldaduras).

Los metas y las cerámicas tienen dilataciones térmicas pequeñas (5÷25 μm/m·K), mientras que los polímeros presenten dilataciones térmica mucho mayores (50÷250 μm/m·K), circunstancia que asocia a los primeros a una estabilidad dimensional mayor que a los segundos.

Capacidad calorífica

Los materiales tienen una cierta capacidad para almacenar energía calorífica, propiedad que se mesura a través de la siguiente magnitud:

Calor específico, c (o *capacidad calorífica específica*)
Energía absorbida o cedida por un material, por unidad de masa, al variar 1°K su temperatura. La unidad es J/kg·K.

Los valores del calor específico de los metales son los más bajos (350÷900 J/kg·K para las aleaciones más usuales en el diseño de máquinas), los de las cerámicas son ligeramente superiores (500÷1200 J/kg·K), mientras que los de los polímeros son los más altos (850÷2500 J/kg·K). El calor específico referido al volumen (en lugar de referido a la masa) presenta valores más uniformes (1750÷3750 KJ/m^3·K), siendo los de los metales los más altos y los de los polímeros los más bajos. Un calor específico grande tiene importancia en aplicaciones que exigen una gran inercia térmica (hornos).

Conductividad térmica

Todos los materiales transmiten energía calorífica desde las regiones de temperatura más alta a las de temperatura más baja. Esta propiedad se mide mediante la:

Conductividad térmica
Cociente entre la energía (o flujo) calorífico que atraviesa una unidad de superficie en la unidad de tiempo y la variación (o gradiente) de temperatura por unidad de longitud. La unidad es W/m·K. Generalmente la conductividad térmica y la eléctrica van asociadas.

La conductividad térmica es un parámetro que debe tenerse en cuenta en aquellos sistemas donde son críticos: *a)* *conducción del calor* (por ejemplo: niveladores de temperatura, como planchas térmicas); *b)* *intercambio de calor* (por ejemplo: un intercambiador de calor de un sistema frigorífico); *c)* *disipación de calor* (por ejemplo: un radiador, la culata de un motor de explosión).

Los mejores conductores térmicos son los metales (16÷400 W/m·K), después vienen las cerámicas (1,5÷50 W/m·K) y, en último término, los polímeros (0,10÷0,60 W/m·K). Los metales (especialmente el Cu y Al) se utilizan en aplicaciones que exijan una buena conductividad térmica, mientras que los polímeros y ciertas cerámicas se utilizan como aislantes térmicos o para objetos en contacto con el usuario (sensación de temperamento).

Temperaturas características

Hay varias temperaturas que caracterizan aspectos determinantes del comportamiento de los materiales. En orden creciente, son:

Temperatura de fragilización
Temperatura por debajo de la cual determinados metales y polímeros pierden súbitamente su tenacidad.

Temperatura de transición vítrea, T_g
Temperatura propia de los materiales no cristalinos (vidrios, plásticos y elastómeros), por debajo de la cual experimenten un gran aumento de la rigidez.

Temperatura de fusión, T_m
Temperatura por encima de la cual los materiales cristalinos pierden su consistencia sólida.

Temperatura de descomposición, T_d
Temperatura por encima de la cual los polímeros se degradan químicamente.

Umbral baja / alta temperatura
Valor aproximado de temperatura (entre $T \approx 0,4 \cdot T_m$ y $T \approx 0,65 \cdot T_m$, en ºK) que separa el comportamiento mecánico de *baja temperatura /alta temperatura* en lo que se refiere a la fluencia. En los aceros, esta temperatura de transición se sitúa entre 300÷450 °C; en las aleaciones de aluminio, se sitúa entre 40÷150 °C; y, en los polímeros, por debajo de la temperatura ambiente.

1.2.4 Propiedades eléctricas y magnéticas

Hay numerosas propiedades eléctricas de los materiales que son útiles para varias aplicaciones; sin embargo, en el diseño de máquinas ha parecido conveniente limitar el análisis a tres de ellas: la *conductividad eléctrica*, propia de los metales; las *propiedades dieléctricas*, propias de los polímeros y cerámicas; y las *propiedades magnéticas*, propias de los materiales ferromagnéticos (determinados metales y cerámicas).

Conductividad eléctrica

Facilidad con que un material deja circular una corriente eléctrica a su través cuando se aplica una diferencia de potencial entre dos puntos. Se suele medir con la magnitud inversa:

Resistividad eléctrica, ρ_e,
Resistencia eléctrica de un conductor de longitud y sección transversal unitarias. La unidad de medida es $\Omega \cdot m$, o el submúltiplo $n\Omega \cdot m$.

Desde el punto de vista de la conductividad eléctrica, los materiales se clasifican en:

Conductores

Materiales que tienen *resistividades* muy bajas y conducen bien la corriente eléctrica. Son fundamentalmente los metales, de resistividades entre $10^{-8} \div 10^{-7}$ Ω·m. Para los materiales destinados a conductor eléctrico (aleaciones del Cu y el Al), la conductividad puede darse en porcentaje de la del Cu especificado en la norma americana ASTM B3, o International Annealed Copper Standard (%IACS).

No conductores

Materiales que tienen *resistividades* muy elevadas por lo que no dejan pasar la corriente eléctrica. Son fundamentalmente los polímeros y la mayoría de cerámicas, de resistividades comprendidas entre $10^{10} \div 10^{16}$ Ω·m.

Semiconductores

Materiales con resistividades intermedias entre los *conductores* y los *no conductores* (valores comprendidos entre $10^{-4} \div 10^{6}$ Ω·m), que tienen una importancia determinante en la electrónica, pero que no constituyen un objetivo del diseño de máquinas.

Propiedades dieléctricas

Los materiales aislantes (la gran mayoría de polímeros y cerámicas) tienen en mayor o menor grado un comportamiento dieléctrico, o sea que son susceptibles de polarizarse en presencia de un campo eléctrico. Las propiedades que caracterizan los materiales dieléctricos son:

Constante dieléctrica

Relación adimensional entre la capacidad eléctrica de un condensador con el material interpuesto, y la capacidad del mismo condensador en el vacío. Es un indicador de la eficacia de la polarización en el material.

Factor de pérdidas dieléctricas

Tangente del ángulo de desfase entre la intensidad y el voltaje en el condensador (tanδ); evalúa las pérdidas energéticas provocadas por histéresis del dieléctrico en un campo eléctrico alterno. Aumenta con la frecuencia.

Rigidez dieléctrica

Cociente entre el voltaje de perforación del material y el grosor de la probeta; varía inversamente con el grosor y mide la intensidad del campo eléctrico que puede soportar el material dieléctrico. La unidad de medida es MV/m.

El diseño de máquinas a menudo debe centrar la atención en las aplicaciones en las que el material realiza funciones de conductor o de aislante eléctrico; en este último caso conviene una resistividad eléctrica y una rigidez dieléctrica altas, mientras que es preferible una constante dieléctrica baja (sobre todo para grandes potencias) y un pequeño factor de pérdidas (especialmente para altas frecuencias) para evitar las pérdidas por histéresis. Los polímeros tienen constantes dieléctricas bajas ($2 \div 8$) y rigideces dieléctricas altas ($10 \div 25$ MV/m), mientras que las cerámicas tienen constantes dieléctricas altas ($6 \div 20$, adecuadas para condensadores) y rigideces bajas ($3 \div 10$ MV/m).

Propiedades magnéticas

Los materiales *ferromagnéticos* (aleaciones de Fe, Co, Ni y determinadas cerámicas) presentan la propiedad de polarizarse en presencia de un campo magnético, siendo:

Permeabilidad magnética, μ

Relación entre la densidad de flujo magnético, B, y la intensidad de campo magnético, H, que puede llegar a ser 10^6 veces la que tendría en el vacío. La unidad es H/m.

Cuando se somete un material ferromagnético a un campo magnético creciente, la densidad de flujo aumenta rápidamente hasta un valor de *magnetismo de saturación* (Bs, Wb/m2) en la que todos los polos magnéticos están orientados. Si entonces se anula el campo magnético, la densidad de flujo disminuye hasta un valor de *magnetismo remanente* (Br, Wb/m2) que, para desaparecer, requiere la acción de un campo magnético de sentido contrario que recibe el nombre de *campo coercitivo* (Hc, A/m). Este comportamiento a lo largo de todo un ciclo da lugar a un fenómeno de histéresis, con una energía disipada asociada.

En aplicaciones de potencia (generadores, motores, transformadores, electroimanes) conviene que la histéresis sea baja (ferromagnetismo blando), mientras que en otras aplicaciones (imanes permanentes, ferritas de memoria de ordenadores) convienen valores altos de magnetismo remanente y de campo coercitivo (ferromagnetismo duro).

Los materiales mecánicamente blandos son también ferromagnéticamente blandos (facilitan el regreso a la orientación inicial de los polos), mientras que los materiales deformados en frío, con elementos de aleación, y especialmente los endurecidos por precipitación (dificultan los cambios de orientación de los polos), tienden a ser ferromagnéticamente duros. Como materiales de ferromagnetismo blando se utilizan el hierro dulce, el hierro al Si y determinadas aleaciones de histéresis muy bajas (*supermalloy*), mientras que para imanes permanentes se utilizan aceros martensíticos y aleaciones con un campo coercitivo elevado (*alnico*); para altas frecuencias se utilizan las *ferritas*, materiales ferromagnéticos cerámicos que, como no son conductores, evitan las corrientes inducidas.

1.3 Propiedades mecánicas

El comportamiento mecánico de los materiales es complejo, ya que no todas las aplicaciones requieren el mismo tipo de solicitaciones, ni todos los materiales responden de la misma manera. En primer lugar, y fuera de casos excepcionales (piezas que actúan como fusibles), debe evitarse la rotura de las piezas, pero también hay que considerar otros tipos de fallos, como una deformación excesiva (elástica o plástica) o el deterioro superficial (picado, desgaste, pérdida de las propiedades deslizantes) en los enlaces con movimiento relativo entre piezas (articulaciones, rodamientos, guías, levas, engranajes).

Se han normalizado diversos ensayos para evaluar las propiedades mecánicas de los materiales, agrupados en: a) *ensayos de rotura* (propiedades relacionadas con tensiones, deformaciones y energías); b) *ensayos superficiales* (propiedades relacionadas con el comportamiento superficial de los materiales).

1.3.1 Ensayos de rotura

La *velocidad de deformación*, el *tipo de solicitación* y la *temperatura* son determinantes en el comportamiento a la rotura de un material, y dan lugar a varios tipos de ensayo.

Velocidad de deformación
En función de velocidades de deformación crecientes, se distinguen cuatro tipos de ensayo de rotura: a) *ensayo de fluencia*, realizado a alta temperatura en relación al material (velocidades de deformación comprendidas entre $10^{-8} \div 10^{-5}$ μm/m·s); b) *ensayo de tensión-deformación* o pseudoestático (velocidades de deformación entre $10^{-5} \div 10^{-1}$ μm/m·s); c) *ensayo dinámico* o de fatiga (velocidades de deformación entre $10^{-1} \div 10^{2}$ μm/m·s); d) *ensayo de impacto* (velocidades de deformación entre $10^{2} \div 10^{4}$ μm/m·s).

Tipos de solicitación
Los ensayos de rotura pueden ser a *tracción*, *compresión*, *flexión*, *cortadura* o de *torsión*, siendo el más frecuente el primero.

Temperatura del ensayo

Siguiendo este criterio, los ensayos pueden ser a *alta temperatura* (se acusa el fenómeno de la fluencia bajo carga) o a *baja temperatura* (aparece una súbita fragilidad del material).

Ensayo de tensión-deformación (figura 1.1*a*)

Sobre una probeta se aplica una solicitación creciente hasta la rotura en un tiempo breve, y se registra la relación entre la tensión y la deformación (las tensiones y las deformaciones se calculan a partir de las dimensiones iniciales de la probeta). El ensayo más frecuente en los metales y los polímeros es el de tracción (en los polímeros también se utilizan los de flexión y compresión); en las cerámicas se utilizan los ensayos de flexión. Estos ensayos proporcionan las siguientes propiedades mecánicas de referencia (figura 1.1*a*):

Resistencia a la rotura (R_m, en MPa)

Tensión convencional (referida a la sección inicial) a rotura en el diagrama de tensión-deformación; indica la capacidad resistente del material y constituye una referencia de cálculo para materiales frágiles, que no presentan un límite elástico diferenciado.

Límite elástico (R_e, en MPa)

Tensión que separa la zona de deformaciones elásticas (zona habitual de trabajo del material) de la zona de deformaciones plásticas y constituye la referencia de cálculo para materiales dúctiles; cuando esta transición no es nítida, se acepta la tensión para una deformación residual máxima, normalmente de 0,2% (*límite elástico convencional, $R_{p0,2}$*).

Alargamiento a la rotura (A, en %)

Porcentaje de deformación a la rotura referido a una longitud inicial. Caracteriza los materiales en *frágiles* (*A<5%*) y *dúctiles* (*A>5%*). En materiales que no cumplen la ley de Hooke, se da como propiedad diferenciada el *alargamiento en el límite elástico, A_e*. El *coeficiente de estricción, Z*, es la reducción porcentual de la sección mínima de la probeta después de la rotura.

Módulo de elasticidad (E, en MPa)

En los materiales que cumplen la ley de Hooke, relación entre la tensión y la deformación en la zona elástica. En los materiales que no cumplen la ley de Hooke (determinados termoplásticos, elastómeros), o bien se define el *módulo de elasticidad secante, E_{sec}*, entre dos valores de deformación (útil para caracterizar el material), o bien el *módulo de elasticidad tangente, E_{tan}*, en el origen o en otro punto (útil para el cálculo de vibraciones).

El ensayo de tensión-deformación también permite evaluar la *resiliencia* (energía elástica capaz de absorber un material) y la *tenacidad* (energía total de deformación, elástica y plástica, capaz de ser absorbida antes de la rotura), para velocidades de deformación bajas (áreas subrayadas en la figura 1.1*a*).

Ensayo de fatiga (figura 1.1*b*)

Se aplica sobre una probeta una solicitación alternativa de una determinada amplitud (menor que la resistencia a la tracción) durante un número de ciclos suficientemente grande para producir la rotura (presenta una fractura frágil repentina y catastrófica). El ensayo más frecuente consiste en someter una probeta de revolución giratoria a una solicitación de flexión por medio de un peso, de manera que cualquiera de las secciones diametrales queda sometida a una flexión alternativa a cada vuelta. Para construir la curva de fatiga (o de Whöler) de un material, con la tensión de rotura en las ordenadas y el logaritmo del número de ciclos en las abscisas, hace falta realizar una costosa serie de ensayos con probetas iguales y solicitaciones descendientes (se empieza con un valor $\approx 2/3 \cdot R_m$). Para caracterizar los materiales a fatiga se establecen los siguientes parámetros:

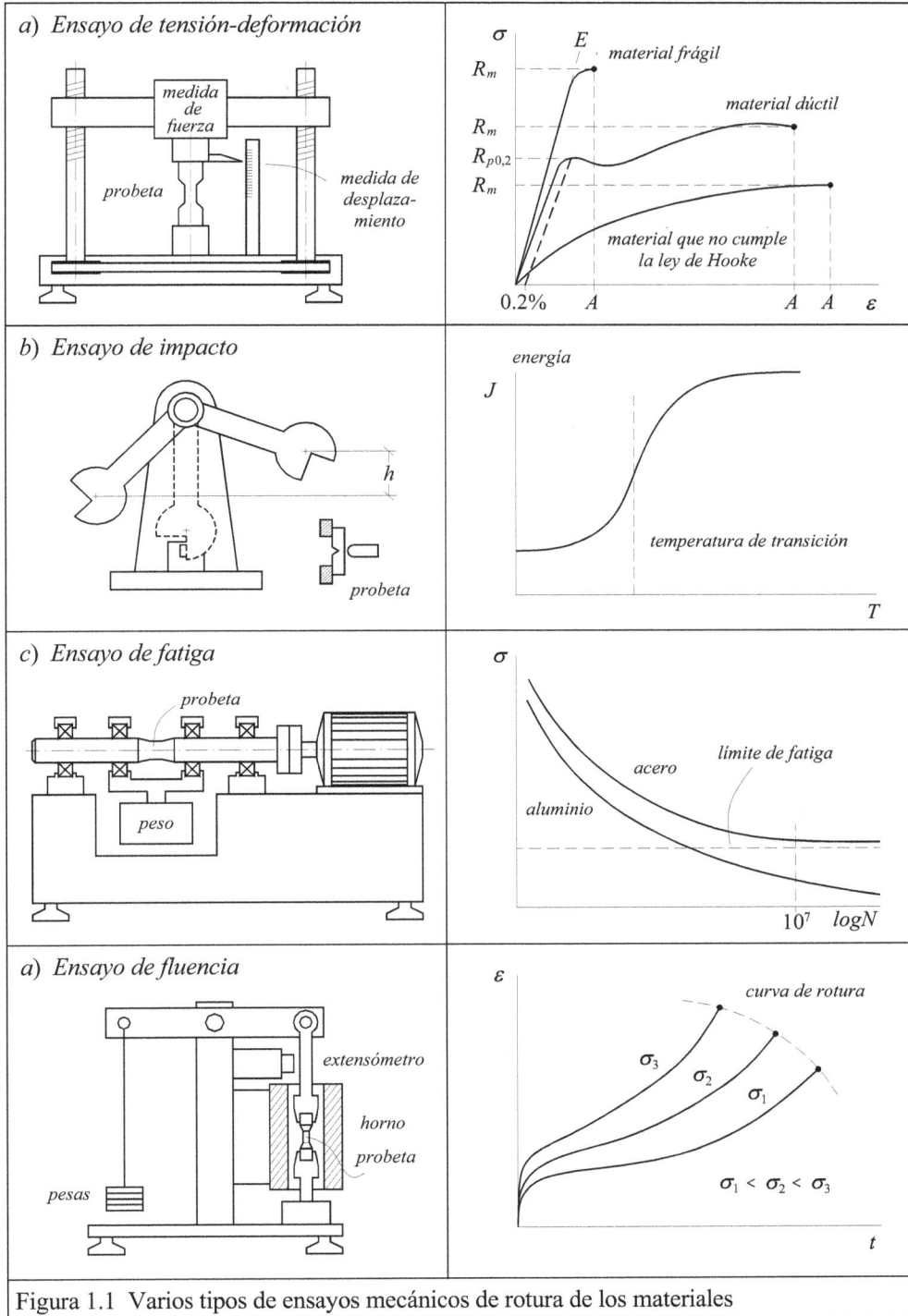

a) *Ensayo de tensión-deformación*

b) *Ensayo de impacto*

c) *Ensayo de fatiga*

a) *Ensayo de fluencia*

Figura 1.1 Varios tipos de ensayos mecánicos de rotura de los materiales

Resistencia a la fatiga

Para muchos materiales (aleaciones de Al, Cu, Mg, y la mayoría de plásticos), la curva de Whöler disminuye continuamente con el número de ciclos, y debe definirse un valor convencional de *resistencia a la fatiga* para un determinado número de ciclos (usualmente 10^8 o mayor).

Límite de fatiga

En otros materiales (aceros y determinados plásticos) la curva de Whöler presenta un punto de inflexión entre $10^6 \div 10^7$ ciclos y después es fundamentalmente plana, valor que recibe el nombre de *límite de fatiga*, por debajo del cual no se produce la rotura aunque aumente indefinidamente el número de ciclos.

Hay que tener en cuenta dos aspectos: *a*) una pieza a fatiga se comporta peor que una probeta (influyen negativamente la dimensión, el acabado superficial y los cambios súbitos de forma); *b*) la resistencia a la fatiga es un parámetro adecuado para un número elevado de ciclos ($10^4 \div 10^5$ o más); para un número de ciclos inferior (*fatiga oligocíclica*), las piezas pueden trabajar a tensiones más elevadas y el cálculo se basa en la evaluación del crecimiento de la fisura.

Ensayo de impacto (Figura 1.1c)

La probeta, entallada o no, se somete al impacto de una masa y, en general, se rompe (la fractura de los materiales bajo impacto es frágil y la tenacidad prácticamente coincide con la resiliencia). La probeta puede estar apoyada por los extremos y ser percudida por el centro (Charpy), o estar sujetada por un extremo y ser percudida por el otro (Izod). El aparato de ensayo, constituido por un péndulo, permite medir la energía absorbida por medio de la diferencia de alturas antes y después de la percusión.

Resiliencia por impacto (flexión por choque)

Medida de la aptitud de un material para absorber choques. Diferentes ensayos normalizados dan resultados en distintas magnitudes: la norma EN 10045 (materiales metálicos) mide la resiliencia en energía (J); la norma ASTM D256 (plásticos), en energía por unidad de espesor de la probeta (J/m); y la norma ISO 179 o DIN 53453 (también para plásticos), en energía por área de la sección de la probeta (J/m^2).

Los ensayos de impacto se usan para caracterizar el comportamiento de los materiales a *bajas temperaturas* (especialmente de determinados aceros y aleaciones metálicas, de los plásticos y elastómeros), que se transforman en frágiles al disminuir la temperatura por debajo de determinados valores.

Ensayo de fluencia, de relajación (Figura 1.1d)

Los materiales sometidos a una *tensión* o a una *deformación* mantenida durante largos periodos de tiempo (de horas a años) a alta temperatura (superior a $0{,}4 \cdot T_m$ ºK; sección 1.2), experimentan una deformación progresiva (o *fluencia*) que puede llegar a la rotura o a una disminución progresiva de las tensiones (o *relajación*). Este comportamiento recibe el nombre de *viscoplasticidad*.

Los *ensayos de fluencia* y de *relajación* (largos y costosos, siendo los primeros más fáciles de realizar que los segundos) se llevan a término con probetas mantenidas a temperatura controlada y sometidas o bien a una solicitación constante inferior al límite elástico (generalmente de tracción), o bien a una deformación inicial correspondiente a una tensión inicial inferior al límite elástico.

Los resultados de ambos ensayos (en general, equivalentes) relacionan cuatro parámetros (deformación, tensión, temperatura, tiempo) y pueden presentarse de múltiples maneras: *curvas de fluencia* (deformación-tiempo función de la tensión y la temperatura); *curvas de relajación* (tensión-tiempo función de la deformación y la temperatura); *curvas isócronas* (tensión-deformación para un tiempo constante, función de la temperatura). A efectos de comparación, puede caracterizarse el comportamiento a fluencia de un material con un solo parámetro si se define:

Resistencia a la fluencia ($\sigma_{R/t}$)
Tensión que, para una temperatura dada, produce la rotura en un tiempo determinado ($\sigma_{R/1000}$ a 800 °C es la resistencia a la fluencia para 1000 horas).

Módulo de fluencia ($E_{f/t/\sigma}$)
Cociente entre la tensión constante y el alargamiento en un tiempo determinado, función del valor de la tensión y de la temperatura ($E_{f/1000/10}$ a 20 °C indica el módulo de fluencia a 1000 horas para una tensión de 10 MPa).

La fluencia tiene incidencia en piezas que trabajan a altas temperaturas (función de cada material) con solicitaciones mecánicas mantenidas durante tiempos prolongados (álabes de turbina sometidos a la fuerza centrífuga, piezas de plástico constantemente cargadas); en estos casos deben evitarse deformaciones excesivas mediante la evaluación de la vida del elemento. La relajación tiene importancia en uniones forzadas (unión botón de rueda y eje, uniones por ecliquetajes, especialmente en los plásticos), casos en los que debe prevenirse una disminución excesiva de las tensiones que comportaría el fallo de la función.

1.3.2 Ensayos superficiales

Las máquinas se caracterizan por la existencia de uniones móviles entre piezas (o enlaces), materializados por un *contacto deslizante* (cojinetes de fricción, guías lineales de fricción), por un *contacto de rodadura* (rodamientos, husillos de bolas) o por un *contacto deslizante* y *de rodadura* (levas, engranajes), requiriendo cada uno de ellos unas propiedades superficiales específicas de los materiales: el *contacto deslizante* requiere un coeficiente de fricción bajo y una buena resistencia a la abrasión y a la temperatura; el *contacto de rodadura*, una buena dureza y resistencia a la fatiga superficial; y el *contacto deslizante* y *de rodadura*, la combinación de las cualidades de los dos anteriores.

Los ensayos superficiales están menos desarrollados que los ensayos de rotura, aunque, en muchas aplicaciones, las propiedades superficiales de los materiales son determinantes en el diseño de máquinas. Los ensayos superficiales de dureza son los más habituales, pero también son de interés los ensayos de fricción y de abrasión.

Ensayos de dureza

La dureza es una medida de la resistencia de un material a la deformación superficial (elástica o plástica) cuando se le aplica un punzón o marcador bajo carga, pero no constituye una propiedad intrínseca de los materiales, con unas unidades bien definidas (ello explica la gran diversidad de métodos de ensayo y de escalas: Shore, IRHD, Brinell, Vickers, Rockwell, y la dificultad para establecer correspondencias).

Aun así, los ensayos de dureza son fáciles de realizar, generalmente no son destructivos, y proporcionan una caracterización muy útil de los materiales con respecto al control de fabricación, para la evaluación de las tensiones admisibles de fatiga superficial y, para los elastómeros, como parámetro mecánico de referencia. Los ensayos más utilizados son (ver las escalas en la Tabla 1.2):

Dureza Brinell (HB)

Se aplica un marcador con una fuerza determinada sobre la probeta o pieza y se establece la dureza por medio de la medida del diámetro de la huella. Hay dos escalas, con penetradores de bola de acero (HBS 3÷450) y de bola de metal duro (HBW 3÷650). Existen aparatos manuales que permiten medir aproximadamente la dureza Brinell sobre piezas en las máquinas.

Dureza Vickers (HV) y *Knoop* (HK) (también microdurezas)

Ensayos análogos al Brinell, pero con un marcador en forma de pirámide recta de base cuadrada (Vickers) o de rombo muy alargado (Knoop), que establecen la dureza dividiendo la fuerza por el área (Vickers, escala 4÷3000) o según la diagonal más larga (Knoop). La nitidez de la huella permite aplicar fuerzas muy pequeñas sobre probetas o piezas muy delgadas.

Dureza Rockwell

Se aplica un marcador sobre la probeta con dos cargas sucesivas y se mide la diferencia de profundidades de penetración. Hay diversas escalas para probetas gruesas (de A a K) y para probetas delgadas (de 15N a 45T), pero la más usada es la HRC (prácticamente un estándar para durezas elevadas, 20÷70), y en menor grado la HRB (para durezas más moderadas, 20÷100).

Dureza para plásticos y elastómeros

Existen diversos procedimientos de medición de la dureza para plásticos y elastómeros con las correspondientes escalas, que se estudian más adelante en las Secciones 4.1 y 4.3.

Ensayos de rozamiento y desgaste

Los fenómenos de rozamiento y desgaste

El *rozamiento* (resistencia al movimiento tangencial relativo entre dos superficies en contacto), el *desgaste* (pérdida progresiva de material de las superficies en contacto con movimiento relativo) y la *lubricación* (interposición de un material entre dos superficies para facilitar el movimiento y evitar el desgaste) constituyen el núcleo de la ciencia y la tecnología denominada *tribología*.

Estos fenómenos (presentes en todas las uniones móviles, o enlaces) determinan el funcionamiento y la calidad de las máquinas y la comprensión y control de sus parámetros son fundamentales en la selección de materiales para el diseño mecánico. En algunos elementos (cojinetes, rodamientos, guías lineales, sistemas de guiado) conviene minimizar sus efectos (asegurar un alto rendimiento, mantener la geometría del enlace) mientras que en otros (frenos, embragues, correas, ruedas de fricción) se utiliza positivamente el control de sus efectos para una función.

Lamentablemente, el rozamiento y el desgaste no son fáciles de evaluar debido a: *a)* dependen de los dos materiales en contacto (no son una propiedad de un solo material); *b)* varían (normalmente reduciendo sus efectos) ya sea debido a capas formadas espontáneamente (óxidos u otros compuestos) o artificialmente (recubrimientos superficiales: cromado, niquelado, nitruración, fosfatado), ya sea por interposición de lubricantes sólidos (grafito, bisulfuro de molibdeno), líquidos (grasas y aceites) o eventualmente por un gas; *c)* dependen de factores relacionados con la geometría de las superficies en contacto, como la rugosidad (microgeometría de las superficies) o la curvatura y la elasticidad en los contactos lineales y puntuales.

A pesar de ser fenómenos indisolublemente ligados entre sí (no se da el uno sin el otro), no existe una relación unívoca entre el rozamiento y el desgaste: hay sistemas con un rozamiento elevado y un desgaste pequeño, y viceversa. Los dos materiales en contacto suelen tener un desgaste distinto y no necesariamente el material más blando experimenta el desgaste mayor (ejemplo: el polietileno de ultraelevado peso molecular, PE-UHMW, relativamente blando, resiste muy bien la abrasión frente al acero). Sin embargo deben tenerse en cuenta las discrepancias de valores debidas a las distintas condiciones de realización de los ensayos (fuerzas, velocidades, rugosidades, lubricante, temperatura, humedad).

Tabla 1.2 **Distintas escalas de durezas**

Durezas para metales y cerámicas (correspondencias para los aceros, UNE 36.415; no para otros metales y cerámicas)					Durezas para polímeros (correspondencias aproximadas; no con las de los metales y cerámicas)			
HRC	HV	HK	HB	HRB	Bola	ShD	IHRD	ShA
	3000							
70,0								
68,0	940	920						
67,0	900	895						
65,6	850	860						
64,0	800	822						
62,1	750	780						
60,1	700	735						
57,8	650	687	(611)					
55,2	600	636	(564)					
52,3	550	583	(517)					
49,1	500	528	(471)					
45,3	450	471	425					
40,8	400	412	379					
35,5	350	356	311					
29,8	300	309	284					
26,4	275	286	261					
22,2	250	262	238	99,5				
(20)	225	248	214	97,5	200			
	200	216	190	91,5				
	180	196	171	87,1				
	160	175	152	81,7	140	90		
	140	154	133	75,0				
	120	133	114	66,7				
	100	112	95	56,2	60	75		
	90	102	85	48,0				
				20	25	50		
							98	
								90
	5	3	3		5	30	80	80
							40	40
							10	10

Hay fundamentalmente dos fenómenos distintos de rozamiento y desgaste:

Fricción (o *rozamiento de deslizamiento*) y *desgaste por fricción*
Se dan cuando dos cuerpos, que se ejercen una fuerza normal mutua a través de un contacto superficial, deslizan entre sí. Las fuerzas tangenciales que se oponen al movimiento, así como la pérdida progresiva de material se explican, entre otras, por la abrasión mutua y por la continua formación y desgarre de microsoldaduras entre asperezas sometidas a altas presiones.

Resistencia a la rodadura y desgaste por picado
Se dan cuando dos cuerpos, que se ejercen una fuerza normal mutua a través de un contacto puntual o lineal (en realidad, una pequeña superficie debida a la deformación), ruedan, o tienden a rodar, entre sí. Las fuerzas que se oponen a la rodadura se explican, entre otros, por el retraso (o histéresis) en la recuperación elástica del material; y la repetición de los ciclos de carga en la zona de contacto produce una fatiga superficial consistente en un progresivo desprendimiento de pequeñas porciones de material (desgaste por picado).

Las fuerzas tangenciales necesarias para producir la rodadura son siempre muy inferiores a las de fricción (10÷100 veces), por lo que la rodadura se usa cuando se requiere un rendimiento elevado en sistemas de guiado (rodamientos, guías lineales) y de transmisión (husillos de bolas).

El rozamiento y sus efectos

El rozamiento en las máquinas se traduce en fuerzas tangenciales de acción-reacción en los enlaces y, si hay movimiento relativo, también en una disipación de energía en forma de calor y en una disminución del rendimiento mecánico. En el enlace puntual, que es el de mayor movilidad, pueden definirse tres tipos de movimiento relativo en: *a*) *deslizamiento*, cualquier desplazamiento según direcciones contenidas en el plano tangente; *b*) *rodadura*, giro alrededor de cualquier eje contenido en el plano tangente que pase por el punto de contacto; *c*) *pivotamiento*, giro según el eje perpendicular al plano tangente que pasa por el punto de contacto. Los dos primeros dan lugar respectivamente al *rozamiento por deslizamiento* y a la *resistencia a la rodadura* ya definidos anteriormente, mientras que el tercero da lugar a la *resistencia al pivotamiento*, variante del rozamiento de deslizamiento, con una determinada distribución de presiones normales y de velocidades tangenciales alrededor del eje de giro.

Rozamiento de deslizamiento
Puede ser: *a*) *rozamiento viscoso*, cuando se forma una capa gruesa fluida entre las superficies (lubricación hidrostática, lubricación hidrodinámica), siendo las características del lubricante las que determinen fundamentalmente su comportamiento; *b*) *rozamiento seco*, cuando las superficies no son lubricadas o presentan una lubricación límite (presencia de lubricante, pero con contacto material-material), lo que suele estudiarse mediante el modelo de Coulomb. Presenta dos variantes que se evalúan con los siguientes parámetros:

Adherencia (o *rozamiento estático*)
Resistencia al movimiento antes de iniciarse el deslizamiento. *Límite de adherencia*: valor mayor del cociente entre la fuerza tangencial y la fuerza normal antes de iniciarse el movimiento.

Fricción (o *rozamiento dinámico*)
Resistencia al movimiento una vez iniciado el deslizamiento. *Coeficiente de fricción*: valor del cociente entre la fuerza tangencial y la fuerza normal después de iniciarse el deslizamiento (en general es ligeramente inferior al límite de adherencia).

Resistencia a la rodadura
La resistencia a la rodadura pura tiene lugar con adherencia en el punto de contacto (bolas y rodillos de los rodamientos, ruedas de fricción, de tracción), mientras que en otras aplicaciones se combina con el rozamiento por deslizamiento (levas, engranajes). La resistencia a la

rodadura se evalúa mediante el *coeficiente de resistencia a la rodadura*: cociente entre el momento de rodadura aplicado y la fuerza normal (tiene dimensiones de distancia) antes de iniciarse el movimiento de rodadura (*coeficiente de resistencia a la rodadura estática*) y una vez iniciado el movimiento de rodadura (*coeficiente de resistencia a la rodadura dinámica*). En una primera una aproximación, se consideran constantes para un par de materiales dados.

Resistencia al pivotamiento
Como ya se ha comentado, la resistencia al pivotamiento es un fenómeno derivado del rozamiento por deslizamiento por lo que no da lugar a ninguna nueva propiedad del material. Dado que en las máquinas el pivotamiento se da, en general, entre superficies de elevada dureza, normalmente sus efectos son pequeños, aunque mayores que los de la rodadura.

El desgaste y sus efectos

El desgaste es la pérdida progresiva de material de la superficie de un cuerpo en contacto con otro debido al movimiento relativo. Tiene dos efectos perjudiciales: el cambio dimensional de las piezas (aumento de los juegos), y el deterioro de las cualidades deslizantes (aumento del coeficiente de fricción), o rodadura, de las superficies.

Desgaste por deslizamiento
Resulta de los siguientes mecanismos: *a) adhesión,* por transferencia de material de una superficie a la otra o por desprendimiento de partículas, a consecuencia de la formación y el desgarre de microsoldaduras; *b) abrasión,* por deformación plástica o rayado, debido a las asperezas de la otra superficie, o por partículas duras atrapadas entre ellas o incrustadas en la otra parte. Se mide por el *índice de desgaste*: volumen de material perdido por unidad de superficie (o espesor perdido perpendicularmente a la superficie) por unidad de longitud de deslizamiento relativo, parámetro adimensional que puede adquirir valores entre 10^{-12} y 10^{-6}.

Deterioro por picado (o *fatiga superficial*)
Fenómeno de fatiga que resulta de combinar elevadas presiones de contacto y el movimiento de rodadura (eventualmente, también de deslizamiento), y consiste en el desprendimiento progresivo de pequeñas partículas (picado) hasta el deterioro total de la superficie. La resistencia a la fatiga superficial se evalúa comparando la tensión máxima de contacto de Hertz con valores admisibles de los materiales (si no se tienen datos, se evalúa a partir de la dureza superficial; en los aceros se aceptan valores de 3÷5·HB, en MPa). El deterioro por picado, propio de los metales (los plásticos se deterioran antes por temperatura), se presenta en elementos de máquinas como rodamientos, husillos de bolas, ruedas de fricción, levas y engranajes.

Deterioro por temperatura
En enlaces sometidos a presiones y velocidades elevadas, la temperatura local generada por fricción puede conducir a un deterioro súbito de las superficies de contacto. En los plásticos, suele ser el factor limitador principal de muchas aplicaciones como ara cojinetes y engranajes. En los metales se da más raramente bajo condiciones extremas de presión y velocidad (o falta de lubricante) y se manifiesta cón la formación repentina de soldaduras microscópicas generalizadas e inmediato desgarre, fenómeno conocido como *gripado* (o *excoriación*). En enlaces de revolución con rozamiento de deslizamiento, las condiciones límite de funcionamiento se expresen por medio del valor admisible, PV_{adm}, que hay que comparar con el producto de la presión diametral, $P=F/(D{\cdot}L)$, por la velocidad de deslizamiento, $V=\omega{\cdot}(D/2)$ de la aplicación.

1.3.3 Criterios de diseño

En los ensayos de rotura, las tensiones y las deformaciones van indisolublemente unidas; sin embargo, en las aplicaciones al diseño de máquinas, unas y otras dan diferentes tipos de limitaciones y de deterioro que hay que analizar por separado.

Evitar la rotura

Los materiales presentan dos tipos de rotura:

Rotura dúctil
Se produce después de una importante deformación plástica en un tiempo relativamente breve; es propia de los *materiales dúctiles* (deformación a la rotura ≥5%). Variante: *rotura por fluencia*, después de una deformación a altas temperaturas durante un tiempo prolongado (se da en todo tipo de materiales). Las deformaciones plásticas de piezas y componentes previas a la rotura constituyen un margen de seguridad importante en su diseño.

Rotura frágil
Se produce sin deformación plástica aparente. Variantes: *rotura catastrófica*, repentina y prácticamente instantánea cuando se superan determinados niveles de tensión (propia de los *materiales frágiles*: deformación a la rotura <5%); *rotura por impacto*, cuando el material se somete a choques (los materiales dúctiles se comportan también como frágiles); *rotura por fatiga*, después de un gran número de cargas repetidas a tensiones relativamente bajas respecto a la resistencia a la rotura y sin deformación plástica aparente (materiales dúctiles y frágiles).

Dado que la integridad de las piezas y elementos es una de las principales preocupaciones del diseño de máquinas, existen diversos métodos específicos de cálculo destinados a asegurarla (*cálculo de resistencia a cargas estáticas*, *cálculo de fatiga*, *cálculo a vida por fluencia*).

Limitar las deformaciones

Los materiales experimentan deformaciones de diversa naturaleza:

Deformaciones elásticas
Las formas y dimensiones iniciales se recuperan al cesar la causa que ha producido las deformaciones. En los materiales frágiles y los elastómeros se toma como referencia de cálculo la resistencia a la rotura; en los materiales dúctiles, el límite elástico.

Deformaciones plásticas
Permanecen los cambios de formas y dimensiones después de cesar la causa que ha producido las deformaciones. En los materiales plásticos, desde el límite elástico hasta la rotura.

Deformaciones viscoelásticas
Se producen deformaciones (o recuperaciones) retrasadas y lentas de las formas y dimensiones después de aplicar (o retirar) la causa que las ha producido. Se dan en termoplásticos (especialmente los flexibles) y en muchos elastómeros.

El diseño de máquinas concibe las piezas para trabajar en el campo elástico (fuera de las piezas-fusible). Una deformación elástica excesiva o una deformación plástica constituyen un fallo (hay piezas que, sin romper, fallan por deformación). Sin embargo, los procesos de conformado hacen un uso extensivo de la deformación plástica en frío y en caliente (corte, plegado, embutición, forja, extrusión, para los metales; inyección, extrusión, termoconformado, para los termoplásticos).

En determinadas aplicaciones es primordial la rigidez (elementos de transmisión, bancadas), que se asegura mediante o bien materiales con módulos de elasticidad elevados o bien con formas adecuadas. En otras aplicaciones se buscan grandes deformaciones elásticas (muelles, soportes elásticos, ecliquetajes) que se obtienen o bien con materiales de bajo módulo de elasticidad (elastómeros), o bien combinando materiales de elevado límite elástico y formas adecuadas (aceros para muelles).

1.4 Propiedades tecnológicas

Se definen como aquellas que, sin estar ligadas directamente a una propiedad física o mecánica concreta del material, combinan una o varias características o cualidades que inciden en una o más etapas de la vida de la máquina o producto, especialmente en la fabricación, la utilización o el fin de vida.

Las propiedades tecnológicas se han agrupado en: *a*) coste, suministro y aptitud para el conformado; *b*) relación con el usuario; *c*) interacción de los materiales con el entorno.

1.4.1 Coste, suministro y transformación

Coste del material

Se suele dar en valor monetario por unidad de masa. Siempre que las características funcionales y de uso sean las adecuadas, la minimización del coste constituye un criterio determinante en la selección entre varios materiales candidatos. El coste por unidad de volumen tan sólo se usa con finalidades comparativas y está muy influido por la densidad. Debe tenerse presente que el coste de un material varía con las formas de suministro (barras, tubos, perfiles, chapas, lingotes para fundir, material granulado, polvos para sinterizado) y con las dimensiones, tolerancias y estados superficiales de los productos semielaborados de subministro (diámetros, espesores, dimensiones calibradas, acabados superficiales). También varía en el tiempo en función del mercado.

Suministro

En el momento de la selección debe considerarse los condicionantes de suministro de los distintos materiales candidatos: *a*) *presentaciones habituales de suministro*. Conviene adaptarse a las formas, dimensiones, tolerancias, acabados, tratamientos, recubrimientos y calidades habituales o estándar subministrados por el mercado, a fin de evitar inconvenientes (sobrecostes, volumen mínimo de compra, plazos de entrega largos) que sólo se justifican en aplicaciones especiales o para optimizar grandes series; *b*) *garantía de suministro*. Comprende dos aspectos: la fiabilidad de las características de los materiales (composición, propiedades, tolerancias, aspecto), y el aseguramiento del suministro futuro en calidades y cantidades adecuadas.

Transformación

Convine aprovechar la sinergia material-proceso-coste en dos direcciones: *a*) *adoptar procesos idóneos*. Cada material tiene unos procesos adecuados a sus características y para los que existen equipos de proceso adecuados y profesionales experimentados (*moldeo*, para la fundición gris; *inyección* para los plásticos; *mecanizado* para los metales; *extrusión* para el aluminio; *corte*, *plegado* y *soldadura* para chapas de acero). *b*) *escoger el material adaptado a la forma*. En función de la forma a obtener, conviene elegir un material adaptado a un proceso que pueda proporcionarla. En la evaluación de las aptitudes para el conformado deben tenerse presentes las operaciones asociadas (enderezamientos de chapas, tratamientos térmicos) y las de acabado (desbarbado, pulidos, pinturas y recubrimientos).

1.4.2 Relación con el usuario

Muchos de los materiales que intervienen en el diseño de máquinas tienen una relación directa con el usuario. Las cualidades que los hacen aptos o no aptos para esta relación (combinaciones de propiedades no siempre cuantificables) son a menudo decisivas en la selección, generalmente como condicionantes previos. Las principales cualidades que deben considerarse en relación al usuario se refieren a aspectos estéticos (sensaciones relacionadas con la vista), al confort (sensaciones relacionadas con el tacto, el oído y el olfato), a la compatibilidad sanitaria y a la seguridad.

Aspectos estéticos (sensaciones relacionadas con la vista)

Son probablemente los que más pesan en relación al usuario, ya que inciden en la primera percepción que se obtiene. Entre ellos destacan:

Posibilidades de coloreado
Determinados plásticos y elastómeros pueden adquirir el color por adición de pigmentos en su masa (las rayas y descanterados no afectan la coloración). La mayor parte de materiales pueden adquirir el color por medio de pinturas u otros recubrimientos superficiales (galvanizado, cromado, niquelado). El aluminio, puede colorearse durante el proceso de anodinado.

Obtención de texturas y reflejos
Aspecto complementario que incide en la selección de materiales que formen el exterior (carcasas, tapas) o elementos visibles (interiores, partes desmontables) de máquinas o productos.

Incidencia del deterioro
En muchas aplicaciones, la permanencia en el tiempo del aspecto es un factor determinante en la selección del material (carcasa de electrodomésticos, maquinaria para la alimentación); en otros casos, se admiten determinados deterioros controlados (corrosión controlada en aceros de estructuras, *pátina* de los objetos antiguos de bronce). Cuando se requieren operaciones complementarias (limpieza, pulido, pintura, anodizado, cromado), debe evaluarse el coste total (material y procesos) a fin de establecer una correcta comparación entre alternativas.

Confort (sensaciones relacionadas con el tacto, el oído o el olfato)

Les cualidades que proporcionan confort constituyen también factores primordiales en la selección de los materiales, como:

Sensación de finura, de aspereza
Algunos materiales tienen tacto fino y otros son de tacto áspero.

Sensaciones térmicas
Determinados materiales (madera, plásticos, de conductividad térmica baja) dan una sensación temperada (no queman ni hielan con el tacto: mangos de madera, ansas de plástico), mientras que otros materiales (los metales y las cerámicas de conductividad térmica elevada) dan sensación de frío o calor (mesas de mármol, objetos metálicos).

Sensación de pesantez, de consistencia
Mediante el esfuerzo muscular, el usuario percibe la sensación de pesantez (materiales férricos, aleaciones del cobre, de densidad elevada) o de ligereza (aluminios, plásticos, elastómeros, de densidad baja), y la sensación de consistencia (metales, de módulo de elasticidad elevado) o de flexibilidad (determinados plásticos, elastómeros).

Sensación de rumorosidad
Determinados materiales propagan fácilmente el ruido (metales, especialmente el aluminio), mientras que otros lo aíslan (plásticos, elastómeros y, especialmente, los materiales expandidos); por ejemplo, los fabricantes de automóviles dedican importantes esfuerzos para que las puertas de los vehículos hagan un ruido noble al cerrarse.

Sensaciones olfativas
Determinados materiales (especialmente los orgánicos) pueden desprender olores que los hacen no aptos para determinadas aplicaciones.

Compatibilidad sanitaria

Los materiales que entren en contacto con alimentos o con los tejidos vivos han de ofrecer determinadas cualidades específicas:

Compatibilidad con los alimentos
Aspecto de gran importancia en la industria de la alimentación (dispositivos de manipulación, depósitos para productos y alimentos, hornos de cocción y maquinaria de proceso) y en el envasado (PE para bolsas y envases; PVC y PET para envases de bebidas; latas para conservas).

Compatibilidad con los tejidos vivos
Aspecto determinante en la fabricación de aparatos médicos y quirúrgicos y, en especial, para las endoprótesis que deben mantenerse en contacto íntimo con tejidos vivos durante períodos prolongados (aleaciones especiales de titanio, determinados plásticos).

Seguridad

La seguridad en las máquinas y aparatos cada día adquiere una importancia mayor, regulada por la norma europea EN 292-1 (*Seguridad de las máquinas*), aparecida el septiembre de 1991. Los materiales participan de múltiples formas en la seguridad, entre las cuales hay:

Seguridad contra roturas
La rotura de piezas y elementos constituye siempre un peligro potencial en las máquinas; una de sus formas más peligrosas es la *rotura frágil* (o *catastrófica*, ya que se produce sin aviso previo); la *rotura por fatiga* tampoco avisa, con el agravante de que se produce debido a tensiones (repetidas) relativamente bajas. A menudo, pues, un factor de gran importancia en la selección de los materiales en elementos vitales de las máquinas (direcciones, suspensiones de vehículos) es su tenacidad y resistencia a la fatiga.

Seguridad contra incendios
Muchos polímeros pueden inflamarse y propagar el fuego con más o menos facilidad (limitación importante en plásticos y elastómeros), lo que puede agravarse por el desprendimiento de gases tóxicos (especialmente en los polímeros clorados). En relación a los incendios (o a la exposición a altas temperaturas) también hay que tener presente la falta de consistencia o la pérdida de propiedades mecánicas que experimenten los materiales (tanto los polímeros como los metales), y sus consecuencias en la estabilidad de las estructuras y el funcionamiento de las máquinas.

Seguridad contra electrocuciones
Deben usarse materiales aislantes en contacto con los usuarios (plásticos y elastómeros en lugar de metales).

Seguridad contra quemadas
Hay que evitar también el contacto de materiales muy conductores del calor con el usuario, especialmente cuando están próximos a zonas de temperatura elevada (nuevamente, deben utilizarse los plásticos y los elastómeros en lugar de los metales), teniendo en cuenta los aspectos analizados en el párrafo de seguridad contra incendios.

1.4.3 Interacción con el entorno

En un mayor o menor grado, todos los materiales experimentan una doble interacción (o agresión mutua) con el medio que los envuelve:

Deterioro de los materiales
Cuando la atención se centra en la agresión (más o menos lenta) del medio ambiente hacia los materiales que forman las máquinas y productos; comprende daños como la corrosión en los metales, la oxidación de las cerámicas o el envejecimiento de los plásticos y elastómeros.

Impacto ambiental
Cuando la agresión se produce en sentido contrario, de los materiales que forman las máquinas o productos hacia el entorno, dando lugar a distintos tipos de contaminación nociva para la vida del hombre, de las plantas y de los animales.

El deterioro de los materiales comporta una enorme pérdida económica para el sistema productivo (algunos autores la cifran en un 5% de la economía de los países industrializados). Por ello, se han desarrollado enormes esfuerzos técnicos y económicos para prevenir este ataque.

En los últimos tiempos, el impacto ambiental se ha transformado en crítico debido al uso creciente de materiales y procesos sin haber evaluado las consecuencias ambientales (muy probablemente con una repercusión económica superior al 5%), que revierten fundamentalmente sobre la colectividad, fuera del sistema productivo. Bajo la presión de la nueva conciencia ciudadana, las administraciones van tomando iniciativas para prevenir los impactos ambientales desde su origen (*ecodiseño*), especialmente en industrias con grandes impactos ambientales (química, automoción y envases). La selección de materiales en el diseño de máquinas se halla inmersa en este cambio de perspectiva y debe ir adoptando nuevos puntos de vista.

Deterioro de los materiales

Cada familia de materiales experimenta un tipo de deterioro distinto que será estudiado con más detenimiento en los capítulos correspondientes; sin embargo, aquí se describen brevemente:

Corrosión de los metales
Los principales tipos de deterioro de los metales son el ataque electroquímico con pérdida de material (*corrosión*) y la *oxidación* de las capas superficiales. La resistencia a la corrosión es un de los factores determinantes en la selección de un metal.

Envejecimiento de los polímeros
Los polímeros pueden deteriorarse por: pérdida de material o de alguno de los componentes (plastificantes); disolución o contacto con determinadas substancias; hinchamiento por absorción de otros substancias (agua, aceite); alteración de la estructura molecular debida a la combinación de oxidación y de radiaciones ultravioletas y/o por la temperatura (envejecimiento).

Corrosión a altas temperaturas de las cerámicas
Los materiales cerámicos presentan una gran resistencia al deterioro por ataque del medio ambiente y sólo experimentan corrosión a altas temperaturas.

Impactos ambientales

Los impactos de los materiales sobre el entorno se producen en tres etapas del ciclo de vida: *a*) obtención y transformación de los materiales; *b*) utilización de las máquinas y productos; *c*) fin de vida: eliminación, reciclaje o reutilización.

Obtención y transformación de los materiales
El *contenido de energía* acumulado por los materiales durante su primera obtención o durante el reciclaje (tabla 1.3) tiene un relieve económico y social cada vez mayor. Ejemplo: la primera obtención del Al requiere una gran inversión energética, que resulta ser mucho menor en el reciclaje (<10%). La aplicación del Al a vehículos redunda en un ahorro de combustible derivado de la baja densidad, pero la aplicación a la construcción no es tan justificable desde el punto de vista energético. Y la eliminación en vertederos de toneladas de Al en forma de latas desechables constituye una pérdida de energía socialmente inadmisible, recuperable en su mayor parte con el reciclaje. Los *impactos ambientales* derivados de ciertos procesos de fabricación han obligado a disminuir (o a eliminar) el uso de determinados materiales o tratamientos (ejemplo, el uso del Cd como recubrimiento de tornillos, o ciertos derivados del Cr). Además de las prohibiciones de los procesos más contaminantes, hay que incidir continuamente en la mejora de otros procesos con impactos inferiores.

Uso de las máquinas y productos
Los *impactos ambientales* durante el uso de máquinas y aparatos provienen fundamentalmente de tres causas: *a*) *contaminación directa* por el contacto con el entorno (los materiales estructurales suelen tener un bajo impacto ambiental, pero no así las pinturas y recubri-

mientos, los lubricantes y otros fluidos utilizados por las máquinas); *b) contaminación fortuita* por accidentes o malas utilizaciones (por ejemplo: la combustión de polímeros clorados); *c) consumo de energía* durante el uso de las máquinas y productos, que puede ser minorado o eliminado por una utilización correcta de los materiales: *materiales de baja densidad*, en vehículos y sistemas de manipulación (ahorro de combustible); *mejora del rendimiento*, con enlaces eficaces y una lubricación adecuada.

Tabla 1.3   **Energía de primera obtención y reciclaje de los materiales**

Material	Primera fabricación		Reciclaje
	MJ/kg	GJ/m^3	kJ/kg
Magnesio	420	750	
Aluminio	305	820	9÷18
Cobre	105	900	2÷22
Acero	55	420	
Acero inoxidable	115	900	
Poliamida	175	200	
Polietileno	100	90	
Polipropileno	110	100	
PVC	80	115	
Caucho natural	6	5,5	
Caucho sintético	130	118	
Compuesto fibra vidrio	105	190	

Fin de vida: *eliminación, reciclaje y reutilización*
Las principales estrategias de fin de vida que se utilizan son:

Eliminación
Vertido de residuos en lugares y con tratamientos adecuados; o *combustión* (con o sin recuperación de energía). Comporta la pérdida de los materiales y de la energía invertida en la fabricación y da lugar a impactos ambientales importantes (paisajísticos o lixiviados, en el vertido; cenizas y contaminación atmosférica, en la incineración).

Reciclaje
Consiste en recuperar los materiales de los residuos para ponerlos otra vez en circulación (también se recupera parte de la energía invertida). Si bien el reciclaje de los metales suele ser relativamente simple y económico, el de los plásticos y elastómeros es una tarea mucho más compleja y antieconómica y, casi siempre, da lugar a materiales más degradados. Los retos para un reciclaje rentable son: *a) identificación de los materiales*, marcado en origen de grandes piezas, especialmente en los polímeros; *b) selección y concentración*: la dificultad aumenta con la multiplicidad de materiales, las mezclas, las aleaciones y los materiales compuestos.

Reutilización
Consiste en recuperar máquinas y productos fuera de uso (o piezas y componentes) para darles nuevas aplicaciones (recambios, envases no desechables, nuevos usos alternativos). Este sistema de fin de vida no incide directamente sobre los materiales.

Siendo el *reciclaje* y la *reutilización* filosofías preferibles desde el punto de vista ambiental, desgraciadamente la *eliminación* (*vertido* e *incineración*) continúa siendo aún el sistema usado mayoritariamente. El problema del *fin de vida* difícilmente va a tener una solución satisfactoria si no se considera desde el diseño (*ecodiseño*). La automoción y el envasado, generadores de grandes impactos ambientales y estrechamente reguladas por las administraciones, empiezan a aplicar nuevos criterios en la selección de materiales, pautas que deberán seguir el resto de industrias.

1.5 Selección cuantitativa de materiales

1.5.1 Introducción

Cuando los requerimientos para una determinada aplicación son *simples* y se corresponden con una *única propiedad* de los materiales, la selección se basa en la comparación de los valores que los distintos materiales candidatos ofrecen de esta propiedad. Por ejemplo, si se analiza la aptitud de un componente para resistir un esfuerzo estático de tracción sin experimentar deformación plástica, debe compararse el límite elástico de los materiales considerados. Así pues, un acero de límite elástico R_e=350 MPa es más adecuado que un aluminio de límite elástico R_e=170 MPa.

Sin embargo, cuando los requerimientos son más *complejos* y dependen de la combinación de *diversas propiedades* de los materiales, entonces para establecer la comparación debe recurrirse a métodos más sofisticados y los resultados no suelen ser tan evidentes. Por ejemplo, si se estudia la aptitud de los materiales citados (acero, aluminio) para resistir un esfuerzo estático de tracción para una misma masa de material, se obtiene un resultado diferente. En efecto, el aluminio es unas tres veces más ligero que el acero y, fijada la masa, la sección resistente puede ser tres veces superior. En este caso, hay que comparar la relación R_e/ρ (R_e = límite elástico; ρ = densidad; acero: ρ = 7,8 Mg/m^3, aluminio: ρ = 2,7 Mg/m^3). A igualdad del resto de parámetros, el mejor material candidato es el que ofrece el valor más elevado para este parámetro:

Acero: $(R_e/\rho)_{acero}$ = 44,9; MPa·m^3/Mg

Aluminio: $(R_e/\rho)_{alumini}$ = 63,0 MPa·m^3/Mg

Por lo tanto, es mejor el aluminio.

La dificultad para aplicar estos conceptos es doble: *a*) por un lado, deben establecerse las relaciones de magnitudes significativas para cada aplicación; *b*) y, por otro lado, deben manejarse de forma eficiente los datos sobre los materiales para obtener los valores de estas relaciones.

Métodos para resolver la selección cuantitativa

A menudo, la forma como un conjunto de propiedades de un material inciden en un requerimiento complejo no es obvia. Son necesarios métodos y herramientas adecuadas para cuantificar esta incidencia, entre los que se presentan los dos siguientes:

Magnitudes características: De naturaleza numérica, se basa en leyes conocidas de la física, la técnica y el mercado, y recorre los siguientes pasos: 1. Establecimiento de la magnitud compleja a estudiar (denominada *magnitud característica*). 2. Cálculo del valor de esta *magnitud* para cada un de los materiales candidatos. 3. Comparación de los valores organizando los resultados en tablas. En 1967, G. Niemann, en su obra *Elementos de Máquinas*, lo aplicó a la construcción ligera. En 1997, el autor de esta obra (C. Riba) lo extendió a otros campos de aplicación y, en la presente edición, lo ha revisado.

Materials selection charts. De naturaleza visual, se basa en gráficos que correlacionan dos magnitudes (*Materials selection charts*), donde se sitúan el conjunto de materiales considerados. M. Ashby propuso el método en 1992 y, más tarde, en 1998, con la ayuda de varios colaboradores, desarrolló el software comercial *CES Selector*. El método es muy intuitivo y facilita la selección, pero inicialmente estaba limitado por los gráficos (o *charts*) y los materiales considerados por Ashby. El software comercial *CES Selector* resuelve estos inconvenientes ya que permite generar *charts* mucho más allá de los tabulados inicialmente, y también crear bases de datos personalizadas de materiales y procesos. Sin embargo, tiene un coste elevado.

A pesar de ser el primer método más laborioso que el segundo, en las siguientes Secciones de este Capítulo se expone con mayor amplitud ya que tiene un carácter más pedagógico (obliga a formular la *magnitud característica* para cada caso de aplicación) y ofrece una total flexibilidad en cuanto a variables y materiales. Antes, empero, se hace una breve descripción del método del *Materials selection charts* y de su herramienta informática de soporte, el *CES Selector*.

Materials selection charts

El 1992, M. Ashby sugiere la idea de correlacionar gráficamente pares de propiedades individuales o combinadas (*materials selection charts*) donde se establecen las zonas que corresponden a cada familia de materiales y, dentro de ellas, a cada material en particular. Esta herramienta resulta útil en varios sentidos: 1. Proporciona una información accesible y compacta sobre las propiedades de los materiales. 2. Pone de relieve las correlaciones entre propiedades de los materiales. 3. Conduce a técnicas de optimización en la selección de materiales.

Ashby presenta numerosos gráficos que relacionan propiedades (*Materials selection charts*). Ejemplo: *mecánicas*: rigidez/densidad, rigidez/resistencia, resistencia/densidad, rigidez específica/resistencia específica, tenacidad/resistencia, desgaste/dureza; *térmicas*: temperatura/resistencia, resistencia/dilatación, dilatación/rigidez, dilatación/conductividad; *tecnológicas*: rigidez /coste relativo, resistencia/coste relativo.

Para cada requerimiento complejo, el comportamiento de los materiales responde a una determinada combinación de dos o más propiedades (*performance index*, equivalentes a las *magnitudes características*) que aparecen en las *charts* como rectas de distintas pendientes. Los materiales situados sobre una misma recta tienen comportamientos equivalentes, mientras que los que se sitúan por encima o por debajo tienen comportamientos respectivamente superiores o inferiores.

Ashby también presenta gráficos de selección de procesos (*Process Selection Charts*): superficie/espesor mínimo, superficie/sección mínima, superficie/sección máxima, complejidad/dimensión, dimensión/temperatura de fusión, dureza/temperatura de fusión o tolerancia/rugosidad superficial.

Cambridge Engineering Selector (CES)

Tecnología desarrollada por Ashby y sus colaboradores, y disponible desde 1998, que posibilita la selección del material óptimo y la del mejor proceso de fabricación. Contiene un conjunto de 7 bases de datos (*Materiales*; *Procesos de fabricación; Secciones estructurales*; *Suministradores*; *Referencias*; *Usos*; y *Sectores industriales*) conectadas a través de una estructura relacional versátil que permite elegir las variables a interrelacionar y los *performance index* que las ligan.

La herramienta informática *CES Selector* (basada en la tecnología *Cambridge Engineering Selector*), tiene por objeto la selección racional de materiales de ingeniería (metales, cerámicas, polímeros, materiales compuestos) y de procesos de fabricación (conformación, acabados, sistemas de unión, tratamientos superficiales). Hoy día, además del paquete estándar, se ofrecen varias aplicaciones especializadas: ecodiseño (*CES Eco Selector*); Selección de plásticos (*CES Polymer Selector*); aplicaciones médicas (*CES Medical Selector*); e ingeniería de elevadas prestaciones (*CES Aero Selector*).

El *CES Constructor* es una herramienta que permite personalizar las bases de datos del *CES Selector*: crear y modificar estructuras de datos, añadir tablas y registros a la base de datos, editar propiedades y gestionar relaciones entre bases de datos. Por todo ello, la principal limitación es su coste, que sólo se justifica si su uso es suficientemente frecuente.

1.5.2 Método de las magnitudes características

Funciones, objetivos y restricciones

El *método de las magnitudes características* (análogamente al *método del materials selection charts* de Ashby, pero aquí de forma explícita) presupone analizar las *funciones* de cada componente en el diseño, y formular metódicamente las preguntas siguientes: qué *objetivos* hay que optimizar de los materiales? y qué *restricciones* hay que satisfacer?

Funciones a realizar
Descripción de aquella función compleja que se quiere optimizar en la selección del material. Por ejemplo:
1. *Masa para una determinada resistencia a tracción* (minimizar).
2. *Energía térmica acumulada, manteniendo el mismo volumen y salto térmico* (maximizar).
3. *Potencia eléctrica conducida, manteniendo el mismo coste* (maximizar).

En los tres casos la *función a realizar* se puede desglosar entre *el objetivo a optimizar* y las restricciones a satisfacer:

Objetivos a optimizar
Variable que se quiere maximizar o minimizar en el proceso de selección cuantitativa del material. En los casos anteriores son:
1. *Resistencia a tracción.*
2. *Energía térmica acumulada.*
3. *Potencia eléctrica conducida.*

Restricciones a satisfacer
Aquellas limitaciones comunes a todos los materiales que hay que satisfacer para que la selección cuantitativa del material tenga sentido. En los casos anteriores son:
1. *... manteniendo la misma masa.*
2. *... manteniendo el mismo volumen y salto de temperaturas.*
3. *... manteniendo el mismo coste.*

Hay que tener en cuenta que el *objetivo a optimizar* y las *restricciones a satisfacer* son intercambiables, y tanto se puede plantear el problema de una manera como de la otra. Pero, hay que ser coherente en el planteamiento a fin de no invertir los términos del problema: minimizar lo que debe maximizar y viceversa. Los casos anteriores son equivalentes a las formulaciones inversas:

Funciones a realizar (inversas)
1. *Masa del componente, manteniendo la misma resistencia a la tracción* (minimizar).
2. *Volumen del componente, manteniendo la misma energía térmica acumulada y salto térmico* (minimizar).
3. *Coste del cable, manteniendo la misma potencia eléctrica conducida* (minimizar).

No es difícil deducir los nuevos *objetivos a optimizar* y las *restricciones a satisfacer*.

Magnitud característica

El primer paso es traducir la *función a realizar* en una *expresión algebraica*, *F*, en base a las leyes conocidas de la física, la tecnología y el mercado. En general, ésta es una relación compleja de parámetros del sistema.

En general, esta expresión compleja puede separarse en dos factores que se denominan: *factor de aplicación, Φ*; y *magnitud característica* (del material), *Γ*:

$$F = \Phi \text{ (parámetros de aplicación)} \cdot \Gamma \text{ (parámetros del material)}$$

Esta descomposición permite definir:

Factor de aplicación, Φ
Factor de la *expresión algebraica* representativa de la *función a realizar* que incluye todos los parámetros que no son propiedades del material: geometría del sistema, solicitaciones sobre el sistema, costes, etc.

Magnitud característica, Γ
Factor de la *expresión algebraica* representativa de la *función a realizar* que incluye todos los parámetros que son propiedades del material.

Los valores que toma una *magnitud característica* para distintos materiales candidatos alternativos, muestra la influencia del material en el comportamiento, a igualdad del resto de condiciones y parámetros del sistema. Análogamente, fijado el material, el *factor de aplicación* muestra la influencia del resto de parámetros del sistema en su comportamiento (sin interés aquí). Finalmente, la tabulación de los resultados facilita su comprensión y la tarea final de selección del material.

Nota: En todos los ejemplos que vienen a continuación, si se hubieran elegido las *magnitudes características* inversas (*rigidez a tracción/compresión, dada una masa*, en lugar de *masa, dada una rigidez a tracción/compresión*), se habrían obtenido los mismos resultados.

1.5.3 Ejemplo 1: Resistencia y rigidez a tracción y a flexión

Enunciado

Se analizan las siguientes *funciones a satisfacer*, con *restricciones* de masa, volumen y coste (12 casos):

Masa (m), volumen (v) y *coste (c)*, dada una *resistencia a tracción/compresión*
Masa (m), volumen (v) y *coste (c)*, dada una *rigidez a tracción/compresión*
Masa (m), volumen (v) y *coste (c)*, dada una *resistencia a flexión*
Masa (m), volumen (v) y *coste (c)*, dada una *rigidez a flexión*

Los dos materiales a comparar son: 1. Aleación de aluminio AW-2017A-T4 (AW-AlCu4MgSi), (EN 573). 2. Acero de bonificación, 34CrNiMo6 (EN-10083) para funciones estructurales en diferentes tipos de vehículos y sistemas análogos.

Tabla 1.4 **Resistencia y rigidez a tracción y flexión. Propiedades de los materiales**

Propiedades	Símbolos	Unidades	AW-2017A-T4		34CrNiMo6	
			Valor	Al=100	Valor	Al=100
Densidad	ρ	Mg/m^3	2,79	100	7,84	281
Límite elástico	R_e	MPa	285	100	1000	351
Módulo elasticidad	E	GPa	74	100	210	284
Coste unitario	C_u	€/kg	4,35	100	1,08	25

Resolución

A continuación se establecen las distintas expresiones de las *funciones a satisfacer*, de donde se deducen las *magnitudes características*.

Masa, volumen y coste para asegurar una resistencia a tracción/compresión.
Magnitudes características, $\Gamma_{M/TT}$, $\Gamma_{V/TT}$ y $\Gamma_{C/TT}$.

Se considera una barra de longitud L y sección A sometida a la máxima fuerza de tracción admisible, $F=A \cdot R_e$ (R_e, límite elástico), siendo la masa de la barra, $M=A \cdot L \cdot \rho$ (ρ, densidad del material). Las expresiones de la masa, M, el volumen, V, y el coste, C $(C_u$, coste por unidad de masa), de las barras (de secciones diferentes) que resisten la fuerza F sin superar el límite elástico son:

$$M = (F \cdot L) \cdot [\rho/R_e]$$
$$V = (F \cdot L) \cdot [1/R_e]$$
$$C = (F \cdot L) \cdot [\rho \cdot C_u/R_e]$$

Los primeros factores (entre paréntesis) dependen de los esfuerzos aplicados y de la geometría de la barra (parámetros independientes del material), mientras que los segundos factores (entre corchetes) dependen exclusivamente de las propiedades del material. Las *magnitudes características* son, pues, estos segundos factores (el primer subíndice indica la masa, M, volumen, V, o coste, C; el segundo subíndice indica tensiones a tracción/compresión, TT):

Masa para una resistencia a tracción/compresión	$\Gamma_{M/TT} = \rho/R_e$
Volumen para una resistencia a tracción/compresión	$\Gamma_{V/TT} = 1/R_e$
Coste para una resistencia a tracción/compresión	$\Gamma_{C/TT} = \rho \cdot C_u/R_e$

Masa, Volumen y coste para asegurar una rigidez a tracción/compresión.
Magnitudes Características: $\Gamma_{M/RT}$, $\Gamma_{V/RT}$ y $\Gamma_{C/RT}$.

Se considera una barra de longitud L y sección A sometida a una fuerza de tracción F que, en función del módulo de elasticidad E del material, produce un alargamiento δ, tal como establece la ley de Hooke: $F/A = E \cdot (\delta/L)$, siendo la masa de la barra: $M = A \cdot L \cdot \rho$. Las expresiones de la masa, M, el volumen, V, y el coste, C, de las barras (las secciones son distintas) con la misma rigidez a tracción/compresión son:

$$M = (F \cdot L^2/\delta) \cdot [\rho/E]$$
$$V = (F \cdot L^2/\delta) \cdot [1/E]$$
$$C = (F \cdot L^2/\delta) \cdot [\rho \cdot C_u/E]$$

Los primeros factores (entre paréntesis) dependen de los esfuerzos, del alargamiento y de la geometría de la barra (parámetros independientes del material), mientras que los segundos factores (entre corchetes) dependen sólo de las propiedades del material. Las *magnitudes características* son, pues, estos segundos factores (el primer subíndice indica la masa, M, volumen, V, o coste, C; el segundo subíndice indica rigidez a tracción/compresión, RT):

Masa para una rigidez a tracción/compresión dada	$\Gamma_{M/RT} = \rho/E$
Volumen para una rigidez a tracción/compresión dada	$\Gamma_{V/RT} = 1/E$
Coste para una rigidez a tracción/compresión dada	$\Gamma_{C/RT} = \rho \cdot C_u/E$

Masa, volumen y coste para asegurar una resistencia a flexión
Magnitudes características: $\Gamma_{M/TF}$, $\Gamma_{V/TF}$ y $\Gamma_{C/TF}$.

Se considera una barra de longitud L y sección A sometida al máximo momento flector admisible M_f sin que el material supere el límite elástico, R_e $(W_f$, momento resistente de la sección):

$$M_f = W_f \cdot R_e$$

Considerando barras de secciones geométricamente semejantes, puede establecerse la relación entre el momento resistente y la sección A de la barra (k_x, factor geométrico común a todos los perfiles semejantes): $W_f = A^{3/2}/k_x$. Sabiendo que la masa es $M = A \cdot L \cdot \rho$, e introduciendo las expresiones anteriores en ésta última, se establecen la masa M, el volumen V y el coste C necesarios para que la barra resista el momento M_f sin que el material supere su límite elástico:

$$M = ((M_f \cdot k_x)^{2/3} \cdot L) \cdot [\rho/R_e^{2/3}]$$
$$V = ((M_f \cdot k_x)^{2/3} \cdot L) \cdot [1/R_e^{2/3}]$$
$$C = ((M_f \cdot k_x)^{2/3} \cdot L) \cdot [\rho \cdot C_u/R_e^{2/3}]$$

Los primeros factores (entre paréntesis) dependen de los esfuerzos aplicados y de la geometría de la barra (parámetros independientes del material), mientras que los segundos factores (entre corchetes) dependen de las propiedades del material. Las *magnitudes características* son, pues, estos segundos factores (el primer subíndice indica la masa, M, volumen, V, o coste, C; el segundo subíndice indica tensiones a flexión, TF):

Masa para una resistencia a flexión. $\qquad\qquad\qquad \Gamma_{M/TF} = \rho/R_e^{2/3}$
Volumen para una resistencia a flexión $\qquad\quad\; \Gamma_{V/TF} = 1/R_e^{2/3}$
Coste para una resistencia a flexión $\qquad\qquad \Gamma_{C/TF} = \rho \cdot C_u/R_e^{2/3}$

Masa, volumen y coste para asegurar una rigidez a flexión
Magnitudes características: $\Gamma_{(M)RF}$, $\Gamma_{(V)RF}$ y $\Gamma_{(C)RF}$.

La flecha lateral δ que experimenta una barra (o viga) de longitud L y sección A sometida a un momento flector M_f se expresa de forma genérica por (E es el módulo de elasticidad del material, I el momento de inercia de la sección, y k_f un factor geométrico que tiene en cuenta los puntos de aplicación de las fuerzas que producen el momento flector M_f):

$\qquad \delta = k_f \cdot (M_f \cdot L^2/(E \cdot I))$

Por otro lado, para secciones geométricamente semejantes existe la relación: $I = K_i \cdot A^2$, (K_i factor geométrico). Sabiendo que la masa es $M = A \cdot L \cdot \rho$, e introduciendo las primeras expresiones en ésta última, se puede establecer la masa, M, el volumen, V, y coste, C, necesarios para que el momento M_f provoque una flecha lateral de la barra de valor δ:

$\qquad M = ((K_f \cdot k_i) \cdot (M_f \cdot L^4/\delta))^{1/2} \cdot [\rho/E^{1/2}]$
$\qquad V = ((K_f \cdot k_i) \cdot (M_f \cdot L^4/\delta))^{1/2} \cdot [1/E^{1/2}]$
$\qquad C = ((K_f \cdot k_i) \cdot (M_f \cdot L^4/\delta))^{1/2} \cdot [\rho \cdot C_u/E^{1/2}]$

Los primeros factores (entre paréntesis) dependen de los esfuerzos aplicados, de la flecha, y de la geometría de la barra (parámetros independientes del material), mientras que los segundos factores (entre corchetes) dependen de las propiedades del material. La masa, el volumen y el coste necesarios para asegurar la misma rigidez a flexión de cada uno de los materiales candidatos son proporcionales a los respectivos valores de las tres *magnitudes características* siguientes (el primer subíndice indica la masa, M, volumen, V, o coste, C; el segundo subíndice indica rigidez a flexión, RF):

Masa para una rigidez a flexión $\qquad\qquad\qquad\quad \Gamma_{M/RF} = \rho/E^{1/2}$
Volumen para una rigidez a flexión $\qquad\qquad\quad\; \Gamma_{V/RF} = 1/E^{1/2}$
Coste para una rigidez a flexión $\qquad\qquad\qquad \Gamma_{C/RF} = \rho \cdot C_u/E^{1/2}$

Interpretación de resultados

A partir de las definiciones anteriores y aplicando valores de los dos materiales candidatos, se pueden extraer las siguientes conclusiones:

1. En todos los casos, el acero es mucho más barato que el aluminio. En el caso más igualado (*rigidez a flexión*), el aluminio tiene un coste del 140% del acero y, en el caso más extremo (*resistencia a tracción /compresión*), este coste es 5 veces superior.

2. El acero siempre es menos voluminoso que el aluminio. En el caso más igualado (*rigidez a flexión*), el aluminio ocupa un 68% más que el acero y, en el caso más extremo (*resistencia a tracción/compresión*), ocupa un 250% más.

3. En relación a la masa, el acero y el aluminio se reparten los papeles. El acero es mejor a *resistencia a tracción/compresión* (el aluminio requiere un 26% más de masa), está igualado a *rigidez a tracción/compresión* (un 1% de diferencia), y es desfavorable tanto a *resistencia a flexión* como a *rigidez a flexión* (un 22% y 67% más que la masa del aluminio, respectivamente).

Tabla 1.5 **Resistencia y rigidez a tracción y flexión. Magnitudes características**

a) ***Masa, volumen y coste, dada la resistencia a tracción/compresión***

Magnitudes características	Unidades	Aluminio 2017-T4		Acero 34CrNiMo6	
		valor	Base =100	valor	Base =100
$\Gamma_{M/TT} = \rho/R_e$	Mg/(m³·MPa)	0,0098	126	0,0078	**100**
$\Gamma_{V/TT} = 1/R_e$	MPa^{-1}	0,0035	350	0,0010	**100**
$\Gamma_{C/TT} = \rho \cdot C_u/R_e$	k€/(m³·MPa)	0,0426	501	0,0085	**100**

b) ***Masa, volumen y coste, dada la rigidez a tracción/compresión***

Magnitudes características	Unidades	Aluminio 2017-T4		Acero 34CrNiMo6	
		valor	Al=100	valor	Al=100
$\Gamma_{M/RT} = \rho/E$	Mg/(m³·GPa)	0,0377	101	0,0373	**100**
$\Gamma_{V/RT} = 1/E$	GPa^{-1}	0,0135	281	0,0048	**100**
$\Gamma_{C/RT} = \rho \cdot C_u/E$	k€/(m³·GPa)	0,1640	407	0,0403	**100**

c) ***Masa, volumen y coste, dada la resistencia a la flexión***

Magnitudes características	Unidades	Aluminio 2017-T4		Acero 34CrNiMo6	
		valor	Al=100	valor	Al=100
$\Gamma_{M/TF} = \rho/R_e^{2/3}$	Mg/(m³·MPa$^{2/3}$)	0,0069	**100**	0,0078	122
$\Gamma_{V/TF} = 1/R_e^{2/3}$	MPa$^{-2/3}$	0,0231	231	0,0100	**100**
$\Gamma_{C/TF} = \rho \cdot C_u/R_e^{2/3}$	k€/(m³·MPa$^{2/3}$)	0,2802	331	0,0847	**100**

d) ***Masa, volumen y coste, dada la rigidez a la flexión***

Magnitud características	Unidades	Aluminio 2017-T4		Acero 34CrNiMo6	
		valor	Al=100	valor	Al=100
$\Gamma_{M/RF} = \rho/E^{1/2}$	Mg/(m³·GPa$^{1/2}$)	0,3243	**100**	0,5417	167
$\Gamma_{V/RF} = 1/E^{1/2}$	GPa$^{-1/2}$	0,1162	168	0,0690	**100**
$\Gamma_{C/RF} = \rho \cdot C_u/E^{1/2}$	k€/(m³·GPa$^{1/2}$)	1,4108	241	0,5843	**100**

Aplicaciones

Automóvil: cuando es crítico el coste (por ejemplo, en el automóvil), el acero es el candidato mejor situado. Hasta ahora, tan sólo se han construido carrocerías de automóvil en aluminio para automóviles de lujo o de prestigio.

Es posible que la preocupación por el coste *de ciclo de vida* impulse en un futuro próximo el desarrollo de carrocerías de aluminio.

Soportes y transmisiones: en las aplicaciones donde es crítico el volumen (transmisiones, mecanismos, trenes de aterrizaje de aviones), el acero es el candidato mejor situado. Si se utilizaran materiales alternativos (y, concretamente, el aluminio), el mayor volumen (y masa) de los mecanismos implicaría importantes repercusiones económicas

Fuselaje de avión, material de deporte: cuando es crítica la masa (avión, tienda de campaña), el mejor material candidato para los elementos sometidos a flexión es el aluminio y, para los elementos sometidos a tracción, el acero. Esta solución es la adoptada de forma muy explícita en los aviones ultraligeros (perfiles de aluminio y cables de acero).

1.5.4 Ejemplo 2: Energía térmica acumulada

Enunciado

Se propone analizar la función *energía térmica acumulada* manteniendo las *restricciones* de una *masa*, un *volumen* o un *coste* dados (3 casos):

Energía térmica acumulada (Q), dada una *masa (M)* (maximizar)
Energía térmica acumulada (Q), dado un *volumen (V)* (maximizar)
Energía térmica acumulada (Q), dado un *coste (C)* (maximizar)

Los dos materiales a comparar son: 1. Aleación de aluminio AW-1050A (AW-Al99,5, EN 573); 2. Cobre fosforoso Cu-DHP (CW024A, EN-12165); 3. Termoplástico, *Polipropileno*, PP.

Tabla 1.6 **Energía térmica acumulada. Propiedades de los materiales**

Propiedades	Símbolos	Unidades	AW-1050A		Cu-DHP		PP	
			valor	B =100	valor	B =100	Valor	B = 100
Densidad	ρ	Mg/m^3	2,70	30,2	8,94	100	0,91	10,2
Calor específica	c	J/kg·K	899	45,0	385	19,2	2000	100
Coste unitario	C_u	€/kg	2,80	57,1	4,90	100	0,65	13,3

Resolución

La energía térmica, Q, que absorbe (o cede) un cuerpo de masa, m, sometido a un salto térmico ΔT, se obtiene de la propia definición de *calor específico, c*:

$$Q = c \cdot m \cdot \Delta T$$

A continuación se establecen las expresiones de las *funciones a satisfacer* (sabiendo que $\rho=m/V$, y el coste $C=m \cdot C_u$) de donde se deducen las *magnitudes características*:

$$Q/M = c \cdot m \cdot \Delta T / m = (\Delta T) \cdot [c]$$
$$Q/V = c \cdot m \cdot \Delta T / V = (\Delta T) \cdot [c \cdot \rho]$$
$$Q/C = c \cdot m \cdot \Delta T / C = (\Delta T) \cdot [c/C_u]$$

Los primeros factores (entre paréntesis) dependen del salto térmico (parámetro de la aplicación, independiente del material), mientras que los segundos factores (entre corchetes), dependen exclusivamente de las propiedades del material. Las *magnitudes características* son, pues, estos segundos factores (primer subíndice, Q, de energía calorífica; segundo subíndice, M, V o C según la restricción de *masa*, *volumen* o coste):

Energía térmica acumulada, dada una masa $\Gamma_{Q/M} = c$
Energía térmica acumulada, dado un volumen $\Gamma_{Q/V} = c \cdot \rho$
Energía térmica acumulada, dado un coste $\Gamma_{Q/C} = c/C_u$

Tabla 1.7 **Energía térmica acumulada. Magnitudes características**

Energía térmica acumulada, dada una masa, volumen o coste							
Magnitudes características	Unidades	AW-1050A		Cu-DHP		PP	
		Valor	B =100	Valor	B =100	valor	B =100
$\Gamma_{Q/M} = c$	J/kg·K	899	45,0	385	19,2	2000	100
$\Gamma_{Q/V} = c \cdot \rho$	J/m^3·K	2427,3	70,5	3441,9	100	1820,0	52,9
$\Gamma_{Q/C} = c/C_u$	J/€·K	332,9	10,8	78,6	2,5	3076,9	100

Interpretación de resultados

A partir de las definiciones anteriores y aplicando valores de los dos materiales candidatos (ver Tabla 1.7), pueden extraerse las siguientes conclusiones:

1. Fijada la *masa*, el polipropileno (PP) es el mejor situado, seguido por el Al (el 45%), siendo muy baja la energía por masa acumulada por el Cu (menos del 20% del polipropileno).

2. Fijado el *coste*, otra vez el polipropileno (PP) es el mejor situado, seguido ahora a mucha distancia por el Al (acumula poco más del 10% de energía del polipropileno), siendo residual la energía acumulada por el Cu (el 2,5% de la del polipropileno).

3. Finalmente, fijado el *volumen*, el mejor situado es el Cu, seguido a distancia por el Al (70,5% de la energía acumulada por el Cu) y, algo más lejos, por el polipropileno (53% de la del Cu).

Aplicaciones

Acumulador térmico ligero y barato. A igualdad de las otras condiciones, para un acumulador térmico ligero o barato, se seleccionará el *polipropileno* PP. En caso de que el *polipropileno* no fuera posible (temperaturas excesivas, o falta de resistencia o rigidez del material), el aluminio tomaría el relieve del termoplástico en las aplicaciones ligeras o de bajo coste.

Acumulador térmico poco voluminoso. Si es determinante el espacio, habrá que elegir el Cu.

1.5.5 Ejemplo 3: Pérdidas por efecto Joule en un cable

Enunciado

Se propone comparar materiales para una línea eléctrica (aérea o enterrada) cuya *función a satisfacer* es minimizar la energía disipada por efecto Joule para una longitud de cable, con las *restricciones* de masa, sección y coste (3 casos):

Masa (M) necesaria, dada una *energía disipada por efecto Joule* (E_{DU}) (minimizar)
Sección (S) necesaria, dada una *energía disipada por efecto Joule* (E_{DU}) (minimizar)
Coste (C) necesario, dada una *energía disipada por efecto Joule* (E_{DU}) (minimizar)

Los dos materiales a comparar son: 1. Cobre electrolítico Cu-ETP (CW004A, EN-1652). 2. Aleación de aluminio AW-1350A (AW-El99,5, EN 573).

Tabla 1.8 **Pérdidas por efecto Joule de un cable. Propiedades de los materiales a comparar**

Propiedades	Símbolos	Unidades	Cu-ETP		AW-1350ª	
			valor	Cu=100	valor	Cu=100
Densidad	ρ	Mg/m^3	8,94	100	2,70	0,30
Resistividad eléctrica	ρ_e	nW/m	17,1	100	28,0	163,7
Coste unitario	C_u	€/kg	4,90	100	2,80	0,57

Resolución

La energía que disipa un cable por unidad de longitud, E_{DU}, se deduce de la propia ley del efecto Joule:

$$E_D = R \cdot I^2 = (\rho \cdot L / S) \cdot I^2$$

A continuación se establecen las expresiones de las *funciones a satisfacer* (la sección, S, se deduce directamente de la expresión anterior; la masa es $M = L \cdot S \cdot \rho$; y el coste $C = m \cdot C_u$):

$$M = L \cdot S \cdot \rho = (L \cdot I^2 / E_D) \cdot [\rho_e \cdot \rho]$$
$$S = (L \cdot I^2 / E_D) \cdot [\rho_e]$$
$$C = L \cdot S \cdot \rho \cdot C_u = (L \cdot I^2 / E_D) \cdot [\rho_e \cdot \rho \cdot C_u]$$

Los primeros factores (entre paréntesis) dependen de la longitud del cable (L), de la intensidad eléctrica que circula (I) y de la energía disipada admisible (E_D), parámetros independientes del material; mientras que los segundos factores (entre corchetes), dependen exclusivamente de las propiedades de los materiales. Las *magnitudes características* son, pues, estos segundos factores (primer subíndice, M, S o C según la restricción de *masa*, *sección* o *coste*; segundo subíndice, ED, de energía disipada):

Masa, dada una energía disipada por efecto Joule	$\Gamma_{M/ED} = \rho_e \cdot \rho$
Sección, dada una energía disipada por efecto Joule	$\Gamma_{S/ED} = \rho_e$
Coste, dada una energía disipada por efecto Joule	$\Gamma_{C/ED} = \rho_e \cdot \rho \cdot C_u$

Tabla 1.9 **Pérdidas por efecto Joule de un cable. Magnitudes características**

Masa, sección y coste, dada una energía disipada por efecto Joule					
Magnitudes características	Unidades	Cu-ETP		AW-1350A	
		valor	base =100	valor	base =100
$\Gamma_{M/ED} = \rho_e \cdot \rho$	$n\Omega \cdot Mg/m^2$	152,9	100	75,6	49,4
$\Gamma_{S/ED} = \rho_e$	$n\Omega \cdot m$	17,1	61,1	28	100
$\Gamma_{C/ED} = \rho_e \cdot \rho \cdot C_u$	$\mu\Omega \cdot €/m^2$	749,2	100	211,7	28,2

Interpretación de resultados

A partir de las definiciones anteriores y aplicando valores de los dos materiales candidatos (ver Tabla 1.9), pueden extraerse las siguientes conclusiones:

1. El cobre requiere secciones muy inferiores (del orden del 60% del aluminio)

2. El aluminio resulta mucho más ligero (aproximadamente el 50%) y es mucho menos costoso (aproximadamente el 30%).

Aplicaciones

Línea aérea. El Al presenta ventajas claras sobre del Cu: 1. Menor coste (para las mismas pérdidas de energía por efecto Joule). 2. El menor peso repercute favorablemente en los apoyos (postes, torres de líneas de alta tensión. 3. y, por otro lado, la mayor sección del Al no es un inconveniente grave (hay mucho espacio) y sólo repercute negativamente en el empuje del viento.

Nota: En la anterior evaluación, no se ha tenido en cuenta que el aluminio experimenta, con el tiempo, una fluencia bajo carga relativamente acusada a temperaturas no muy superiores a 100°C. Las acciones térmicas del sol y del propio efecto Joule, combinadas con la tensión originada por la catenaria, provocaría una lenta fluencia del material del cable que le haría descender hasta el suelo.

El desarrollo de aislantes resistentes a la intemperie permite agrupar los cables eléctricos para formar una trenza en la que se incluye un cable de acero para sostener las tensiones mecánicas entre postes consecutivos. Los cables eléctricos son continuos y sólo conducen la electricidad.

Línea enterrada. El menor coste del aluminio inclinaría la balanza a favor suyo. Sin embargo, dado que el peso tiene una incidencia prácticamente nula, la menor sección del cobre puede representar una ventaja crucial, sobretodo en zonas urbanas donde los espacios son más escasos y hay que evaluar el coste de realizar las zanjas y las canalizaciones.

Nota: En otras aplicaciones donde el espacio es fundamental (por ejemplo, motores y generadores eléctricos, transformadores) el material usado es el cobre.

2 Metales. Aceros y fundiciones

2.1 Introducción a los metales

2.1.1 Visión de conjunto

Los materiales metálicos y, entre ellos, los materiales férricos, constituyen el grupo más importante de materiales en el diseño y fabricación de máquinas. Sus características más destacadas son: *a*) excelentes propiedades mecánicas (resistencia, rigidez, frente a los polímeros; y tenacidad, frente a las cerámicas); *b*) buena conductividad eléctrica y del calor; *c*) muy buenas características para el conformado (muy particularmente para la deformación plástica); *d*) la posibilidad de modificar las propiedades mecánicas por medio de deformación plástica en frío (trabajo en frío) o de tratamientos térmicos. Estas dos últimas características se analizan en los próximos apartados.

Los metales más usados en el diseño de máquinas son:

Materiales férricos (Fe): los aceros, de muy buenas características mecánicas, y las fundiciones, de fácil moldeo, todos ellos de coste moderado pero muy densos y vulnerables a la corrosión; y los aceros inoxidables, resistentes a la corrosión, pero de coste mucho más elevado.

Aleaciones del aluminio (Al): muy ligeras y resistentes a la corrosión, pero de características mecánicas más moderadas y precio más elevado.

Aleaciones del cobre (Cu), (comercial, bronces y latones): excelentes conductoras (electricidad, calor), resistentes a la corrosión y de características mecánicas intermedias, pero muy densas y caras.

En proporciones más limitadas también se usan en el diseño de máquinas: las *aleaciones de cinc* (En), por su bajo punto de fusión y fácil moldeo; las *aleaciones de magnesio* (Mg), por su bajísima densidad; las *aleaciones de titanio* (Ti), por su relativa ligereza, buenas características mecánicas y resistencia a la corrosión, pero de coste muy elevado; y las *aleaciones de Níquel* (Ni), por su gran resistencia a la corrosión y buenas características mecánicas, pero de densidad y coste muy elevados.

Antes de analizar las propiedades de los materiales metálicos, se estudian tres aspectos determinantes en muchas aplicaciones donde los metales presentan un comportamiento específico diferenciado de otras familias de materiales: *a*) *deformación plástica en frío*; *b*) *tratamientos térmicos*; *c*) *la corrosión y su prevención*.

En relación a los dos primeros puntos, cabe señalar que los *diagramas de fases* muestran las distintas fases obtenidas en condiciones de equilibrio en función de la composición y la temperatura. Sin embargo, otros aspectos mecánicos y metalúrgicos (procesos de deformación plástica en frío, o tratamientos térmicos realizados fuera de las condiciones de equilibrio) son determinantes en las microestructuras (forma, dimensión, distribución y orientación de los granos de las distintas fases) y, en definitiva, modulan las propiedades mecánicas del material.

Respecto al tercer punto, cabe decir que los metales experimentan un tipo de deterioro específico, la corrosión, relacionada en gran medida con el hecho de ser materiales conductores (efectos galvánicos), lo que merece también un análisis específico y el estudio de sus formas de prevención.

2.1.2 Deformación plástica en frío

La deformación plástica en frío es probablemente el aspecto que más diferencia el comportamiento de los metales respecto a otros materiales. Tiene dos efectos importantes: permite mejorar las características mecánicas del material y facilita varios procesos característicos de conformado en frío (laminación, extrusión, estampación, plegado, curvado, embutición).

Mecanismo de deformación plástica en frío

Cuando un metal es sometido a una tensión superior a su límite elástico, se produce un pequeño alargamiento irreversible, o deformación plástica. Un nuevo aumento de la tensión produce un nuevo alargamiento, y así la deformación plástica continúa hasta que el material agota su capacidad de deformación y experimenta la rotura.

El alargamiento tiene lugar por medio de unos pequeños deslizamientos entre planos de máxima densidad atómica de la retícula cristalina del metal. La estructura cúbica centrada en las caras, f.c.c., tiene 12 planos de deslizamiento y proporciona una gran ductilidad (Al, Cu); la estructura hexagonal, c.p.h., tiene tan sólo 3 planos de deslizamiento por lo que proporciona una baja ductilidad (Mg, Tiα, Co); finalmente, la estructura cúbica centrada en el cuerpo, b.c.c, se halla en una situación intermedia (Feα, Mo, W).

Las tensiones necesarias para producir estos pequeños deslizamientos en un metal, calculados a partir de las fuerzas de los enlaces atómicos, son de 100 a 1000 veces mayores que el límite elástico. Es por ello que el modelo aceptado hoy día para explicar la deformación plástica parte de la existencia de múltiples dislocaciones (defectos en la regularidad de la retícula) que se propagan paso a paso (movimiento de oruga) con una tensión considerablemente inferior a la calculada.

La propagación de las dislocaciones puede detenerse mediante diversos tipos de barrera: límites de grano (donde hay un cambio de orientación de la retícula), defectos localizados (vacantes en la retícula, partículas de sustitución o intersticiales) y confluencia con otras dislocaciones. En cada nueva deformación plástica, las dislocaciones se propagan según orientaciones y condiciones menos favorables hasta que llega un momento en el que la tensión necesaria para una nueva dislocación es mayor que la de las fisuras inestables, y entonces se produce la rotura frágil.

Trabajo en frío (acritud)

A medida que un metal va acumulando deformación plástica en frío, aumenta su resistencia y dureza, mientras que disminuye, la ductilidad y tenacidad. Los productos trabajados en frío tienen unas propiedades mecánicas mejoradas y una buena precisión dimensional (sin embargo, si el trabajo mecánico ha sido excesivo, el material puede resultar demasiado frágil).

2.1.3 Tratamientos térmicos

Conjunto de procesos aplicados a las aleaciones metálicas, que se realizan mediante el control de las velocidades de calentamiento, de enfriamiento y del tiempo de permanencia a distintas temperaturas (en algunos casos en medios o atmósferas determinadas). Tienen por objeto obtener o controlar la naturaleza, cantidad, dimensión, forma, distribución y orientación de las fases y, en determinadas ocasiones, controlar o modificar el estado de tensiones internas del material.

Los principales tratamientos térmicos son: el *recocido* y el *endurecimiento por precipitación* y, en los materiales férricos, también la *transformación martensítica* y los tratamientos superficiales de *endurecimiento por difusión*.

Hay que advertir que los tratamientos térmicos originan importantes incrementos de costes que a menudo duplican el precio de las piezas, por lo que sólo conviene aplicarlos cuando las soluciones alternativas no son adecuadas o comportan un dimensionado excesivo de los componentes.

Recocido

Tratamiento térmico que permite devolver la estructura distorsionada de un metal, debida a una previa deformación plástica en frío, a un estado libre de tensiones y con la ductilidad original. El proceso de recocido presenta tres grados: reducción de la distorsión, recristalización y crecimiento del grano. Según se avance en el proceso, recibe distintos nombres y tiene distintos objetivos.

Recocido de liberación de tensiones: Tratamiento térmico a baja temperatura que no produce cambios en la microestructura del metal, pero que libera tensiones de una estructura previamente distorsionada. Esta operación es muy importante después de procesos que hayan originado tensiones internas en el material (grandes deformaciones plásticas, determinados tratamientos térmicos, soldadura).

Recocido de regeneración: Si la temperatura aumenta hasta la de recristalización, en las zonas de mayor distorsión se nuclean cristales libres de tensiones, que crecen hasta encontrar los granos vecinos. Si se controla la temperatura, el tiempo de permanencia y la velocidad de enfriamiento, se puede obtener una estructura de grano fino y uniforme que presenta muy buenas características mecánicas. La *normalización* de los aceros es una forma de recocido de regeneración realizado con un enfriamiento en aire quieto.

Recocido total: Si después de la nucleación de nuevos granos se mantiene la temperatura de recocido durante un tiempo prolongado, se obtiene una estructura de granos de gran tamaño (por absorción de los granos vecinos), de resistencia y dureza muy bajas, pero con una gran ductilidad. En un metal, los procesos de deformación en frío y de recocido total pueden realizarse sucesivamente tantas veces como se crea conveniente.

Trabajo en caliente: Consiste en la deformación plástica de un metal por encima de la temperatura de recristalización, de forma que la acritud se compensa con la recristalización, por lo que la deformación plástica puede continuar indefinidamente. El trabajo requerido para la deformación de un metal en caliente es muy inferior al necesario para la deformación en frío, a la vez que permite obtener cambios de forma y de dimensiones mucho mayores, pero las piezas o productos resultantes tienen unas características mecánicas más moderadas, una precisión dimensional más reducida y aparecen recubiertos de capas de óxido.

Endurecimiento por precipitación

Tratamiento térmico que produce una segunda fase de partículas finamente dispersas en la primera, que tiene por efecto la creación de un gran número de barreras a la propagación de las dislocaciones. Se consigue por medio de una primera operación de solubilización de un elemento de aleación a elevada temperatura, seguida de un enfriamiento rápido para crear una solución sobresaturada (en algunos casos hasta temperaturas inferiores a la ambiente) conservando la ductilidad para, finalmente, dar lugar a una fina precipitación a temperatura ambiente (envejecimiento natural) o a temperatura superior (envejecimiento artificial), produciéndose el efecto de endurecimiento por el bloqueo de las dislocaciones.

Un efecto similar se puede obtener por sinterización de polvos de dos composiciones distintas; recibe entonces el nombre de *endurecimiento por dispersión*.

El tratamiento de *bonificación* en los aceros (temple y revenido) presenta ciertas analogías con el *endurecimiento por precipitación*.

2.1.4 Corrosión y su prevención

La corrosión es el deterioro o destrucción de un metal debido a la reacción con el medio de su entorno (aire seco, húmedo; agua dulce, salada; atmósfera rural, urbana, marina; suelo; vapor de agua; aceites y disolventes; gasolinas y gasóleos; ácidos y bases). En la industria, los medios corrosivos a menudo se acompañan de elevadas temperaturas y presiones que agravan el ataque.

Hay que distinguir entre *corrosión húmeda* (la más frecuente), que normalmente se produce a temperatura ambiente en presencia de un líquido (generalmente una solución acuosa), donde se forman electrolitos que causan fenómenos galvánicos, y *corrosión seca* (mucho más rara), que se produce frecuentemente a altas temperaturas (hornos) en ausencia de líquidos (o por encima de su punto de rocío), donde los vapores y gases son los agentes corrosivos.

Las actitudes del diseñador de máquinas frente a la corrosión pueden ser diversas. En algunas aplicaciones, donde es primordial la apariencia superficial, se usan o bien materiales nobles (cocinas industriales) o se aplican pinturas u otros recubrimientos estéticos (carrocerías de automóviles). En otros casos la corrosión puede dar lugar a fallos de funcionamiento (corrosión de tubos, deterioro de juntas, rotura de elementos) y, entonces, se utilizan materiales resistentes a la corrosión para evitar los importantes costes derivados del mantenimiento o de eventuales accidentes. En algunos casos se lucha contra la corrosión sobredimensionando las piezas.

Las principales manifestaciones de la corrosión y las correspondientes formas de prevención son:

Corrosión uniforme
Ataque químico o electroquímico que tiene lugar uniformemente en toda la superficie del metal, cuyo grosor se adelgaza progresivamente hasta que falla. Es la forma más frecuente de corrosión. Se puede prevenir mediante: a) substitución por un metal no corrosivo en el medio utilizado (suele ser el procedimiento más caro); b) aplicación de recubrimientos (imprimaciones, pinturas, recubrimientos plásticos, cobreado, niquelado, cromado); c) inhibidores; d) protecciones catódicas (recubrimientos galvánicos de zinc o aluminio para el acero, cátodos de sacrificio).

Corrosión galvánica
Tiene lugar cuando dos metales de distinto potencial galvánico están eléctricamente conectados entre sí y expuestos a un electrolito. El metal más activo sufre corrosión (reacción anódica), mientras que el metal más noble (o inerte) queda protegido (reacción catódica). La serie galvánica de la Tabla 2.1 predice la tendencia de distintos metales y aleaciones a formar parejas galvánicas. Por ejemplo: al unir tubos de cobre y de acero en las instalaciones de agua doméstica, estos últimos experimentan una fuerte corrosión galvánica.
Para prevenir este tipo de corrosión se recomienda: *a*) Elegir parejas de metales próximos en la serie galvánica; *b*) Evitar el efecto desfavorable de una superficie anódica pequeña y una superficie catódica grande (conviene que tornillos y pernos constituyan el ánodo); *c*) Aislar eléctricamente los dos metales susceptibles de formar una pareja galvánica; *d*) Aplicar recubrimientos, inhibidores o ánodos de sacrificio respecto a los dos metales.

Corrosión en grietas. Corrosión por picado
Son formas de corrosión intensas y localizadas, causadas por la distinta concentración de iones entre dos partes de la misma pieza o conjunto, de manera que producen una reacción galvánica. La *corrosión en grietas* se da en juntas y fisuras donde se retiene más la humedad (reacción anódica) que en otras partes más aireadas de la misma pieza. La *corrosión por picado* es un fenómeno análogo que se inicia en un defecto de la superficie del metal y progresa por gravedad hacia su interior (puede llegar a perforar las chapas).
Para prevenir la corrosión en grietas se recomienda: *a*) evitar juntas y fisuras (si es necesario, soldarlas); *b*) usar soldadura en lugar de tornillos o remaches (evitar las juntas); *c*) diseñar las piezas eliminando los rincones; *d*) evitar depósitos de materiales que retengan humedad, espe-

cialmente en los períodos de inactividad. Las mismas soluciones son adecuadas para prevenir la corrosión por picado, ejerciendo una importante influencia la elección del material (de menos a más resistentes al picado: aceros inoxidables *AISI 304, AISI 316*, Hastelloy C, Titanio).

Tabla 2.1 **Serie galvánica para metales y aleaciones en agua de mar** [1]

| ↑ noble catódico | Platino, Pt
 Oro, Au
 Grafito, C
 Titanio, Ti
 Plata, Ag
 Hastelloy C
 ⌈Acero inoxidable 316 (pasivo)[2]
 │Acero inoxidable 304 (pasivo)[2]
 └Acero inoxidable 430 (pasivo)[2]
 ⌈Inconel 600 (pasivo)[2]
 └Níquel, Ni (pasivo)[2]
 ⌈Monel
 │Cuproníquel
 │Bronces
 │Cobre, Cu
 └Latones | Hastelloy B
 ⌈Inconel (activo)[2]
 └Níquel, Ni (activo)[2]
 Estaño, Sn
 Plomo, Pb
 ⌈Acero inoxidable 316 (activo)[2]
 └Acero inoxidable 304 (activo)[2]
 Acero inoxidable 430 (activo)[2]
 ⌈Fundición
 └Acero
 Aluminio 2024
 Cadmio, Cd
 Aluminio 1100
 Cinc, Zn
 Magnesio, Mg, y aleaciones | activo o anódico ↓ |

[1] Ensayos de International Nickel Company (resumen en *Corrosion Engineering* de M.G. Fontana, McGraw-Hill, 1986)

[2] Las designaciones de *pasivo* y *activo* indican si se ha creado o no una capa protectora de óxido en la superficie de la aleación

[3] Los metales agrupados por un paréntesis, a efectos prácticos no dan lugar a corrosión galvánica entre sí.

Corrosión intergranular

En determinados materiales, medios y condiciones, es una forma de corrosión localizada en los límites de grano. Se da en ciertas aleaciones de Al y Cu, pero es especialmente grave en aceros inoxidables austeníticos sometidos a temperaturas de 500÷800°C (por ejemplo, en las soldaduras), ya que, al precipitar el Cr en forma de carburos, las zonas adyacentes son susceptibles de oxidación. Las formas de prevenir esta corrosión en los aceros inoxidables es disminuir drásticamente el contenido de C o añadir elementos con mayor tendencia a formar carburos que el Cr.

Corrosión por tensión

Resulta del efecto combinado de las tensiones (externas o internas) a que está sometido un material y del medio corrosivo en el que trabaja (aceros inoxidables en presencia de cloruros). Se debe a la presencia de microfisuras que, atacadas por el medio, progresan hasta producir el fallo. Los medios más eficaces para evitar esta corrosión son disminuir o eliminar los esfuerzos aplicados, o liberar tensiones internas mediante un recocido.

Corrosión por lixiviación

En determinados medios, una aleación pierde sus características debido a que se produce la lixiviación (o disolución selectiva) de uno de sus componentes. Un ejemplo de este fenómeno es la descincificación de los latones en agua de mar. La forma de prevenir este fenómeno es utilizar aleaciones de menor contenido de Zn (latones rojos al 15%) o añadir una pequeña cantidad de Sn (latones navales).

Corrosión por erosión

Acción combinada de un ataque químico y la abrasión producida por un fluido en movimiento, o por fricción repetida entre dos piezas (desplazamientos de μm). Tiene especial importancia en metales pasivados ya que la abrasión erosiona la capa protectora dejando el metal expuesto a la acción corrosiva. La corrosión por erosión fluida se manifiesta en forma de hoyos y de valles (generalmente siguiendo un patrón) en conducciones (especialmente en los codos y cambios de sección), hélices, álabes de turbina y paletas de bomba, mientras que la corrosión por fricción se manifiesta en uniones atornilladas o remachadas con movimiento relativo, o en muelles que rozan.

Algunas formas de prevenir la corrosión por erosión fluida son: *a*) modificar el diseño para disminuir las colisiones y la turbulencia del fluido; *b*) eliminar las partículas (filtrado) o las burbujas del fluido; *c*) seleccionar un material más resistente a la corrosión por erosión en el medio de aplicación. Para disminuir la corrosión por fricción se debe: *a*) eliminar el movimiento relativo entre las piezas (aumentar el apriete); *b*) seleccionar un material no pasivado resistente a la corrosión en el medio de aplicación.

Corrosión seca (u *oxidación*)
Reacción entre un metal y un gas en contacto con la formación de un compuesto en la superficie y con una pérdida neta de material. La forma más frecuente es el ataque por oxígeno (oxidación), pero también por atmósferas sulfurosas oxidantes (SO_2), halógenos (Cl, Br y I) o gases de combustión (CO, CO_2, H_2O). Dado que la corrosión seca se da principalmente a altas temperaturas, adquiere la máxima importancia en aplicaciones de aleaciones refractarias.

2.1.5 Propiedades de los metales

Los apartados anteriores han analizado tres aspectos del comportamiento específico de los metales (la deformación plástica en frío, los tratamientos térmicos y la corrosión y su prevención), que enmarcan muchas de sus propiedades y a la vez son determinantes en muchas de sus aplicaciones.

El presente apartado se destina a describir las principales propiedades físicas, mecánicas y tecnológicas que caracterizan los materiales metálicos, muchas de las cuales se rigen por ensayos específicos contemplados en las normas EN, ISO o ASTM (Tabla 2.2).

Propiedades físicas

Las propiedades físicas de los metales que más inciden en el diseño de máquinas son:

Densidad
Los metales son densos ($1,75 \div 9$ Mg/m^3, para las aleaciones más usuales en el diseño de máquinas), lo que influye decisivamente en muchas aplicaciones. El aligeramiento de las máquinas ha impulsado el desarrollo de las aleaciones ligeras (Mg, Ti y más especialmente Al, 2,7 Mg/m^3), o también su sustitución por plásticos.

Propiedades térmicas
Las más destacadas son: *a*) *temperaturas de fusión* de medianas a elevadas para las aleaciones usuales en el diseño de máquinas (desde $380 \div 420$ °C en las aleaciones de Zn hasta los 1670 °C del Ti), más elevadas que en los polímeros, pero menos que en las cerámicas. *b*) *conductividad térmica* elevada (comparada con los polímeros y las cerámicas), especialmente en el Cu y Al, origen de muchas aplicaciones (intercambiadores de calor, disipadores térmicos). *c*) *capacidad calorífica* mediana o baja. *d*) *coeficientes de dilatación lineal* bajos (buena estabilidad dimensional) en comparación con los polímeros, pero menor que las cerámicas.

Propiedades eléctricas y magnéticas
Los metales se caracterizan por su buena conductividad eléctrica (especialmente las aleaciones de Cu y Al), propiedad que no comparten con otras familias de materiales (aplicaciones como conductores). Algunos metales tienen características ferromagnéticas (aceros, aceros inoxidables martensíticos, determinadas aleaciones del Ni) con aplicaciones importantes en dispositivos electromagnéticos (imanes, núcleos de transformadores y motores eléctricos).

Tabla 2.2 **Normas de ensayo de metales**

Ensayo	EN (EN ISO)	ISO/IEC	ASTM
Propiedades físicas			
Densidad	-	-	-
Coeficiente de dilatación lineal	-	-	B 95
Calor específico	-	-	-
Conductividad térmica	-	-	-
Resistencia/conductividad eléctrica	-	IEC 468	B 193
Propiedades mecánicas			
Tracción a temperatura ambiente	EN 10002-1:2001	6892:1998	E8-04
Tracción a temperatura elevada	EN 10002-5:1991	783:1999	E21-03
Tracción a baja temperatura	-	25579:2000	-
Compresión	-	-	E9-00
Flexión por choque, resiliencia (Charpy)	EN 10045-1:1990	148-1:2006	E23-02
Fluencia a temperatura elevada (acero)	EN 10291:2000	204:1997	E139-00
Relajación	EN 10319-1:2003	-	E328-02
Fatiga (flexión circular)	EN 10003-1:1995	1143:1975	E466-96
Fatiga (tensión axial)		1099:2006	-
Dureza Knoop	EN ISO 4545:2005	Ídem	E384-99
Dureza Brinell	EN ISO 6506:2000	Ídem	E10-01
Dureza Vickers	EN ISO 6507:1998	Ídem	E92-03
Dureza Rockwell	EN ISO 6508:2000	Ídem	E18-03
Propiedades tecnológicas			
Corrosión por tensión	EN ISO 7539-1:1995	Ídem	-
Corrosión en atmósfera artificial	EN ISO 9227:2006	Ídem	-
Resistencia al desgaste (comparativa)	-	-	G 77
Doblado simple	EN ISO 7438:2000	Ídem	-
Doblado alternativo	EN ISO 7799:2000	Ídem	-
Templabilidad (Jominy)	EN ISO 642:1999	Ídem	A 255

Propiedades mecánicas

Comparativamente con otras familias de materiales, los metales tienen muy buenas propiedades mecánicas, tanto volumétricas (que afectan la resistencia y la rigidez), como superficiales (que afectan el comportamiento en los enlaces). Pero, además, los materiales metálicos presentan la posibilidad de mejorarlas y modularlas mediante la *deformación plástica en frío* y los *tratamientos térmicos* (se han analizado en apartados anteriores).

Propiedades mecánicas volumétricas

Resistencia mecánica y rigidez
El ensayo de tracción suele caracterizar la resistencia mecánica de los metales, siendo menos usados los ensayos de compresión, flexión, torsión o cortadura. El *límite elástico*, R_e (de valores elevados en comparación de los polímeros), se usa de referencia de cálculo para los metales dúctiles, mientras que la *resistencia a la tracción*, R_m (de valores también elevados en relación de los polímeros, 100÷2500 MPa), se usa como referencia de cálculo para los metales frágiles. La mayoría de los metales son dúctiles, con *alargamientos a la rotura*, A, superiores al 5%, aun cuando existen materiales metálicos frágiles, como la fundición gris y determinados aceros de alta resistencia. El *módulo de elasticidad*, E, que caracteriza la rigidez de los materiales, generalmente es

constante en los metales (a excepción de las fundiciones grises), y sus valores son elevados (40÷240 GPa) en los metales usuales, ligeramente inferiores a los de las cerámicas, pero muy superiores a los de los polímeros.

Resistencia a la fatiga

La resistencia a la fatiga de los metales es, en general, mucho más elevada que la de los polímeros. Algunos metales (fundamentalmente los aceros) tienen un *límite de fatiga* definido, mientras que en otros (Al y varias aleaciones no férricas) debe adoptarse un valor convencional de *resistencia a la fatiga* para un determinado número de ciclos. Siendo importante este fenómeno en el diseño de máquinas, lamentablemente no siempre se dispone de valores de resistencia a la fatiga (en probeta); sin embargo, pueden estimarse en función de la resistencia a la tracción (50% para los aceros, 40% para las fundiciones grises, 30÷40% para aleaciones de Al y Mg). Debe tenerse presente que la resistencia a la fatiga de las piezas queda muy disminuida por los efectos de las formas, las dimensiones, el tipo de solicitación y el acabado superficial.

Resiliencia (o energía de flexión por choque)

La resiliencia por impacto (no directamente comparable con la resiliencia obtenida a través del diagrama de tensión/deformación) es una propiedad que tiene interés en aplicaciones donde el material puede estar sometido a impactos. Este dato es relevante cuando se diseñan sistemas que trabajan a bajas temperaturas, debido a la fragilidad que adquieren muchos metales. A pesar de que hay aleaciones metálicas frágiles (fundiciones grises, determinados aceros de alta resistencia), la mayoría de ellas tienen un comportamiento a resiliencia muy superior a las cerámicas.

Comportamiento a fluencia y temperaturas de servicio

La resistencia a la fluencia (muy superior a la de los polímeros), junto con la resistencia a la degradación con la temperatura, permiten ordenar los metales usuales en el diseño de máquinas según *temperaturas de servicio* crecientes: *a*) *<100 °C*: el Cu y Al puros y las aleaciones de Zn trabajan bien a temperatura ambiente o algo superiores. *b*) *100-200 °C*: la mayoría de las aleaciones de Al y Mg tienen su límite entre estas temperaturas (los aluminios para pistones llegan hasta 250°C). *c*) *200-400 °C*: el Cu con pequeños porcentajes de Ag se usa hasta 350 °C y los bronces al aluminio, hasta 400 °C; las familias de $Ti_{\alpha+\beta}$ y Ti_β se usan hasta unos 350°C, mientras que los aceros al C y con pequeñas adiciones de aleación (aceros no aleados y microaleados, de calderas y depósitos a presión) tienen su límite de uso ligeramente por encima de los 400 °C. *d*) *400-600 °C*: las aleaciones de Ti_α se usan hasta unos 500 °C, mientras que los aceros ferríticos al Mo, Cr-Mo y Cr-Mo-V (aceros aleados de calderas, para centrales de energía y plantas petroquímicas) llegan al límite superior de este intervalo. *e*) *600-700 °C*: se usan aceros inoxidables austeníticos y refractarios (turbinas de gas). Finalmente *f*) *700-1150 °C*: hay que recurrir a las superaleaciones basadas en Fe, Ni o Co.

Propiedades mecánicas superficiales

Dureza

La dureza superficial de los metales (especialmente en los aceros) es mucho mayor que la de los polímeros, pero menor que la de algunas cerámicas. Para cada familia de materiales metálicos, la medida de la dureza (generalmente de fácil obtención) es un indicador de la resistencia a la tracción, ya que suele haber una correlación entre estos dos parámetros. En elementos de máquinas sometidos a grandes presiones superficiales (engranajes, levas, rodamientos, articulaciones, ejes estriados) se utilizan aceros templados, cementados o nitrurados, siendo la dureza también un indicador de la resistencia a la fatiga superficial. En las herramientas de corte se utilizan aceros de gran dureza, 55÷65 HRC (aceros de herramientas, aceros rápidos); valores menores, sin embargo, a los de algunos materiales cerámicos (óxidos, carburos y nitruros metálicos, diamante).

Rozamiento y desgaste

En general, no es recomendable el contacto directo metal/metal sin lubricación en las articulaciones ni transmisiones, especialmente entre superficies de acero, ya que se ejercen una acción abrasiva mutua; el deslizamiento entre fundición gris/acero y bronce/acero presenta unos efectos de fricción y desgaste mucho más moderados, aun cuando también se recomienda la lubricación. Las parejas metal/plástico (acero/polietileno, acero/poliamida) permiten el deslizamiento sin lubricación.

Propiedades tecnológicas

Los distintos materiales metálicos exhiben una variedad de propiedades tecnológicas que, a pesar de que difícilmente pueden englobarse en un solo grupo, ofrecen aspectos de gran interés en las aplicaciones. En este apartado se analizan los aspectos de coste y suministro, la aptitud para el conformado (con una breve descripción de los procesos más habituales), las cualidades en relación con el usuario y las interacciones con el entorno.

Coste y suministro

Los metales tienen costes muy distintos entre sí (desde 0,65 €/kg para los aceros de construcción hasta más de 30 €/kg para las superaleaciones) y su disponibilidad en el mercado es muy desigual.

Los materiales férricos (aceros y fundiciones) son los más económicos (0,65÷2,00 €/kg) y también los más utilizados en el diseño de máquinas, mientras que las aleaciones de aluminio, que los sigue en uso, compensan el precio superior (3,00÷5,00 €/kg) con la menor densidad. El mercado ofrece una gran diversidad de productos semielaborados de estas dos familias (hilos, barras, tubos, perfiles laminados, chapas; también perfiles extruidos en Al).

Detrás vienen los aceros inoxidables, cobres, bronces y latones. Tanto unos como otros tienen una buena resistencia mecánica y a la corrosión, pero son densos y caros. El mercado ha ido ampliando la gama y disponibilidad de productos semielaborados, especialmente de aceros inoxidables.

El resto de materiales metálicos (aleaciones de Zn, Mg, Ti y Ni), muchos de ellos de costes superiores, se utilizan en aplicaciones más especializadas y la disponibilidad de productos semielaborados en el mercado es más escasa.

Aptitud para el conformado

La aptitud para el conformado es uno de los aspectos fundamentales en la selección del material. Como ya se ha dicho en apartados anteriores, los metales se adaptan a una gama muy amplia de procesos de conformado entre los que destacan los de deformación en frío (*laminación, extrusión, estampación, corte, punzonado, doblado, curvado, embutición*) y los tratamientos térmicos (*recocido, endurecimiento por precipitación, bonificación* y *endurecimiento por difusión superficial* en los aceros). Además de estos procesos específicos, los materiales metálicos también se pueden conformar por deformación en caliente (la mayor parte de *laminaciones, extrusiones* y *estampaciones; operaciones de forja*), por moldeo (*fundición en molde de arena; fundición en coquilla por gravedad, por inyección; fundición centrifugada; microfusión*), por *sinterizado*, así como mediante los numerosos procesos de mecanizado (*torneado, mandrinado, fresado, limado, taladrado, roscado, brochado, tallado de ruedas dentadas* y *rectificado*) y de unión permanente (*soldadura por arco; soldadura por puntos; soldadura autógena; grapado, rebordeado*, basado en la deformación en frío; *remachado*, en frío o en caliente).

En varios apartados de la Sección 2.2 se describe el proceso siderúrgico y los productos ferrosos que se obtienen, los procesos para la obtención de piezas con formas específicas para acero y fundiciones, así como los tratamientos térmicos de los materiales ferrosos. A continuación se indican los procesos de conformado más adecuados para los otros materiales metálicos.

Laminación y extrusión: Es el proceso más utilizado para la obtención de productos semielaborados planos (chapas, planchas) y largos (barras, perfiles) de la mayor parte de aleaciones metálicas. La *extrusión* se adapta especialmente bien a las aleaciones de Al (gran diversidad de secciones de formas complicadas), aunque también se utiliza en otros metales

Moldeo: Es el principal proceso para obtener piezas de formas específicas (desde una pieza única hasta series de miles de unidades) para la mayoría de aleaciones metálicas usadas en el diseño de máquinas. Es el procedimiento habitual para conformar piezas en fundición gris y nodular, pero es menos frecuente para aceros al C, aceros aleados y aceros inoxidables. Determinadas aleaciones de Al (Al-Si, aleaciones para inyección) se prestan muy bien al moldeo y permiten obtener piezas de gran precisión por medio de la inyección en coquilla. Las aleaciones de Zn también son especialmente aptas para el moldeo gracias a su bajo punto de fusión.

Forja: Es otro de los procesos para obtener piezas con formas específicas, generalmente, de mejor comportamiento mecánico que las piezas fundidas. Se utiliza en aceros (en fuerte competencia con las fundiciones nodulares), los aluminios, el cobre, los bronces, y se adapta especialmente bien para la conformado de latones.

Sinterizado: Proceso que permite obtener pequeñas piezas de buena precisión dimensional con la forma y superficies definitivas (con ciertas restricciones), pero que sólo es rentable para series de diversos miles de unidades debido al elevado coste de los utillajes. Se adapta a prácticamente todos los materiales y puede ser un proceso obligado cuando el punto de fusión del metal es elevado. Las piezas obtenidas por sinterizado son porosas, lo que se aprovecha para fabricar cojinetes de bronce autolubricantes.

Construcción soldada: Permite obtener conjuntos a partir de chapas, barras, tubos y perfiles cortados y, eventualmente, deformados en frío (bancadas de máquinas, carrocerías de automóvil, calderería en general). Es una de las conformaciones más habituales en aceros al C, aceros microaleados y aceros inoxidables, aun cuando también se utiliza con aleaciones de Al o de Cu.

Mecanizado: Procedimiento obligado en la mayoría de piezas, cuanto menos, para dar la forma definitiva a las superficies críticas. Los aceros, en general, se mecanizan bien pero, en caso de ser necesario el temple o el endurecimiento superficial, hay que mecanizar un primer desbaste, antes del tratamiento, y realizar un acabado posterior (a menudo por rectificado) para el ajuste final de dimensiones. Las aleaciones de Al y Mg tienen una excelente maquinabilidad y se trabajan a altas velocidades. Los aceros inoxidables ferríticos y martensíticos se trabajan razonablemente bien, pero los aceros inoxidables austeníticos se trabajan con dificultad. El Cu puro tiene muy baja maquinabilidad. El mercado ofrece variantes de aceros al C, aceros inoxidables, cobres, latones y bronces con pequeñas adiciones (S, Se, Pb) destinados a una mecanización mejorada.

Cualidades con relación al usuario
Los metales no presentan las mejores cualidades con relación al usuario, fuera de ciertas funciones (prótesis, herramientas de corte). Ello se debe a aspectos como la elevada densidad, la buena conductividad eléctrica (posibles calambres) y del calor (quemaduras o sensación de frío), o a la excesiva dureza y presencia de cantos vivos. En este sentido, se constata que la mayor parte de los objetos que rodean a las personas se sitúan en el ámbito de los polímeros naturales (fibras textiles, madera, papel) o artificiales (plásticos y elastómeros, materiales compuestos).

Interacción con el entorno
La corrosión de los metales, especialmente en los materiales férricos, constituye un problema importante que ha dado lugar a numerosas tecnologías de recubrimiento (imprimaciones y pinturas, galvanización, cromado, niquelado), o al refuerzo de la protección a través de la anodizado (Al y Mg). En relación al impacto ambiental, hay que tener en cuenta aspectos como la contaminación y el consumo de energía en sus procesos de fabricación y transformación, o las consecuencias de su fin de vida. La mayoría de los metales permiten un reciclaje mejor que el de los plásticos.

2.1.6 Recubrimientos

Introducción

A menudo, la superficie de determinadas pieza y componentes (el material se denomina *sustrato*) se reviste con una película de otro material (denominado *recubrimiento*: metal, cerámica o polímero) adherido o que forman parte de su capa externa, a fin de obtener propiedades superficiales distintas o más ventajosas que las del sustrato. La *tecnología de los recubrimientos* forma un amplio capítulo de la ciencia de materiales que implica conocimientos en varios campos (química, física, mecánica de materiales, procesos), a la vez que constituye una herramienta de ingeniería para resolver problemas de corrosión, de mecánica de las superficies, estéticos u ópticos.

Normalmente, los objetivos se centran en las propiedades de los *recubrimientos*: *a*) *protección contra la corrosión* y *la oxidación,* en los recubrimientos para materiales férricos; *b*) *mejora de propiedades superficiales* (dureza, resistencia al desgaste, mejora del deslizamiento); *c*) *estéticas* (apariencia atractiva, textura, color); *d*) *propiedades eléctricas* o *térmicas* (aislamiento, pero también mejora de la conductividad); *e*) *propiedades ópticas* (superficies reflejantes, aumento de la absortividad). Y también es importante aprovechar las cualidades de los *sustratos*: *f*) el bajo coste de los materiales férricos; *g*) la rigidez, resistencia y tenacidad de los aceros; *h*) la facilidad de conformado de los aceros, aluminios y plásticos; *i*) la ligereza de los aluminios y plásticos.

Los recubrimientos pueden aplicarse como tratamiento final en piezas y componentes ya conformados (los más típicos se analizan a continuación) o, previamente a la conformación, como productos semielaborados en forma de chapas, bandas, perfiles o barras recubiertas (ver Sección 2.3.6). Cada una de estas estrategias presenta ciertas particularidades: 1. *Recubrimiento de piezas.* Dispone de una variedad mayor de procesos aplicables, pero muchos de ellos presentan limitaciones en las dimensiones (cubetas electrolíticas, baños de material fundido, cámaras de vacío) y las formas de los componentes (rincones, cantos, partes vacías). 2. *Productos recubiertos.* Suelen ser más económicos pero el mercado ofrece menos variedad de recubrimientos, y deben tenerse en cuenta los efectos de los procesos posteriores como la protección de cantos después del corte, los pliegues o las eventuales soldaduras.

A continuación se resumen los principales principios de recubrimiento y sus características:

Inmersión en material fundido. Consiste en sumergir el material o las piezas a recubrir en un metal fundido de bajo punto de fusión. Los metales de recubrimientos más frecuentes son el Zn (*galvanizado en caliente*), el Zn-Fe, el Zn-Al y Pb-Sn. Se obtienen recubrimientos de hasta 130 μm y las temperaturas de uso son moderadas. Proporciona al acero una excelente resistencia a la corrosión y es el recubrimiento más usado en la industria pesada y la construcción.

Electrodeposición. Proceso galvánico (inverso a la pila eléctrica) donde sobre la pieza, que actúa como cátodo en una cubeta electrolítica, se forma una fina capa de recubrimiento por deposición de los iones del metal del electrolito. A pesar de no haber límite en el espesor, el proceso es lento y sólo es rentable para capas finas de recubrimiento (hasta 70 μm) con finalidades fundamentalmente de protección de la corrosión, lubricación y estéticas. Se considera una técnica económica y no existen limitaciones de forma. Entre estos procesos hay el *electrocincado* y el *cromado duro*.

Deposición autocatalítica. Proceso electroquímico que implica varias reacciones en medio acuoso, que tienen lugar sin el concurso de energía eléctrica externa. Permite deponer sobre prácticamente todos los metales y muchos polímeros materiales como el níquel, cobre, cobalto, oro, plata o paladio (el aluminio y el titanio requieren disolventes orgánicos y equipamientos especiales), a menudo con la adición de otros componentes. Proporciona espesores muy uniformes sobre sustratos que no pueden no ser conductores eléctricos. No requiere grandes inversiones en equipamiento y se considera una técnica competitiva. En este grupo está el recubrimiento de *níquel químico*.

Deposición de vapor. Técnicas para deponer películas de recubrimiento muy finas y de composición sofisticada, de excelentes propiedades mecánicas y ópticas. Hay dos tecnologías básicas: PVD (*physical vapour deposition*), realizada por medios físicos en una cámara de vacío que permite capas muy delgadas con una gran libertad de composiciones; CDV (*chemical vapour deposition*), realizada por medios químicos a elevada temperatura y que permite espesores mucho mayores (hasta 1 mm). La primera puede tener aplicaciones decorativas y ópticas y las dos se usan para fabricar herramientas o piezas que requieran elevadísimas dureza y resistencia al desgaste. Tienen limitaciones de dimensión y forma. Requieren una inversión importante en equipamiento.

Difusión. Tratamientos térmicos que provocan la difusión de C, N o ambos desde el medio circundante hacia la capa superficial del acero. Proporcionan una elevada resistencia a la corrosión y al desgaste en ambientes agresivos. Son técnicas de bajo coste que incluyen la *cementación,* la *nitruración y* la *carbonitruración.*

Conversión. Consiste en transformar químicamente la estructura de la superficie del sustrato en un material inerte. Una de las conversiones más usadas es la oxidación de la superficie del Al para transformarla en alúmina, altamente inerte (*anodizado y anodizado duro*). Se usa para reforzar la protección contra la corrosión y como aislante eléctrico. Técnica rápida que no presenta limitaciones de forma.

Soldadura. Proceso destinado primariamente a la unión de metales (o de plásticos), que también puede utilizarse para recargar zonas con falta de material. Se usa principalmente en la reconstrucción de superficies y da lugar a recubrimientos gruesos resistentes al desgaste y a los choques mecánicos. Según el tipo de soldadura, la sofisticación y las inversiones en equipamiento pueden variar.

Proyección térmica. El material de recubrimiento se eleva a alta temperatura y, mediante una pistola, se proyecta en forma de partículas que impactan sobre la pieza. Hay un proceso de baja energía, al arco o a la llama, llamado *metalizado.* El proceso de alta energía (con plasma), y de elevado coste, da recubrimientos resistentes a la corrosión y al desgaste con una elevada adhesión al sustrato y una baja porosidad. A pesar de existir ciertas limitaciones en los sustratos, algunos materiales tan sólo pueden ser depuestos por medio de este procedimiento.

Pintura. Término genérico para designar la aplicación de un recubrimiento, normalmente orgánico, a piezas y productos con fines decorativos y de protección. Es el recubrimiento más antiguo y simple, y tiene la ventaja del bajo coste, la facilidad de aplicación y la variedad de tipos y de propiedades.

En los párrafos siguientes se describen con mayor amplitud algunos de los procesos de recubrimiento más frecuentes en la fabricación de máquinas y productos.

Recubrimientos más frecuentes

Galvanizado en caliente

Proceso. Inmersión de una pieza de acero en un baño de Zn fundido (445÷460ºC) y extracción después de pocos minutos cuando se ha formado la capa y completado la reacción (la estructura interna continúa evolucionando mientras el material está caliente). Los átomos de Zn se difunden a través de la superficie del sustrato y proporcionan una doble protección de barrera aislante y galvánica. Debe partirse de una superficie limpia, que se obtiene por: *desengrasado*, mediante una solución alcalina o ácida para eliminar grasas y aceites; y *decapado*, inmersión en una solución de ácido clorhídrico o sulfúrico para eliminar el óxido superficial. El aspecto inicial de los componentes galvanizados en caliente es metálico brillante muy característico que va desapareciendo con el tiempo hasta adquirir un color gris mate: el Zn reacciona con el aire y forma una capa muy fina de pasivación (compuestos de Zn) que aísla el material de la acción del medio ambiente. Si se desea un aspecto mejor, el acero galvanizado se pinta con facilidad.

Entre los metales que ofrecen protección galvánica al acero (Mg, Al, DC y Zn) tan sólo el Zn se utiliza industrialmente en el proceso de inmersión en caliente. Otros materiales de recubrimiento (Ni, Cu, latón), no protegen el acero en las partes dañadas.

Propiedades. Las principales *ventajas* son: *a) protección integral* del acero (partes interiores y exteriores) por: *efecto barrera*, aislándolo del medio agresivo; *efecto galvánico*, por el Zn que se consume lentamente en el ánodo y protege el acero del ataque; *b) ausencia de mantenimiento*, ya que protege e, incluso, *autorestaura* (por difusión) pequeñas zonas dañadas; *c) duración excepcional*. La protección galvánica dura años (a menudo más allá de la vida útil del producto); resiste bien el agua dulce y, en menor grado, el agua marina; ciertos contaminantes atmosféricos disminuyen su efectividad (óxidos de azufre, en procesos industriales; cloruros, en zonas de costa); *d) resistencia a la abrasión* elevada de la capa de aleación Zn-Fe (hasta 180 HV); *e) fácil pintado*, para mejorar el aspecto.

Aplicaciones. Sistema eficiente y efectivo en costes para proteger componentes de acero sin funciones estéticas en máquinas y estructuras. Se aplica a: 1. *Instalaciones exteriores* (depósitos, marquesinas, torres eléctricas, señalización vial). 2. *Procesos húmedos* (la mayor parte de industrias, invernaderos, granjas de animales). 3. *Entornos marinos* (elementos de embarcación, instalaciones portuarias). Una particularidad interesante del galvanizado en caliente es que también hace funciones de soldadura en conjuntos formados por muchas partes (mallas, rejas).

Electrocincado (pasivación, cromatación)

Proceso. Deposición electrolítica de Zn sobre superficies metálicas. La resistencia a la corrosión puede ser mejorada con una posterior *pasivación* (de color blanco) o una *cromatación* (o *bicromatación,* de color amarillo), tratamiento químico en una solución crómica (presenta problemas ambientales contemplados, entre otras, en las Directivas Europeas 2000/95/CE, 2002/95/CE y 2002/96/CE, sobre el automóvil y los aparatos eléctricos y electrónicos).

Propiedades. Las principales *ventajas* son: *a) aspecto agradable* y *bajo coste* (20% inferior al galvanizado en caliente, y menos de la mitad que el acero inoxidable); *b) recubrimiento denso y adherente*; *c) sin distorsión*: temperatura de proceso inferior a 100°C; *d) características ajustables*: espesor, dureza, tensiones internas; *e) forma*: sin limitaciones. Las *desventajas* son: *f) precauciones de diseño*: problemas de espesores en esquinas y rincones; *g) recubrimientos parciales*: difíciles; *h) dimensiones*: según la cuba disponible; *i) tiempo de proceso*: lento (unas 75 μm/hora).

Aplicaciones. Por sus cualidades de resistencia a la corrosión (más elevada en función de la pasivación posterior), su aspecto agradable y bajo coste, es uno de los tratamientos más utilizados en todos los sectores industriales: tornillería, piezas de estampación, electrodomésticos, automoción.

Cromado, cromado duro

Proceso. Electrodeposición por reducción de una capa de Cr sobre el sustrato (acero, acero inoxidable, fundición, aluminio, cobre, latón) que actúa como cátodo del baño electrolítico. El *cromo duro* es un recubrimiento de espesores relativamente grandes y coste medio destinado a trabajos mecánicos severos. Con instalaciones especiales hacer las superficies conductoras, el cromado se aplica a plásticos (ABS, PMMA, PP) y otros materiales (vidrio, madera, cartón). Dado que el cromado fino para fines estéticos copia con fidelidad la superficie base, el acabado previo garantiza la calidad de la pieza cromada.

Propiedades. Las principales *ventajas* son: *a) resistencia a la corrosión*: excelente (el Cr es el elemento básico para evitar la corrosión de los aceros inoxidables); *b) dureza*: elevada, 68 HRC, o de 900÷1000 HV; *c) resistencia al desgaste*: elevada, tanto a la abrasión como a la erosión fluida; *d) resistencia a la temperatura*: hasta 800°C; *e) coeficiente de fricción*: bajo, tiende a evitar el gripado; también, cualidades antiadherentes; *f) estabilidad*: el material de base no se modifica y no se producen deformaciones por temperatura (proceso por debajo de 60°C); *g) revestimiento parcial*: posible, a base de proteger determinadas partes de la pieza; *h) acaba-*

dos: ciertos procesos permiten obtener superficies brillantes, satinadas o mates con rugosidad controlada, así como texturas superficiales. Las principales *desventajas* son: *i) problemas ambientales*, derivados del uso de cromo-VI (hexavalente) en el proceso (ver las Directivas Europeas 2000/95/CE, 2002/95/CE y 2002/96/CE); *j) adherencia del recubrimiento al sustrato*: en algunas aplicaciones (golpes, cromado de plásticos) pueden presentarse ciertas deficiencias.

Aplicaciones. Se distinguen varios tipos de aplicación: *a) cromados contra la corrosión y estéticos*: capas entre 10÷50 µm; *b) cromado duro*: espesores entre 200÷300 µm (piezas sometidas a trabajos severos: ejes, guías, cojinetes; se aplica a múltiples sectores: hidráulica, neumática, alimentación, mecánica, automoción, textil, moldes, aeronáutica, electrónica, y cerámica); *c) cromado de recarga*: espesores hasta 1 mm (se aplica a la recuperación de piezas; se mecaniza por rectificación, ya que el Cr metálico es muy duro y difícil de trabajar por otros procedimientos).

Níquel químico

Proceso. Formación por vía química (sin procesos electrolíticos) de una capa de níquel aleado con fósforo (NiP) sobre superficies metálicas (acero, acero inoxidable, aluminio, cobre, latón; y también sobre sustratos no metálicos). Hay diversos tipos de recubrimiento de níquel químico: *contenido de fósforo bajo* (3÷5% P; espesor máximo: 15 µm), especial para dureza; *contenido de fósforo medio* (6÷9% P; espesor máximo 50 µm), de carácter polivalente; *contenido de fósforo elevado* (10÷12% P; espesor máximo: 120 µm), con la máxima resistencia a corrosión. El níquel químico también puede ser depositado junto con otros materiales, como el PTFE (*teflón*).

Propiedades. Proporciona unas características extraordinarias: *a) depósito uniforme*. Capa de espesor regular en toda la geometría de la pieza (independientemente de la forma y rincones); control preciso del espesor en ± 1µm que facilita los ajustes y evita las operaciones de rectificado final; *b) elevada resistencia a la corrosión,* al no ser un recubrimiento poroso; *c) dureza*: media alta (500÷700 HV), que con un tratamiento térmico posterior puede elevarse hasta valores cercanos a los del cromo duro.

Aplicaciones. El recubrimiento de níquel químico tiene una aceptación cada vez mayor en la industria por su aspecto agradable, la resistencia a la corrosión y las propiedades tribológicas de las superficies. Las aplicaciones son prácticamente ilimitadas: componentes de maquinaria industrial, electrónica, aeronáutica, automoción, textil. Un campo especial es la industria del plástico (máquinas de extruir, de inyectar) y la fabricación de moldes (elimina el riesgo de deformaciones por adherencia y facilita el desmoldeo).

Electropulido

Proceso. Proceso electrolítico (la pieza hace de ánodo) donde se forma una película polarizada en la superficie que permite la difusión de los iones metálicos, la nivelación de rugosidades y el abrillantado de la superficie (mucho más allá de los pulidos mecánicos). Aplicado a los aceros inoxidables con determinadas sustancias en el baño, tiene la ventaja adicional de aumentar el porcentaje de Cr y Ni (elimina Fe de la superficie) mejora la resistencia a la corrosión.

Propiedades. Las principales *ventajas* son: *a) resistencia a la corrosión*: se incrementa notablemente por la eliminación de Fe de la superficie; *b) limpieza e higiene*: elevada por la ausencia de rayado; *c) adherencia*: disminuye; *d) aspecto*: consigue un apariencia especular uniforme difícil de obtener por otros procedimientos (elimina las coloraciones de soldadura); *e) tiempo y coste*: proceso relativamente breve en el tiempo y eficaz en el coste (proceso automatizado).

Aplicaciones. 1. Por la *resistencia a la corrosión*: industria farmacéutica, piscinas, embarcaciones y aplicaciones marinas. 2. Por la *limpieza e higiene*: industria alimentaria, farmacéutica, instrumental quirúrgico, salas blancas, sistemas de vacío, microelectrónica, industria del papel o reactores nucleares. 3 Por la *baja adhesividad*: industrias de pinturas y plásticos. 4. Por la *buena estética*: automoción, embarcaciones y mobiliario.

Anodizado, anodizado duro

Proceso. Recubrimiento de conversión de las aleaciones de aluminio (no las que contienen Cu), que consiste en crear una fina película de óxido de aluminio (alúmina) en la superficie de la pieza situada en el ánodo de un sistema electrolítico. El aluminio en contacto con el aire crea espontáneamente una capa de óxido de $\approx 0,01$ µm de espesor. Artificialmente se obtienen películas de $25 \div 30$ µm en el *anodizado de protección* y de casi 100 µm en el *anodizado duro*, el cual exige un equipamiento más complejo. Puede darse color en el mismo proceso electrolítico, o posteriormente. También se aplica al titanio.

Propiedades. Las ventajas del anodizado duro son: *a) resistencia a la abrasión* (la alúmina es extremadamente dura, poco menos que el diamante), superior a muchos aceros; *b) aislante eléctrico*, superior a la porcelana, que depende de la porosidad y las impurezas; *c) resistencia química*: protege eficazmente contra numerosos medios agresivos (ambientes navales); *d) porosidad*, que facilita el coloreado o la pintura; en todo caso, conviene sellarla para tener una mayor durabilidad.

Aplicaciones. El anodizado se usa en una gran variedad de aplicaciones. Como protección: 1. *Protección contra la corrosión,* cuando las condiciones ambientales lo requieren (perfiles de aluminio en la construcción: fachadas, marcos de puertas y ventanas). 2. *Ambientes agresivos*, especialmente la niebla salina costera (aeronáutica). Como recubrimiento técnico (*anodizado duro*). 3. *Resistencia mecánica*, en elementos que lo requieran (cilindros, rácores, planchas, cacharros de cocina). 4. *Propiedades deslizantes* (a menudo con PTFE), en elementos con movimientos relativos (cojinetes, correderas hidráulicas, camisas de compresores y otras piezas sometidas a deslizamiento).

Pintura (fosfatación previa)

Pintura. Producto, normalmente orgánico, destinado a recubrir una superficie para protegerla o con fines estéticos. Está constituida por un aglutinante (resinas o aceites no volátiles, que proporciona la consistencia), un *pigmento* (sustancia colorante insoluble y finamente polvorizada en el aglutinante), *aditivos* (para proporcionar otras características distintas del color) y un *vehículo* (normalmente disolventes volátiles, pero también formas de proyección) que facilita la aplicación de la película. El término *barniz* suele aplicarse al conjunto de un aglutinante y un disolvente (sin pigmento), el término *esmalte* a las pinturas de acabado (el estrato visible) y el término *laca* a una pintura dura y brillante.

Tratamiento previo a la pintura:

Fosfatado. Revestimiento previo de conversión formado por la reacción del sustrato (normalmente acero) con sales de fosfato. El fosfato de Zn se usa como protección anticorrosiva temporal y también como anclaje de la pintura o revestimiento posterior, mientras que el de Mn (que retiene el aceite) es adecuado en aplicaciones antifricción cuando deben producirse deformaciones posteriores.

Entre los procesos de pintura industrial destacan los siguientes:

a) Pulverización. Con base de *pintura líquida* (*disolvente* o *hidrosoluble*), o de *pintura en polvo*. *Pinturas líquidas.* Al no basarse en efectos eléctricos ni requerir el curado en el horno, también pueden cubrir polímeros. Proporcionan un acabado superficial óptimo (tanto estético como anticorrosivo), pueden aplicarse de forma manual a grandes piezas y se gestionan fácilmente los cambios frecuentes de color; por contra, la pintura sobrante es difícil de recuperar y la automatización es compleja; las *pinturas líquidas con disolvente* requieren ciclos de tratamiento más sencillos que las *pinturas líquidas hidrosolubles*, pero producen emisiones de disolvente que hay que tratar y destruir. *Pinturas en polvo.* Procesadas en instalaciones automatizadas o manuales, ofrecen una óptima resistencia superficial; el proceso se realiza en ausencia de disolventes y el polvo sobrante se recupera. Requieren un horno posterior de polimerización y, por lo tanto, el sustrato se somete a temperaturas entre 160 a 180ºC; no resulta económico hacer cambios de colores para lotes pequeños. El *rilsanado* (recubrimiento con una poliamida) es una variante de este proceso.

b) Inmersión. Los tipos principales son: *inmersión simple, electroforesis.*

Inmersión simple. Gracias al desarrollo de las pinturas hidrosolubles (eliminación del peligro de incendios), es un proceso muy económico que permite la automatización en piezas sin requerimientos estéticos (degoteo) ni cavidades interiores.

Electroforesis (también denominado, *electropintura*). Tecnología donde las piezas de un material conductor (acero, acero inoxidable, fundición, cobre, latón) hacen o bien de *ánodo* (*anaforesis*) o bien de *cátodo* (*cataforesis*), y la adherencia de la pintura (de distintos tipos según el proceso) se produce por el desplazamiento de partículas en el campo eléctrico. Se inicia con un lavado y fosfatado y acaba con un curado al horno de unos 20 minutos a 190ºC. Se utiliza como capa protectora contra la corrosión (buena penetración y cobertura de la pintura, incluso en cavidades) a la vez que presenta unos excelentes acabados con espesores uniformes y sin gotas (puede utilizarse cualquier color, pero no es fácil el cambio). Es un proceso productivo, económico y de bajo impacto ambiental, pero requiere inversiones elevadas. Se aplica a la automoción (preferentemente la *cataforesis*), a los electrodomésticos de línea blanca y a una gran diversidad de productos industriales.

Recubrimiento PVD (deposición física en fase de vapor)

Proceso. En un reactor al vacío (10 a 5 mbar), con un arco catódico se evaporan uno o más metales puros o aleaciones, que reaccionan con gases introducidos a baja presión para formar los compuestos deseados y, focalizados mediante un campo magnético, son proyectados por una diferencia de potencial sobre la superficie de la pieza, que se mantiene a una temperatura de unos 500ºC para mejorar la adherencia. Las superficies deben ser extraordinariamente limpias. Entre los numerosos compuestos de recubrimiento, el más frecuente es el nitruro de titanio, TiN (color dorado y 2200 HV), y el más duro, el nitruro de aluminio-titanio, AlTiN (color violeta oscuro, 3800 HV). Los recubrimientos tribológicos se denominan genéricamente MeC:H y tienen durezas inferiores (700 a 1500 HV).

Propiedades. Sus principales *ventajas* son: *a) gran flexibilidad* en composiciones y espesores; *b) tiempos de proceso* relativamente curtos (3 a 4 horas); *c) sin distorsión* de los sustratos, debido a la relativamente baja temperatura del proceso. Y los *inconvenientes* son: *d) capa muy fina*, que tiende a reproducir la rugosidad de la pieza; *e) elevado coste* (8÷10 €/dm^2).

Aplicaciones. 1. *Recubrimientos técnicos* de gran dureza y espesores pequeños ($\approx$2 μm): se aplican a herramientas de corte, y con espesores superiores (de 6 a 8 μm), a matrices. 2. *Recubrimientos tribológicos*, para obtener superficies de bajo coeficiente de deslizamiento y gran resistencia a la abrasión. 3. *Recubrimientos decorativos* (sobre metales o plásticos) y espesores muy pequeños (del orden de 1 μm).

Recubrimiento CVD (deposición química en fase de vapor)

Proceso. En un reactor químico a presión reducida y a elevadas temperaturas (donde hay las piezas a recubrir), por medios químicos se obtienen compuestos metálicos en estado gaseoso que se condensan sobre la superficie del sustrato. Debido a las temperaturas del proceso (unos 1000ºC), los compuestos de recubrimiento se difunden a través de la superficie creando una zona intermedia de transición sustrato-recubrimiento. Los compuestos metálicos más frecuentes son el carburo de titanio, TiC, el carbonitruro de titanio, TiCN, y el nitruro de titanio, TiN (este último con una dureza de 2500 HV).

Propiedades. La principal *ventajas* es: *a) anclaje* extremadamente elevado del recubrimiento sobre el sustrato. Las *limitaciones* son: *b) precisión dimensional* relativamente baja (aproximadamente 0,1 mm) debido a la elevada temperatura del proceso *c) tiempo de proceso* muy largo, de 2 a 4 días, para espesores de 8 a 10 μm; *d) coste del proceso* elevado (15÷20 €/kg de pieza).

Aplicaciones. Se aplica a matrices y utillajes donde hay fuertes efectos de deslizamiento y debe asegurarse una capa de recubrimiento muy adherida al sustrato.

2.2 Materiales férricos

2.2.1 Introducción

Las distintas familias de materiales férricos (*aceros*, con un contenido $\leq 2\%$ de C; *fundiciones*, con un contenido de $2\div 6\%$ de C) constituyen a menudo la solución más sencilla, eficaz y barata en muchas de las aplicaciones del diseño de máquinas. Pese a que hay una gran diferencia de características entre unos materiales férricos y otros, todos ellos presentan unas *cualidades* que están en el origen de sus principales aplicaciones:

Buena resistencia mecánica (a la rotura, a la fatiga superficial)
La resistencia a la rotura está comprendida entre 150 MPa para las fundiciones grises más bajas y 2500 MPa para determinados aceros de alta resistencia. Estos valores son de los más altos entre todos los material.

Elevada rigidez
El módulo de elasticidad está comprendido entre 80 GPa, para las fundiciones grises más bajas, y 210 GPa, en la mayor parte de los aceros. Estos últimos valores son también de los más elevados entre los materiales usuales.

Bajo coste
El Fe es abundante en la naturaleza y sus derivados (fundiciones y aceros) son fáciles de obtener en el mercado. Las fundiciones y aceros más comunes son baratos ($0,65\div 1,50$ €/kg), mientras que el coste de los aceros inoxidables y de los aceros de herramientas se sitúa en valores superiores ($1,50\div 15,00$ €/kg).

Pero también dos de sus características constituyen las principales *limitaciones* a sus aplicaciones:

Elevada densidad
Esta característica ($7,8\div 8,0$ Mg/m^3 en los aceros, $7,0\div 7,3$ Mg/m^3 en las fundiciones) da lugar a estructuras y piezas de masa elevada, cosa que es un inconveniente para aplicaciones en vehículos (especialmente en la aviación) o en elementos sometidos a grandes aceleraciones.

Baja resistencia a la corrosión (excepto en los aceros inoxidables)
La oxidación de los materiales ferrosos (más alta en los aceros que en las fundiciones) no se detiene en la superficie y acaba destruyendo todo el material. Esto obliga a adoptar recubrimientos de protección que, en determinados casos, pueden hacer perder la ventaja económica inicial.

2.2.2 Productos férricos y fabricación de piezas

El diseñador de máquinas se halla frente al continuo reto de elegir el material y a la vez determinar (e incluso crear) el proceso que dará la forma y características adecuadas a la pieza o elemento del conjunto mecánico o construcción que está concibiendo. Las páginas siguientes presentan los principales procesos para el conformado de materiales ferrosos. Dado que son los de mayor difusión y, probablemente, también los de mayor diversidad, esta reflexión puede servir de referencia para otros grupos de materiales metálicos y no metálicos.

El mercado ofrece una gran diversidad de productos férricos semielaborados (denominados también *productos semiacabados*, ya que no deben experimentar cambios metalúrgicos posteriores) planos (chapas gruesas, bobinas de fleje, chapas recubiertas) y largos (perfiles, barras, tubos, hilos de acero, chapas perfiladas), de los que el diseñador de máquinas aprovecha su forma básica y sus cualidades para obtener la pieza o elemento deseado mediante corte, deformaciones moderadas o mecanización. Siempre que las operaciones de conformado no sean excesivamente laboriosas, las piezas y elementos basados en productos semielaborados resultan económicos.

Cuando el diseñador de máquinas busca una mayor libertad de formas, debe implicarse más a fondo en la transformación metalúrgica del material para obtener la pieza deseada, mediante el *moldeo*, la *forja*, *el sinterizado* o la *embutición*. Estos procesos exigen la construcción de utillajes específicos para la forma de cada pieza (modelos, moldes, matrices, estampas) de coste elevado, por lo que la creación de una nueva pieza exige una decisión meditada.

En otras piezas, cuando el diseñador requiere un elevado comportamiento mecánico del material en la masa o en la superficie, son necesarios determinados *tratamientos térmicos* posteriores a su conformado que exigen unos recursos, un tiempo y unas manipulaciones adicionales y, a menudo, debido a las distorsiones dimensionales inherentes a los tratamientos, unas operaciones de acabado; todos ellos aspectos que redundan en un aumento sensible del coste.

Desde el punto de vista del diseño y de la fabricación de máquinas, tanto los procesos de conformado con implicación metalúrgica, como los de tratamientos térmicos, se evitan tanto como sea posible en los proyectos de pocas unidades. Muchas de las recientes mejoras metalúrgicas buscan eliminar o sustituir algunos de estos procesos, especialmente los tratamientos térmicos (sustitución de aceros tratados por aceros microaleados).

2.2.3 Proceso siderúrgico y productos férricos

El mineral de hierro sufre un conjunto de transformaciones (llamado *proceso siderúrgico*) hasta la obtención de los productos férricos que ofrece el mercado, base de la fabricación de muchas piezas y elementos de máquinas. A continuación se describen las principales etapas del proceso siderúrgico, indicando en cada una de ellas los principales productos ferrosos que se derivan, especialmente los utilizados por el diseñador de máquinas.

Instalaciones de cabecera. Altos hornos

Comprende la preparación de la materias primas (mineral de hierro, carbón y fundentes) y la reducción del material de hierro en el alto horno hasta obtener la fundición de la primera fusión (con contenidos elevados de C, 3÷4,5%, de Si, 2,5% e impurezas). Una cuchara recoge el material del alto horno y, o bien lo cuela en forma de *lingotes de hierro* destinados a las *fundiciones*, o bien lo conduce a las acerías para transformarlo en acero (la mayor parte).

Acerías

Para fabricar acero, debe ajustarse el contenido de C del material (generalmente a ≤0,8%), limitar las impurezas y, en los aceros aleados, añadir y controlar el contenido de los elementos de aleación. Según la materia prima utilizada, el acero se obtiene por: *a) conversión* de la fundición de primera fusión (eventualmente con aportación de chatarra) en un *convertidor* donde, por medio de una lanza, se inyecta oxígeno puro que quema el exceso de C; *b) fusión* de chatarra de recuperación en un *horno eléctrico* (de arco o de inducción) y la inyección posterior de oxígeno.

Las operaciones llamadas de *metalurgia secundaria*, realizadas en el horno eléctrico o en la cuchara de colada, tienen por objeto la desgasificación del acero (eliminación de O y N), las últimas operaciones de afinado (reducción de impurezas) y el ajuste final de la composición por medio de ferroaleaciones (aleaciones de hierro con uno o dos elementos en porcentajes elevados).

Colada del acero y desoxidación

La operación de colada transforma el acero líquido de la cuchara en productos útiles en estado sólido, según los procedimientos siguientes: *a) moldeo,* donde el acero líquido se vierte en moldes con la forma de la pieza a conformar; *b) colada en lingotes,* donde se vierte en moldes prismáticos (*lingoteras*) para transformarlo luego en productos laminados o forjados; *c) colada continua,* procedimiento de gran productividad y rendimiento energético, donde el acero líquido, regulado por una *artesa,* se vierte en un molde de cobre refrigerado de fondo desplazable, con la sección del semiproducto fabricado (desbastes rectangulares, cuadrados). El material se curva para adquirir la dirección horizontal mientras se enfría y, después, se corta.

En general, el O disuelto en los aceros colados reacciona con el C y libera pequeñas burbujas de gas CO (*aceros efervescentes*), dando aceros baratos y heterogéneos (poco C en las capas exteriores y exceso en el núcleo, segregación que se traspasa a los productos laminados), de buena deformabilidad en frío, pero de mala soldabilidad. Los aceros que, antes o durante la colada, incorporan elementos desoxidantes (Si, Al o Mn) para reducir o eliminar la efervescencia (*aceros semicalmados* y *aceros calmados*), no presentan esta segregación y son más aptos para soldadura. Los aceros procedentes de la colada continua y los de contenido medio o alto de C son siempre calmados.

Laminación en caliente

Los desbastes procedentes de la colada continúa o los lingotes de la colada convencional, después de ser recalentados en hornos adecuados hasta temperaturas de 1250 a 1350°C, son laminados en caliente en un tren de laminación para dar lugar a productos con la formas y dimensiones adecuadas para la fabricación de elementos de construcción y piezas de máquinas. La laminación de productos largos (perfiles, barras) parte de desbastes cuadrados o rectangulares, mientras que la laminación de productos planos parte de desbastes planos (o *slabs*). Las chapas para ser deformadas en frío son sometidas a un proceso de *skin-pas* (más información en la laminación en frío).

Productos largos: a) perfiles estructurales (de dimensiones ≥ 80 mm) y perfiles comerciales (de dimensiones ≥ 80 mm), de sección maciza, en forma de: y (biga en doble T), *H* (o columna), *U*, ángulos (lados iguales y desiguales); otros perfiles; *b)* barras de diversas secciones: redonda, cuadrada, hexagonal, rectangular (platina, de grosor < 10 mm; llanta, de espesor ≥ 10 mm); otras secciones; *c)* otros productos largos (perfil de vía).

Productos planos: a) chapa, de anchura igual o superior a 600 mm (plancha, de espesor ≥ 6 mm, laminada en discontinuo; banda, de espesores menores, laminada en continuo, enrollada o cortada transversalmente); *b)* fleje, de anchura inferior a 600 mm y espesor inferior a 6mm (se presenta en bobinas o en tiras).

Fabricación de tubos sin soldadura

Las exigencias de presiones y temperaturas elevadas han obligado a desarrollar procesos de fabricación de tubos sin soldadura (más caros que los tubos soldados), basados en procedimientos especiales denominados de *laminación* o de *extrusión*.

Productos: tubos sin soldadura.

Laminación en frío

Parte de los productos laminados en caliente se utilizan directamente, pero otros son acabados mediante una laminación en frío a fin de obtener tolerancias dimensionales más estrechas, un acabado superficial mejor y, en determinados casos, mejor resistencia mecánica. Previamente a la laminación en frío se suele realizar un *decapado* para eliminar los óxidos superficiales y, posteriormente, un *recocido* para regenerar le estructura y mejorar las características mecánicas. En las chapas que deben deformarse en frío (embutición, estampación), se aplica un *temperado* (o *skin-pass*), ligera pasada de laminación en frío con una reducción inferior al 2% para endurecer el material y evitar determinados defectos superficiales (líneas de Lüder) que pueden aparecer durante el conformado.

Productos: a) banda y fleje obtenidos por laminación continua, de espesores entre 0,1÷3 mm (en los aceros inoxidables, hasta 6 mm), enrollada o cortada transversalmente; *b)* chapa negra, banda de bajo contenido de carbono, laminada en frío hasta un espesor inferior a 0,50 mm, con la superficie desengrasada, apta para varios recubrimientos.

Recubrimiento y perfilado de chapas

Las chapas laminadas en frío pueden dar lugar a diversos tipos de productos transformados de gran interés en aplicaciones. Por un lado, pueden recibir diversos recubrimientos metálicos o orgánicos para protegerlas contra la corrosión y, por el otro, las chapas (recubiertas o no) pueden ser sometidas a diferentes conformados en frío para crear determinados perfiles.

Productos recubiertos: *a*) chapa pavonada (proceso de oxidación mediante un recocido en una instalación especial donde se obtiene una capa superficial de magnetita, Fe_3O_4, de espesor muy reducido (máximo 1 µm); *b)* chapa cincada (galvanizada en caliente o por electrólisis); *c)* chapa aluminizada; chapa aluminizada-cincada. *d)* lata (chapa estañada en caliente o por electrólisis); *e)* bandas imprimadas y bandas pintadas, generalmente sobre una base galvanizada; *f)* bandas plastificadas.

Productos perfilados: chapas conformadas longitudinalmente para obtener distintos perfiles: chapa ondulada, chapas perfiladas, tubos soldados.

Barras calibradas

Otra línea importante de productos transformados son las barras calibradas, en las que se busca obtener unas tolerancias dimensionales precisas, la eliminación de defectos superficiales y, eventualmente, la mejora de determinadas características mecánicas. Los procesos de calibrado se pueden realizar por estirado (mediante una hilera adecuada) o por mecanizado (por arranque de material o por abrasión con muela).

Productos: barras calibradas.

Trefilado de alambre de acero

Proceso de deformación en frío por estirado mediante hileras en la fabricación de alambre. Para reducir la acritud que resulta de las sucesivas reducciones, el alambre se pasa por un baño de plomo fundido (proceso llamado *patenting*) de forma que, el calentamiento y enfriamiento del material que se produce a la velocidad de paso, regenera el grano.

Productos: alambre (base para fabricar, entre otros, muelles, mallas, cables y electrodos de soldadura).

2.2.4 Obtención de piezas con formas específicas

A continuación se describen los principales procesos siderúrgicos para obtener piezas con formas específicas, en cuya concepción el diseñador de máquinas debe implicarse más.

Fundiciones

Los lingotes de hierro obtenidos de los altos hornos se funden y tratan por medio de cubilotes u hornos eléctricos para obtener la *fundición gris*, la *fundición nodular* u otras fundiciones que, por moldeo, dan lugar a piezas de estos materiales.

Productos: piezas de fundición gris, de fundición nodular o de otras fundiciones.

Acerías

Uno de los procedimientos de colada del acero es el vertido en moldes con la forma de la pieza a conformar (*acero moldeado*).

Productos: piezas de acero moldeado.

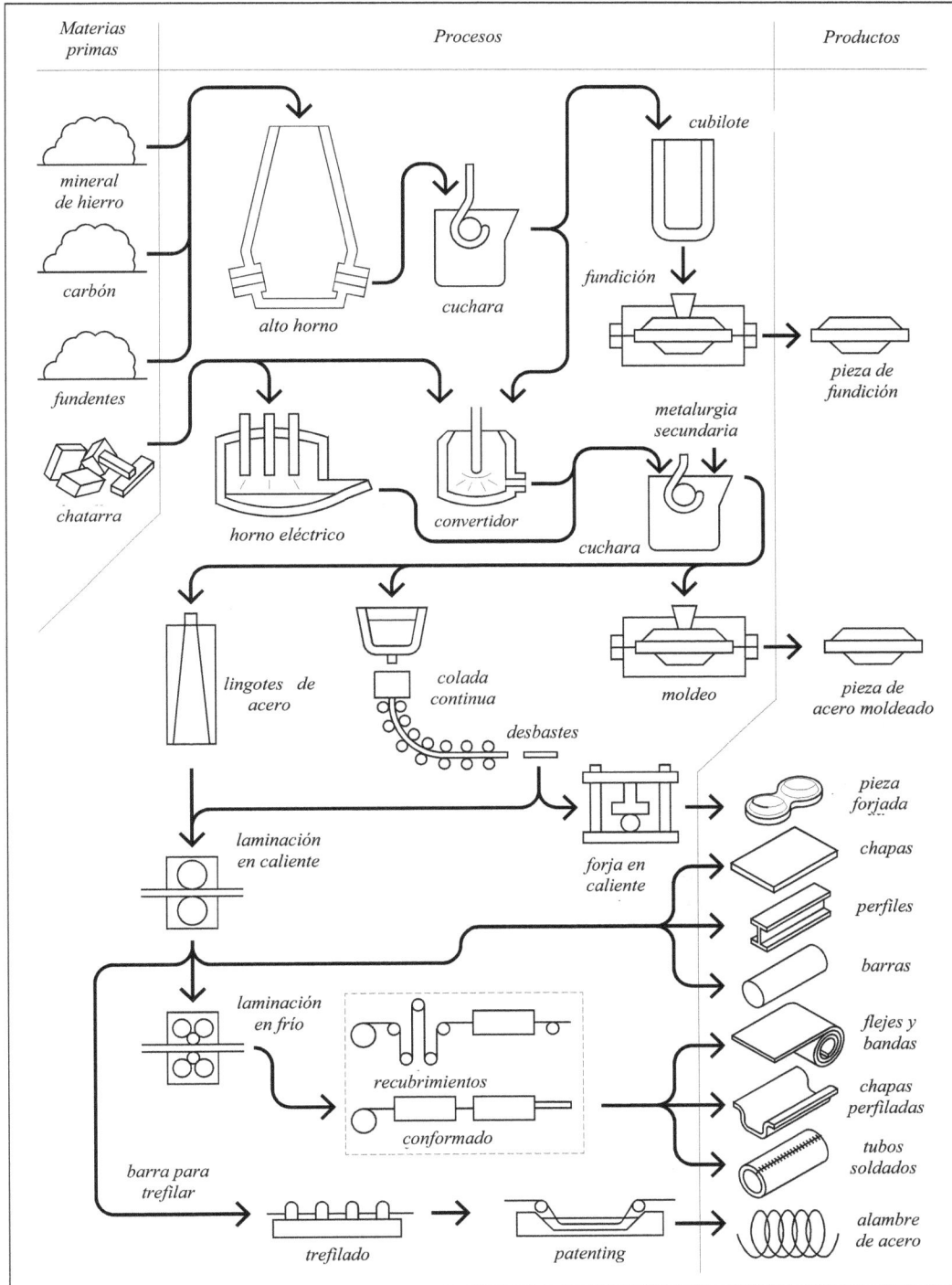

| Materias primas | Procesos | Productos |

mineral de hierro

carbón

fundentes

chatarra

alto horno

cuchara

cubilote

fundición

pieza de fundición

horno eléctrico

convertidor

cuchara

metalurgia secundaria

moldeo

pieza de acero moldeado

lingotes de acero

colada continua

desbastes

laminación en caliente

forja en caliente

pieza forjada

chapas

perfiles

barras

laminación en frío

recubrimientos

conformado

flejes y bandas

chapas perfiladas

tubos soldados

barra para trefilar

trefilado

patenting

alambre de acero

Figura 2.1 El proceso metalúrgico

Forja en caliente

Proceso que, partiendo de desbastes de la colada continua o lingotes de acero calentados o recalentados en un horno a temperaturas de 1150÷1250°C, produce el conformado de una pieza mediante la deformación plástica en caliente, ya sea por impacto (martillo de forja), ya sea por presión (prensa de forja). Los dos principales procedimientos son: *a) forja libre*, donde la deformación del material no está limitada (proceso manual, sin utillajes específicos, apto para piezas grandes fabricadas en pequeñas series; *b) forja por estampación*, en la cual la fluencia del material queda limitada por la cavidad rodeada por las dos partes de la matriz de estampación (utillaje específico de coste elevado, que solamente hace rentable el proceso para series mayores).

Productos: piezas forjadas en caliente.

Metalurgia de polvos. Sinterizado

Proceso que parte del material hecho polvo. Las partículas de la aleación, o la mezcla adecuada, se compacta en *matrices* con la forma de la pieza (material "verde") y, posteriormente, se consolida en un horno de sinterizar (la sinterización propiamente dicha es la unión entre los granos de polvo); a menudo se realiza un segundo prensado para compactar el material o ajustar las dimensiones. Además de posibilitar el conformado de piezas de materiales de difícil composición, fusión o deformación, este proceso resulta rentable para obtener piezas acabadas de formas complejas (limitadas por las direcciones de pensado) y tolerancias dimensionales estrechas, producidas en grandes series (decenas de millares de unidades, a fin de amortizar los utillajes).

Productos: piezas sinterizadas.

2.2.5 Tratamientos térmicos másicos

Los materiales férricos se someten a los tratamientos térmicos habituales de los metales: *recocido* (la *normalización*, o recocido con enfriamiento al aire, es muy utilizado en los aceros); *endurecimiento por precipitación* (usado de forma muy limitada). Pero, además de éstos, admiten dos tipos particulares de tratamiento térmico que las proporcionan aptitudes para muchas de sus aplicaciones: *a) temple* y *revenido*, relacionado con la transformación martensítica; *b) tratamientos de endurecimiento superficial*, que dan lugar a piezas con la superficie dura y el núcleo tenaz.

Temple y revenido

El temple es un tratamiento térmico que se aplica a los aceros consistente en calentar durante un tiempo el material por encima de la temperatura $A_{c3}-A_{cm}$, durante el cual el material se transforma en austerita (o Fe–γ; el C se disuelve), seguido de un enfriamiento suficientemente rápido en el medio adecuado (agua, aceite) para evitar le difusión del carbono y la formación de ferrita y perlita. Cuando la temperatura desciende hasta el valor M_s, se inicia la transformación de la austerita en martensita (estructura tetragonal de cuerpo centrado, muy distorsionada, donde el C está distribuido), que progresa a medida que disminuye la temperatura. En el estado de temple, la martensita es enormemente dura pero muy frágil, aspecto que limita muchas aplicaciones (excepto en elementos de corte).

Para mejorar la ductilidad y la tenacidad del material, la martensita se somete a *revenido* (tratamiento térmico posterior al temple a temperatura más moderada): hasta temperaturas de 200°C da lugar tan sólo a una liberación de tensiones, mientras que si se realiza a temperaturas más elevadas (250÷650°C), mediante un proceso de difusión, la martensita se transforma en *martensita revenida* (pequeñas partículas de cementita uniformemente dispersas en una matriz de ferrita), que conserva la mayor parte de la resistencia y la dureza de la martensita pero mejora sensiblemente su ductilidad y su tenacidad. El proceso completo de temple y revenido recibe el nombre de *bonificado* (figura 2.2d).

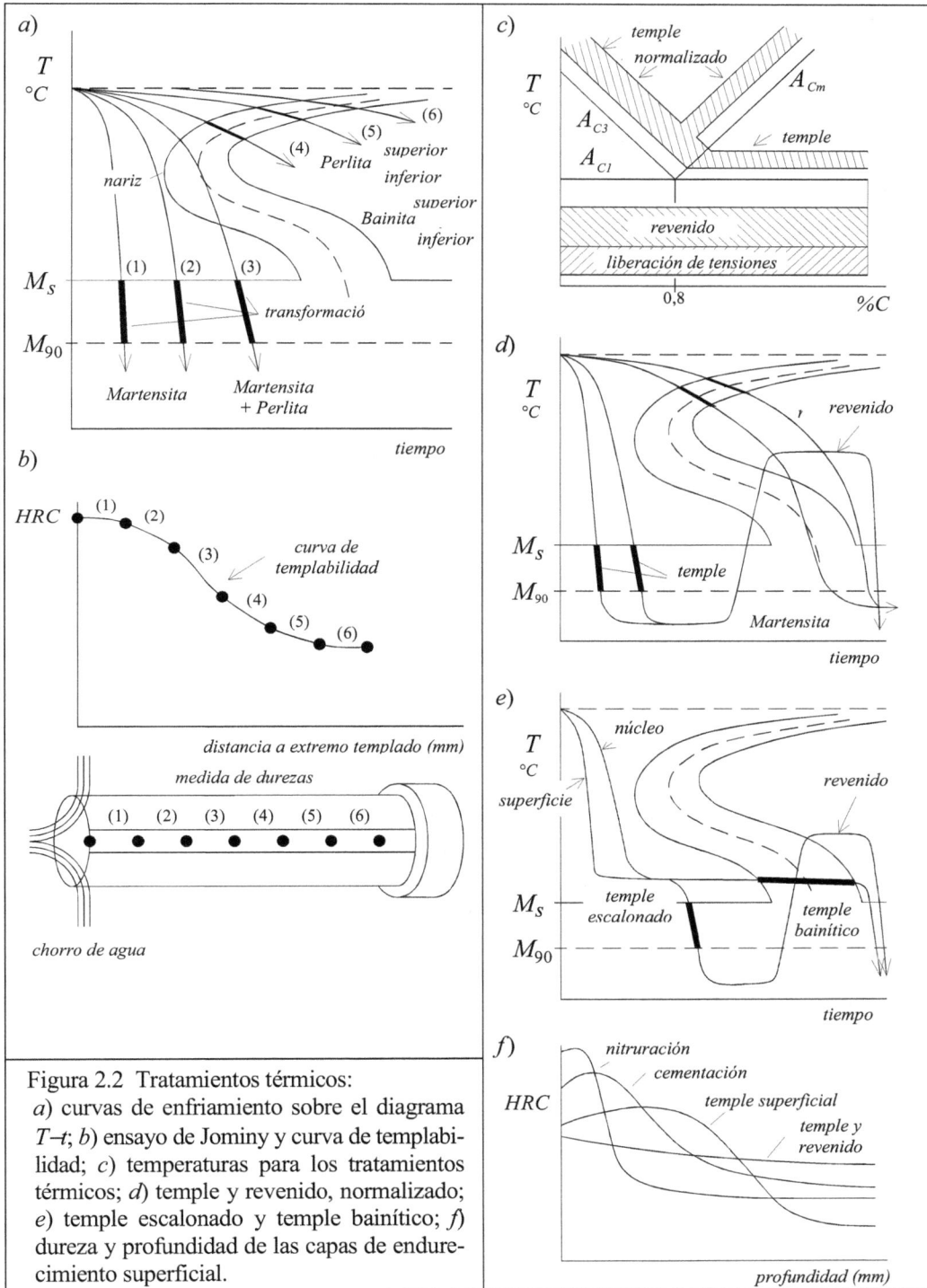

Figura 2.2 Tratamientos térmicos:
a) curvas de enfriamiento sobre el diagrama
T–t; b) ensayo de Jominy y curva de templabilidad; c) temperaturas para los tratamientos
térmicos; d) temple y revenido, normalizado;
e) temple escalonado y temple bainítico; f)
dureza y profundidad de las capas de endurecimiento superficial.

Temple escalonado (o martempering)

Procedimiento de temple que evita en gran medida las distorsiones dimensionales que obligan a posteriores mecanizados de acabado. Después de la transformación en austerita, el acero se enfría rápidamente en un baño de sales a temperatura ligeramente superior a M_s. Cuando se ha homogeneizado la temperatura entre la superficie y el núcleo de la pieza, el material se deja enfriar hasta completar la transformación en martensita libre de distorsiones. Posteriormente se requiere un revenido (Figura 2.2e).

Temple bainítico (o austempering)

Procedimiento de temple que evita el revenido. La primera parte del proceso es análoga a la del temple escalonado, pero se deja transcurrir el tiempo suficiente para que se produzca la transformación en bainita (estructura de características mecánicas próximas a las de la martensita revenida). Este proceso, que se aplica también a determinadas fundiciones, no necesita revenido posterior (Figura 2.2e).

Templabilidad. Ensayo de Jominy

Para templar un acero (o sea, para transformar la austerita en martensita) es necesario un enfriamiento suficientemente rápido para evitar la difusión del C y la formación de perlita o bainita. Cuando las curvas de enfriamiento durante el temple interfieren con la "nariz" del diagrama T-I (transformación isotérmica) de un acero (Figura 2.2a), se asegura la transformación martensítica, mientras que para velocidades de enfriamiento inferiores, se produce una transformación parcial o total en otras estructuras menos duras. Si una pieza tiene espesores pequeños (de pocos milímetros), el enfriamiento en toda su masa es muy uniforme, mientras que si los espesores son grandes, la diferencia de velocidades de enfriamiento entre la superficie y el núcleo puede dar lugar a transformación martensítica en las capas externas, pero no en las más internas.

Se define *templabilidad* como la aptitud de un acero a la penetración del temple, lo que se caracteriza mediante las medidas de dureza desde la superficie hasta el centro. El ensayo ideado por Jominy se basa en templar una probeta cilíndrica enfriándola por un extremo (Figura 2.2b) y en la medida de las durezas a lo largo de su generatriz; el resultado es la *curva de templabilidad*. De la observación de la Figura 2.2 se deduce que si la "nariz" del diagrama T-I está situada muy a la izquierda (caso de los aceros al carbono), la templabilidad es muy baja, mientras que si está situado muy a la derecha (caso de los aceros aleados), la templabilidad es elevada.

2.2.6 Tratamientos de endurecimiento superficial

Conjunto de procesos destinados a obtener piezas que combinan unas cualidades mecánicas elevadas en determinadas superficies (dureza, resistencia al desgaste, resistencia a la fatiga superficial) con una buena tenacidad en el núcleo (resistencia a choques), condiciones que se requieren en determinados tipos de elementos de guiado y de transmisión con enlaces fuertemente solicitados (engranajes, levas, rótulas, bulones). Hay dos mecanismos básicos para obtener este efecto:

Temple superficial

Calentamiento rápido de determinadas zonas de la superficie de aceros ricos en C, por medio de la llama (*temple a la llama*), de un baño metálico (*temple por inmersión*) o de una corriente de alta frecuencia (*temple por inducción*), seguido de un enfriamiento rápido. Sólo la capa superficial llega a la temperatura de austenización y es susceptible de temple, con lo que se obtiene una capa superficial dura (relativamente gruesa) y el núcleo tenaz (aunque poco resistente), con un coste y un tiempo relativamente moderados (Figura 2.2f).

Tratamientos termoquímicos

Tratamientos térmicos que por medio de la difusión de C (*cementación*), N (*nitruración*) o los dos elementos (*carbonitruración*) desde la superficie, modifican tanto la microestructura como la composición de la capa superficial del acero.

Cementación. Enriquecimiento de aceros pobres en C obtenido por difusión al someter las piezas a una temperatura de 800÷950°C en medios ricos en C (medios sólidos, para pequeñas producciones; medios gaseosos para producciones en serie con espesor de capa controlada; medios líquidos para producir la carbonitruración), con temple y revenido posterior. Es un proceso más caro que el temple superficial y más barato que la nitruración, y el espesor de la capa cementada puede predecirse razonablemente controlando el tiempo. De esta manera se forma una capa superficial muy dura y resistente al desgates mientras que se conserva una núcleo de gran tenacidad. La cementación produce una distorsión dimensional importante por lo que las piezas deben ser acabadas posteriormente. Existe una amplia gama de *aceros de cementación* (Sección 2.4).

Nitruración. Enriquecimiento superficial de un acero con N mediante una corriente de amoniaco 500°C durante un largo tiempo (10h por 0,1 mm de espesor). Se obtienen capas superficiales más duras pero más delgadas que con la cementación. Dado que la nitruración se realiza a temperaturas menores, sin temple posterior, las piezas prácticamente no experimentan distorsión dimensional. Los *aceros de nitruración*, de composición adecuada, proporcionan la máxima dureza superficial (Sección 2.4). Además, la mayor parte de los aceros de máquinas (especialmente los aceros aleados 42CrMo4 y 34CrNiMo6), algunas fundiciones, algunos aceros inoxidables y varios de los aceros de herramientas son susceptibles de ser nitrurados.

2.2.7 Composición de los aceros. Elementos de aleación

Según su composición, los aceros pueden clasificarse en:

Aceros no aleados

Son aceros al carbono, con una limitación del contenido de los restantes elementos según la Tabla 12.3. Los aceros de contenido muy bajo de C (≤0,1%) son adecuados para la deformación en frío (embutición, estampación en frío); los de contenido entre 0,10÷0,20% de C son soldables y se usan en las construcciones; los de contenido entre 0,10÷0,50% de C son templables (de templabilidad baja) y se usan en piezas de máquinas; los de contenidos superiores son muy duros a costa de reducir la tenacidad, y se utilizan para piezas resistentes al desgaste y para herramientas.

Tabla 2.3 **Contenidos máximos de elementos en aceros no aleados**

Elementos		%	Elementos		%	Elementos		%
Aluminio	Al	0,10	Molibdeno	Mo	0,08	Titanio	Ti	0,05
Bismuto	Bi	0,10	Niobio	Nb	0,05	Tungsteno	W	0,10
Boro	B	0,0008	Níquel	Ni	0,30	Vanadio	V	0,10
Cobalto	Co	0,10	Plomo	Pb	0,40	Circonio	Zc	0,10
Cobre	Cu	0,40	Selenio	Se	0,10	Lantánidos		0,05
Cromo	Cr	0,30	Silicio	Si	0,50	Otros (excepto C,		
Manganeso	Mn	1,60	Telurio	Te	0,10	P, S, N, O)		0,05

Aceros microaleados (aceros HSLA, *High-Strengh Low-Aloyed steels*)

Son aceros de contenido moderado de C con pequeñas adiciones de ciertos elementos (NB, V, Ti, Al) que dan un endurecimiento importante por precipitación de carburos, adquiriendo límites elásticos propios de acero de baja aleación sin necesidad de tratamiento térmico. La limitación del contenido de C los hace soldables y el bajo contenido de elementos de aleación, que sean baratos.

Aceros de baja aleación

Son aleaciones férricas de precio moderado cuyo contenido en elementos de aleación en ningún caso supera individualmente el 5%. Mejoran alguna de las siguientes propiedades: límite elástico, templabilidad, dureza, resistencia al calor. Están ciertos aceros de construcción, la mayoría de los aceros de máquinas y determinados aceros de herramientas (los de menor contenido de aleación).

Aceros de alta aleación

El contenido de alguno de los elementos de aleación supera el 5%. Mejoran propiedades como la resistencia en caliente, la dureza superficial o la resistencia a la oxidación. Comprenden determinadas familias de aceros de herramientas, los aceros inoxidables y los aceros refractarios. Son de precio elevado, tanto a causa de los elementos de aleación costosos como del proceso.

Efectos de los elementos de aleación en los aceros

Aluminio (Al). Es un desoxidante eficaz y afina el grano. Aumenta la dureza superficial en aceros nitrurados (nitruro de aluminio) y la resistencia a la formación de escamas y al envejecimiento.

Boro (B). En pequeñísimos porcentajes aumenta fuertemente la templabilidad de los aceros bajos en C.

Carbono (C). Aumenta la resistencia a la rotura, el límite elástico y la dureza, pero disminuye la tenacidad, la ductilidad, la maquinabilidad, la forjabilidad y la soldabilidad. Con otros elementos de aleación y con tratamientos térmicos adecuados se puede mejorar su tenacidad.

Cobalto (Co). Disminuye la templabilidad, pero aumenta la resistencia a la tracción, el límite elástico, la resistencia a la corrosión y a la abrasión. Mejora la persistencia del revenido y la resistencia a temperatura (aceros rápidos).

Cobre (Cu). Aumenta la resistencia a la tracción y a la corrosión. Confiere fragilidad en caliente.

Cromo (Cr). Aumenta la dureza, la resistencia al desgaste (formación de carburos de Cr), a la templabilidad y a altas temperaturas. A partir de un 11% forma una capa protectora de óxido de cromo continua y estable cuyo papel es fundamental en la resistencia a la corrosión (aceros inoxidables).

Fósforo (P). Hasta un 0,2%, aumenta el límite elástico y la resistencia a la corrosión, mientras que en proporciones más grandes disminuye la tenacidad. Mejora la maquinabilidad.

Manganeso (Mn). Para bajos contenidos de C, disminuye la temperatura de transición dúctil-frágil (aceros de construcción). Aumenta a bajo coste la templabilidad (aceros de máquinas) y mejora la resistencia al desgaste. Generalmente se encuentra acompañado de otros elementos de aleación.

Molibdeno (Mo). Aumenta la templabilidad, la resistencia en caliente y la resistencia al desgaste (elemento muy eficaz contra la fragilidad en el revenido). Mejora la resistencia a la corrosión en los aceros inoxidables.

Niobio (Nb). En los aceros de bajo contenido de C afina el grano y aumenta la resistencia y el límite elástico (aceros microaleados). Mejora la resistencia a baja temperatura.

Níquel (Ni). Eleva la resistencia y la tenacidad de los aceros no templados y, con contenido >5%, conserva la tenacidad hasta temperaturas muy bajas (aplicaciones criogénicas). Favorece el temple en profundidad y facilita la creación de estructuras austeníticas estables. Mejora la resistencia a la corrosión. Dificulta la nitruración y fragiliza los aceros nitrurados.

Nitrógeno (N). Su contenido se controla en aceros de construcción. Tendencia a formar nitruros muy duros (utilizado en la nitruración).

Plomo (Pb). Mejora la maquinabilidad.

Silicio (Si). Presente en todos los aceros, es un buen desoxidante. Mejora la templabilidad y aumenta la fluencia bajo carga (aceros para muelles). Disminuye la conformabilidad en frío (se limita en aceros de embutición). Elemento de aleación en chapas eléctricas y magnéticas.

Azufre (S). Aumenta la fragilidad y disminuye la resistencia a la fatiga (se limita el contenido máximo). Hasta un 0,30% mejora la maquinabilidad.

Titanio (Ti). Se utiliza como desoxidante. Gran tendencia a formar carburos (aceros microaleados). Afina el grano y mejora la capacidad de conformado.

Tungsteno (o *wolframio*) (W). Aumenta la resistencia y la dureza en aceros de contenidos medio y alto de C. Gran resistencia al desgaste, especialmente en caliente (aceros de herramientas). Aumenta la templabilidad.

Vanadio (V). En porcentajes muy bajos, mejora la templabilidad y la resistencia en caliente (aceros de máquinas, aceros de herramientas). Gran tendencia a formar carburos (aceros microaleados).

Circonio (Zr). Elemento desoxidante. Afina el grano y mejora las características de embutición.

2.2.8 Clasificación de los materiales férricos

Como en otras familias de metales, los materiales férricos se agrupan tradicionalmente en *aceros de laminación*, y *fundiciones* y *aceros de moldeo*. En este texto se ha completado esta clasificación con una subdivisión de los aceros de laminación según sus principales aplicaciones.

Aceros de laminación

A partir de productos laminados (en algunos casos forjados), las piezas se conforman por mecanizado, deformación en frío o soldadura.

Los principales grupos de aceros de laminación (más del 90% de los materiales férricos) son:

Aceros de construcción
    Aceros de uso general
    Aceros de resistencia mejorada
    Aceros de resistencia a la corrosión mejorada
    Aceros de calderas y recipientes a presión
    Aceros de embutición y conformado en frío
    Aceros de construcción resistentes al desgaste
    Bandas y chapas de aceros recubiertos

Aceros de máquinas
    Aceros de bonificación (temple y revenido)
    Aceros de endurecimiento superficial
    Aceros de elevado límite elástico (o de muelles)
    Aceros para mecanización

Aceros de herramientas
    Aceros de herramientas al carbono
    Aceros para moldes de plástico
    Aceros de herramientas para trabajo en frío
    Aceros de herramientas para trabajo en caliente
    Aceros rápidos

Aceros de usos especiales
    Aceros inoxidables
    Aceros refractarios
    Aceros eléctricos y magnéticos

Fundiciones y aceros de moldeo

Materiales conformados para fundición y moldeo, seguidos de otros procesos como son mecanización, soldadura o tratamientos térmicos. Se incluyen:
    Fundiciones grises y nodulares
    Aceros de moldeo para diversas aplicaciones

2.2.9 Normativa general sobre los aceros

Los aceros forman una familia muy extensa de materiales contemplados en numerosas normas. En este apartado se indican las normas básicas referidas a los aceros. Las normas más específicas relacionadas con cada una de las familias de aceros se van presentando en los distintos capítulos.

EN 10020;2000	Definición y clasificación de los tipos de acero.
EN 10021:2006	Condiciones técnicas generales de suministro de los productos de acero.
EN 10027-1/2	Sistema de designación para los aceros. Parte 1 (2005): Denominación simbólica. Parte 2 (1992): Designación numérica.
EN 10152:1993	Vocabulario de los tratamientos térmicos de los productos férricos.
EN 10079:1992	Definición de los productos de acero.
EN 10163-1/2:2004	Condiciones de suministro relativas al acabado superficial de chapas, bandas, planos anchos y perfiles de acero laminados en caliente. Parte 1: Generalidades. Parte 2: Chapas y planos anchos. Parte 3: Perfiles.
EN 10204:2004	Productos metálicos. Tipos de documentos de inspección.

Designación de los aceros
EN 10027-1/2

La Norma Europea (EN) establece dos formas básicas de designación de los aceros: *a*) *designación simbólica* (EN 10027-1): combinación de símbolos numéricos y de letras que expresan de forma abreviada ciertas características básicas del acero (mecánicas, químicas, físicas, de aplicación); *b*) *designación numérica* (EN 10027-2): número representativo de cada acero, así como la organización de su registro y difusión (complementario a la designación simbólica).

Designación simbólica

El sistema de designación simbólica agrupa los materiales en: 1) aceros definidos por su aplicación o por sus características físicas o mecánicas; 2) aceros designados por su composición química. Las denominaciones de los aceros moldeados incorporan como prefijo la letra G.

Aceros designados según características o aplicaciones

La designación incluye una letra mayúscula (según características o aplicaciones) seguida de un número que indica el valor mínimo especificado de una característica mecánica o física. Entre ellos:

S	= Aceros para construcción metálica	(límite elástico, en MPa)
P	= Aceros para recipientes a presión	(límite elástico, en MPa)
L	= Aceros para tubos	(límite elástico, en MPa)
E	= Aceros para construcción mecánica	(límite elástico, en MPa)
H	= Productos planos laminados en frío de acero de alta resistencia para deformación en frío	(límite elástico, en MPa) (HT, resistencia a tracción, en MPa)
D	= Productos planos para deformar en frío (DC, laminados en frío; DD, laminados en caliente)	(límite elástico, en MPa)
M	= Aceros para aplicaciones eléctricas	(designación compleja)

Y se sigue de unas últimas indicaciones según los códigos: N, normalizado; C, para deformación en frío; J, K y L, para temperatura ambiente y baja temperatura; G, otras propiedades.

En caso de material obtenido por fundición, se antepone la letra G.

Aceros designados según la composición química

Se establecen cuatro grupos con las siguientes designaciones:

1) *Aceros no aleados con* Mn < 1% (excepto los de fácil mecanización): letra C seguida de un número que indica 100 veces el porcentaje de C.

2) *Aceros no aleados con* Mn ≥ 1%, *aceros de fácil mecanización* y *aceros de baja aleación* (ningún elemento supera el 5%), excepto los aceros rápidos: número que indica 100 veces el porcentaje de C; símbolos de los elementos químicos que caracterizan el acero (en orden decreciente de contenido); números que indican los contenidos de los elementos de aleación, separados por guiones y multiplicados por los siguientes factores: 4 (Cr, Co, Mn, Ni, Si, W); 10 (Al, Be, Cu, Mo, Nb, Pb, Ta, Ti, V, Zr); 100 (Ce, N, P, S); 1000 (B).

3) *Aceros de alta aleación* (alguno de los elementos supera el 5%), excepto los aceros rápidos: letra X; número que indica 100 veces el porcentaje de C; símbolos de los elementos químicos que caracterizan el acero (en orden decreciente de contenido); números que indican los contenidos de los elementos de aleación, separados por guiones.

4) *Aceros rápidos*: letras HS, seguidas de números que indican los porcentajes de W-Mo-V-Co en la composición.

Designación numérica

La estructura de los números de los aceros es de 1.xxyy, (el primer número es 1 = acero; los números de 2 a 9 pueden utilizarse para designar otros materiales).

Los números xx designan el grupo de acero:

De 01 a 09: aceros no aleados y aleados de calidad (sin requisitos de características específicas)

De 10 a 19: aceros no aleados especiales (mayor pureza y con requisitos específicos)

De 20 a 29: aceros para herramientas

De 30 a 39: aceros aleados diversos (aceros rápidos, aceros para rodamientos, etc.)

De 40 a 49: aceros inoxidables y refractarios

De 50 al 89: aceros aleados de construcción y para recipientes a presión

Los números yy corresponden a cada material.

2.3 Aceros de construcción

2.3.1 Descripción y características

Descripción

Este grupo de materiales comprende aceros al C, aceros microaleados y aceros de baja aleación (normalmente usados sin tratamiento térmico posterior, excepto el normalizado), destinados a fabricar construcciones unidas por soldadura, remaches o tornillos. Sus propiedades suelen depender más del proceso de elaboración que de la composición química y, en general, la designación refleja el campo de aplicación, la resistencia mecánica (normalmente, el límite elástico) y otras características de aplicación.

Las propiedades mecánicas más relevantes de los aceros de construcción son el límite elástico (eventualmente también su variación con la temperatura), los valores mínimos de la energía de rotura por choque (resiliencia) según la temperatura (en especial la zona de transición dúctil-frágil) y, en determinadas aplicaciones (aceros para aplicaciones a presión), la fluencia bajo carga (o *creep*); mientras que las propiedades tecnológicas de mayor incidencia son, además del precio, la soldabilidad, la resistencia a la corrosión, la aptitud para el conformado en frío (corte, doblado, curvado, embutición) y, en determinados productos, las características de acabado superficial.

Composición química y procesos

Composición. Estado de desoxidación

Aunque la fabricación de los aceros efervescentes (no desoxidados) es más económica, los aceros para construcciones soldadas suelen ser calmados o semicalmados (desoxidados), ya que tienen una mayor soldabilidad. El fósforo, P, y el azufre, S, aumentan la fragilidad y disminuyen la soldabilidad, por lo que se limitan sus contenidos. El manganeso, Mn, y el silicio, Si, se usan como desoxidantes, y el Mn actúa también como desulfurante (mejora la ductilidad y disminuye la temperatura de transición dúctil-frágil).

Procesos de laminación y condiciones de suministro

Los aceros de construcción se obtienen por laminación y se ofrecen como productos planos (chapas, bandas, flejes) y largos (barras, tubos, perfiles, chapas perfiladas). Las primeras etapas de laminación suelen realizarse a temperaturas elevadas para facilitar grandes deformaciones con fuerzas y potencias moderadas. Sin embargo, la clasificación de los aceros se establece en función de las condiciones en las que se realiza la última etapa de laminación:

a) *Laminación en caliente.* Se efectúa a temperaturas superiores a la de recristalización y tiene por finalidad básica obtener la forma deseada con un mínimo de etapas y coste. Dado que el material resultante es relativamente blando, hoy día este proceso tan sólo se usa para fabricar aceros de baja resistencia (seguido o no de un normalizado, +N);

b) *Laminación en caliente controlada.* Conjunto de procesos de laminación que se realizan con control estricto de la temperatura y de la deformación en una zona próxima a la recristalización. Además de proporcionar la forma final, incrementan la resistencia y la tenacidad del material. Estos procesos surgieron a partir de los años 60 cuando nuevas aplicaciones más exigentes (centrales nucleares, plataformas petrolíferas en mares fríos) demandaron aceros estructurales que, manteniendo una buena soldabilidad, ofrecieran propiedades mecánicas mejoradas (límite elástico más elevado, buena resiliencia a bajas temperaturas). Entre estos procesos hay:

Laminación de normalización (*normalizing rolling*, N). La deformación final se realiza a una temperatura en la que la austenita recristaliza completamente pero no lo suficiente para que experimente un crecimiento del grano, de manera que, con un enfriamiento al aire, se produce un efecto equivalente a un normalizado. La temperatura del proceso permite utilizar la mayor parte de equipos de laminación, ya que las fuerzas y potencias requeridas no son excesivas.

Laminación termomecánica (*thermomechanical rolling*, M). Desarrollada en los años 70 para construir tubos de altas prestaciones, pronto se extendió a otros campos (entre ellos, el naval y el de las plataformas petrolíferas). La deformación final tiene lugar en un rango de temperaturas menores (650÷700ºC, en las que la austenita no recristaliza) que, con el enfriamiento (puede acelerarse con agua), se obtiene una estructura de grano fino de ferrita-perlita y/o perlita+bainita. El resultado es un acero de excelente tenacidad (incluso a bajas temperaturas) y elevada resistencia (rango habitual del límite elástico, entre 420÷700 MPa), que permite la construcción de estructuras más ligeras; el bajo contenido de aleación necesario (%C_{equiv} como el de un acero ordinario) redunda en una mejor soldabilidad, incluso con grandes espesores. Respecto a los aceros con laminación de normalización (N) de resistencia análoga, no requieren precalentamiento (menor coste y riesgo), pero tienen el inconveniente de que, sometidos a un tratamiento térmico posterior o a una deformación en caliente, su resistencia disminuye. El proceso de laminación termomecánica requiere tecnologías y equipos de producción no convencionales.

Temple y autorevenido (*quenching and selftempering, QST*). Enfriamiento superficial rápido con un chorro de agua aplicado después de la última laminación, que se interrumpe antes de que temple el núcleo, de manera que las capas superficiales experimentan un revenido por el flujo de calor procedente del núcleo mientras se nivelan las temperaturas. Este proceso ha permitido obtener una nueva generación de aceros de alto límite elástico (superior a 500 MPa) con una excelente tenacidad a bajas temperaturas y soldables sin precalentamiento, que permiten disminuciones importantes de peso en las estructuras, a costes moderados.

c) Laminación en frío. La última etapa, que se efectúa a temperaturas inferiores a la de recristalización, tiene por objeto ajustar el producto laminado a las dimensiones finales, a la vez que se obtiene un endurecimiento del material por acritud.

Características

Límite elástico. Resiliencia a bajas temperaturas

La limitación del contenido de C en los aceros convencionales de construcción, exigida por la soldabilidad y la tenacidad (propiedades importantes para su aplicación), hace que sea difícil ultrapasar el límite elástico de 360 MPa.

Este valor se ha superado con el desarrollo de *aceros microaleados* que, mediante pequeñas adiciones de Nb, V, Ti (o elementos con efectos análogos) y procesos de laminación con la temperatura controlada, dan lugar a una estructura más favorable de grano fino, con la presencia de carburos finamente dispersos en la matriz. Las principales ventajas de los aceros microaleados respecto a los convencionales son un aumento significativo del límite elástico (con valores aceptables a temperaturas relativamente elevada) y la mejora de la resiliencia con la disminución de la temperatura de transición frágil-dúctil, manteniendo un bajo contenido de C (buena soldabilidad) y sin la necesidad de tratamientos térmicos posteriores (coste menor).

Soldabilidad

Es el procedimiento de unión más frecuente en los aceros de construcción. Mientras se realiza, el material del entorno de la unión experimenta un ciclo térmico completo (calentamiento por encima de la temperatura de transformación y enfriamiento posterior), el acero templa y se origina una unión dura pero frágil. La *soldabilidad* se relaciona con el valor del *carbono equivalente* (CEV, función de varios elementos, en %):

$$CEV = C + \frac{Mn}{6} + \frac{Cr + Mo + V}{5} + \frac{Ni + Cu}{15}$$

Cuanto más elevado es el valor de CEV, más templable es el acero, de manera que, a partir de valores de CEV>0,45%, comienzan a ser necesarias precauciones especiales durante la soldadura (precalentamiento, control de la energía proporcionada a la pieza, estabilización térmica posterior) a fin de evitar su fragilidad. Los aceros son, pues, menos soldables.

Conformación en frío y en caliente

Los procedimientos de conformado más frecuentes en esta familia de aceros se basan en la deformación en frío (corte, doblado, curvado, embutición), aunque muchos de ellos también son aptos para el conformado en caliente. Para la mayoría de los aceros de construcción se dan prescripciones sobre la aptitud para el plegado de chapas (radio mínimo de plegado que no produce fisuras). La embutición presenta exigencias tecnológicas más complejas que se analizan con los aceros de muy bajo contenido de C destinados a este tipo de conformado.

Acabado superficial

Es uno de los factores importantes para la aplicación de los aceros de construcción, especialmente en las chapas. Las condiciones superficiales de los aceros laminados en caliente se contemplan en la norma EN 10163, donde se especifican los tipos de anomalías (incrustaciones, marcas, rascadas, fisuras, pliegues) admisibles y las que se deben reparar. Determinados tipos de chapas laminadas en frío presentan condiciones específicas más exigentes.

2.3.2 Tipos y aplicaciones

Los aceros de construcción, de costes bajos (más del 80% del consumo total de aceros), se usan en aplicaciones como: construcción de estructuras y edificios; bancadas de máquinas; barras corrugadas para hormigón armado; carriles; recipientes, calderas y conducciones; carrocerías de automóviles y otros vehículos. Entre los aceros de construcción pueden distinguirse los siguientes:

a) Cuando se requieren aceros estructurales al C-Mn soldables por medios convencionales para edificios, estructuras, instalaciones industriales o bancadas de máquinas, con valores mínimos garantizados de límite elástico, resistencia a la tracción, ductilidad y resiliencia, se usan normalmente los *aceros estructurales* de la norma EN 10025-2 (desde los no aleados hasta los templados y revenidos pasando por los de laminación de normalización y de laminación termomecánica).

b) Cuando se trata de construir calderas y aparatos a presión, deben utilizarse los aceros de las normas EN 10028-1/7. Estos aceros (que pueden ser aleados, no aleados e inoxidables) presentan seguridad en aplicaciones a presión y un buen comportamiento a fluencia bajo carga. Algunos pueden trabajar a elevadas temperaturas, mientras que otros (aceros al Ni) son adecuados para aplicaciones criogénicas.

c) Cuando son determinantes las características de conformado en frío (plegado, curvado, perfilado o embutición), con buena aptitud para la soldadura, se usan aceros de las normas EN 10111 y EN 10130 (laminados en frío y en caliente, respectivamente, y destinados a embutición y conformado en frío), y los aceros de la norma EN 10149 (de alto límite elástico, también para conformar en frío).

d) Finalmente, otra topología importante de aceros de construcción son los productos planos con distintos tipos de recubrimientos: *galvanizado en caliente* (recubrimiento de Zn, de Zn-Al, Al-Zn, o Al-Si; *electrozincado*, con recubrimientos de Zn o Zn-Ni; *pinturas orgánicas* (o *prelacados*). Estos tipos de producto (contemplados en la norma EN 10169) permiten un tipo de fabricación cuyos procesos básicos son el corte y plegado de chapa, y donde el ensamblado puede eliminar la soldadura o evitarla en su mayor parte. Obviamente, no se requiere un recubrimiento final.

2.3.3 Normativa y designaciones

Normativas

A menudo, los usos de los aceros de distintas normas se solapan y es posible hacer más de una elección correcta para una determinada aplicación. Sin embargo, cuando se trata de utilizaciones masivas (edificaciones, grandes instalaciones, automoción o fabricación de electrodomésticos), una selección ajustada del tipo de acero puede comportar ventajas competitivas en el coste, en el proceso y/o en las propiedades.

Algunas de las normas más características de los aceros de construcción son:

EN 10025-1/6:2006	Productos laminados en caliente de aceros para estructuras. Parte 1: Condiciones técnicas generales de suministro. Parte 2: Aceros estructurales no aleados (sustituye EN 10025:1993). Parte 3: Aceros estructurales soldables de grano fino en la condición de normalización o laminación de normalización (sustituye EN 10013-1/2:1993). Parte 4: Aceros estructurales soldables de grano fino y laminación termomecánica (sustituye EN 10013-1/3:1993). Parte 5: Aceros estructurales con resistencia mejorada a la corrosión atmosférica (sustituye EN 10155:1993). Parte 6. Productos planos de aceros estructurales de alto límite elástico en la condición de temple y revenido (sustituye EN 10137-1/2:1996).
EN 10028-1/7:2001	Productos planos de acero para aplicaciones a presión. Parte 1: Prescripciones generales. Parte 2: Aceros no aleados y aleados con prescripciones a altas temperaturas. Parte 3: Aceros soldables de grano fino en estado de normalización. Parte 4: Aceros aleados al níquel con propiedades específicas a bajas temperaturas. Parte 5: Aceros soldables de grano fino y laminación termomecánica. Parte 6: Aceros soldables de grano fino templados y revenidos. Parte 7: Aceros inoxidables.
EN 10111:1998	Banda de acero no aleado, laminada en caliente y no recubierta, para embutición y conformado en frío.
EN 10130:1999	Banda laminada en frío, de acero de bajo contenido de C para embutición o conformación en frío.
EN 10149-1/3:1995	Productos planos laminados en caliente de acero de alto límite elástico para conformar en frío. Parte 1: Condiciones generales de suministro. Parte 2: Condiciones de suministro para aceros con laminación termomecánica. Parte 3: Condiciones de suministro para aceros en estado de normalización o laminación de normalización.
EN 10163:2004	Condiciones de suministro relativas al acabado superficial de chapas y perfiles laminados en caliente. Parte 1: Generalidades. Parte 2: Chapas y planos anchos. Parte 3: Perfiles.
EN 10268:2006	Productos planos laminados en frío de aceros microaleados de elevado límite elástico (HSLA) para conformar en frío.

Designaciones

La información que debe solicitar el comprador comprende (en cada caso, cuando corresponda):

a) Cantidad a suministrar; forma del producto y dimensiones.
b) Palabra *acero*, norma europea EN y designación simbólica o numérica.
d) Designación del grado (EN 10025-2, según el valor de energía de flexión por choque). Símbolos adicionales para aplicaciones particulares (EN 10025-2).
e) Designación normalizada de un informe de ensayo, según EN 10204 (si corresponde).

Ejemplos:

Acero EN 10025-2 – S275J0 + AR   o   Acero EN 10025-2 – 1.0143 + AR
Acero EN 10025-3 – S355NL   o   Acero EN 10025-3 – 1.0546

10 chapas – 50 x 2000 x 10 000 – EN 10028-2 16Mo3 + AR – Documento de inspección 3.1.B
10 chapas – 50 x 2000 x 10 000 – EN 10028-2 1.5415 + AR – Documento de inspección 3.1.B

10 chapas – 50 x 2000 x 10 000 – EN 10028-4 12Ni14 + NT – Documento de inspección 3.1.B
10 chapas – 50 x 2000 x 10 000 – EN 10028-4 1.5637 + NT – Documento de inspección 3.1.B

Banda EN 10111 – DD13   o   Banda EN 10111 – 1.0335
Bobina EN 10130 +A1-DC06-B-g   o   Bobina EN 10130 +A1-1.0873-B-g
Acero EN 10149-2 – S700MC   o   Acero EN 10149-2 – 1.8974

Símbolos adicionales para aplicaciones particulares

(primera posición después del número)

C	Apto para ser rebordeado, conformado con rodillos y estirado en frío (EN 10025-2)
GC	Apto para ser estirado en frío (EN 10025-2)
JR	Energía de flexión por choque de 27 J a 20ºC (EN 10025-2)
J0	Energía de flexión por choque de 27 J a 0ºC (EN 10025-2)
J2	Energía de flexión por choque de 27 J a –20ºC (EN 10025-2)
K2	Energía de flexión por choque de 40 J a –20º (EN 10025-2)
N	Laminación de normalización (EN 10025-3)
M	Laminación termomecánica
Q	Temple (temple y revenido)

(segunda posición después del número)

xH	Propiedades a temperaturas elevadas (EN 10028-3/6)
xL	Propiedades a bajas temperaturas, ensayo de impacto a –10ºC (EN 10028-3/5/6)
xL1	Propiedades a bajas temperaturas, ensayo de impacto a –50ºC (EN 10028-3/5/6)
xL2	Prop. especiales a bajas temperaturas, requerimientos mejorados (EN 10028-3/5/6)
+HL	Templabilidad baja

Estados de suministro

+AR	Bruto de laminación (EN 10025-2; EN 10028-2)
+N	(o N) Laminación de normalización (EN 10025-2; EN 10028-2; EN 10149-3)
+M	(o M) Laminación termomecánica (EN 10025-3; EN 10028-5; EN 10149-2)
+NT	Normalización y revenido (EN 10028-4)
+QT	Temple y revenido (EN 10028-4)

2.3.4 Aceros estructurales

Aceros laminados en caliente que hacen funciones resistentes en las construcciones y en las máquinas. Las principales condiciones de suministro son: *a) bruto de laminación* (+AR), sin condiciones de suministro ni de tratamiento térmico; *b) laminación de normalización* (+N, o N de sufijo), donde la deformación final se efectúa a una temperatura en la que la austenita recristaliza completamente dando lugar a un material equivalente al que se obtiene después de una normalización; *c) laminación termomecánica* (M de sufijo), en la que la deformación final se efectúa a una temperatura (menor a la de austenización) que prácticamente impide la recristalización de la austenita, proporcionando unas características que no pueden obtenerse tan sólo con un tratamiento térmico; admite el plegado (costes menores), pero su resistencia se reduce si la temperatura supera los 650º; por lo tanto, el corte y la soldadura deben efectuarse con una llama localizada con precisión en lugar de un calentamiento general al rojo vivo; *d) temple y revenido* (Q como sufijo), templado después de la laminación en caliente seguido de un revenido.

Aceros estructurales no aleados
(EN 10025-2)

Productos de acero no aleado presentados en forma de chapas y perfiles laminados en caliente para construcciones soldadas, remachadas o atornilladas, o en forma de tochos, platinas y barras, para fabricar piezas mecánicas, todos ellos utilizados a temperatura ambiente (o a temperaturas moderadamente bajas) sin tratamiento térmico posterior (excepto un recocido de eliminación de tensiones o, en productos normalizados, operaciones de conformado en caliente).

Esta norma comprende los siguientes grupos de materiales: *a*) Aceros estructurales S235, S275, S355 y S450J0 (éste último introducido en la última versión de la norma y no reproducido en la Tabla 2.4, y con una composición cercana a la de un acero microaleado), soldables, con prescripciones sobre flexión por choque (o resiliencia) a bajas temperaturas, y sobre la aptitud para conformar en frío (con rodillos y por doblado), usados como elementos estructurales en edificios y estructuras ligeras. *b*) Aceros de construcción mecánica E295, E335 y E360 (no llevan el marcado CE), usados en la fabricación de piezas mecánicas; al no tener limitaciones de % C, no se asegura su soldabilidad, ni valores de resiliencia, ni aptitudes para el conformado en frío. *c*) Acero S185, sin prescripciones de composición química, soldabilidad, tenacidad ni aptitud para el conformado en frío, y una resistencia mínima exigida muy baja (pueden entrar aceros de coladas falladas).

Normalmente, el fabricante elige el proceso de fabricación pero, si se especifica al hacer la demanda, debe comunicarla al comprador (excepto para el acero S185). Todos ellos son no efervescentes (FN, no efervescente; FF, calmado), excepto el acero S185, cuyo estado de desoxidación queda a la elección del fabricante. Los aceros estructurales de chapa gruesa pueden suministrarse en las condiciones de bruto de laminación (designación +AR) o normalizados (designación +N). Son aptos para galvanizar en caliente y recubrir por esmaltado.

S235, S275, S355

Aceros de bajo coste, destinados a toda clase de construcciones metálicas y piezas mecánicas de responsabilidad moderada. Son soldables por todos los procedimientos, con soldabilidad decreciente al aumentar el carbono equivalente *CEV* (del S235 al S355; dentro de cada uno de ellos, la soldabilidad crece con los grados: JO, J2 y K2). Se asegura un valor mínimo de flexión por choque *KV* (o resiliencia) en función de los grados (JR a 20°C, JO a 0°C, J2 y K2 a -20°C). Tienen buena aptitud para la deformación en frío (plegado, conformado con rodillos, estirado) y también en caliente. El acero S235, fácilmente soldable y conformable por forja, se utiliza en piezas y elementos de poca responsabilidad. El acero S275, usado habitualmente en forma de perfiles y chapas en las estructures de edificios y de máquinas, también se usa en piezas estampadas medianamente solicitadas. El acero S355, el menos soldable y deformable de los tres, se utiliza para estructuras y piezas más solicitadas.

E295, E335, E360

Aceros con una resistencia a la tracción y un límite elástico mínimo asegurados (crecientes del primero al tercero), pero sin limitaciones en la composición (fuera del % de P, S y N máximos); por lo tanto, no se asegura su soldabilidad, ni la aptitud para el conformado en frío (excepto el estirado de barras), ni valores mínimos de resiliencia. Son aptos para piezas de máquinas o elementos de estructuras no soldadas, de buena resistencia y dureza, no sometidas a tratamiento térmico.

Aceros estructurales soldables con laminación de normalización o termomecánica
(EN 10025-3 y EN 10025-4)

Productos de acero microaleado (con adiciones de elementos afinadores del grano, como Nb, V y Al), presentados en forma de chapas, barras y perfiles que, manteniendo una excelente soldabilidad (gracias al bajo contenido de C_{equiv}), presentan mejores características mecánicas que los aceros estructurales de uso general (EN 10025-2), a temperatura ambiente y a bajas temperaturas.

Se suministran con laminación de normalización (EN 10025-3, grados S275N, S355N, S420N y S460N) o con laminación termomecánica (EN 10025-4, grados S275M, S355M, S420M y S460M, de mejor aptitud para la soldadura). Tienen valores garantizados de flexión por choque hasta -20ºC (y hasta -50ºC en las versiones con sufijos NL y ML, respectivamente).

Tienen buena aptitud para al plegado y pueden conformarse en caliente. Se destinan a construcciones soldadas altamente solicitadas (puentes, vehículos, equipos de elevación, tanques de almacenaje), sin tratamiento térmico posterior.

Aceros estructurales con resistencia mejorada a la corrosión atmosférica
(EN 10025-5)

Productos de acero calmado, en forma de chapas, barras y perfiles laminados en caliente, para construcciones soldadas, remachadas o atornilladas, sometidas a los agentes atmosféricos (estructuras, puentes, grúas, vagones, cerramientos de edificios, canalizaciones superficiales). Presentan mejor resistencia a la corrosión que los aceros de construcción convencionales (hasta 4 veces).

Dada su composición química (cierto contenido de Cu y otros elementos), después de cierto tiempo se forma una capa autoprotectora de óxido de color rojizo (usado en el algunos casos como elemento ornamental) que, en medios urbanos e industriales, prácticamente detiene el avance de la corrosión y, en ambientes marinos o de humedad permanente, la retrasan (sin embargo, se recomienda un recubrimiento de protección convencional). Son soldables, se suministran brutos de laminación o normalizados y tienen buena aptitud para el conformado en frío y en caliente. Entre los aceros más usados hay S355J2WP (conocido también con el nombre comercial COR-TEN).

Aceros estructurales templados y revenidos
(EN 10025-6)

Productos planos de elevado límite elástico, laminados en caliente y suministrados en la condición de temple y revenido (sufijo Q). La norma contempla espesores de $3 \div 150$ mm para los grados S460Q, S500Q, S550Q, S620Q y S690Q, hasta 100 mm para el grado S890Q, y hasta 50 mm parar el grado S960Q. Tienen garantizada la energía de flexión por choque hasta -20ºC (y hasta -40ºC y – 60ºC, en las versiones con sufijos QL y QL1), pero la aptitud para la soldadura es limitada y los radios de plegado son grandes ($3 \cdot t$ y $5 \cdot t$). Las aplicaciones vienen limitadas por las dificultades de conformado y de unión.

Aceros estructurales de alto límite elástico y baja aleación (HSLA)
(EN 10149-2/3)

Los aceros microaleados de alto límite elástico HSLA se caracterizan por un bajo contenido de C y adiciones de Nb, Ti y/o V, una composición controlada, una estructura de grano fino, lo que les confiere una excelente combinación de propiedades (elevada resistencia mecánica, resiliencia y resistencia a la fatiga; buena ductilidad, conformabilidad y soldabilidad), por lo que constituyen una solución muy adecuada cuando la reducción de peso es una prioridad.

Se utilizan en una gran variedad de aplicaciones, en sectores como el transporte y la maquinaria móvil (vehículos pesados, remolques, material ferroviario, maquinaria agrícola, de obras públicas), la construcción (grúas, barreras de seguridad, farolas) o la perfilaría para estructuras de almacenaje. Su demanda crece día a día, a menudo en substitución de los aceros estructurales convencionales.

Se suministran en la condición de laminación termomecánica (sufijo M; EN 10149-2, con los grados S315MC, S355MC, S420MC, S460MC, S500MC y S550MC, S600MC, S650MC y S700MC), y de laminación de normalización (sufijo N; EN 10149-3 con los grados S260NC, S315NC, S355NC, S420NC; la soldabilidad puede verse afectada por el aumento del contenido de C). En los dos casos, el sufijo C indica que es adecuado para conformar en frío.

2.3.5 Aceros para aplicaciones a presión
(EN 10028-1/7)

Las calderas y otros recipientes a presión tienen condiciones de funcionamiento específicas, como la seguridad y las tensiones prolongadas en el tiempo trabajando a distintas temperaturas: ambientales (depósitos a presión), elevadas (calderas) o muy bajas (sistemas criogénicos). Esta norma, con sus partes, recoge los aceros adecuados para estas aplicaciones.

Se caracterizan por la resistencia a la presión en diversos rangos de temperatura (ambiente, altas y bajas), presentan una buena soldabilidad y una elevada resistencia a la fluencia bajo carga. Pueden ser sometidos a un tratamiento de normalización o de recocido de relajación de tensiones para neutralizar el efecto de temple producido durante el procesado del material. Son aptos para el conformado por deformación y soldadura.

Hay varias familias: *a*) aceros al C y aleados para aplicaciones a presión hasta 400°C; *b*) aceros soldables de grano fino con laminación de normalización y laminación termomecánica; *c*) aceros al Ni para aplicaciones criogénicas; *d*) aceros soldables de grano fino templados y revenidos; *e*) aceros inoxidables para aplicaciones a presión.

Aceros al C y al C-Mn (EN 10028-2)
Aceros de grano fino y bajos costes, presentados en chapas de 3÷100 mm de espesor, y designados según el límite elástico: P235GH, P265GH, P295GH y P355GH. EL estado de desoxidación es calmado o semicalmado y suelen suministrarse brutos de laminación (+AR) o normalizados (+N). Son soldables (bajo contenido de C), tienen buena aptitud para el plegado y se especifica el límite elástico hasta temperaturas de 400°C, las tensiones de fluencia (a 1% de alargamiento y rotura según tiempo) hasta temperaturas de 500°, así como la energía de flexión por choque hasta -20°. Se aplican a calderas.

Aceros aleados (EN 10028-2)
Aceros al Mo y Cr-Mo (designación según composición química), presentados en forma de chapas y bandas de 3÷160 mm de espesor, que se usan a temperatura ambiente y alta (entre −350÷600°C). El estado de desoxidación es calmado y se suministran normalizados, eventualmente con un revenido posterior, y también templados y revenidos. Tienen propiedades análogas a los aceros al C de la misma norma, si bien con valores y temperaturas ligeramente superiores. Los aceros 16Mo3 (de propiedades y coste más moderado) y 16CrMo4-5 (de propiedades y coste mayor), con un elevado límite elástico y una buena resistencia a la fluencia bajo carga (o *creep*), cuando trabajan a temperaturas superiores a 300°C, tienen amplias aplicaciones en las industrias química, petroquímica y cementera.

Aceros con laminación de normalización (EN 10028-3) o *termomecánica* (EN 10028-5)
Aceros soldables de grano fino en la condición de laminación de normalización (EN 10028-3, grados P275N/NH/NL1/NL2, P355N/NH/NL1/NL2 y P460N/NH/NL1/NL2; donde H indica alta temperatura, y L baja temperatura) o laminación termomecánica (EN 10028-5, grados P275M /ML1/ML2, P355M/ML1/ML2 y P460M/ML1/ML2; no pueden conformarse en caliente) análogos a los de las normas EN 10025-3/4 y con propiedades adecuadas para aplicaciones a presión.

Aceros aleados al Ni para bajas temperaturas (EN 10028-4)
Aceros al Ni presentados en chapas y bandas de 3÷50 mm de espesor, destinados a recipientes a presión que trabajan a bajas temperaturas (< −20°C). Uno de los aceros más usados es el 12Ni14, que ofrece unos valores de resiliencia aceptables hasta −100°C.

Aceros inoxidables (EN 10028-7)
Aceros inoxidables presentados en chapas y bandas de 3÷16 mm de espesor, destinados a aplicaciones a presión en ambientes corrosivos. Los más usados son los aceros X5CrNi18-10 y X5CrNiMo17-12-2 (equivalentes a los AISI 304 y AISI 316). No se incluyen en las tablas.

2.3.6 Aceros para conformar en frío y de embutición

Productos planos de acero destinados a conformar en frío y, en ciertos casos, a embutición. Las principales familias son: *a) aceros laminados en caliente*, de espesores relativamente grandes (EN 10111); *b) aceros laminados en frío* y espesores delgados, con aptitud para la embutición (EN 10130); *c) productos planos de elevado límite elástico* (EN 10149-2 y EN 10268). Es frecuente su comercialización con diversos tipos de recubrimiento metálico y no metálico.

Aceros laminados en caliente (EN 10111)

Productos planos de acero laminados en caliente, suministrados en espesores de 1,2÷12 mm, y concebidos para ser deformados en frío (DD11, DD12, DD13 y DD14; con el grado aumenta esta aptitud: DD13, embutición; DD14, embutición profunda). Se caracterizan por la baja presencia de N (evita el envejecimiento del material), la estructura de grano fino y la isotropía de las características mecánicas para facilitar el proceso de embutición. Después de conformados, son aptos para ser galvanizados. En los productos laminados en caliente el aspecto superficial es objeto de acuerdo. Se usan cuando las propiedades de deformación y ductilidad predominan por encima de las de resistencia y se aplican, entre otras, a la fabricación de maquinaria, la construcción y la automoción.

Aceros laminados en frío (EN 10130)

Aceros dulces no aleados y laminados en frío, suministrados en chapas, bobinas y flejes de 0,35÷3 mm de espesor, destinados a embutición (grados DC01, DC03, DC04, DC05 y DC06, con aptitudes crecientes para este proceso). Presentan valores máximos de límite elástico y resistencia a la tracción, y valores mínimos de ductilidad y aptitud al conformado (coeficientes *n* y *r*). Se sueldan por los procedimientos habituales y se suministran untados con aceite para evitar la corrosión durante los tres primeros meses. Normalmente durante el conformado se les aplica un proceso de *temperado* (*skin-pass*) para eliminar el punto de cedencia (causa del defecto superficial denominado líneas de Lüder). Deben conformarse antes de un determinado tiempo ya que envejecen (recuperan la discontinuidad en el punto de cedencia), lo que se atenúa con un enderezado inmediatamente antes del conformado. Cualidades superficiales: *aspecto superficial A* (se admiten pequeños defectos: poros, rayas o marcas); *aspecto superficial B* (al menos una cara, libre de defectos, garantiza una buena cualidad en los recubrimientos superficiales). Algunas de las aplicaciones más habituales son la automoción, y la fabricación de electrodomésticos y de muebles metálicos.

Aceros microaleados de alto límite elástico (EN 10149, EN 10268)

El bajo contenido de C, la presencia de elementos microaleantes (Nb, Ti i/o V) y la pureza interna controlada, permiten una estructura de grano fino que confiere al material una excelente resistencia mecánica además de otras destacadas propiedades como la aptitud para el soldeo o al recubrimiento. Los aceros HSLA son especialmente adecuados para estructuras y componentes altamente solicitados que requieran operaciones de soldadura y de conformación moderada (perfilado, plegado, embutición ligera), y en las que sea también un objetivo la reducción de peso: sistemas de elevación, manipulación y almacenaje o vehículos para transportes pesados.

La norma EN 10149-2 se refiere a aceros obtenidos por laminación termomecánica que se comercializan con espesores entre 1,5÷10 mm. Contempla los grados: S315MC, S355MC, S420MC, S460MC, S500MC, S550MC, S600MC, S650MC y S700MC. Estos últimos, de una gran pureza interna controlada, ofrecen valores excepcionales de resistencia a tracción y son adecuados para aplicaciones como grúas telescópicas. Son aptos para oxicorte, corte con plasma y con láser.

La norma EN 10268 se refiere a aceros obtenidos por laminación en frío que suelen comercializarse con espesores comprendidos entre 0,3 y 3 mm. Contempla los grados: HC260LA, HC300LA, HC340LA, HC380LA y HC420LA.

Nuevos aceros para automoción (fase dual, TRIP, TWIP)

La industria de la automoción está desarrollando nuevos aceros avanzados de alta resistencia:

Aceros de fase dual. Aceros microaleados obtenidos por recocido en continuo a cierta temperatura seguido de un enfriamiento rápido que crea una microestructura dual de martensita-ferrita; el bajo límite de fluencia, el gran alargamiento a rotura (35÷40%) y el elevado coeficiente de acritud, n, aseguran una excelente conformabilidad (sin que aparezcan las líneas de Lüder) pero, a la vez, el gran endurecimiento por deformación proporciona una resistencia final muy elevada (hasta 550 MPa) y un mejor comportamiento al choque.

Aceros TRIP (plasticidad inducida por transformación). Aceros con una microestructura mixta que, durante el conformado, es transforma en martensita. Son más difíciles de fabricar que los de fase dual (mayor % de Si, Al o P), pero tienen una mejor conformabilidad ($n>0,2$) a resistencia similar.

Aceros TWIP (plasticidad inducida por unión). Son aceros austeníticos estabilizados por Mn (hasta un 30%) y Al (hasta un 9%), de gran ductilidad (>80%) y resistencia final a la rotura (>600 MPa) en los que el endurecimiento se basa en el mecanismo de maclado (deformación de la estructura cristalina) y no de deslizamiento.

Parámetros del material que inciden en la deformación en frío

Límite elástico y alargamiento a la rotura

Los valores del límite elástico superiores a 240 MPa dan lugar a un retorno elástico excesivo y al peligro de rotura durante el conformado, mientras que los valores inferiores a 140 MPa dan lugar a piezas o elementos excesivamente blandas. Los valores elevados de alargamiento a la rotura indican una buena conformabilidad en frío, siendo usuales en los materiales laminados en frío alargamientos entre 30÷40% y, en los laminados en caliente, entre 25÷35%.

Coeficiente de acritud y coeficiente de anisotropía plástica

Aunque en la conformado de una chapa se dan simultáneamente diversos modos de deformación, pueden distinguirse dos básicos: 1. *Estirado biaxial*, transformación de una chapa plana circular con el contorno fijado por un pisador en una chapa bombada con valona, mediante un punzón semiesférico; las deformaciones críticas en el centro de la pieza según dos direcciones perpendiculares, son iguales y del mismo sentido. 2. *Embutición profunda*, transformación de una chapa plana circular con la orilla libre en una pieza en forma de olla cilíndrica, por medio de un punzón y una matriz; las deformaciones críticas en la transición de la forma plana a la cilíndrica, según dos direcciones perpendiculares, son iguales pero de sentido contrario.

Cada uno de estos procesos básicos de deformación exige características distintas del material:

a) Coeficiente de acritud, n: mide el grado de acritud que adquiere el material por deformación. La aptitud al *estirado biaxial* se relaciona con valores elevados del alargamiento hasta la rotura y, por lo tanto, de este coeficiente. Los materiales con valores bajos ($n=0,15÷0,20$) se adelgazan demasiado en las zonas críticas y fracturan, mientras que los materiales con valores más altos ($n=0,22÷0,23$) resisten mejor y transfieren la deformación a las zonas adyacentes, evitando así la rotura. Los aceros laminados en caliente tienen valores de n más bajos que los laminados en frío.

b) Coeficiente de anisotropía plástica, r: relación entre las reducciones unitarias según la anchura y el espesor en una probeta estirada longitudinalmente. La aptitud para la *embutición profunda* se relaciona con valores elevados de este coeficiente: cuanto mayor es r, menos disminuye el espesor en un estirado longitudinal de la chapa. Los aceros laminados en caliente son generalmente isótropos ($r=1$), mientras que los aceros laminados en frío presenten anisotropía (aceros efervescentes, $r=1,2$; aceros calmados, $r=1,6$; aceros de composición y proceso controlados $r=1,8÷3$).

2.3.7 Aceros de construcción resistentes al desgaste

Ciertas construcciones requieren aceros de elevada dureza y resistencia al desgaste, manteniendo una buena resistencia mecánica y tenacidad (cajas de camión; hormigoneras, tolvas; maquinaria de obras públicas; maquinaria de minas). En estas aplicaciones se usan varios tipos de aceros como *aceros de bonificación* (ver las características en la sección de aceros de máquinas), *aceros de bonificación al* B o *aceros austeníticos al* Mn. Todos ellos se tratan térmicamente a fin de aprovechar sus posibilidades.

Aceros de bonificación (EN 10083-1/2)

Entre los aceros de bonificación utilizados en este tipo de construcciones hay: 28Mn6; 37Cr4; 34CrMo4, de características y costes crecientes. Se mecanizan bien, pero conviene que las operaciones de plegado se realicen en caliente y que después del oxicorte se haga un recocido de estabilización. Al mismo tiempo, son difícilmente soldables (elevado % de C) y exigen precalentamiento y otras precauciones especiales durante la soldadura. Después del temple y revenido, las piezas y los elementos adquieren una gran resistencia y dureza.

Aceros de bonificación al B (EN 10083-3)

La adición de pequeños porcentajes de B ($\leq$0,005% B) a aceros de baja aleación y reducido contenido de C, da lugar a una gran templabilidad que se traduce en unas elevadas características mecánicas (superiores a las de los aceros de bonificación). Si se suministran en estado de temple y revenido, estos aceros tienen una elevada resistencia, tenacidad y dureza, pero las operaciones de conformado presentan ciertas limitaciones (los radios de plegado en frío son elevados, $>6 \cdot t$, y la deformación en caliente y la soldadura deben realizarse a temperaturas inferiores a 150ºC); si se suministran sin tratamiento térmico, ofrecen una gran conformabilidad y soldabilidad, pero posteriormente deben templarse y revenirse.

Acero austenítico al Mn (o *acero Hadfield*)

El acero con 1,2% de C y 12% de Mn (inventado por Hadfiels el 1882), que mantiene la estructura austenítica estable a temperatura ambiente, combina una elevada tenacidad y ductilidad con una excelente resistencia al desgaste (si se aplican impactos repetidos, la superficie se endurece hasta 500 HB). Es soldable con ciertas precauciones y se mecaniza con grandes dificultades. Debido a su elevado coste (aproximadamente 1.80 €/Kg) y al difícil conformado del material laminado (sin embargo, se puede moldear), hoy en día su uso se reserva para piezas y elementos sometidos a abrasiones severas (martillos, molinos, excavadoras, agujas ferroviarias, trituradores) o a elementos de seguridad (caja fuertes, dispositivos antirrobo).

2.3.8 Productos de acero recubiertos

Cada vez son más frecuentes los productos planos (chapas, flejes) y largos (perfiles, chapas perfiladas, tubos) de acero con recubrimientos metálicos o de polímeros. Se usan fundamentalmente en la construcción de edificios (recubrimientos de fachadas, cubiertas, puertas y ventanas, escaleras, techos, etc.) y en la fabricación de componentes de aparatos, máquinas y sistemas (dispositivos electrónicos, electrodomésticos, componentes interiores, mobiliario, depósitos, etc.) protegidos contra la corrosión sin la necesidad de un proceso de recubrimiento posterior (galvanización, pintura, etc.).

Los productos de acero recubiertos se definen por el sustrato y el recubrimiento, que puede ser por una o dos caras. Estos productos se suelen fabricar en líneas de proceso continuo (por lo tanto, son relativamente económicos: entre un 10 y un 30% de incremento respeto al coste del sustrato) y las principales tecnologías son: *a*) *inmersión en caliente*, consistente en sumergir la banda de acero en un baño de material fundido; *b*) *electrodeposición*, consistente en la deposición del material de recubrimiento por procedimientos electrolíticos.

Normativa y aplicaciones

Algunas de las normas más características de los productos de acero recubiertos son:

EN 10152:2003	Productos planos de acero laminados en frío y recubiertos electrolíticamente de cinc.
EN 10202:2002	Banda de acero oxicromada electrolíticamente.
EN 10269-1/3	Productos planos de acero, recubiertos en continuo de materias orgánicas (prelacados). Parte 1 (2003): Generalidades (definiciones, materiales, tolerancias, métodos de ensayo. Parte 2 (2006): Productos para aplicaciones exteriores en la edificación. Parte 3 (2003): Productos para aplicaciones interiores en la edificación.
EN 10271:1998	Productos planos de acero recubiertos electrolíticamente de cinc-níquel (ZN).
EN 10292:2000	Bandas (chapas y bobinas) de acero de alto límite elástico, galvanizadas en continuo por inmersión en caliente para conformación en frío.
EN 10326:2004	Chapas y bandas de acero estructural recubiertas en continuo por inmersión en caliente. Condiciones técnicas de suministro. Sustituye: EN 10147:2000 y, junto con EN 10326:2004, también sustituye EN 10154:2002, EN 10214: 1995 y EN 10215:1995.
EN 10327:2004	Chapas y bandas de acero bajo en C recubiertas en continuo por inmersión en caliente. Condiciones técnicas de suministro. Sustituye EN 10142:2000 y, junto con EN 10326:2004, también sustituye EN 10154:2002, EN 10214: 1995 y EN 10215:1995.

Los principales productos de acero recubiertos comercializados son:

Acero galvanizado (Z, ZF)

Definición y propiedades. Chapas y bandas de acero galvanizadas en continuo por inmersión en caliente en un baño de Zn fundido (designación +Z), de apariencia brillante y que ofrecen una buena protección a la corrosión gracias a la acción catódica del Zn. Por medio de un tratamiento posterior en caliente, el recubrimiento de Zn puede adquirir un contenido aproximadamente del 10% de Fe (designación +ZF), de superficie gris mate, muy adecuada para la soldadura de resistencia, y que constituye una excelente base para pintura de alta calidad. La galvanización en caliente permite masas de recubrimiento (dos caras) comprendidas entre 100 y 350 g/m^2 (50 g/m^2 de Zn corresponden a un espesor de 7,1 μm por cara) sobre diversos sustratos: aceros estructurales (EN 10326, grados S220GD, S250GD, S280GD, S320GD, S350 GD y S550GD); aceros bajos en C para deformar en frío (EN 10327, grados DX51D, DX52D, DX53D, DX54D y DX56D); chapas y bobinas de acero de alto límite elástico (EN 10292, grados desde H180YD hasta H420LAD).

Aplicaciones. Son aptos para una amplia gama de aplicaciones tanto interiores como exteriores. Construcción: revestimiento de fachadas; marcos, puertas y ventanas: Electrodomésticos: tanto los de gama blanca como los de gama marrón. Otros: señales de tráfico, armarios eléctricos, aires acondicionados.

Inmersión en caliente de cinc-aluminio (ZA)

Definición y propiedades. Recubrimiento que se compone de un 95% de Zn y un 5% de Al con una excelente flexibilidad para conformar piezas complejas por deformación y una resistencia a la corrosión unas dos veces superior al galvanizado convencional.

Tabla 2.4 **Aceros de construcción** (hojas 1 y 2)

			Aceros estructurales no aleados (con valores de flexión por choque)					
EN 10025-2			S 235			S 275		
			JR	JO	J2	JR	JO	J2[(2)]
Designación numérica: EN 10027-2			1.0038	1.0114	1.0117	1.0044	1.0143	1.0145
Composición química[(1)]								
Carbono	C	%	≤0,19	≤0,19	≤0,19	≤0,24	≤0,21	≤0,21
Manganeso	Mn	%	≤1,50	≤1,50	≤1,50	≤1,60	≤1,60	≤1,60
Silicio	Si	%	-	-	-	-	-	-
Fósforo	P	%	≤0,045	≤0,040	≤0,035	≤0,045	≤0,040	≤0,035
Azufre	S	%	≤0,045	≤0,040	≤0,035	≤0,045	≤0,040	≤0,035
Nitrógeno	N	%	≤0,014	≤0,014	-	≤0,014	≤0,014	-
Cobre	Cu		≤0,060	≤0,060	≤0,060	≤0,060	≤0,060	≤0,060
Propiedades mecánicas[(2)]								
Resistencia tracción $t \le 3$[(2)]		MPa	360÷510	360÷510	360÷510	430÷580	430÷580	430÷580
$3 < t \le 100$		MPa	360÷510	360÷510	360÷510	410÷560	410÷560	410÷560
$100 < t \le 250$		MPa	340÷490	340÷490	340÷490	380÷540	380÷540	380÷540
Límite elástico $t \le 16$		MPa	≥235	≥235	≥235	≥275	≥275	≥275
$16 < t \le 40$		MPa	≥225	≥225	≥225	≥265	≥265	≥265
$40 < t \le 100$		MPa	≥215	≥215	≥215	≥235	≥235	≥235
$100 < t \le 250$		MPa	≥175	≥175	≥175	≥205	≥205	≥205
Alargamiento rotura [(3)] $t \le 3$		%	≥17/15	≥17/15	≥17/15	≥15/13	≥15/13	≥15/13
$3 < t \le 100$		%	≥24/22	≥24/22	≥24/22	≥21/19	≥21/19	≥21/19
Flexión choque KV [(4)] 20°C		J	≥27	-	-	≥27	-	-
0°C		J	-	≥27	-	-	≥27	-
−20°C		J	-	-	≥27	-	-	≥27
Propiedades tecnológicas								
Coste		€/kg	0,670	0,690	0,695	0,685	0,700	0,710
Soldabilidad		[1÷5]	[5]	[5]	[5]	[5]	[5]	[5]
C equivalente $t \le 40$[(2)]		%	≤0,35	≤0,35	≤0,35	≤0,40	≤0,40	≤0,40
$40 < t \le 150$		%	≤0,38	≤0,38	≤0,38	≤0,42	≤0,42	≤0,42
$150 < t \le 250$		%	≤0,40	≤0,40	≤0,40	≤0,44	≤0,44	≤0,44
Estado desoxidación [(5)]		-	FN	FN	FF	FN	FN	FF
Conf. con rodillos $t \le 4$		-	≥1·t	≥1·t	≥1·t	≥1·t	≥1·t	≥1·t
$4 < t \le 6$		-	≥1·t	≥1·t	≥1·t	≥1·t	≥1·t	≥1·t
$6 < t \le 8$		-	≥1,5·t	≥1,5·t	≥1,5·t	≥1,5·t	≥1,5·t	≥1,5·t
Radio plegado [(6)] $t \le 3$		-	≥1·t/1·t	≥1·t/1·t	≥1·t/1·t	≥1,3·t/1,3·t	≥1,3·t/1,3·t	≥1,3·t/1,3·t
$3 < t \le 6$		-	≥1,3·t/1,5·t	≥1,3·t/1,5·t	≥1,3·t/1,5·t	≥1,5·t/2·t	≥1,5·t/2·t	≥1,5·t/2·t
$6 < t \le 12$		-	≥1,7·t/2·t	≥1,7·t/2·t	≥1,7·t/2·t	≥2·t/2,5·t	≥2·t/2,5·t	≥2·t/2,5·t
$12 < t \le 30$		-	≥2·t/2,3·t	≥2·t/2,3·t	≥2·t/2,3·t	≥2,3·t/2,5·t	≥2,3·t/2,5·t	≥2,3·t/2,5·t
Resistencia corrosión		[1÷5]	[1]	[1]	[1]	[1]	[1]	[1]

[(1)] Composición del producto
[(2)] Espesores (t) en mm
[(3)] Valores según las orientaciones longitudinal/transversal respecto a la dirección de laminación

				Aceros de construcción mecánica			
S 355				S 185	E 295	E 335	E 360
JR	JO	J2[2]	K2[2]				
1.0045	1.0553	1.0577	1.0596	1.0035	1.0050	1.0060	1.0070
≤0,27	≤0,23	≤0,23	≤0,23	-	-	-	-
≤1,70	≤1,70	≤1,70	≤1,70	-	-	-	-
≤0,60	≤0,60	≤0,60	≤0,60	-	-	-	-
≤0,045	≤0,040	≤0,035	≤0,035	-	≤0,055	≤0,055	≤0,055
≤0,045	≤0,040	≤0,035	≤0,035	-	≤0,055	≤0,055	≤0,055
≤0,014	≤0,014	-	-	-	≤0,014	≤0,014	≤0,014
≤0,060	≤0,060	≤0,060	≤0,060	-	-	-	-
510÷680	510÷680	510÷680	510÷680	310÷540	490÷660	590÷770	690÷900
470÷630	470÷630	470÷630	470÷630	290÷510	470÷610	570÷710	670÷830
450÷600	450÷600	450÷600	450÷600	270÷490	440÷610	540÷710	640÷830
≥355	≥355	≥355	≥355	≥185	≥295	≥335	≥360
≥345	≥345	≥345	≥345	≥175	≥285	≥325	≥355
≥315	≥315	≥315	≥315	≥175	≥255	≥295	≥325
≥275	≥275	≥275	≥275	≥145	≥225	≥255	≥285
≥14/12	≥14/12	≥14/12	≥14/12	≥10/8	≥12/10	≥8/6	≥4/3
≥20/18	≥20/18	≥20/18	≥20/18	≥16/14	≥16/15	≥14/12	≥9/8
≥27	-	-	-	-	-	-	-
-	≥27	-	-	-	-	-	-
-	-	≥27	≥40/33[4]	-	-	-	-
0,705	0,710	0,720	0,730	0,665	0,705	0,715	0,720
[4]	[4]	[4]	[4]	[1]	[1]	[1]	[1]
≤0,47	≤0,47	≤0,47	≤0,47	-	-	-	-
≤0,47	≤0,47	≤0,47	≤0,47	-	-	-	-
≤0,49	≤0,49	≤0,49	≤0,49	-	-	-	-
FN	FN	FF	FF	opcional	FN	FN	FN
-	≥1·t	≥1·t	≥1·t	-	-	-	-
-	≥1,5·t	≥1,5·t	≥1,5·t	-	-	-	-
-	≥1,5·t	≥1,5·t	≥1,5·t	-	-	-	-
-	≥1,3·t/1,3·t	≥1,3·t/1,3·t	≥1,3·t/1,3·t	-	-	-	-
-	≥1,5·t/2·t	≥1,5·t/2·t	≥1,5·t/2·t	-	-	-	-
-	≥2·t/2,5·t	≥2·t/2,5·t	≥2·t/2,5·t	-	-	-	-
-	≥2,3·t/2,5·t	≥2,3·t/2,5·t	≥2,3·t/2,5·t	-	-	-	-
[1]	[1]	[1]	[1]	[1]	[1]	[1]	[1]

[4] Valores de resiliencia (energía de flexión por choque KV) para espesores g≤150 mm/150≤g≤400 mm, respectivamente
[5] Método de desoxidación: FN, acero efervescente no permitido; FF, acero totalmente calmado; opcional, a elección del fabricante
[6] Valores de radio de plegado para orientaciones longitudinal/transversal respecto a la dirección de laminación

Tabla 2.4 **Aceros de construcción** (hojas 3 y 4)

			Aceros estructurales soldables de grano fino					
			S355N / S355NL		S420N / S420NL		S460N / S460NL	
			EN 10025-3					
Denominación numérica EN 10027-2			1.0545	1.0546	1.8902	1.8912	1.8901	1.8903
ASTM			A-516 Cr 70				A-572 Cr 65	

Composición química								
Carbono	C	%	≤0,20 / ≤0,18		≤0,20		≤0,20	
Manganeso	Mn	%	0,90÷1,65		1,00÷1,70		1,00÷1,70	
Silicio	Si	%	≤0,50		≤0,60		≤0,60	
Fósforo	P	%	≤0,030 / 0,025		≤0,030 / 0,025		≤0,030 / 0,025	
Azufre	S	%	≤0,025 / 0,020		≤0,025 / 0,020		≤0,025 / 0,020	
Cromo	Cr	%	≤0,30		≤0,30		≤0,30	
Níquel	Ni	%	≤0,50		≤0,80		≤0,80	
Molibdeno	Mo	%	≤0,10		≤0,10		≤0,10	
Cobre	Cu	%	≤0,55		≤0,55		≤0,55	
Otros			Nb, V, Al, Ti		Nb, V, Al, Ti		Nb, V, Al, Ti	

Propiedades mecánicas								
Resistencia tracción	$t≤80$	MPa	470÷630	470÷630	520÷680	520÷680	540÷720	540÷720
Límite elástico	20°, $t≤16$	MPa	≥355	≥355	≥420	≥375	≥460	≥460
	20°, $16≤t≤80$	MPa	≥325	≥325	≥370	≥370	≥410	≥410
	400°C, $t≤16$	MPa	≥165	-	≥185	-	≥235	-
	500°C, $t≤16$	MPa	-	-	-	-	-	-
Alargamiento rotura	$t≤80$	%	≥21	≥21	≥18	≥18	≥17	≥17
Flexión choque KV	20°C	J	≥55/≥31[1]	≥63/≥40[1]	≥55/≥31[1]	≥63/≥40[1]	≥55/≥31[1]	≥63/≥40[1]
	0°C	J	≥47/≥27[1]	≥55/≥34[1]	≥47/≥27[1]	≥55/≥34[1]	≥47/≥27[1]	≥55/≥34[1]
	-20°C	J	≥40/≥20[1]	≥47/≥27[1]	≥40/≥20[1]	≥47/≥27[1]	≥40/≥20[1]	≥47/≥27[1]
	-50°C	J	-	≥27/≥16[1]	-	≥27/≥16[1]	-	≥27/≥16[1]
	-100°C	J	-	-	-	-	-	-
Tensión fluencia [2]	450°C	MPa	-	-	-	-	-	-
	500°C	MPa	-	-	-	-	-	-
	550°C	MPa	-	-	-	-	-	-

Propiedades tecnológicas								
Coste		€/kg	0,74/0,76		0,80/0,82		0,85/0,87	
Soldabilidad		[1÷5]	[4]		[4]		[4]	
Radio de plegado		[3]	$2·t$		$2,5·t$		$3·t$	
Resistencia corrosión		[1÷5]	[1]		[1]		[1]	
Temperatura normalización		°C	-		-		-	
Temperatura revenido		°C	-		-		-	

[1]   Valores según las orientaciones longitudinal/transversal respecto a la dirección de laminación
[2]   Tensiones de alargamiento (plástico) de fluencia del 1% para 10.000 h/100.000 h, a las temperaturas indicadas
[3]   Los radios mínimos de plegado se dan en veces el espesor (t), en mm

A. corrosión mej.	Aceros para aplicaciones a presión					
S355J2WP	P265GH	P295GH	P355GH	16Mo3	13CrMo4-5	12Ni14
EN 10025-5	EN 10028-2					EN 10028-4
1.8946	1.0425	1.0481	1.0473	1.5415	1.7335	1.5637
A-242 75	~A-515 60	~A-516 60	~A-516 70	A-204	A-387 11	

≤0,12	≤0,20	0,08÷0,20	0,10÷0,22	0,12÷0,20	0,08÷0,18	≤0,15
≤0,75	0,80÷1,40	0,90÷1,50	1,10÷1,70	0,40÷0,90	0,40÷1,00	0,30÷0,80
≤1,00	≤0,40	≤0,40	≤0,60	≤0,35	≤0,35	≤0,35
0,06÷0,15	≤0,025	≤0,025	≤0,025	≤0,025	≤0,025	≤0,02
≤0,035	≤0,015	≤0,015	≤0,015	≤0,01	≤0,01	≤0,01
0,30÷1,25	-	-	-	≤0,30	0,70÷1,15	-
≤0,65	-	-	-	≤0,30	-	3,25÷3,75
-	-	-	-	0,25÷0,35	0,40÷0,60	-
0,25÷0,55	-	-	-	≤0,30	≤0,30	-
-	N≤0,012	N≤0,012	N≤0,012	-	-	-
	Al u otros	Al u otros	Al u otros			
490÷630	410÷530	460÷580	510÷650	440÷590	450÷600	490÷640
≥355	≥265	≥295	≥355	≥275	≥300	≥355
-	≥215	≥260	≥315	≥240	≥243	≥335
-	≥150	≥167	≥202	≥159	≥186	-
-	-	-	-	≥141	≥164	-
≥16/≥14 [1]	≥22	≥21	≥20	≥22	≥19	≥22
≥27	≥40	≥40	≥40	≥31	≥31	≥65/≥50 [1]
≥27	≥34	≥34	≥34	[4]	[4]	≥60/≥50 [1]
≥27	≥27	≥27	≥27	[4]	[4]	≥55/≥45 [1]
-	-	-	-	-	-	≥50/≥35 [1]
-	-	-	-	-	-	≥40/≥27 [1]
-	80 / 49	93 / 59	93 / 59	216 / 167	245 / 191	-
-	-	49 / 29	49 / 29	132 / 73	157 / 98	-
-	-	-	-	-	76 / 36	-
0,81	0,73	0,74	0,78	0,91	1,55	2,00
[3]	[4]	[4]	[4]	[4]	[4]	[4]
2,5·t	2·t	2·t	3·t	3·t	3·t	2·t
[3]	[1]	[1]	[1]	[2]	[3]	[3]
-	890÷950	890÷950	890÷950	890÷950	890÷950	830÷880
-	-	-	-	-	630÷730	580÷640

[4] Se puede acordar un valor con el fabricante en el momento de solicitar la oferta y hacer el pedido

Tabla 2.5 **Aceros de embutición y conformación en frío** (hojas 1 y 2)

	Aceros laminados en frío de embutición y conformación en frío				
Designación simbólica EN 10027-1	DC01	DC03	DC04	DC05	DC06 [1]
Designación numérica EN 10027-2	1.0330	1.0347	1.0338	1.0312	1.0873
		EN 10130			
	Comercial	Embutición			
		moderada	normal	profunda	profunda

Composición química						
Carbono C	%	≤0,12	≤0,10	≤0,08	≤0,06	≤0,02
Manganeso Mn	%	≤0,60	≤0,035	≤0,030	≤0,025	≤0,020
Silicio Si	%	-	-	-	-	-
Fósforo y azufre P/S	%	≤0,045/0,045	≤0,035/0,035	≤0,030/0,030	≤0,025/0,025	≤0,020/0,020
Aluminio y niobio Al/Nb	%	-	-	-	-	-
Vanadio y titanio V/Ti	%	-	-	-	-	- /≤0,30
Molibdeno y boro Mo/B	%	-	-	-	-	-
Propiedades mecánicas						
Resistencia rotura	MPa	270÷410	270÷370	270÷350	270÷330	270÷350
Límite elástico	MPa	140÷280	140÷240	140÷210	140÷180	120÷180
Alargamiento rotura	%	≥28	≥34	≥38	≥40	≥38
Dureza	HRB	45	40	40	40	40
Propiedades tecnológicas						
Coste	€/kg	0,73	0,74	0,75	0,77	0,78
Soldabilidad	[1÷5]	[5]	[5]	[5]	[5]	[5]
Envejecimiento	meses	3	6	6	6	ilimitado
Radio de plegado	esp. t	-	-	-	-	-
Coeficiente de acritud n	-	-	-	≥0,180	≥0,200	≥0,220
Coef. anisotropía plástica r	-	~1,0	≥1,3	≥1,6	1,9÷3,0	1,8÷3,0

[1] No experimenta envejecimiento

Tabla 2.6 **Aceros no aleados de contenidos bajos y medianos de C**

		20°C	200°C	400°C	0÷200°C	0÷400°C
Propiedades físicas						
Densidad	Mg/m^3	7,85	-	-	-	-
Coeficiente de dilatación	μm/m·K	-	-	-	11,1÷12,2	12,8÷13,9
Calor específico	J/kg·K	430÷450	520÷540	600÷620	-	-
Conductividad térmica	W/m·K	48÷52	46÷50	42÷45	-	-
Resistividad eléctrica	nΩ·m	140÷160	260÷300	460÷500	-	-
Módulo de elasticidad	GPa	205÷210	-	-	-	-
Coeficiente de Poisson	-	0,30	-	-	-	-

Ac. laminados caliente y bajo C para conformar en frío				Ac. laminados caliente HSLA, para conformar en frío			
DD11	DD12	DD13	DD14	S420MC	S500MC	S600MC	S700MC
1.0332	1.0398	1.0335	1.0389	1.0980	1.0984	1.8969	1.8974
EN 10111				EN 10149-2			
embutición							
moderada	moderada	profunda	muy profunda				

≤0,12	≤0,10	≤0,08	≤0,08	≤0,12	≤0,12	≤0,12	≤0,12
≤0,60	≤0,45	≤0,40	≤0,35	≤1,60	≤1,60	≤1,60	≤1,60
-	-	-	-	≤0,50	≤0,50	≤0,50	≤0,50
≤0,045/0,045	≤0,035/0,035	≤0,030/0,030	≤0,025/0,025	≤0,025/0,015	≤0,025/0,015	≤0,025/0,015	≤0,025/0,015
-	-	-	-	≤0,015/0,090	≤0,015/0,090	≤0,015/0,090	≤0,015/0,090
-	-	-	-	≤0,20/0,15	≤0,20/0,15	≤0,20/0,15	≤0,20/0,15
-	-	-	-	≤0,50/0,005	≤0,50/0,005	≤0,50/0,005	≤0,50/0,005
≥440	≥420	≥400	≥380	480÷620	550÷700	650÷820	750÷950
170÷340	170÷320	170÷310	170÷290	≥420	≥500	≥600	≥700
≥23	≥25	≥28	≥31	≥16	≥12	≥11	≥10
-	-	-	-	-	-	-	-
0,62	0,63	0,64	0,65	0,84	0,86	0,88	1,02
[4]	[5]	[5]	[5]	[5]	[5]	[5]	[5]
1	6	6	6	-	-	-	-
-	0·t	0·t	0·t	0,5·t	1,0·t	1,5·t	1,0·t
-	-	-	-	-	-	-	-
-	-	-	-	-	-	-	-

Los sustratos pueden ser aceros bajos en C para conformar en frío (EN 10327: grados DX51D, DX52D, DX53D y DX54D) o aceros estructurales (EN 10326, grados S220GD, S250GD, S280GD, S320GD, S350GD y S550GD), se designan con el sufijo (+ZA) y las masas de recubrimiento van desde 95 hasta 300 g/m^2.

Aplicaciones. Se utiliza en piscinas, aires acondicionados, maquinaria para lavandería.

Inmersión en caliente de aluminio-cinc (AZ)

Definición y propiedades. Recubrimiento compuesto de un 55% de Al, un 43,4% de Zn y un 1,6% de Si, que combina el efecto barrera del aluminio y la protección electrolítica de sacrificio del Zn. Ello proporciona una excelente protección a la corrosión junto con un aspecto muy atractivo que perdura en el tiempo gracias a la formación de óxidos de Al superficiales. Este recubrimiento también presenta otras interesantes cualidades como una buena resistencia a la abrasión y a la temperatura, una elevada reflectividad térmica y lumínica, y una resistividad eléctrica elevada. Análogamente al caso anterior, los sustratos pueden ser aceros bajos en C para conformar en frío (EN 10327, grados DX51D, DX52D, DX53D y DX54D), y aceros estructurales (EN 10326, grados S220GD, S250GD, S280GD, S320GD, S350GD y S550GD). Se designan con el sufijo

(+AZ) y las masas de recubrimiento son 100, 150 y 185 g/m^2 (50 g/m^2 de AZ por cara corresponden a 13,3 µm de espesor).

Aplicaciones. Entre las principales aplicaciones hay recubrimientos exteriores en edificios, componentes de electrodomésticos o armarios eléctricos. La elevada protección de los cantos después del corte y el buen aspecto superficial hacen cada día más atractivo su uso en piezas sin pintar. Se han generalizado algunos nombres comerciales como GALVALUME (ThyssenKrupp) o ALUZINC (Arcelor).

Inmersión en caliente de aluminio-silicio (AS)

Definición y propiedades. El recubrimiento, compuesto de un 90% de Al y un 10% de Si, ofrece una excelente resistencia a la oxidación a altas temperaturas (hasta más allá de 450ºC) y tiene muy buena capacidad de regeneración natural de la protección (capa de óxido de aluminio) en caso de dañarse la superficie. También hay que destacar su alto nivel de reflectividad térmica y lumínica (el 80%).

Aplicaciones. Por su capacidad de resistir altas temperaturas, se aplica a: calefacciones, calderas y conductos, hornos industriales, intercambiadores de calor, sistemas de escape, entre otras.

Electrocincado (ZE, ZN)

Definición y propiedades. El recubrimiento por *electrocincado* (también *electrodeposición*) permite obtener capas de gran pureza y uniformes (aunque de muy poco espesor) que proporcionan una excelente protección incluso en caso de daños superficiales. Es adecuado para partes vistas y constituye un buen soporte para la pintura. Los sustratos suelen ser aceros laminados en frío para deformar en frío, DC01, DC03, DC04, DC05 y DC06, recubiertos de Zn (EN 10152, con sufijos +ZE25/25, +ZE50/50, +ZE75/75 y +ZE100/100 y masas de recubrimiento de 18, 36, 54 y 72 g/m^2 por cara), o recubiertos de Zn-Ni (EN 10271, con sufijos +ZN20/20, +ZN30/30, +ZN40/40, +ZN50/50 y +ZN60/60, y masas de recubrimiento de 15, 22, 29, 37 y 44 g/m^2).

Aplicaciones. Es especialmente idóneo para aplicaciones interiores en el ámbito doméstico e industrial: electrodomésticos de gama blanca (lavadoras, cocinas, frigoríficos, microondas), gama marrón (televisores, vídeos, DVD, ordenadores), mobiliario metálico (armarios, mesas, estanterías).

Recubrimientos orgánicos (prelacados)

Definición y propiedades. Productos planos con recubrimientos orgánicos obtenidos por procedimientos en continuo que, si debe combinarse el aspecto estético y la resistencia a la corrosión, presentan ventajas ecológicas, económicas y de calidad (adherencia, flexibilidad, protección mejorada), como alternativa a la pintura sobre la pieza acabada. Los sustratos pueden ser diversos productos planos de acero (normas EN 10025, EN 10011, EN 10130, En 10268, EN 10326 y EN 10327) y puede utilizarse un gran número de recubrimientos orgánicos con una amplia gama de colores. Algunos de los más utilizados son las pinturas acrílicas (AY, según la norma EN 10169-1), los recubrimientos epoxi (EP), diversos poliésteres (SP, SP-PA, HDP) y el polifluoruro de vinilideno (PVDF).

Aplicaciones. Los principales campos de aplicación son, entre otros: la construcción (normas EN 10169-2/3, para exteriores e interiores), el automóvil, los electrodomésticos y los muebles metálicos.

2.4 Aceros de máquinas

2.4.1 Introducción

Aceros destinados a la fabricación de elementos que ejercen funciones de responsabilidad en el guiado o en la transmisión de las partes móviles de las máquinas. Se pueden agrupar en cuatro categorías:

Aceros de bonificación

Aceros destinados a la fabricación de piezas resistentes (generalmente sometidas a fatiga) de las transmisiones y sistemas de guiado de las máquinas (árboles y ejes, cigüeñales, bulones, bielas, palancas). Son materiales con capacidad de temple y revenido en tota la masa (se usan también para temple superficial). Se agrupan bajo el nombre de *aceros de bonificación*.

Aceros de endurecimiento superficial

Aceros destinados a la fabricación de piezas que materializan los enlaces de las máquinas (cojinetes y guías de deslizamiento, rodamientos y guías lineales, ruedas dentadas, levas). Combinan unas elevadas características superficiales (dureza, resistencia al desgaste, resistencia a la fatiga superficial) con una buena tenacidad en el núcleo para soportar golpes y sacudidas. Entre ellos hay los *aceros de cementación* y los *aceros de nitruración*.

Aceros de alto límite elástico

Aceros destinados a la fabricación de piezas de máquinas que durante su funcionamiento experimentan grandes deformaciones elásticas, a menudo bajo solicitaciones dinámicas (muelles, elementos elásticos). Combinan un alto límite elástico (posibilidad de grandes deformaciones), una buena resistencia a la fluencia (prácticamente no ceden con el tiempo) y una resistencia a la fatiga elevada (soportan cargas repetidas). Se agrupan bajo la denominación de *aceros de muelles*.

Aceros para mecanizar

Aceros destinados a la fabricación de piezas que requieren un gran volumen de mecanización para su conformación. Muchos de ellos derivan de aceros de bonificación o de cementación con adiciones de elementos que los hacen más aptos para la mecanización: *aceros de maquinabilidad mejorada*. Otros son aceros sin propiedades resistentes especiales concebidos para adaptarse a un gran volumen de mecanización: *aceros de fácil mecanización*.

2.4.2 Normativa y designaciones

Algunas de las normas más características de los aceros de máquinas son:

EN 10060:2003	Barras redondas de acero laminadas en caliente. Dimensiones y tolerancias dimensionales y de forma.
EN 10083-1/3:1996	Aceros para temple y revenido. Parte 1: Condiciones técnicas de suministro de aceros especiales. Parte 2: Condiciones técnicas de suministro de aceros de calidad no aleados. Parte 3: Condiciones técnicas de suministro de aceros al boro.
EN 10084:1998	Aceros para cementar. Condiciones técnicas de suministro.
EN 10085:2001	Aceros para nitruración. Condiciones técnicas de suministro.
EN 10087:1999	Aceros de fácil mecanización. Condiciones técnicas de suministro para semiproductos, barras y alambrón laminados en caliente.
EN 10089:2002	Aceros laminados en caliente para muelles templados y revenidos. Condiciones técnicas de suministro.

EN 10270-1/2/3:2001	Alambres de acero para muelles mecánicos. Parte 1: Alambres para muelles de acero no aleado, patentado, estirado en frío. Parte 2: Alambres de acero templados en aceite y revenidos. Parte 3: Alambres de acero inoxidable para muelles.
EN 10277-1/5:1999	Productos calibrados de acero. Condiciones técnicas de suministro. Parte 1: Generalidades. Parte 2: Aceros de uso general. Parte 3: Aceros de fácil mecanización. Parte 4: Aceros para cementación. Parte 5: Aceros para temple y revenido.
EN-ISO 683-17:1999	Aceros para tratamiento térmico, aceros aleados y aceros de fácil mecanización. Parte 17: Aceros para rodamientos.

Designación

La información que debe solicitar el comprador es:

a) La cantidad a suministrar; designación de la forma del producto; número de la norma de dimensiones; dimensiones, tolerancias dimensionales y de forma (EN 10084, cementación; EN 10085, nitruración; EN 10087, fácil mecanización; EN 10089, muelles laminados en caliente templados y revenidos); tipos de barras, dimensiones y tolerancias según norma ISO 1035-1 (ISO 683-17, aceros de rodamientos).

b) La designación *acero* (EN 10083-1/2/3, temple y revenido) o *alambre para muelles* (EN 10270-1/2/3), y la norma europea de designación del material (todos los casos).

c) Designación simbólica o numérica del acero (todos los casos).

d) Símbolo del grado de templabilidad; designación del estado de tratamiento térmico; acabado superficial en estado de suministro (EN 10083-1/2/3, temple y revenido; EN 10084, cementación; EN 10085, nitruración; EN 10089, muelles laminados en caliente templados y revenidos; ISO 683-17, rodamientos), (si corresponde).

e) El diámetro nominal y la abreviatura del recubrimiento (EN 10270-1/2/3, alambre para muelles).

f) La forma de suministro y la masa unitaria (EN 10270-1/2/3, alambre para muelles).

g) Designación normalizada de un informe de ensayo (2.2) o, si se solicita, cualquier otro documento según EN 10204 (EN 10084, cementación; EN 10085, nitruración; EN 10087, fácil mecanización; EN 10089, muelles laminados en caliente templados y revenidos; ISO 683-17, rodamientos; EN 10270-1/2/3, alambre para muelles).

Ejemplos:

Acero EN 10083-1 – C45E + H + A	o Acero EN 10083-1 – 1.1191 + H + A
Acero EN 10083-2 – C45 + N	o Acero EN 10083-2 – 1.0503 + N
Acero EN 10083-3 – 20MnB5 + H	o Acero EN 10083-3 – 1.5530 + H
10 redondos EN 10060 – 40 x 8000 EN 10084 – 20MnCr5 + A + BC EN 10204 – 2.2	o 10 redondos EN 10060 – 40 x 8000 EN 10084 – 1.7147 + A + BC EN 10204 – 2.2
20 redondos EN 10060 – 20 x 8000 EN 10085 – 34CrAlNi7-10 + A EN 10204 – 3.1.B	o 20 redondos EN 10060 – 20 x 8000 EN 10085 – 1.8550 + A EN 10204 – 3.1.B
20 redondos EN 10060 – 40 x 8000 EN 10087 – 35S20 EN 10204 – 2.2	o 20 redondos EN 10060 – 40 x 8000 EN 10087 – 1.0726 EN 10204 – 2.2

50 redondos EN 10060 – 20 x 8000   o 50 redondos EN 10060 – 20 x 8000
EN 10089 – 51CrV4 + A   EN 10089 – 1.8159 + A
EN 10204 – 3.1.B   EN 10204 – 3.1.B

5t alambre para muelles EN 10270-1 – SM – 2,50 ph
Rollos aproximadamente de 500 kg
Documento de inspección EN 10204 – 3.1.B

Barras redondas ISO 1035-1-50,0 S x 8000 L2
Acero ISO 683-17 – 100Cr6 + AC – 3.1.B

Grado de templabilidad

+H   Templabilidad normal
+HH   Templabilidad alta
+HL   Templabilidad baja

Estados de tratamiento térmico

+U (o res) No tratado
+S   Tratamiento para mejorar la aptitud a la cortadura
+A   Recocido de reblandecimiento
+TH   Tratado para gama de durezas (EN 10084)
+FP   Tratado para una estructura ferrítica-perlita con gama de durezas (EN 10084)
+N   Normalización
+QT   Temple y revenido

Acabado superficial en estado de suministro

+HW   Bruto de laminación o de forja en caliente
+PI   Bruto de laminación o de forja en caliente + decapado
+BC   Bruto de laminación o de forja en caliente + granallado
        Bruto de laminación o de forja en caliente + mecanización basta (símbolo por definir)
+CC   Colada continua deformada

2.4.3 Aceros de bonificación (temple y revenido)
(EN 10083-1:1996, EN 10083-2:1996)

Productos de acero aleado o no aleado presentados en forma de barras laminadas en caliente, chapas o bandas laminadas en caliente o en frío, y piezas forjadas; usados normalmente en estado de temple y revenido (bonificados), aunque también se utilizan frecuentemente en estado de normalización, destinados a la fabricación de piezas de máquinas. Los aceros de esta norma constituyen el núcleo básico de materiales para las piezas de máquinas con responsabilidad mecánica.

Los aceros de la norma EN 10083-2 son aceros de calidad, mientras que los aceros de la norma EN 10083-1 son aceros especiales. La diferencia entre los primeros (con contenidos de fósforo y azufre más elevados y sin limitación de inclusiones en forma de óxido) y los segundos es que en éstos últimos se especifican valores mínimos de resiliencia obtenidos en el ensayo de flexión por choque, y los valores mínimos de templabilidad del ensayo de Jominy.

La designación habitual de los aceros de esta norma (como en los restantes de esta sección) indica la composición (que debe ajustarse para que respondan a los tratamientos térmicos), mientras que otros aceros (la mayor parte de los de construcción) se designan mediante la resistencia. Los aceros no aleados especiales se designan por CxxR y CxxE (con el contenido de S más limitado), y los de calidad por Cxx, siendo xx cien veces el porcentaje de C.

Los principales materiales de esta norma son:

C22E, C22R, especiales (1.1151/49, EN10083-1); C22, de calidad (1.0402, EN 10083-2)
Acero suave de resistencia moderada y templabilidad escasa, pero de gran tenacidad (piezas sometidas a choques). Tiene una buena ductilidad (deformación en frío, plegado, forja) y una buena soldabilidad (puede formar parte de conjuntos soldados). A menudo se usa en estado de normalización, para piezas sometidas a bajas solicitaciones (tornillos poco cargados, separadores, casquillos y piezas auxiliares).

C35E, C35R, especiales (1.1181/80, EN10083-1); C35, de calidad (1.0501, EN 10083-2)
Acero semisuave de resistencia mediana, de templabilidad baja y buena tenacidad. Se puede templar en agua y se usa en piezas de pequeñas y medianas dimensiones moderadamente solicitadas (árboles, bielas, horquillas de cambio, bulones, tornillos, cremalleras).

C45E, C45R, especiales (1.1191/201, EN10083-1); C45, de calidad (1.0503, EN 10083-2)
Acero semiduro de buena resistencia mecánica y resistencia al desgaste que mantiene una tenacidad razonable. Es difícilmente soldable. En general se templa en agua (templabilidad baja y peligro de distorsiones) pero para pequeñas secciones (d<10 mm) también se templa en aceite. Da buenos resultados en el temple superficial por inducción. Se aplica a piezas de pequeñas dimensiones fuertemente solicitadas (árboles y ejes, palancas, bielas, tornillos, manguitos, engranajes). Es uno de los aceros más usuales en el mercado.

C60E, C60R, especiales (1.1221/23, EN10083-1); C60, de calidad (1.0601, EN 10083-2)
Acero duro de elevada resistencia mecánica en el que destaca más la dureza y la resistencia al desgaste que la tenacidad. No es soldable. Se templa en agua y en aceite (pequeñas piezas) y es muy recomendable para temple por inducción. Se aplica a piezas sometidas a un fuerte desgaste y a choques moderados (ejes, tensores, herramientas agrícolas, frenos de tambor).

28Mn6 (1.1170, EN10083-1)
Acero de templabilidad mediana y buena resistencia al desgaste. Usos análogos al acero 2C35.

46Cr2, 46CrS2 (1.7006/25, EN10083-1)
Acero de templabilidad ligeramente más elevada que los anteriores. Se utiliza para tornillos de alta resistencia y otras pequeñas piezas solicitadas.

37Cr4, 37CrS4 (1.7034/38, EN10083-1)
Acero de resistencia y templabilidad mediana. Utilización habitual en la mecánica y en el automóvil (árboles, bulones, engranajes, balancines, palancas de dirección).

34CrMo4, 34CrMoS4 (1.7220/26, EN10083-1)
Acero de buena resistencia y tenacidad. Gracias a su buena templabilidad, es muy utilizado para piezas bonificadas (temple en aceite y revenido) de secciones medianas y grandes, sometidas a fuertes solicitaciones (árboles, cigüeñales, ruedas dentadas y cremalleras, bielas, tornillos de alta resistencia). Es el más usado entre los aceros de características elevadas y se halla fácilmente en el mercado.

42CrMo4, 42CrMoS4 (1.7225/27, EN10083-1)
Acero de características y aplicaciones análogas al anterior, pero con una resistencia mayor. En estado de normalización tiene buena dureza y tenacidad, y en estado bonificado se mecaniza bien. Es adecuado para temple superficial.

34CrNiMo6 (1.6582, EN10083-1)
Acero de una gran templabilidad (mayor que los anteriores) y una buena tenacidad. Se comporta bien a los choques y a los esfuerzos de torsión. Se usa en piezas de grandes dimensiones fuerte-

mente solicitadas (árboles y cigüeñales, grandes ruedas dentadas con temple total, piezas sometidas a gran fatiga).

36NiCrMo16 (1.6773, EN10083-1)
Acero de templabilidad excelente (se autotempla por enfriamiento al aire). Es adecuado para grandes piezas mecánicas sometidas a grandes esfuerzos de fatiga. Ofrece la máxima seguridad en piezas de la industria aeroespacial.

2.4.4 Aceros de endurecimiento superficial
(EN 10084, aceros para cementación, EN 10085, aceros para nitruración)

Aceros que por medio de diversos procedimientos (temple superficial, cementación, nitruración) consiguen una capa superficial de dureza elevada, manteniendo un núcleo tenaz. Son adecuados, pues, para la fabricación de piezas sometidas a grandes presiones superficiales (engranajes, levas, rodamientos, ruedas de fricción) o a un desgaste superficial importante (cojinetes de fricción, guías, manguitos de fricción para retenes).

La práctica del diseño de máquinas tiende a resolver los enlaces más críticos de la máquinas por medio de componentes comerciales especializados (rodamientos, guías lineales, juntas universales, reductores de engranajes), que incorporan los materiales y geometrías más adecuados. Sin embargo, otras aplicaciones exigen piezas específicas (no suministradas por el mercado) con superficies fuertemente solicitadas y, en estos casos, hay que determinar el acero y su tratamiento. Las soluciones convencionales son:

Endurecimiento por temple superficial
Endurecimiento superficial de una pieza de acero en las zonas más fuertemente solicitadas para contactos concentrados con otras piezas, que se obtiene mediante un calentamiento rápido seguido de temple. Este proceso se aplica a aceros de bonificación con contenidos medios de C (0,3÷0,7 %), en especial, los aceros 2C45, 42CrMo4 y 34CrNiMo6 (EN 10083-1), y presenta la variantes siguientes: *a) endurecimiento a la llama*. Calentamiento localizado del acero por medio de una llama oxiacetilénica y temple posterior, generalmente seguido de un recocido de liberación de tensiones. Es un procedimiento muy versátil y adaptable que proporciona una capa gruesa (3÷6 mm; difícilmente inferior a 1,5 mm); *b) endurecimiento por inducción*. Calentamiento superficial producido por corrientes inducidas de alta frecuencia (10÷500 kHz) que circulan por la periferia del metal (efecto *skin*), y templado posterior. El tiempo de calentamiento es muy breve (5÷15 s) y se obtiene una capa endurecida (con tensiones residuales de compresión), de menor espesor (0,25÷4 mm), inversamente proporcional a la frecuencia. Es adecuado para piezas de formas sencillas, fabricadas en grandes series en procesos automatizados. El coste del equipo es elevado.

Endurecimiento por difusión
Endurecimiento superficial de un acero obtenido mediante la difusión en las capas superficiales del material de elementos como el C (*cementación*, Sección 12.2), el N (*nitruración*, Sección 12.2) o C y N a la vez (*carbonitruración*, proceso intermedio entre los dos anteriores realizado a una temperatura entre 700÷900°C). Los *aceros cementados* (norma EN 10084), de bajo contenido de C (≥0,20%), proporcionan capas superficiales duras (hasta 900 HV) y gruesas (hasta 4 mm), pero las piezas adquieren una distorsión importante que requiere un acabado posterior al tratamiento, normalmente por rectificado. Los *aceros de nitruración* (norma EN 10085), que requieren un tiempo de proceso mucho más prologado, proporcionan capas superficiales más duras (hasta 1000 HV) pero más delgadas; sin embargo, la distorsión resultante en las piezas es mucho menor, ya que lo es la temperatura del tratamiento y, en general, no es necesaria una operación de acabado posterior.

Aceros para cementación
(EN 10084:1998)

C10E (1.1121)
Acero al C de baja resistencia mecánica pero de gran tenacidad. Puede ser fácilmente conformado por deformación en frío y presenta una soldabilidad excelente. Es adecuado para piezas resistentes al desgaste que no requieren dureza en el núcleo, ya que sólo templa la capa cementada. Se utiliza para pequeños ejes, levas y piñones de poca responsabilidad. Su precio es económico y se encuentra fácilmente en el mercado.

16MnCr5 (1.7131)
Acero con una dureza superficial, una templabilidad en el núcleo y una resistencia a la fatiga medias. Se utiliza ampliamente en automoción (piñones de diferencial, árboles acanalados).

18CrMo4 (1.7243)
Acero de templabilidad mediana, buena resistencia al desgaste y buena tenacidad en el núcleo. Se usa para piezas cementadas de grosores no muy grandes (bulones, piñones, árboles de levas).

15NiCr13 (1.5752)
Acero de una excelente tenacidad (soporta bien los choques), buena resistencia mecánica en el núcleo y buena resiliencia a bajas temperaturas (hasta -100 °C). Se utiliza en piezas de maquinaria de secciones medias y pequeñas que ejercen funciones de una cierta responsabilidad (ruedas dentadas y levas).

20NiCrMo2-2 (1.6523)
Acero de templabilidad media con una gran regularidad de características, buena tenacidad y resistencia en el núcleo. Se usa en piezas cementadas de secciones medias de maquinaria agrícola y transmisiones de vehículos industriales.

14NiCrMo13-4 (1.6657)
Acero de gran templabilidad que combina una elevada dureza en la superficie con unas muy elevadas características mecánicas en el núcleo. Gran tenacidad (buena resistencia a los choques) y gran resistencia a la fatiga (incluso a bajas temperaturas). Se usa en piezas de grandes dimensiones fuertemente solicitadas y de gran responsabilidad (grandes rodamientos, grandes ruedas dentadas y coronas).

Aceros de nitruración
(EN 10085)

Los aceros de nitruración suelen contener elementos con fuerte tendencia a formar nitruros. El Al asegura la dureza de la superficie, mientras que el Cr asegura la dureza de núcleo. La capa nitrurada no se forma tan rápidamente como la capa cementada, y los ciclos de tiempo son más largos. Normalmente, la fabricación de este tipo de piezas se inicia con un mecanizado de la forma básica, después se bonifica, posteriormente se acaba por mecanizado y finalmente se nitrura, ya que el endurecimiento de este último proceso se produce con una mínima distorsión.

31CrMoV9 (1.8519)
Acero para nitruración que ofrece la máxima resistencia mecánica en el núcleo (R_m=1080÷1270 MPa) con una dureza superficial elevada.

41CrAlMo7-10 (1.8509)
Acero para nitruración que ofrece una resistencia en el núcleo un poco inferior (R_m=930÷1130 MPa), pero con la máxima dureza superficial. Sin embargo, la capa nitrurada tiende a ser frágil.

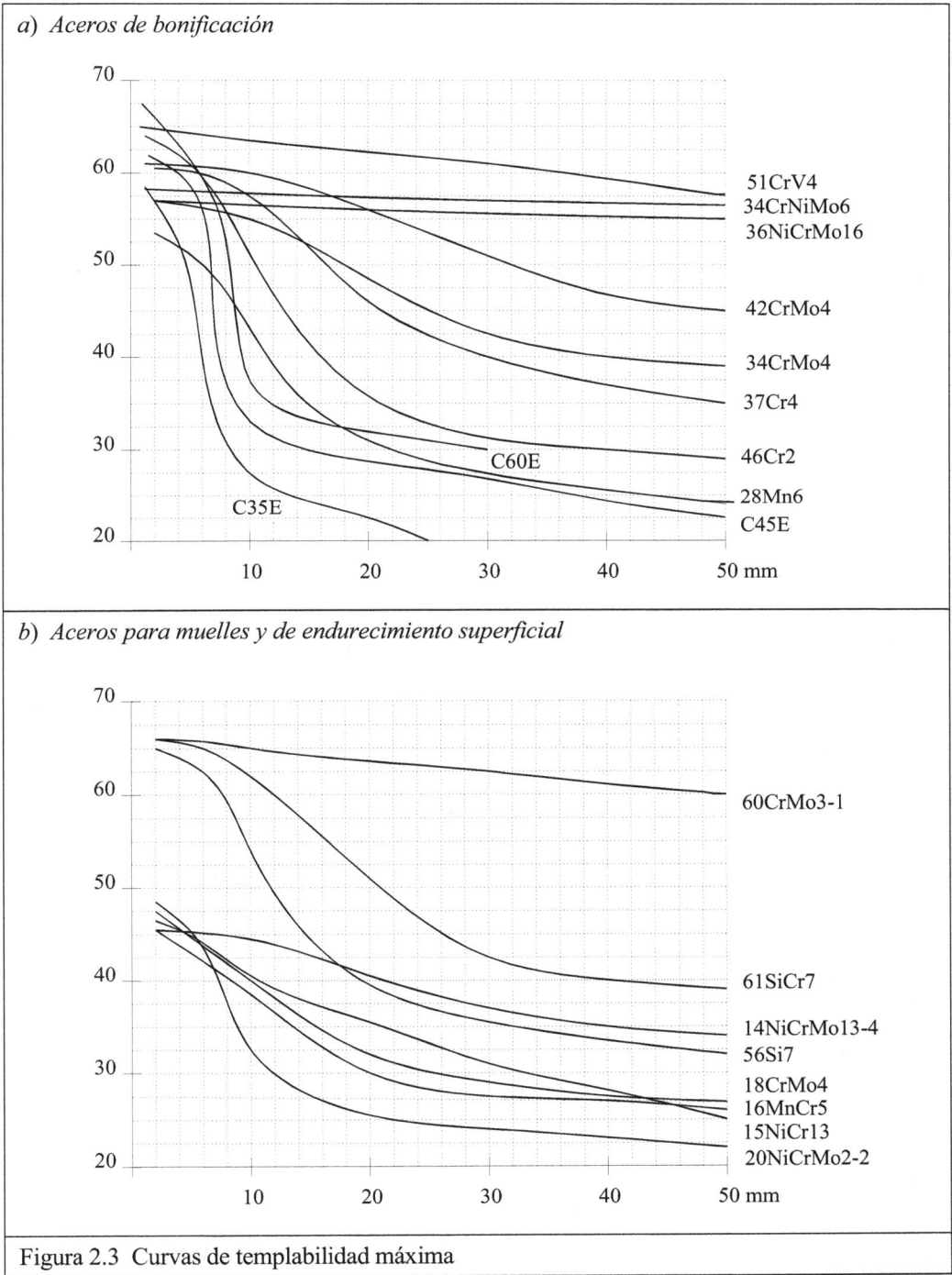

a) *Aceros de bonificación*

b) *Aceros para muelles y de endurecimiento superficial*

Figura 2.3 Curvas de templabilidad máxima

2.4.5 Aceros de elevado límite elástico (aceros para muelles)

Aceros destinados a la fabricación de muelles y otros elementos elásticos que, durante su funcionamiento en la máquina, pueden experimentar grandes deformaciones elásticas (límite elástico muy elevado) sin llegar a rotura o a la deformación plástica y que, en caso de estar sometidos a tensiones estáticas prolongadas, no presentan fluencia (o *creep*) significativa con el tiempo. En función de la forma del material de que se parte, hay dos grupos de aceros de muelles: *alambre de acero para muelles, bandas de acero para muelles.*

Alambre para muelles

Alambre de acero sometido a patentado, para conformar en frío

La mayor parte de los muelles helicoidales de compresión, tracción, torsión y otras formas, de dimensiones pequeñas y medianas, son conformables en frío a partir de alambres de acero al C (0,50÷1,00 %C) de distintos grados (el de mayor calidad recibe el nombre de *cuerda de piano*), sometidos a *patentado* (ver Sección 2.2). Los muelles de acero conformados en frío resultan baratos ya que se prestan a la fabricación en serie.

Estos alambres se suministran con una elevada resistencia a la rotura (superior a la que se obtendría por temple y revenido), un bajo límite elástico que proporciona buena deformabilidad (medida por el número de torsiones, sobre una longitud de $100 \cdot d$, que pueden darse al alambre antes de romperse) y un buen acabado superficial para asegurar una buena resistencia a la fatiga. Una vez conformado el muelle, el material se somete a un tratamiento de eliminación de tensiones a $200 \div 300°C$ (en realidad es un envejecimiento acelerado) que eleva el límite elástico hasta valores próximos al límite de rotura.

La norma EN 10270-1 establece, para alambres de acero de hasta $d=20$ mm, varias calidades en función del tipo (S, estática; D, dinámica) y la severidad (L, baja; M, media; H, alta) de la solicitación (ver Tabla 2.10). Así, pues, las aplicaciones de estos alambres de acero son: *alambres de acero SL*: muelles de tracción, compresión o torsión sometidos principalmente a tensiones estáticas bajas; *alambres de acero SM*: muelles de tracción, compresión o torsión sometidas a tensiones estáticas medias-altas o raramente a tensiones dinámicas; *alambres de acero SH*: muelles de tracción, compresión o torsión sometidos a tensiones estáticas altas o ligeramente dinámicas; *Alambre de acero DM*: muelles de tracción, compresión o torsión sometidos a tensiones dinámicas medias altas o también a formas que requieran doblados severos; *alambres de acero DH*: muelles o formas de alambre a tracción, compresión o torsión sometidos a tensiones estáticas elevadas o a niveles medios de tensiones dinámicas.

Alambre de acero bonificado, para conformar en frío

Aceros no aleados y aleados (EN 10270-2), suministrados en estado bonificado destinados al conformado de muelles en frío, con una tenacidad y una mayor resistencia a la fatiga, ofrecen más capacidad de conformación, y los aleados permiten trabajar a temperaturas superiores al ambiente, aunque también son más propensos a las deformaciones plásticas. Entre éstos, destacan los alambres para muelles de válvulas aptos para solicitaciones de torsión muy altas y, en el caso de aceros aleados, una temperatura de servicio elevada (240 °C para los aceros VDSiCr, al Si-Cr).

Alambre de acero para conformar en caliente y bonificar

El conformado en caliente se utiliza, o bien para muelles helicoidales de grandes dimensiones (d=18÷60 mm) que requieran aceros aleados para asegurar una buena templabilidad, o bien para muelles que requieran una gran deformación del alambre durante su fabricación. El material se conforma siendo blando (laminado, recocido) y posteriormente se bonifica por temple y revenido. Los aceros aleados más utilizados en alambre de acero para conformar en caliente son (norma EN 10089): 51CrV4 (también incluido en la norma EN 10083-1), destinado a muelles helicoidales y barras de torsión fuertemente solicitadas (vehículos), a una temperatura máxima de servicio de 220 ºC; 60SiCr7, especialmente apto para aplicaciones con choques, a una temperatura de servicio más elevada (240 ºC).

Debe tenerse presente que, si no se controla correctamente el proceso, la fabricación de muelles conformados en caliente y bonificados da lugar a grandes variaciones dimensionales y de dureza. Esto, sumado al incremento del coste que puede llegar a ser del 100%, hace que su uso sólo se justifique cuando los requerimientos lo exijan.

Banda de acero para muelles

Bandas de acero para conformar en frío

Aceros presentados en forma de bandas laminadas en frío destinadas a conformar toda clase de muelles y piezas elásticas mediante corte, plegado, curvado, estampación o embutición. Si el conformado comporta deformaciones moderadas, puede utilizarse un material bonificado de suministro, pero si las deformaciones son severas, se recomienda usar un material laminado y bonificarlo posteriormente.

Los aceros más utilizados son: 56Si7 (1.5026, EN 10089), de uso general para muelles sometidos a fatiga con buena resistencia al desgaste, de templabilidad media (ballestas de poco espesor: ≤7 mm); y 61SiCr7 (1.7108, EN 10089) y 60CrMo3-1 (EN 1.7239) para ballestas altamente solicitadas que requieran templabilidades crecientes.

Bandas de acero para conformar en caliente y bonificar

Para asegurar una suficiente templabilidad del material, los muelles de láminas de grandes secciones (espesores entre $g=12\div35$ mm), ballestas o arandelas Belleville, deben fabricarse con los mismos aceros aleados (EN 10089) que los alambres para grandes diámetros (51CrV4, 61SiCr7).

Aceros para muelles con requerimientos especiales

Aceros inoxidables para muelles

Los aceros inoxidables destinados a la fabricación de muelles son: X10CrNi18-8 (1.4310), presentado en alambre o en bandas, es el más utilizado por su buena resistencia mecánica (hasta temperaturas moderadamente altas) y su coste relativamente moderado (la norma EN 10270-3:2001 contempla alambre de acero inoxidable de diámetros comprendidos entre 0,5÷10 mm con resistencias que están entre 2250÷1300 MPa); X5CrNiMo17-12-2 (1.4401), de mejor resistencia a la corrosión, pero de propiedades elásticas menores y de coste mayor (resistencias de 1725÷1050 MPa para los mismos diámetros); y X7CrNiAl17-7 (1.4568), endurecido por precipitación después de la conformación, tiene una alta resistencia mecánica pero su coste es elevado (resistencias de 1975÷1250 MPa, para los mismos diámetros).

Aceros para muelles resistentes a la temperatura

Algunas aplicaciones de muelles requieren temperaturas de servicio relativamente altas, que dan lugar a varios fenómenos perjudiciales: la disminución del límite elástico, el aumento de la fluencia y condiciones menos favorables respecto a la corrosión. Los aceros de este apartado cubren muchas de las aplicaciones a temperaturas moderadas (Tabla 2.7), pero existen aplicaciones que requieren aceros o aleaciones refractarias.

Tabla 2.7 **Temperaturas de servicio y costes relativos de aceros para muelles**

Material	T. servicio	Coste	Material	T. servicio	Coste
Acero sometido a *patentado*	≤120°C	1,0	Acero inoxidable *Cr-Ni*	≤290°C	4,7
Cuerda de piano	≤120°C	1,4	Acero inoxidable *Cr-Ni-Mo*	≤290°C	-
Acero de muelles bonificado	≤120°C	1,3	Acero inoxidable *Cr-Ni-Al*	≤340°C	8,7
Acero conformado en caliente	≤120°C	-	Aleación A-286	≤510°C	-
Acero al *Cr-V*	≤220°C	-	Inconel 718	≤590°C	-
Acero al *Si-Cr*	≤240°C	3,9			

2.4.6 Aceros para mecanización
(EN 10087, aceros de fácil mecanización)

Uno de los procesos más importantes para conformar y, sobretodo, para acabar las piezas de acero es el mecanizado y, para ello, hay tres familias de aceros orientadas a facilitar su realización:

Aceros de maquinabilidad mejorada
Las normas de los aceros de bonificación (EN 10083-1:1996) y de cementación (EN 10084: 1998) incluyen variantes con el S controlado a valores comprendidos entre 0,020÷0,040%. Estos aceros, sin poder ser considerados de fácil mecanización, ofrecen una respuesta mucho más homogénea a la mecanización que los aceros con S no controlado. Eventualmente, también pueden adicionarse pequeñas cantidades de otros elementos (fundamentalmente de Pb), a fin de mejorar la maquinabilidad, aunque salen ligeramente perjudicadas algunas de las características mecánicas, como la resistencia a la fatiga.

Aceros de fácil mecanización
El objetivo fundamental que persiguen estos aceros, destinados principalmente a decoletaje, es una aptitud excelente para el mecanizado por arranque de viruta y velocidades de corte muy elevadas. Estas características se consiguen con adiciones de S, Pb, Se, Bi o Te (la norma tan sólo contempla los aceros que contienen S o S-Pb).

2.4.7 Materiales para componentes de máquinas
En este último apartado de la sección se hace, a título de resumen, una exposición a la inversa entre los elementos de máquinas y los materiales. En efecto, para cada uno elementos de máquinas más frecuentes, se enumeran los principales materiales usados, yendo más allá de los aceros de máquinas cuando así se crea necesario.

Ejes y árboles
Los árboles de pequeñas dimensiones y baja responsabilidad se realizan con aceros sin tratar. Sin embargo, los ejes y árboles de mayor responsabilidad se fabrican con aceros para bonificación, los no aleados a menudo en estado de normalización y los aleados después de ser tratados. Los aceros más usados son: C22E, para árboles sometidos a bajas solicitaciones (fácilmente soldable); C45E, con penetración al temple hasta árboles de 40 mm de diámetro; 34CrMo4, para árboles fuertemente solicitados hasta diámetros de 250 mm; 34CrNiMo6, para árboles de grandes dimensiones y gran responsabilidad (todos ellos de EN 10083-1). Algunos ejes y árboles estriados, o con superficies sometidas a fricción (retenes, juntas de estanqueidad) se pueden realizar con aceros para cementación o con aceros con un recubrimiento de croma duro. Si están sometidos a corrosión, también se fabrican con acero inoxidable. Raramente los árboles se fabrican con otros materiales.

Elementos resistentes diversos
En las máquinas intervienen piezas y elementos con importantes funciones en las transmisiones y los sistemas de guiado que, según el tipo de solicitación, se realizan con uno u otro tipo de acero. Para fabricar pasadores, chavetas, topes y elementos análogos, se utilizan desde aceros de uso general (E295, E335, E360 de la norma EN 10025-1) hasta aceros al C normalizados o bonificados (C22E, C45E de la norma EN10083-1), según las dimensiones y solicitaciones de las piezas. Otras piezas fuertemente solicitadas y de formas complejas (bielas, palancas, soportes, ganchos, cigüeñales) tradicionalmente se han forjado y después tratado térmicamente, normalmente con base de aceros para bonificar (C22E, C45E, 37Cr4 y 34crMo4, EN10083-1, con templabilidades crecientes). Sin embargo, esta situación se ha modificado por la competencia de otros materiales y procesos. Por un lado, las fundiciones nodulares (de resistencia y tenacidad muy mejoradas respecto a las fundiciones grises) en muchas aplicaciones han substituido satisfactoriamente las piezas forjadas. Y, por otro lado, los aceros perlíticos microaleados (entre ellos el 49MnVS3, de nú-

mero DIN 1.1199) pueden obtener una resistencia y tenacidad suficientes a partir del control de la velocidad de enfriamiento del material desde la forja, evitando el bonificado posterior.

Ciertas piezas de sujeción en las máquinas (pasadores, anillos), que requieren grandes características elásticas, se realizan con acero al C para muelles.

Tornillos y elementos roscados

Los aceros para tornillos (al C, microaleados, y de baja aleación) se clasifican según la resistencia mecánica que deben asegurar (denominación X.Y: R_m=100·X, en MPa; R_e en MPa=10·X·Y, según la norma EN-ISO 898-1), mientras que su composición puede variar dependiendo de los diámetros de las métricas (tabla 2.8: orientaciones sobre aceros para cada calidad y dimensión). Sin embargo, cada día son más usuales los tornillos de acero inoxidable, de menor resistencia (clase 5.6). El más habitual es X5CrNi18-10 (1.4301 equivalente a AISI 304), para el cual debe comprobarse la resistencia en uniones solicitadas.

Tabla 2.8 **Clases de tornillos y materiales usuales**

Clase	R_m (MPa)	R_e (MPa)	Conformados en frío [1]			Conformados en caliente [1]		
			<M8	<M18	<M36	<M8	<M18	<M36
5.6	500	300			C22E			
6.8	600	480			38MnB5 [2] 35E			C45E 41Cr2
8.8	800	640	20MnB5 [2] 30MnB5 [2]	38MnB5 [2] C35E	34Cr4 37Cr4	20MnB5 [2] 30MnB5 [2]	C45E	46Cr2
10.9	1000	900	20MnB5 [1] 30MnB5 [1]	34Cr4	41Cr4 34CrMo4 42CrMo4	38MnB5 [2] 3C35	41Cr4	41Cr4 34CrMo4 42CrMo4
12.9	1200	1080		34Cr4 41Cr4 42CrMo4	34CrNiMo6 36NiCrMo16		34Cr4 41Cr4 42CrMo4	34CrNiMo6 36NiCrMo16

[1] Aceros especiales para temple y revenido (aleados y no aleados), según la norma EN 10083-1
[2] Aceros al boro para temple y revenido (las dos primeras cifras indican el contenido de C), según la norma EN 10083-3

Engranajes y levas

Los engranajes y las levas transmiten a través de superficies muy reducidas elevadas fuerzas dinámicas en presencia de deslizamiento. Los materiales para estos elementos, además de tener un núcleo suficientemente tenaz, deben disponer de una gran dureza, una elevada resistencia a la fatiga superficial y unes buenas propiedades deslizantes (en especial si la lubricación es deficiente).

Para engranajes y levas de pequeñas dimensiones y poco solicitados se usan aceros al C (C22E, C45E de la norma EN 10083-1). Cuando las solicitaciones son mayores, se suele dar un temple superficial al acero (C45E, 34CrMo4 de la norma EN 10083-1; templabilidades crecientes) mientras que, para solicitaciones superiores, los procedimientos usuales son la cementación (C10E, 16MnCr5, 20NiCrMo2-2, 14NiCrMo13-4 de la norma EN 10084; templabilidades crecientes) y más raramente la nitruración (31CrMoV9 y 41CrAlMo7-10, de la norma EN 10085). En las reducciones con grandes coronas dentadas, el piñón suele ser de acero cementado, mientras que la corona se realiza de acero normalizado y, cuando las condiciones de lubricación son precarias, la corona también se realiza de fundición gris o nodular (ofrecen un deslizamiento mejor cuando falla el lubricante). En los engranajes de tornillo sin fin, donde hay un gran deslizamiento entre dientes, el tornillo se fabrica de acero templado o cementado y la rueda de bronce fosforoso (velocidades medias), bronce al plomo (velocidades elevadas) o bronces al aluminio (grandes cargas a bajas velocidades). En transmisiones de baja carga y coste moderado son cada día más frecuentes los engranajes de material plástico, siendo los más usados las poliamidas y los poliacetales.

Tabla 2.9 **Aceros de máquinas** (hojas 1 y 2)

		Aceros de bonificación no aleados				
EN 10083-1/2		$C22E/C22R^{(1)}$ $C22^{(2)}$	$C35E/C35R^{(1)}$ $C35^{(2)}$	$C45E/C45R^{(1)}$ $C45^{(2)}$	$C60E/C60R^{(1)}$ $C60^{(2)}$	28Mn6
Designación numérica EN 10027-2		1.1151/49 1.0402	1.1181/80 1.0501	1.1191/201 1.0503	1.1221/23 1.0601	1.1170
AISI/SAE		~1025	1035	1045	1060	(1527)
Composición química						
Carbono C	%	0,17÷0,24	0,32÷0,39	0,42÷0,50	0,52÷0,60	0,25÷0,32
Cromo Cr	%	≤0,40	≤0,40	≤0,40	≤0,40	≤0,40
Manganeso Mn	%	0,40÷0,70	0,50÷0,80	0,50÷0,80	0,60÷0,90	1,30÷1,65
Molibdeno Mo	%	≤0,10	≤0,10	≤0,10	≤0,10	≤0,10
Níquel Ni	%	≤0,40	≤0,40	≤0,40	≤0,40	≤0,40
Vanadio V	%	-	-	-	-	-
Propiedades mecánicas						
Estado normalización TN						
Resistencia a tracción (4)	MPa	≥430/410	≥550/500	≥620/560	≥710/650	≥630/590
Límite elástico (4)	MPa	≥240/210	≥300/245	≥340/275	≥380/310	≥345/290
Alargamiento rotura (4)	%	≥24/25	≥19/18	≥14/16	≥10/11	≥17/18
Est. temple y revenido TQ						
Resistencia $d≤16mm$	MPa	500÷650	630÷780	700÷850	850÷1000	800÷950
$16≤d≤40$	MPa	470÷620	600÷750	650÷800	800÷960	700÷850
$40≤d≤100$	MPa	-	550÷700	630÷780	750÷900	650÷800
$100≤d≤160$	MPa	-	-	-	-	-
$160≤d≤250$	MPa	-	-	-	-	-
Límite elástico $d≤16mm$	MPa	≥340	≥430	≥490	≥580	≥590
$16≤d≤40$	MPa	≥290	≥380	≥430	≥520	≥490
$40≤d≤100$	MPa	-	≥320	≥370	≥450	≥440
$100≤d≤160$	MPa	-	-	-	-	-
$160≤d≤250$	MPa	-	-	-	-	-
Alargamiento (A) (5)	%	≥20/22	≥17/20	≥14/17	≥11/14	≥13/16
Flexión por choque $(KV)^{(5)}$	J	≥50	≥35	≥25	-	≥35/40
Est. reblandecimiento TA						
Dureza	HB	-	-	207	241	223
Propiedades tecnológicas						
Coste	€/kg	0,85	0,86	0,87	0,88	0,86
Maquinabilidad	(6)	70	65	55	50	58
Temperatura normalización	°C	880÷920	860÷900	840÷880	820÷860	850÷890
Temperatura de temple	°C	860÷900	840÷880	820÷860	800÷840	830÷870
Medio de temple	°C	agua	agua/aceite	agua/aceite	aceite/agua	agua/aceite
Temperatura de revenido	°C	550÷660	550÷660	550÷660	550÷660	540÷680

(1) Aceros especiales (EN 10083-1) con un contenido controlado de S (≤0,035 % para los CxxE y 0,020÷0,040 % para los CxxR), con una respuesta a la mecanización más homogénea

(2) Aceros de calidad (EN 10083-2), con contenidos de fósforo y azufre más elevados y con el contenido de inclusiones en forma de óxido limitado, para los que no se especifican ni la resiliencia ni la templabilidad

(3) Aceros con un contenido controlado de S (0,020÷0,040 %) y una respuesta a la mecanización más homogénea

Aceros de bonificación aleados

46Cr2 46CrS2[3]	37Cr4 37CrS4[3]	34CrMo4 34CrMoS4[3]	42CrMo4 42CrMoS4[3]	34CrNiMo6	36NiCrMo16	51CrV4
1.7006/25	1.7034/38	1.7220/26	1.7225 1.7227	1.6582	1.6773	1.8159
5046	5135	4135	4140	-	-	6150
0,42÷0,50	0,34÷0,41	0,30÷0,37	0,38÷0,45	0,30÷0,38	0,32÷0,39	0,47÷0,55
0,40÷0,60	0,90÷1,20	0,90÷1,20	0,90÷1,20	1,30÷1,70	1,60÷2,00	0,90÷1,20
0,50÷0,80	0,60÷0,90	0,60÷0,90	0,60÷0,90	0,50÷0,80	0,30÷0,60	0,70÷1,10
-	-	0,15÷0,30	0,15÷0,30	0,15÷0,30	0,25÷0,45	-
-	-	-	-	1,30÷1,70	3,60÷4,10	-
-	-	-	-	-	-	0,10÷0,25
-	-	-	-	-	-	-
-	-	-	-	-	-	-
-	-	-	-	-	-	-
900÷1100	950÷1150	1100÷1200	1100÷1300	1200÷1400	1250÷1450	1100÷1300
800÷950	850÷1000	900÷1100	1000÷1200	1100÷1300	1250÷1450	1000÷1200
650÷800	750÷900	800÷950	900÷1100	1000÷1200	1100÷1300	900÷1100
-	-	750÷900	800÷950	900÷1100	1000÷1200	850÷1000
-	-	750÷850	750÷900	800÷950	1000÷1200	800÷950
≥650	≥750	≥800	≥900	≥1000	≥1050	≥900
≥550	≥630	≥650	≥750	≥900	≥1050	≥800
≥400	≥510	≥550	≥650	≥800	≥900	≥700
-	-	≥500	≥550	≥700	≥800	≥650
-	-	≥450	≥500	≥600	≥800	≥600
≥12÷15	≥11÷14	≥11÷15	≥10÷14	≥9÷13	≥9÷11	≥9÷13
≥30÷35	≥30÷35	≥35÷45	≥30÷35	≥35÷45	≥30÷45	≥30
223	235	223	241	248	269	248
1,05	1,07	1,12	1,15	1,40	1,45	1,10
-	68	68	65	50	-	-
-	-	-	-	-	-	-
820÷860	825÷865	830÷870	820÷860	830÷860	865÷885	820÷860
aceite/agua	aceite/agua	aceite/agua	aceite/agua	aceite	aire/aceite	aceite
540÷680	540÷680	540÷680	540÷680	540÷660	550÷650	540÷680

[4] Rango de valores mínimos de resistencia y de límite elástico (disminuyen) y de alargamiento (aumenta) según los distintos grupos de dimensiones: $d \leq 16$; $16 \leq d \leq 100$; $100 \leq d \leq 250$

[5] Rango de valores mínimos de alargamiento y resiliencia (aumentan) según los grupos de dimensiones: $d \leq 16$; $16 \leq d \leq 40$; $40 \leq d \leq 100$; $100 \leq d \leq 160$ y $160 \leq d \leq 250$

[6] El acero C45E tiene una maquinabilidad de 55, y el acero 11SMnPb30 (1.0718, EN 10087) tiene una maquinabilidad de 160

Tabla 2.9 **Aceros de máquinas** (hojas 3 y 4)

			Aceros para cementación				
			C10E [1] C10R [2]	16MnCr5 [1] 16MnCrS5 [2]	18CrMo4 [1] 18CrMoS4 [2]	15NiCr13 [1]	20NiCrMo2-2 [1] 20NiCrMoS2-2 [2]
			EN 10084				
Designación numérica EN 10027-2			1.1121 [1] 1.1207 [2]	1.7131 [1] 1.7139 [2]	1.7243 [1] 1.7244 [2]	1.5732 [1]	1.6523 [1] 1.6523 [2]
AISI/SAE			1010	(5115)	(4118)	(3316)	8620
Composición química							
Carbono	C	%	0.07÷0,13	0,14÷0,19	0.15÷0,21	0.14÷0,20	0.17÷0,23
Manganeso	Mn	%	0,30÷0,60	1,00÷1,30	0,60÷0,90	0,40÷0,70	0,65÷0,95
Silicio	Si	%	≤0,40	≤0,40	≤0,40	≤0,40	≤0,40
Cromo	Cr	%	-	0,80÷1,10	0,90÷1,20	0,60÷0,90	0,35÷0,70
Níquel	Ni	%	-	-	-	3,00÷3,50	0,40÷0,70
Molibdeno	Mo	%	-	-	0,15÷0,25	-	0,15÷0,25
Otros		%	-	-	-	-	-
Propiedades mecánicas							
Resist. tracción	d≤10mm	MPa	540÷830	930÷1220	1030÷1370	1030÷1420	1030÷1420
	10≤d≤30	MPa	440÷740	830÷1130	880÷1180	930÷1220	830÷1130
	30≤d≤65	MPa	-	690÷980	740÷1030	780÷1080	690÷980
	65≤d≤160	MPa	-	-	-	-	-
Límite elástico	d≤10mm	MPa	>345	>885	>785	>785	>785
	10≤d≤30	MPa	>295	>585	>635	>685	>590
	30≤d≤65	MPa	-	>490	>590	>635	>540
	65≤d≤160	MPa	-	-	-	-	-
Alargamiento rotura		%	>15	>12	>11	>10	>11
Resiliencia KV		J	-	-	-	-	-
	d≤65mm	J	34	>20	>24	>34	>29
	65≤d≤160	J	-	-	-	-	-
Dureza para mecanizar		HB	<130	<205	<205	<215	<210
Dureza después tratamiento		HRC	-	38÷46	39÷47	38÷47	40÷48
Propiedades tecnológicas							
Coste		€/kg [3]	0,85/0,95	1,15	1,20	1,20	-
Maquinabilidad			55	-	-	-	65
Temp. cement./nitruración		°C	880÷980	880÷980	880÷980	880÷980	880÷980
Temperatura temple núcleo		°C	880÷920	860÷900	860÷900	840÷880	860÷900
Temperatura temple capa		°C	770÷810	860÷900	800÷840	760÷800	800÷840
Medio de temple		( )	agua	aceite	aceite	aceite	aceite
Temperatura de revenido		°C	150÷200	150÷200	150÷200	150÷200	150÷200

[1]   Contenido de S ≤ 0,035%
[2]   Contenido de S 0,020÷0,040%
[3]   El acero C45E tiene una maquinabilidad de 55, y el acero 11SMnPb30 tiene una maquinabilidad de 160

	Aceros para nitruración		Aceros para muelles (conformado en caliente)			A. rodamientos
14NiCrMo13-4 [1]	31CrMoV9	41CrAlMo7-10	56Si7	61SiCr7	60CrMo3-1	100Cr6
	EN 10085		EN 10089			EN ISO 683-17
1.6657	1.8519	1.8509	1.5026	1.7108	1.7239	1.3505, B1
9315	-	Nitralloy 135	9255	9262?	-	52100

0.11÷0,17	0,27÷0,34	0.38÷0,45	0.52÷0,60	0.57÷0,65	0.56÷0,64	0.93÷1,05
0,30÷0,60	0,40÷0,70	0,40÷0,70	0,60÷0,90	0,70÷1,00	0,70÷1,00	0,25÷0,45
≤0,40	≤0,40	≤0,40	1,50÷2,00	1,60÷2,00	≤0,40	0,15÷0,35
0,80÷1,10	2,30÷2,70	1,50÷1,80	-	0,25÷0,45	0,70÷1,00	1,35÷1,60
3,00÷3,50	-	-	-	-	-	-
0,10÷0,25	0,15÷0,25	0,20÷0,35	-	-	0,06÷0,15	≤0,10
-	V=0,2÷0,3	Al=0,8÷1,2	-	-	-	Al≤0,050

1130÷1520	-	-	1450÷1750	1500÷1800	1450÷1750	-
1130÷1420	-	-	-	-	-	-
980÷1270	1030÷1220	930÷1130	-	-	-	-
-	-	830÷1030	-	-	-	-
>880	-	-	>1300	>1350	>1300	-
>880	-	-	-	-	-	-
>835	>830	>740	-	-	-	-
-	-	>690	-	-	-	-
>11	>9	>11	>6	>6	>6	-
-	-	-	>13	>8	>8	-
>29	30	20	-	-	-	-
-	-	25	-	-	-	-
<240	-	-	<280	<280	<280	<207
38÷46	>64	>68	57÷65	60÷68	57÷66	65 [3]

						[3]
-	1,70	1,60	-	-	-	-
-	-	-	-	-	-	40
880÷980	480÷570	480÷570	-	-	-	-
840÷880	870÷930	870÷930	850÷870	850÷870	850÷870	880÷920
760÷800	-	-	-	-	-	770÷810
aceite	aceite	aceite	aceite	aceite	aceite	agua
150÷200	570÷650	570÷650	440÷560	440÷460	440÷460	150÷200

Tabla 2.10 **Alambres de acero para muelles no aleado, patentado y estirado en frío**

EN 10270-1:2001		**Alambres de acero para muelles**				
		SL	SM	SH	DM	DH
Diámetros alambres	mm	1÷10	0,3÷20	0,3÷20	0,3÷20	0,05÷20
Composición						
Carbono C	%	0,35÷1,00	0,35÷1,00	0,35÷1,00	0,45÷1,00	0,45÷1,00
Silicio Si	%	0,10÷0,30	0,10÷0,30	0,10÷0,30	0,10÷0,30	0,10÷0,30
Manganeso Mn	%	0,50÷1,20	0,50÷1,20	0,50÷1,20	0,50÷1,20	0,50÷1,20
Fósforo P	%	≤ 0,035	≤ 0,035	≤ 0,035	≤ 0,020	≤ 0,020
Azufre S	%	≤ 0,035	≤ 0,035	≤ 0,035	≤ 0,035	≤ 0,035
Cobre Cu	%	≤ 0,20	≤ 0,20	≤ 0,20	≤ 0,12	≤ 0,12
Resistencia tracción						
d=0,05÷0,3 mm	MPa	-	-	-	-	3160÷2880
d=0,3÷1 mm	MPa	-	2510÷2100	2510÷2100	2800÷2350	2880÷2350
d=1÷2 mm	MPa	1850÷1640	2100÷1860	2100÷1860	2350÷2090	2350÷2090
d=2÷5 mm		1640÷1360	1860÷1550	1860÷1550	2090÷1750	2090÷1750
d=5÷10 mm		1360÷1150	1550÷1320	1550÷1320	1750÷1490	1750÷1490
d=10÷15 mm			1320÷1190	1320÷1190	1490÷1340	1490÷1340
d=15÷20 mm			1190÷1080	1190÷1080	1340÷1230	1340÷1230
Módulo de elasticidad E	GPa	206				
Módulo de rigidez G	GPa	81,5				

Tabla 2.11 **Propiedades físicas de los aceros de máquinas**

Aceros no aleados		20 °C	200 °C	400 °C	0÷200 °C	0÷400 °C
Propiedades físicas [1]						
Densidad	Mg/m^3	7,85				
Coeficiente dilatación	μm/m·K				11,1÷12,2	12,8÷13,9
Calor específico	J/kg·K	430÷450	520÷540	600÷620		
Conductividad térmica	W/m·K	48÷52	46÷50	42÷45		
Resistividad eléctrica	nΩ·m	140÷160	260÷300	460÷500		
Módulo de elasticidad	GPa	205÷210				
Coeficiente de Poisson	-	0,30				

Aceros aleados		20 °C	200 °C	400 °C	0÷200 °C	0÷400 °C
Propiedades físicas [1]						
Densidad	Mg/m^3	7,85				
Coeficiente dilatación	μm/m·K				11,6÷13,0	13,2÷13,8
Calor específico	J/kg·K	460÷480	500÷520	520÷600		
Conductividad térmica	W/m·K	38÷48	24÷44	32÷38		
Resistividad eléctrica	nΩ·m	220÷240	290÷350	480÷530		
Módulo de elasticidad	GPa	205÷210				
Coeficiente de Poisson	-	0,30				

Tabla 2.12 **Aceros para mecanización**

			Sin tratamiento		Cementación	Bonificación	
EN 10087			11SMn30	11SMnPb30	10S20	36SMn14	44SMn28
Designación numérica EN 10027-2			1.0715	1.0718	1.0721	1.0764	1.0762
AISI/SAE			(1213)	(12L14)	(1108)	1137	1144
Composición química							
Carbono	C	%	≤0,14	≤0,14	0,07÷0,13	0,32÷0,39	0,40÷0,48
Manganeso	Mn	%	0,90÷1,30	0,90÷1,30	0,70÷1,10	1,30÷1,70	1,30÷1,70
Silicio	Si	%	≤0,05	≤0,05	≤0,40	≤0,40	≤0,40
Fósforo	P	%	≤0,11	≤0,11	≤0,06	≤0,06	≤0,06
Azufre	S	%	0,27÷0,33	0,27÷0,33	0,15÷0,25	0,10÷0,18	0,24÷0,33
Plomo	Pb	%	-	0,20÷0,35	-	-	-
Propiedades mecánicas							
Estado bruto laminación			-	-	-	-	-
Dureza d≤100mm		HB	156	156	146	219	231
Estado bruto laminación			-	-	-	-	-
Resist. tracción d≤40mm		MPa	460÷750	460÷750	360÷530	580÷750	630÷820
40≤d≤100		MPa	380÷630	380÷630	360÷490	560÷740	620÷780
Límite elástico d≤40mm		MPa	370	370	350	-	-
40≤d≤100		MPa	240	240	-	-	-
Alargamiento d≤100mm		%	>10	>10	>9	-	-
Estado normalización			-	-	-	-	-
Resistencia tracción		MPa	380÷510	380÷510	-	-	-
Límite elástico		MPa	215	215	-	-	-
Alargamiento rotura		%	>20	>20	-	-	-
Dureza		HB	152	152	-	-	-
Estado temple y revendo			-	-	-	-	-
Resist. tracción d≤40mm		MPa	-	-	540÷880	700÷820	700÷850
40≤d≤100		MPa	-	-	440÷720	640÷720	700÷850
Límite elástico d≤40mm		MPa	-	-	320	480	520
40≤d≤100		MPa	-	-	260	360	420
Alargamiento d≤100mm		%	-	-	>14	>17	>16
Propiedades tecnológicas							
Coste		€/kg	0,70	0,75	-	-	0,95
Maquinabilidad		(1)	136	160	-	70	80
Temperatura normalización		°C	890÷920	890÷920	-	-	-
Temperatura de temple		°C	-	-	880÷920	850÷880	840÷870
Temperatura cementación		°C	-	-	880÷980	840÷870	830÷860
Temperatura de revenido		°C	-	-	150-200	540-680	540-680

(1) El acero C45E tiene una maquinabilidad de 55 y el acero 11SMnPb30 tiene una maquinabilidad de 160

Rodamientos y componentes con rodadura

Los materiales de los rodamientos (pistas de rodadura y elementos de rodadura), así como otros componentes asimilables (guías lineales, husillos de bolas, ruedas de fricción), soportan grandes presiones superficiales (1000÷2000 MPa), por lo que deben disponer de una gran dureza, un límite elástico elevado y una gran resistencia al desgaste, combinadas con una buena tenacidad para soportar vibraciones y choques. Los aceros para rodamientos (contemplados en la norma) se dividen en cinco grupos: *a*) aceros templados en el núcleo, de contenido alto de C (1%) (referencias B1 a B8); *b*) aceros de cementación, de contenido bajo de C (0,2%) (referencias B20 a B32); *c*) aceros templados por inducción, de contenidos medios de C (0,4÷0,75 %) (referencias B40 a B43); *d*) aceros inoxidables, de contenidos altos de C (0,43÷1,20 %), contenidos elevados de Cr (12,5÷19 %) y, en algunos de ellos, pequeñas cantidades de Mo (referencias B50 a B53); *e*) aceros resistentes al calor, con composiciones más complejas de Cr, Mo, V y W (referencias B60 a B63).

Los aceros de rodamientos, con un tratamiento de bonificado (o un temple superficial) más simples que el cementado, pueden soportar cargas más elevadas (presencia de carburos finamente distribuidos en la estructura martensítica que proporciona dureza en tota la sección de hasta 58 HRC) y ofrecen una mejor estabilidad dimensional. El acero básico es el 100Cr6 (B1, Tabla 2.9), de templabilidad media (piezas de pequeños espesores), buena resistencia al desgaste, pero sensible a los choques. Otras variantes con adiciones de Mn (100CrMnSi6-4, B4) y de Mn-Mo (100CrMnMoSi-8-4-6, B8), de mayor templabilidad, se usan para secciones más gruesas.

Los aceros de cementación, de buena maquinabilidad antes del tratamiento, tienen una mejor resistencia a la fatiga superficial (debido a las tensiones residuales de compresión en la superficie) y una mayor tenacidad en el núcleo. Los más utilizados son 17MnCr5 y 19MnCr5 (B23 y B24), pero también se usan otros aceros de cementación como 20CrMo4 (B26) o 20NiCrMo2 (B28).

Si los rodamientos deben trabajar entre 150÷350 °C, se adoptan aceros especiales con los carburos estabilizados por elementos de aleación como Cr, Mo, V y Si para mejorar su resistencia en caliente. En las aplicaciones donde se requiera una gran resistencia a la corrosión, se adoptan aceros inoxidables martensíticos como el AISI 440C (la cementación no es aplicable en este tipo de aceros).

Cojinetes y elementos de fricción

Algunos de los puntos más críticos de las máquinas son aquellos donde dos piezas tienen movimiento relativo. Muchos de ellos se resuelven por medio de rodamientos y otros componentes de rodadura pero, en otros casos, el movimiento mutuo se confía al deslizamiento entre elementos de fricción. Entre estos últimos, los más frecuentes son los cojinetes de fricción, pero no hay que olvidar las rótulas, los quicios, las guías de deslizamiento o los husillos de potencia.

En general, se aparea una parte dura, normalmente la interior (o eje) que suele ser de acero, con otra parte más blanda, generalmente la exterior (o alojamiento), que puede ser de una gran diversidad de materiales, combinaciones que deben cumplir ciertos requisitos como son: bajo coeficiente de fricción, buena capacidad para absorber cargas superficiales y buena resistencia al desgaste.

Lo primero que hay que decir es que el apareamiento acero/acero es inadecuado para el deslizamiento sin lubricación, ya que produce una acción abrasiva mutua muy acusada. Los principales materiales que configuran la parte blanda (generalmente el alojamiento) son: *a*) *fundiciones grises o nodulares* (elevadas cargas superficiales y aceptable deslizamiento en condiciones límite); *b*) *bronces fosforosos* (elevadas cargas superficiales y buenas condiciones de deslizamiento; el bronce sinterizado es poroso y absorbe lubricante); *c*) *bronces al plomo* (buen coeficiente de fricción y resistencia al desgaste, baja dureza que permite compensar las desalineaciones); *d*) *bronces al aluminio* (gran capacidad de carga, pero peor coeficiente de fricción); *e*) *materiales blandos* para cojinetes (*babbits*); *f*) *otros materiales metálicos* (plata, aleaciones de aluminio antifricción); *e*) *materiales cerámicos*; *f*) *materiales plásticos* (PTFE, o materiales que lo incorporen, de coeficiente de fricción extraordinariamente bajo; PE-UHMW, para guías, de una resistencia a la abrasión extraordinariamente elevada; PA y POM, de buena consistencia mecánica y adecuadas propiedades deslizantes).

2.5 Aceros de herramientas

2.5.1 Introducción

Aceros con características mecánicas y térmicas especiales (gran dureza, buena resistencia al desgaste, elevada tenacidad), manteniendo en muchos casos las características a elevadas temperaturas o una gran estabilidad dimensional durante el tratamiento térmico. Se usan para fabricar herramientas manuales, de corte, de mecanizado, moldes, matrices, rodillos de laminación, hileras de extrusión o herramientas y utillajes análogos. Cada vez se aplican más en piezas de máquinas con solicitaciones análogas. La mayoría de estos aceros se obtienen por laminación, otros por fundición o forja y algunos por sinterizado, pero todos ellos desarrollar sus propiedades mecánicas mediante tratamiento térmico. Las herramientas suelen terminarse después del tratamiento térmico debido a la distorsión; sin embargo, ciertos elementos de aleación permiten obtener las propiedades requeridas con un temple poco severo y baja distorsión, sin acabado final.

2.5.2 Normativa y designaciones

La norma que contempla los aceros de herramientas es:

EN-ISO 4957:1999   Aceros para herramientas

Designación

La información que debe solicitar el comprador es:

a) La cantidad a suministrar; norma dimensional y las dimensiones y tolerancias; (si se requiere) condición o calidad superficial.

b) La palabra *acero* seguida de la referencia a la presente norma y la designación del acero. Luego, símbolo del tratamiento térmico: +U, no tratado; +A, recocido de ablandamiento; +A+C, recocido y estirado en frío; +A+CR, recocido y laminación en frío; +QT, temple y revenido. Finalmente, la designación normalizada del documento de inspección (ISO 10474).

Ejemplo:

2t Barras redondas ISO 1035-1-30,0 S x 4000 L2
Acero EN-ISO 4957 – X153CrMoV12 + A -3.1.B

2.5.3 Aceros de herramientas para trabajo en frío

Aceros de herramientas que se caracterizan por la elevada dureza a temperaturas bajas (generalmente <200°C) que, sin embargo, no retienen (o la disminuyen sensiblemente) a temperaturas más elevadas. No todos ellos tienen las mismas propiedades y los grupos más significativos son:

Aceros de herramientas al C

Aceros al C (0,50÷1,20%) de bajo coste, pero de templabilidad baja y deformabilidad muy elevada (temple en agua). La estructura es un núcleo tenaz y una superficie de gran dureza que, sin embargo, no retiene caliente (adecuados tan solo para el trabajo en frío). Baja resistencia al desgaste, por lo que la vida de la herramienta es corta. Tienen la mejor maquinabilidad entre los aceros de herramientas (pero relativamente reducida respecto al resto de aceros) y son fácilmente forjables a partir del material normalizado o cuando el contenido de C supera el 1,1%, después de un recocido de esferoidización para evitar la fragilidad. Eventualmente se usan aceros al C con pequeñas adiciones de V para mejorar la templabilidad y la resistencia al desgaste. Se destacan los siguientes:

C45U (1.1730); C70U (1.1520); C105U (1.1545)
Los aceros de menor contenido de C (0,50÷0,70%) se usan cuando predomina la tenacidad (martillos, herramientas percusoras, manuales y de agricultura), los de contenidos medios (0,70÷0,90%), donde la tenacidad y la dureza son igualmente importantes (punzones, herramientas para la piedra, cizallas) y los de mayores contenidos (0,90÷1,20%) cuando predomina la resistencia al desgaste y

el mantenimiento del filo de corte (galgas, brocas, escariadores, herramientas de roscar, herramientas de torno, hileras de extrusión en frío).

Aceros de herramientas aleados para trabajo en frío

Aceros aleados, generalmente con un contenido elevado de C (0,50÷2,10%), templados en aceite o al aire (eventualmente también en sales), con una gran templabilidad (gran profundidad de temple) y una distorsión dimensional muy baja. También adquieren una gran dureza superficial que no mantienen a elevadas temperaturas (por encima de los 150°C). Los más frecuentes son:

90MnCrV8 (1.2842; AISI O2)
Acero de baja aleación (coste moderado), de templabilidad alta (se templa en aceite), que mantiene una buena estabilidad dimensional durante el tratamiento térmico. Adquiere una elevada resistencia al desgaste a temperatura ambiente, que no retiene a temperaturas más elevadas. Gran maquinabilidad, pero tenacidad media. Se usa para herramientas de corte y de estampación (chapas de hasta 6 mm), herramientas de roscar, brocas y escariadores, calibres y herramientas de medida, moldes de inyección de plásticos, elementos de guía.

X100CrMoV5 (1.2363; AISI A2)
Acero aleado al Cr-Mo (coste medio), con alto contenido de C (1,00%), de templabilidad muy elevada (puede templarse al aire), con una deformabilidad muy baja durante el tratamiento térmico (menor que la del acero 90MnCrV8). Obtiene una resistencia al desgaste media/alta y muestra un ligero endurecimiento secundario en el revenido a 500 °C. La tenacidad es buena, pero la maquinabilidad es baja. Se usa en herramientas de corte y de conformado, moldes para plásticos abrasivos, calibres y herramientas de medida de gran precisión.

X153CrMoV12 (1.2379; AISI D2)
Acero de alta aleación al Cr-Mo-V (coste elevado), con un contenido muy alto de C (1,60%), de templabilidad muy elevada (se templa al aire), con una deformabilidad extraordinariamente baja. Sin embargo su baja conductividad térmica origina tensiones residuales y problemas de distorsión (se recomienda precalentar antes de la forja y el temple). Buena tenacidad y muy elevada resistencia al desgaste que permite aristas muy afiladas. Mantiene altos valores de dureza secundaria y, por lo tanto, es apto para nitruración, recubrimientos cerámicos y también para corte por electroerosión. Se usa para grandes matrices de cortar, matrices de embutir, de sinterizar, hileras para extruir en frío, moldes de plástico sometido a gran desgaste, rodillos para laminar roscas.

Aceros de herramientas resistentes a los choques

Aceros aleados, con un contenido medio de C, de tenacidad elevada y buena resistencia mecánica (especialmente a compresión), destinados al trabajo en frío bajo el efecto de impactos repetidos. El resto de propiedades son moderadas: templabilidad, deformabilidad en el temple, resistencia al desgaste, retención de la dureza con la temperatura y maquinabilidad. El más frecuente es:

60WCrV8 (1.2550; AISI S1)
Acero aleado al W-Cr-Si, de especial tenacidad. Se usa para punzones y matrices de corte fuertemente solicitadas, cuchillas para chapas gruesas (hasta 12 mm), matrices de estampación, herramientas neumáticas.

2.5.4 Aceros de herramientas para moldes de plástico

Las principales exigencias en los aceros de herramientas para moldes de plástico son: buena maquinabilidad y aptitud para el pulido, estabilidad dimensional en el temple, gran resistencia a compresión, elevada resistencia al desgaste, buena tenacidad, posibilidad de tratamientos superficiales (nitruración, cromado duro) y, en determinados casos, una adecuada resistencia a la corrosión. Para estas aplicaciones pueden usarse aceros de cementación: 14NiCrMo13-4 (1.6657); aceros de nitruración: 31CrMoV9 (1.8519), 41CrAlMo7-10 (1.8509); aceros inoxidables: X40Cr14 (1.2083; AISI 420); u otros aceros para herramientas: X40CrMoV5-1 (1.2344, AISI H13), X153CrMoV12 (1.2379; AISI D2); pero cada vez es más frecuente el uso de aceros suministrados en estado bonificado sin necesidad de tratamiento térmico posterior. Entre ellos destacan:

40CrMnNiMo8-6-4 (1.2302; ≈AISI P20)
Acero para moldes de plástico, de bajo coste y buena maquinabilidad (se suministra bonificado a una dureza de 280÷325 HB). Tiene una excelente aptitud para el pulido y la texturización.

X38CrMo16 (1.2316)
Acero para moldes de plástico, normalmente bonificado a una dureza de 280÷300 HB, con gran aptitud para el pulido. Tiene una resistencia a la corrosión excelente, mejor que el acero inoxidable X40Cr14 (1.2083; ~AISI 420), y se usa para moldes, husillos de extrusión y componentes en contacto con plásticos corrosivos. También se suministra bonificado a una dureza de unos 300 HB.

2.5.5 Aceros de herramientas para trabajo en caliente

Aceros de herramientas para trabajar a temperaturas entre 200÷600 °C. Sus características más destacadas son: buena resistencia y dureza, elevada tenacidad y resistencia al desgaste en caliente, elevada templabilidad y pequeña deformabilidad durante el tratamiento térmico, buena maquinabilidad en estado no tratado y resistencia a la fatiga térmica. Para evitar fisuras, deben tomarse precauciones durante su uso (precalentado y enfriamiento lentos). Los aceros más frecuentes son:

55NiCrMoV7 (1.2714; AISI 6F3)
Acero relativamente barato, de gran tenacidad en piezas grandes y de buena resistencia al revenido (admite la nitruración hasta 580 ºC), pero poco adecuado para la fatiga térmica. Puede suministrarse en estado recocido o bonificado a la resistencia de trabajo. Acero estándar para estampas y matrices de forja, punzones de extrusión, cizallas y placas de sujeción para el trabajo en caliente.

X40CrMoV5-1 (1.2344; AISI H13)
Acero de uso universal para trabajo en caliente: herramientas de inyección y extrusión de metales ligeros, matrices de estampación, unidades inyectoras de plástico, cuchillas para corte en caliente. Tiene una alta conductividad térmica que facilita la refrigeración de las herramientas, una baja sensibilidad al choque térmico, y mantiene una elevada tenacidad, resistencia mecánica y al desgaste hasta temperaturas de 500 °C. La variante X37CrMoV5-1 (1.2343; AISI H11) presenta las mejores características de fatiga (piezas estructurales muy solicitadas, especialmente en aviación), y la variante 32CrMoV12-28 (1.2365; AISI H10), con un %Mo superior, se usa en matrices, estampas e hileras de extrusión de metales pesados.

2.5.6 Aceros rápidos

Aceros fuertemente aleados al W-Mo-V-Co (en su designación aparecen los % correspondientes) para herramientas de mecanizado por arranque de viruta. Se utilizan también en matrices de corte, de estampación e hileras de extrudir. Sus propiedades más destacadas son: una templabilidad muy alta y un marcado endurecimiento secundario durante el revenido entre 550÷600 °C; una dureza y una resistencia al desgaste elevadas que retienen a alta temperatura (≥58 HC a 550 °C, o *dureza al rojo*), lo que permite tratamientos superficiales como la nitruración, muy beneficioso para estas aplicaciones; buena tenacidad para mantener la arista de corte (es necesario un compromiso entre dureza y tenacidad). Algunos de los aceros rápidos más característicos son:

HS6-5-2C (1.3343; AISI M2)
Presenta un buen equilibrio entre dureza y tenacidad. Acero para toda clase de herramientas de mecanizado (brocas y escariadores, machos e hileras de roscar, freses, brochas), sierras, punzones y contrapunzones, herramientas para la madera. También se usa para conformar en frío (hileras de extrusión, matrices). El acero HS6-5-2-5 (1.3243; AISI M-35), con contenido de Co, y un coste incrementado en un 50%, ofrece unas características excelentes para el corte ininterrumpido.

HS10-4-3-10 (1.3207; AISI M48)
Acero rápido con elevados contenidos de W y Mo, que reúne las máximas prestaciones de constancia de corte, resistencia al calor y tenacidad. Se usa en trabajos de desbaste o de acabado cuando se requiere la máxima duración de la herramienta.

Tabla 2.13 **Aceros para herramientas** (hojas 1 y 2)

			No aleados, trabajo en frío		Aleados, trabajo en frío		
EN-ISO 4957:2000 Designación numérica EN 10027-2			C70U [6] 1.1520	C105U [6] 1.1545	90MnCrV8 1.2842	X100CrMoV5 1.2363	X153CrMoV12 1.2379
AISI			W1	W2	O2	A2	D2
Composición química							
Carbono	C	%	0,65÷0,75	1,00÷1,10	0,85÷0,95	0,95÷1,05	1,45÷1,60
Manganeso	Mn	%	0,10÷0,40	0,10÷0,40	1,80÷2,20	0,40÷0,80	0,20÷0,60
Silicio	Si	%	0,10÷0,30	0,10÷0,30	0,10÷0,40	0,10÷0,40	0,10÷0,60
Cromo	Cr	%	-	-	0,20÷0,50	4,80÷5,50	11,00÷13,00
Níquel	Ni	%	-	-	-	-	-
Molibdeno	Mo	%	-	-	-	0,90÷1,20	0,70÷1,00
Cobalto	Co	%	-	-	-	-	-
Wolframio	W	%	-	-	-	-	-
Vanadio	V	%	-	0,10÷0,35	0,05÷0,10	0,15÷0,35	0,70÷1,00
Propiedades físicas							
Densidad		Mg/m^3	7,84	7,85	7,66	7,86	7,70
Dilatación térmica	[1]	μm/m·K	12,9	14,2	14,3	12,6	11,8
Calor específico		J/kg·K	-	-	-	-	460
Conductividad térmica	[2]	W/m·K	48,1	-	33,0	-	16,7
Propiedades mecánicas							
Resistencia tracción	[3]	MPa					(2250)
Dureza recocido		HB	183	212	229	241	255
[4]/revenido 200°C		HRC	59÷63/-	62÷65/-	65/61	66/62	66/61
revenido 400/500°C		HRC	-	-	50/42	58/59	59/60
revenido 600/700°C		HRC	-	-	38/-	54/-	48/-
Módulo de elasticidad		GPa	210	210	210	-	193
Propiedades tecnológicas							
Coste		€/kg	1,35	1,50	2,20	-	5,00
Temperatura recocido		°C	740÷780	740÷780	680÷720	800÷840	830÷860
temple		°C	790÷810	770÷790	780÷800	960÷980	1010÷1030
revenido		°C	170÷190	170÷190	170÷190	170÷190	170÷180
Medio de temple	[5]	W,O,A,S	W	W	O	A	O,A,S
Templabilidad		[1÷5]	[1]	[1]	[4]	[5]	[5]
Indeformabilidad al temple		[1÷5]	[1]	[1]	[4]	[5]	[5]
Maquinabilidad		[1÷5]	[5]	[5]	[4]	[2]	[1÷2]
Tenacidad		[1÷5]	[3]	[3]	[3]	[3]	[2]
Resistencia ablandamiento		[1÷5]	[1]	[1]	[1]	[3]	[3]
Resistencia al desgaste		[1÷5]	[1÷2]	[1÷2]	[3]	[3]	[3÷4]

[1]   Entre 20÷400 °C
[2]   A 100 °C
[3]   Entre paréntesis = resistencia después de temple y revenido; sin paréntesis = resistencia al endurecimiento secundario
[4]   Dureza después de temple

Res. choques	Moldes de plástico [7]		Trabajo en caliente		Aceros rápidos	
60WCrV8 1.2550	40CrMnNiMo8-6-4 1.2311	X38CrMo16 1.2316	55NiCrMoV7 1.2714	X40CrMoV5-1 1.2344	HS6-5-2C 1.3343	HS10-4-3-10 1.3207
S1	P20	-	6F3	H13	M2	M48
0,55÷0,65	0,35÷0,45	0,33÷0,45	0,50÷0,60	0,35÷0,42	0,86÷0,94	1,20÷1,35
0,15÷0,45	1,30÷1,60	≤1,50	0,60÷0,90	0,25÷0,50	≤0,40	≤0,40
0,70÷1,00	0,20÷0,40	≤1,00	0,10÷0,40	0,80÷1,20	≤0,45	≤0,45
0,90÷1,20	1,80÷2,10	15,50÷17,50	0,80÷1,20	4,80÷5,50	3,80÷4,50	3,80÷4,50
-	0,90÷1,20	≤1,00	1,50÷2,00	-	-	-
-	0,15÷0,25	0,80÷1,30	0,35÷0,55	1,20÷1,50	4,70÷5,20	3,20÷3,90
-	-	-	-	-	-	9,50÷10,50
1,70÷2,20	-	-	-	-	5,90÷6,70	9,00÷10,00
0,10÷0,30	-	-	0,05÷0,15	0,85÷1,15	1,70÷2,10	3,00÷3,50
7,88	7,85	7,70	7,86	7,76	8,16	8,20
13,6	13,8	12,0	12,6	12,7	11,8	-
-	-	460	430	420	460	-
-	35,7	29,0	36,5	24,5	21,4	-
1790	(1730)	-	(2120)	2050		-
229	235	300	248	229	269	302
63/60	51/50	49/47	60/56	56/52	64÷66/62	65÷67/-
52/48	46/47	46/43	51/47	54/56	62/65	-
43/-	36/28	33/-	38/34 (650°C)	48/41	62/46 (800°C)	-
-	-	220	213	216	217	-
3,20	2,20	5,40	2,50	5,10	8,60	16,00
710÷750	710÷740	760÷800	650÷700	750÷800	770÷860	770÷840
900÷920	840÷870	1020÷1050	750÷760	1010÷1030	1200÷1220	1220÷1240
170÷190	180÷220	500÷550	490÷510	540÷560	550÷570	550÷570
O	O,S	O,S	O	O	S	S
[3]	[3]	-	[3]	[5]	[5]	[5]
[2]	[3]	-	[3]	[4]	[2÷3]	[2÷3]
[2]	[2÷3]	-	[2]	[2÷3]	[2]	[1÷2]
[4]	[3]	-	[4]	[4]	[1÷3]	[2÷3]
[2]	[1]	-	[3]	[3]	[4]	[5]
[1÷2]	[1÷2]	-	[2]	[2]	[4]	[5]

[5] W=agua, O=aceite, A=aire, S=baño de sal

[6] Los aceros C70U y C105U, por su composición química, son de temple superficial. El temple en el núcleo tan sólo se consigue para diámetros ≤10 mm

[7] Este acero se suministra normalmente en la condición de temple y revenido con una dureza aproximada de 300 HB

2.6 Aceros inoxidables

2.6.1 Introducción a los aceros inoxidables

Aleaciones de Fe (elemento base), de Cr (mínimo, 10,5%) y de C (máximo un 1,2%), que son resistentes a la corrosión gracias a la formación espontánea de una capa superficial protectora y adherente de óxido de Cr (pasivado), que se reconstruye en caso de deterioro. También pueden incorporar otros elementos de aleación, como Ni, Mo, Mn, Si, Ti y Nb, para mejorar determinadas características.

Ofrecen un buen comportamiento mecánico y una buena resistencia a la corrosión y oxidación a temperaturas elevadas, base de muchas aplicaciones (industria química, aviación): los aceros austeníticos se usan a temperaturas superiores a 850 °C y los refractarios hasta 1100 °C. Bajo los efectos del tiempo y la temperatura, se produce la precipitación de carburos, la fragilización o la pérdida de resistencia: en los aceros inoxidables austeníticos esto ocurre hacia los 500 °C, en los martensíticos, hacia los 450 °C y, en los ferríticos, hacia los 400 °C. Y los que contienen Ni (especialmente los austeníticos también tienen aplicaciones criogénicas hasta temperaturas de -200 °C.

Los aceros inoxidables más utilizados son los de laminación (designados habitualmente en el mercado según la norma americana AISI) y los productos semielaborados más frecuentes son: *chapa y fleje laminado en frío* (espesores: 0,2÷5 mm), *chapa y fleje laminado en caliente* (espesores: 4÷70 mm), *barras* (redonda *d*=1÷400 mm, cuadrada, hexagonal) y *perfiles* (en L, C, U), *tubos soldados* (redondo, cuadrado, rectangular), *tubos extrudidos* y *tornillos*. Hay aceros inoxidables de composición específica destinados a ser moldeados (ver Aceros de moldeo, Sección 2.7).

2.6.2 Normativa y designaciones

La denominación más común de los aceros inoxidables de laminación en el mercado es la norma americana AISI (American Iron and Steel Institute) y consiste en tres cifras (304, 316, 420, 430). Recientemente, los países europeos a través del CEN (Comité Europeo para la Normalización) ha acordado unas normas comunes. Los aceros inoxidables moldeados tienen normas propias.

Algunas de las normas europeas más características de los aceros inoxidables son:

EN 10028-7:2000	Prod. planos de acero para aplicaciones a presión. Parte 7: Aceros inoxidables.
EN 10088-1:2005	Aceros inoxidables. Parte 1: Relación.
EN 10088-2:2005	Aceros inoxidables. Parte 2: Planchas y bandas de uso general.
EN 10088-3:2005	Aceros inoxidables. Parte 3: Semiproductos, barras, alambrón y perfiles para aplicaciones en general.
EN 10213-4:1996	Piezas moldeadas de acero para usos a presión. Condiciones técnicas de suministro. Parte 4: Tipos de acero austenítico y austenítico-ferrítico.
EN 10222-6:	Aceros forjados para usos a presión. Parte 6: Aceros inoxidables austeníticos, martensíticos y autenítico-ferríticos.
EN 10270-3:2001	Alambres de acero inoxidable para muelles mecánicos.
EN 10295:2002	Aceros moldeados refractarios.

Designación

La información que debe solicitar el comprador es:

a) Cantidad a suministrar; designación de la forma de producto; número de la norma de dimensiones (EN 10029, para planchas y bandas; EN 10060, para barras, alambrón y perfiles); dimensiones, tolerancias dimensionales y de forma.

b) Palabra *acero*, seguida de la referencia a la norma europea y la designación simbólica o numérica del acero inoxidable.

c) Símbolo correspondiente al tratamiento térmico o al estado de endurecimiento por precipitación.

d) + Tipo de proceso y de acabado superficial:

Laminado en caliente: IU, no tratado térmicamente; IC, tratado térmicamente, pero no descascarillado; IE, tratado térmicamente y descascarillado mecánico; ID, tratado térmicamente y decapado (acabado habitual, más basto que 2D o 2B).

Laminado en frío: 2H, endurecido por deformación en frío (resistencia más elevada); 2C, tratado térmicamente, pero no descascarillado; 2E, tratado térmicamente y descascarillado mecánico; 2D, tratado térmicamente y decapado; 2B, tratado térmicamente, decapado y proceso de *skin-pass*; 2R, recocido brillante; 2Q, templado y revenido, sin cascarilla.

Acabados superficiales (1=laminado en caliente, 2=laminado en frío): 1G o 2G, pulido con muela; 1J o 2J, pulido mate (superior a la muela); 1K o 2K, pulido satinado (aplicaciones marinas y arquitectónicas); 1P o 2P, pulido espejo (refleja las imágenes); 2F, tratado térmicamente, *skin-pass* (superficie uniforme y mate); IM o 2M, con relieve (*embosshed*, chapas antideslizantes); 2W, corrugado; 2L, coloreado; 1S o 2S, superficie recubierta (Sn, Al, Ti).

e) Designación del documento de control según la norma EN 10204 (si se requiere).

Ejemplos:

10 chapas EN 10029-8A x 2000x 5000 Acero EN 10088-2 – X5CrNi18-10 + 1D Documento de inspección 3.1.B	o 10 chapas EN 10029-8A x 2000 x 5000 Acero En 10088-2 – 1.4301 + 1D Documento de inspección 3.1.B
10 t de redondos EN 10060-50 Acero EN 10088-3 – X5CrNi18-10 + 1D Documento de inspección 3.1.B	o 10 t de redondos EN 10060-50 Acero En 10083-2 – 1.4301 + 1D Documento de inspección 3.1.B

2.6.3 Aceros inoxidables ferríticos

Contenido de Cr relativamente alto (13÷27%) y de C muy bajo ($\leq 0,10\%$, ocasionalmente hasta 0,20% para valores elevados de Cr), por lo que no se endurecen por temple y moderadamente por deformación en frío. Su estructura ferrítica (fase α) es magnética. Tienen características mecánicas moderadas y la tenacidad es baja. La resistencia a la corrosión se sitúa entre la de los aceros martensíticos y la de los aceros austeníticos. Se trabajan bien en frío y en caliente (un contenido de S>0,15% facilita la maquinabilidad, pero reduce significativamente la resistencia a la corrosión). La soldabilidad es aceptable, pero debe evitarse una excesiva aportación de calor que provoca fragilidad por crecimiento del grano. En sus aplicaciones influyen el bajo coste y la aptitud para ser deformados en frío, especialmente en estampaciones profundas.

X2CrTi12 (1.4512, AISI 409, llamado *muffler grade*)
Contenido bajo de Cr y presencia de Ti. Coste bajo. Es fácilmente conformable por deformación en frío y da soldaduras muy tenaces. Se aplica a la fabricación de tubos de escape y silenciadores de automóvil.

X6Cr17 (1.4016, AISI 430)
Acero ferrítico más estándar con un contenido medio de Cr (17%). Se conforma fácilmente en frío y tiene menor acritud que los aceros austeníticos (aptitud para la embutición profunda). Buena resistencia a la corrosión (medios oxidantes, ácido nítrico), incluso a temperaturas elevadas. La variante con S y Mo, X6CrMoS17 (1.4105, AISI 430F), mejora la maquinabilidad, y la variante X6CrMo17-1 (1.4113, AISI 434), con 1% Mo, aumenta la resistencia a la corrosión, incluso salina. Esta familia de aceros se utiliza en aplicaciones químicas, en elementos ornamentales del automóvil (especialmente el XCrMo17-1), en electrodomésticos y en baterías de cocina de bajo coste.

2.6.4 Aceros inoxidables martensíticos y endurecidos por precipitación (PH)

Aceros inoxidables martensíticos

Aceros inoxidables de contenidos de Cr moderado (11÷18%), de C relativamente alto (0,1÷0,5%; excepcionalmente hasta 1,2%) y, ocasionalmente, pequeños porcentajes de otros elementos. Son magnéticos. En estado de recocido, la maquinabilidad es satisfactoria, y se trabajan bien en frío y en caliente. Por medio de temple (buena templabilidad, en aceite o en aire), se obtiene una elevada resistencia y dureza pero una moderada tenacidad y, antes de su utilización, deben someterse a un revenido. La resistencia a la corrosión es más moderada que la de los aceros ferríticos y austeníticos. Se utilizan en aplicaciones que requieren resistencia o dureza en un medio corrosivo: rodamientos, cuchillería, instrumentos quirúrgicos, moldes, turbinas.

X20Cr13 (1.4021; AISI 420)
Contenido medio de C (0,16÷0,25%). Combina una elevada resistencia y dureza con una buena tenacidad después de revenido por sobre los 650 ºC. Un mayor contenido de S (0,015÷0,030%), así como la variante X12CrS13 (1.4005; AISI 416), de contenido menor de C (0,08÷0,15%), mejoran sensiblemente la maquinabilidad, pero empeoran las características mecánicas y el conformado en frío y en caliente. Aplicaciones estándares entre los aceros inoxidables martensíticos: cuchillería, engranajes, levas, herramientas, ejes, válvulas, moldes de inyección de plástico.

X17CrNi16-2 (1.4057; AISI 431)
Contenido elevado de Cr, moderado de C y pequeño de Ni. Combina unas buenas características mecánicas con la mejor resistencia a la corrosión entre los aceros martensíticos. Se aplica a hélices de buque, turbinas, maquinaria papelera.

X105CrMo17 (1.4125; AISI 440C)
Contenidos elevados de Cr y C. Con temple y un revenido ligero se obtiene una estructura dura y resistente al desgaste, formada por martensita y carburos. La tenacidad (siempre baja) disminuye y la dureza aumenta con el porcentaje de C (0,60÷1,20%, del grado A al C). Tiene una resistencia a la corrosión notable. Se aplica a rodamientos, instrumentos quirúrgicos y cuchillería especial.

Aceros inoxidables endurecidos por precipitación (PH)

Aceros al Cr-Ni con determinados elementos de adición (Al, N, Mo, Cu, Nb) que posibilitan el endurecimiento por precipitación (envejecimiento). Un primer tratamiento de solubilización seguido de un enfriamiento rápido forma una solución sólida sobresaturada fácilmente mecanizable (estado de suministro). Después de conformado, el material se somete a un corto endurecimiento por precipitación a temperatura relativamente baja (450÷750 ºC) y escasas variaciones dimensionales). Siendo su coste elevado, estos aceros son útiles cuando hay que combinar una alta resistencia mecánica (hasta unos 500 ºC), con una elevada resistencia a la corrosión y una buena maquinabilidad (componentes de aviación, bombas de alta presión, intercambiadores de calor, elementos de máquinas altamente solicitados).

X7CrNiAl17-7 (1.4568, AISI 17-7 PH)
Este acero contiene 1,15 % de Al como elemento de endurecimiento por precipitación y consigue una resistencia muy importante. Se conforma en estado de recocido y la maquinabilidad es aceptable. Entre otras aplicaciones, se utiliza para fabricar muelles y elementos elásticos.

2.6.5 Aceros inoxidables austeníticos

Gracias al Ni, le estructura austenítica es estable hasta la temperatura ambiente por lo que no se pueden templar. No son magnéticos, pero, deformados en frío, adquieren cierto magnetismo. Se trabajan en frío y en caliente. Con la deformación en frío, parte de la austenita se transforma en martensita y la resistencia mecánica puede crecer hasta 850 MPa y, con contenidos de C no residuales, hasta 1500 MPa. La maquinabilidad es baja. La tenacidad es muy alta y la resistencia a la fatiga moderadamente buena. Tienen la mejor resistencia a la corrosión y a altas temperaturas entre los aceros inoxidables. Buena soldabilidad, especialmente en los aceros preparados para evitar la precipitación de carburos. Son los aceros inoxidables más difundidos y se utilizan en aquellas aplicaciones en las que son determinantes la resistencia a la corrosión o el trabajo a altas temperaturas.

Hasta los años 60, para evitar la corrosión intergranular durante la soldadura, se usaban aceros estabilizados con Ti o Nb (más ávidos a formar carburos que el Cr). Avances metalúrgicos posteriores han permitido obtener de forma rápida y económica aceros austeníticos de muy bajo contenido de C (<0,03%), lo que constituye una alternativa a este problema. Los aceros estabilizados, sin embargo, mantienen mejor las características mecánicas a elevadas temperaturas.

Familia de Cr-Ni

Presentan contenidos moderados de Cr (16 ÷ 20 %) y de Ni (6 ÷ 12 %), y bajos de C (< 0,15 %). No incluyen el Mo en su composición, por lo que son más baratos que los aceros inoxidables de la familia Cr-Ni-Mo, pero también presentan una resistencia a la corrosión menor.

X10CrNi18-8 (1.4310, AISI 301)
Acero austenítico al Cr-Ni con contenidos bajos de estos metales y un contenido medio de C. Consigue el mayor endurecimiento por deformación en frío, y se utiliza en forma de fleje duro y alambre para muelles de acero inoxidable. Entre otras aplicaciones se usa para fabricar muelles.

X5CrNi18-10 (1.4301, AISI 304)
Acero estándar de la familia del Cr-Ni, con un contenido bajo de C (≤0,07 %) a fin de reducir la precipitación de carburos de Cr en las zonas de soldadura (oxidación por falta de Cr). Hay variantes que, sin disminuir la resistencia a la corrosión, evitan la precipitación de carburos de Cr durante la soldadura, ya sea con una drástica reducción del % C (≤0,03%, X2CrNi19-11, 1.4306, AISI 304L), ya sea por estabilización con Ti (X6CrNiTi18-10, 1.4541, AISI 321) o Nb (X6CrNiNb18-10, 1.4550, AISI 347), más propensos a formar carburos que el Cr (los dos últimos también evitan la corrosión intergranular a temperaturas elevadas). La maquinabilidad moderada del acero AISI 304 se mejora sensiblemente con la variante modificada con S (X8CrNiS18-9, 1.4305 AISI 303). Los aceros de esta familia tienen una amplísima utilización en industrias como la de alimentación, la farmacéutica, la química, la del transporte y la de electrodomésticos, así como en aplicaciones criogénicas.

Familia de Cr-Ni-Mo

Presentan contenidos moderados de Cr (16 ÷ 20 %), más elevados de Ni (11 ÷ 15 %), presencia de Mo (2 ÷ 4 %) y un contenido muy bajo de C (0,03 ÷ 0,08 %). La resistencia a la corrosión, especialmente a la marina, mejora respecto a los aceros inoxidables austeníticos al Cr-Ni.

X5CrNiMo17-12-2 (1.4401, AISI 316)
Acero estándar de la familia del Cr-Ni-Mo. Respecto a los aceros de la familia Cr-Ni, la presencia de Mo proporciona un mejor comportamiento a la corrosión, especialmente bajo tensión, y aumenta las características mecánicas a temperaturas moderadamente elevadas. El acero AISI 317, con los mayores contenidos de Cr-Ni-Mo de la familia, presenta también una mayor resistencia a la corrosión. Existen variantes análogas a las de la familia Cr-Ni, con la soldabilidad mejorada mediante una mayor reducción de C ≤0,03% (X2CrNiMo17-12-2, 1.4404, AISI 316 L), o estabilizando con Ti (X6CrNiMoTi17-12-2, 1.4571, AISI 316 Ti) o Nb (X6CrNiMoNb17-12-2, 1.4580, AISI 316 Nb), así como también con mejor maquinabilidad (mayor %S, AISI 316 F). Los aceros de esta familia hallan aplicaciones en las industrias química y alimentaria, y en ambientes de corrosión severa (entre ellas la marina).

Tabla 2.14 **Aceros inoxidables** (hojas 1 y 2)

			Ferríticos		Martensíticos		
EN 10088-1:1995			X2CrTi12	X6Cr17	X20Cr13	X17CrNi16-2	X105CrMo17
Designación numérica EN 10027-2			1.4512	1.4016	1.4021	1.4057	1.4125
AISI			409	430	420	431	~ 440C

Composición química							
Carbono	C	%	≤0,03	≤ 0,08	0,16÷0,25	0,12÷0,22	0,95÷1,20
Cromo	Cr	%	10,5÷12,5	16,0÷18,0	12,0÷14,0	15÷17	16,0÷18,0
Molibdeno	Mo	%	-	-	-	-	0,40÷0,80
Níquel	Ni	%	-	-	-	1,5÷2,5	-
Otros		%	6·C≤Ti≤0,8	-	-	-	-
Propiedades físicas							
Densidad		Mg/m^3	7,70	7,70	7,7	7,7	7,78
Dilatación térmica	[1]	µm/m·K	10,5	10,4	10,5	10	10,4
Calor específico	[2]	J/kg·K	460	460	460	460	430
Conductividad térmica	[2]	W/m·K	25,0	26,1	30	25	15
Resistividad eléctrica	[2]	nΩ·m	590	600	600	700	800
Propiedades mecánicas							
Resistencia a tracción	[3]	MPa	460	630	≤740	≤950	≤760
	[4]	MPa	-	610÷900	650÷850	800÷1080	1100÷1970
Límite elástico (0,2%)	[3]	Mpa	240	250	430	630	450
	[4]	MPa	-	400÷850	500÷550	680÷900	650÷1920
	[5]	MPa	210	245	400	505	-
	[6]	MPa	175/-	215/-	305/-	375/-	-/-
Alargamiento a rotura	[7]	%	25	20	25/13	15/11	14/2
Límite de fatiga		MPa	-	280	300	-	280
Dureza	[7]	HB	≤150/-	≤190/230	≤225/275	≤285/425	≤275/550
Resiliencia KV		J	-	-	-	-	-
Módulo de elasticidad	[2]	GPa	220	220	215	215	215
Coeficiente de Poisson		-	0,3	0,3	0.3	0,3	0,3
Propiedades tecnológicas							
Coste		€/kg	1,90	2,10	1,80	2,70	4,50
Temperatura recocido		°C	770÷830	770÷830	730÷790	650÷750	730÷790
temple		°C	-	-	950÷1050	980÷1070	1010÷1070
revenido		°C	-	-	650÷750	600÷700	150÷300
de servicio (corrosión) [8]		°C		815°	620°	850°	760°
de servicio (mecánicas) [9]		°C	-10°/350°	-10°/350°	10°/300°	-/-	-/-
Soldabilidad		[1÷5]	[2]	[3]	[2]	[-]	[-]
Maquinabilidad		[1÷5]	[-]	[3]	[2]	[2]	[1]
Aptitud al corte		[1÷5]	[5]	[5]	[3÷4]	[2]	[-]
Aptitud a la embutición		[1÷5]	[4÷5]	[4÷5]	[2]	[2]	[-]

[1] 20÷100 °C [2] 20 °C [3] Recocido a 20 °C [4] Acritud ¼ duro; o temple + revenido, 20 °C
[5] Recocido, o temple + revenido a 200 °C [6] Recocido, o temple + revenido a 400 °C/550 °C

PH	Austeníticos Cr-Ni			Austeníticos Cr-Ni-Mo		Refractarios	Dúplex
X7CrNiAl 17-7 1.4568	X10CrNi18-8 1.4310	X5CrNi18-10 1.4301	X6CrNiTi 18-10 1.4541	X5CrNiMo 17-12-2 1.4401	X5CrNiMo Ti17-12-2 1.4571	X1CrNi25-21 1.4335	X2CrNiMoN2 2-5-3 1.4462
631 (17-7PH)	301	304	321	316	316 Ti	310LC	UNS S32205

PH	Austeníticos Cr-Ni			Austeníticos Cr-Ni-Mo		Refractarios	Dúplex
≤ 0,09	0,05÷0,15	≤ 0,07	≤ 0,08	≤ 0,07	≤ 0,08	≤ 0,020	≤ 0,03
16,0÷18,0	16,0÷19,0	17,0÷19,5	17,0÷19,0	16,5÷18,5	16,5÷18,5	24,0÷26,0	21,0÷23,0
-	≤ 0,80	-	-	2,0÷2,5	2,0÷2,5	≤ 0,09	2,7÷4,0
6,5÷7,8	6,0÷9,5	8,0÷10,5	9,0÷12,0	10÷13	10,5÷13,5	20,0÷22,0	5,5÷7,5
0,7≤Al≤1,5	-	-	5xC≤Ti≤0,70	-	5xC≤Ti≤0,70	-	0,10≤N≤0,22
7,8	7,9	7,9	7,9	8,0	8,0	8,0	7,8
13,0	16,0	16,0	16,0	16,0	16,5	15,9	13,0
500	500	500	500	500	500	500	450
16,0	15,0	15,0	15	15,0	15,0	14,2	16,0
800	730	730	730	750	750	780	800
910	≤800	≤700	≤730	≤710	≤730	≤740	640÷680
1400÷1850	860÷1560	690÷1030	610≤1400	610÷1350	-	750÷1350	-
280	215	195	200	205	210	230	460
1300÷1800	515÷965	380÷760	-	-	-	-	-
-	-	125	155	145	165	180	310
-/-	-/-	98/90	125/118	115/108	135/125	145/135	-/-
35[9]/2[10]	55/8	50/10	50/-	50/-	50/-	45/-	25
570÷770	240÷420	240	260	270	-	215	-
165[9]/460[10]	≤210/380	≤185/320	≤185/-	≤185/-	≤190/-	≤210/-	-/290
-	≥85	≥85	≥85	≥85	≥85	-	90/60
200	200	200	200	200	200	200	200
0,30	0,29	0,29	0,29	0,30	0,30	0,31	0,30
-	4,50	4,50	4,80	5,10	5,40	6,50	3,80
1030÷1050	1010÷1090	1000÷1100	1000÷1100	1030÷1110	1030÷1110	1030÷1110	1020÷1100
-	-	-	-	-	-	-	-
500÷520	-	-	-	-	-	-	-
-	-	870°	870°	870°	870°	1035°	1000°
-20°/350°	- / 250°	-220°/350°	-/400°	-190°/350°	-/400°	-/-	-50°/300°
[3]	[5]	[5]	[4]	[5]	[4]	[4]	[5]
[2]	[2]	[3]	[2]	[3]	[-]	[2]	[2]
[-]	[4]	[4]	[4]	[4]	[-]	[4]	[-]
[-]	[4]	[5]	[4]	[4]	[4]	[4]	[-]

[7] (Recocido a 20 °C)/(acritud; o temple + revenido a 20 °C) [8] Después de 10.000 h, no se produce corrosión intercristalina. [9] (Mínima/máxima). Temperaturas entre las que el material mantiene características mecánicas utilizables

Aceros refractarios

Aceros inoxidables al Cr-Ni, Cr-Ni-Mo o composiciones parecidas (normalmente de microestructura austenítica), con contenidos altos de Cr (22÷26%), de Ni (12÷22%) y de C (0,08÷0,25%), que se utilizan por su excelente resistencia a la oxidación y a la corrosión por gases a elevadas temperaturas, y también porque mantienen las características mecánicas en un amplio margen de temperaturas.

X1CrNi25-21 (1.4335, AISI 310LC)

Este acero y sus variantes tienen los contenidos de Cr y Ni más elevados de la familia y una resistencia a la corrosión excelente hasta 1.100 °C. Sin embargo, no resisten la presencia de gases sulfurosos y una exposición prolongada a 750÷900 °C da lugar a una fragilización (formación de la fase sigma). Buena resistencia mecánica y buen comportamiento a fluencia hasta temperaturas de 800 °C. La variante con contenido menor de C ($\leq$0,01%, AISI 310LC) es adecuada para ambientes húmedos a temperaturas medias. Es soldable, pero presenta el peligro de corrosión intergranular. Se usa en aplicaciones que exigen altas temperaturas (hornos, quemadores), especialmente en la industria química y petroquímica.

Aceros inoxidables austeníticos al Mn

En años recientes, la escasez de Ni y la fuerte demanda a nivel mundial han repercutido en una gran subida de precios de este metal. Dado que el Ni es un componente importante de los aceros inoxidables austeníticos (entre ellos, X5CrNi18-10, 1.4301, AISI 304), sus precios se han situado en los valores más elevados de su historia. Ello está obligando a muchas industrias consumidoras de estos aceros a considerar su sustitución por otros materiales con menor contenido de Ni, entre los que se hallan los aceros inoxidables austeníticos al Mn. Los aceros inoxidables ferríticos (por ejemplo: X6Cr17, 1.4016, AISI 430, prácticamente sin contenido de Ni) no proporcionan el mismo comportamiento a la corrosión, por lo que no constituyen una alternativa.

X12CrMnNiN17-7-5 (1.4372, UNS S20100)

Es el material más característico de esta serie (Cr, 17%; Mn, 7%; Ni, 4,5%) donde una parte sustancial del Ni del acero inoxidable austenítico de referencia (EN 1.4301, AISI 304: Cr: 18%, Ni, 9,5%) se ha sustituido por Mn (con una disminución del coste de $\approx$1,5 €/kg). Las propiedades físicas son parecidas, las propiedades mecánicas mejoran ligeramente (a pesar de mantenerse sólo a temperaturas inferiores, del orden de 350 ºC), mientras que la resistencia a la corrosión disminuye ligeramente, pero por encima de la de los aceros inoxidables ferríticos.

2.6.6 Aceros inoxidables austenítico-ferríticos (*dúplex*)

Aceros inoxidables al Cr-Ni-Mo que consiguen una microestructura combinación de fases austeníticas y ferríticas (entre un 40 y un 60%). El contenido de Cr y de Mo es más elevado que en los aceros austeníticos habituales, mientras que el contenido de Ni es más reducido. Las características mecánicas son superiores a las de los aceros austeníticos y tienen una resistencia especialmente buena a la corrosión bajo tensiones.

X2CrNiMoN22-5-3 (1.4462, UNS S32205)

Es el más habitual de los aceros inoxidables austenítico-ferríticos. Se utiliza en aplicaciones marinas (por ejemplo, plataformas marinas) por su buena relación resistencia/peso, la excelente resistencia al agua marina y a la corrosión bajo tensiones. También se utiliza en la industria química (por ejemplo, la fabricación de depósitos y tanques) ya que, además de las cualidades ya citadas y de un precio razonable, presenta una buena resistencia al ataque de muchos productos químicos (entre ellos los ácidos) y la facilidad para soldarse con aceros austeníticos y aceros al C.

2.7 Fundiciones y aceros de moldeo

2.7.1 Conformación de materiales férricos por moldeo

Uno de los procesos más interesantes de qué dispone el diseñador de máquinas para el conformado de piezas es la fundición de un metal y su posterior moldeo. A pesar de ciertas limitaciones que deben tenerse en cuenta (dirección de desmoldeo, plano de partición, diseño de noyos –*core* en inglés– para partes interiores vacías), el moldeo permite una libertad de formas que difícilmente pueden conseguirse con otros procesos.

El moldeo proporciona la forma definitiva a muchas superficies de las piezas lo que, normalmente, ahorra procesos posteriores como cortes, conformaciones por deformación, soldaduras o gran parte de los mecanizados. Estas ventajas son especialmente interesantes en el diseño y fabricación de bancadas y carcasas. Así pues, en el momento de iniciar el diseño de una nueva pieza compleja es pertinente preguntarse si conviene conformarla o no por moldeo.

El diseñador de máquinas dispone de dos grandes grupos de materiales férricos que se conforman por moldeo: las fundiciones (>2% de C) y los aceros de moldeo (≤2% de C). A grandes rasgos, las primeras muestran una mejor adecuación a este proceso (el propio nombre de fundición así lo indica), mientras que los segundos proporcionan mejores características mecánicas; sin embargo, las fundiciones nodulares están compitiendo con ciertos aceros de moldeo (y también con aceros forjados) al reunir la facilidad de moldeo de las fundiciones con características mecánicas cercanas a las de los aceros. Las principales normas que regulan los materiales férricos de moldeo son:

2.7.2 Normativa

EN 1559-1/3:1998	Fundición. Condiciones técnicas de suministro. Parte 1: Generalidades. Parte 2: Requisitos adicionales para piezas moldeadas de acero. Parte 3: Requisitos adicionales para las piezas moldeadas de función de hierro.
EN 1561:1997	Fundición. Fundición gris.
EN 1563:1997	Fundición. Fundición de grafito esferoidal.
EN 1564:1997	Fundición. Fundición bainítica.
EN 10213-1/4:1995	Condiciones técnicas de suministro para los aceros moldeados para aplicaciones a presión. Parte 1: Generalidades. Parte 2: Tipos de acero para servicio a temperatura ambiente y temperaturas elevadas. Parte 3: Tipos de acero para servicio a bajas temperaturas. Parte 4: Tipos de aceros austeníticos y austero-ferríticos.
EN 10283:1996	Aceros moldeados resistentes a la corrosión.
EN 10293:2005	Aceros moldeados para usos generales en ingeniería.
EN 10295:2002	Aceros moldeados refractarios.

2.7.3 Fundiciones

Los materiales férricos de moldeo más usuales son las *fundiciones grises*, con grafito en forma laminar (muy baratas y con propiedades excelentes para el moldeo), y las *fundiciones nodulares*, con el grafito esferoidal (ligeramente más caras, pero con unes propiedades mecánicas sensiblemente mejores, especialmente la tenacidad).

Las *fundiciones maleables* se han ido sustituyendo por las fundiciones nodulares y hoy día han quedado relegadas a aplicaciones muy particulares (piezas de pequeñas dimensiones de paredes muy delgadas fabricadas en grandes series). En cambio, comienza a ser frecuente el uso de *fundiciones nodulares con temple bainítico* (o fundiciones ADI, *Austempering Ductile Iron*), que ofrecen unes características mecánicas propias de aceros de alta resistencia.

Fundiciones grises (o de grafito laminar)
(EN 1561)

Aleaciones de Fe-C-Si, de contenidos relativamente altos de C (2,80÷4,00%) y Si (0,50÷3,00%) y menores de otros elementos (Mn, S, P). La mayoría del C se precipita como a grafito libre en forma de láminas (grafito laminar) que interrumpen la matriz metálica (efecto de entalla) y debilitan notablemente la sección resistente, especialmente a esfuerzos de tracción. La clasificación de las fundiciones grises se basa en la resistencia a la tracción. También se fabrican fundiciones grises aleadas (con adición de otros elementos).

Las fundiciones grises presentan una serie de cualidades en que se basan un buen número de aplicaciones. En la fabricación destacan la temperatura de fusión relativamente baja (1175÷1275 °C, más que la del acero), que facilita el proceso de moldeo y comporta un ahorro energético; la buena colabilidad (mayor facilidad que los aceros en el relleno de los moldes), lo que permite la fabricación de piezas de formas complicadas; la baja contracción en el enfriamiento, con poca tendencia a formar rechupes (cavidades interiores que se forman por contracción del material cuando éste no fluye, uno de los problemas de los aceros moldeados); y la buena maquinabilidad (mejor que la de los aceros al C de igual dureza).

En su utilización debe destacarse un amortiguamiento interno muy elevado, característica adecuada para bancadas y cárters, ya que absorbe las vibraciones; las buenas propiedades de deslizamiento (las láminas de grafito actúan como a lubricante), aplicables a sistemas en los que la lubricación puede ser precaria (guías de bancadas de máquinas herramienta, ruedas y coronas dentadas de grandes dimensiones, camisas de cilindros, anillos de émbolo, cojinetes); la mejor resistencia a la corrosión que los aceros al C; y el hecho de poder trabajar hasta unos 400 °C (por encima de esta temperatura se recomiendan adiciones de aleación, Cu, Mo, Cr, Mn, para mejorar la estabilidad dimensional y el comportamiento a fluencia).

Pero también las fundiciones grises presentan importantes limitaciones por lo que se refiere a las características mecánicas: una baja resistencia a la tracción (100÷400 MPa), siendo la de compresión unas 3 a 5 veces superior, una dureza relativamente baja (135÷275 HB), una resistencia a la fatiga moderada (compensada por una baja sensibilidad a la entalla, ya que las láminas de grafito crean un efecto de entalla en el interior del material), una baja rigidez junto con un comportamiento elástico no lineal (se define un módulo de elasticidad secante, que adquiere valores muy distintos según la fundición gris, 80÷140 GPa) y una tenacidad muy baja (no es aconsejable para fabricar piezas sometidas a sacudidas).

En general, puede establecerse que las características mecánicas (incluida la resistencia a temperaturas elevadas), el módulo de elasticidad y la resistencia al desgaste aumentan con la resistencia a la tracción de la fundición gris; mientras que la maquinabilidad, la resistencia al choque térmico, el amortiguamiento interno y la facilidad para fabricar piezas con paredes finas disminuyen con este parámetro.

EN-GJL-100 (EN-JL1010); EN-GJL-150 (EN-JL1020)
Fundiciones grises de resistencia mecánica baja que se utilizan para piezas de paredes delgadas de poca responsabilidad: tubos, radiadores, pequeñas piezas de máquinas.

EN-GJL-200 (EN-JL1030)
Función gris de resistencia mecánica moderada, muy utilizada para piezas de mediana responsabilidad: carcasas de motores eléctricos, bancadas de máquinas.

EN-GJL-250 (EN-JL1040)
Fundición gris de buena resistencia mecánica, una de las más usadas en la construcción de máquinas. Entre sus aplicaciones hay: bancadas de máquinas herramientas, cárters de turbinas, cuerpos de bombas, cajas de engranajes, bloques de motor, tambores y discos de frenos y embragues.

EN-GJL-300 (EN-JL1050)
Fundición gris de elevada resistencia mecánica destinada a piezas de gran responsabilidad, como bloques de motor diesel, tambores de frenos y discos de embrague altamente solicitados.

EN-GJL-350 (EN-JL1060)
Se utilizan poco ya que las fundiciones de mayor resistencia son más difíciles de moldear (formas sencillas de espesores constantes) y de mecanizar. Se reservan para la fabricación de piezas extraordinariamente solicitadas.

La norma europea incluye también la especificación de las fundiciones grises según el valor mínimo de dureza Brinell: EN-GJL-HB155 (EN-JL2010), EN-GJL-HB175 (EN-JL2020), EN-GJL-HB195 (EN-JL2030), EN-GJL-HB215 (EN-JL2040), EN-GJL-HB235 (EN-JL2050), EN-GJL-HB255 (EN-JL2060), con características parecidas a las correspondientes EN-JL1xxx.

Fundiciones nodulares (o de grafito esferoidal)
(EN 1563)

Aleaciones de Fe-C-Si, con porcentajes de C y Si ligeramente superiores a los de las fundiciones grises ($3,00 \div 4,00\%$ y $1,00 \div 3,50\%$, respectivamente), contenidos menores de otros elementos (Mn, S severamente controlado, P) y una pequeña adición de Mg ($0,02 \div 0,06\%\neg$), principal responsable de la agrupación de grafito en forma de nódulos esferoidales. Así, pues, la matriz de las fundiciones nodulares, al no perder la continuidad, proporciona una resistencia mecánica y una tenacidad mucho mejores, hasta valores próximos a los de los aceros. La clasificación de las fundiciones nodulares es basa en la resistencia a la tracción y el alargamiento a rotura. Admiten distintos tipos de tratamiento térmico (entre otros, el temple bainítico, o *austempering*) y algunas incorporan elementos de aleación (Ni, Mo, Cr o Cu) para mejorar la resistencia y la templabilidad.

De forma análoga a las fundiciones grises, la fabricación de piezas en fundición nodular ofrece aspectos de gran interés como una temperatura de fusión baja ($1120 \div 1160$ ºC), una pequeña contracción en el enfriamiento ($<0,7\%$, menor que en la fundición gris), una buena colabilidad (semejante a la de las fundiciones grises y mejor que la de los aceros de moldeo, debiéndose evitar las paredes de sección excesivamente delgada por los problemas en el enfriamiento superficial (formación de carburos) y una buena maquinabilidad.

En la utilización de piezas fabricadas en fundición nodular debe reseñarse la buena resistencia mecánica (netamente superior a la de las fundiciones grises, semejante a las de los aceros al C), el mayor módulo de elasticidad (piezas más rígidas), la buena tenacidad (piezas resistentes a golpes o sacudidas, especialmente con fundiciones nodulares de resistencia inferior), un mejor comportamiento al desgaste, un buen amortiguamiento interno (intermedio entre el de las fundiciones grises y el de los aceros) y una resistencia a la corrosión aceptable (mejor que la de las fundiciones grises). Las principales fundiciones nodulares son:

EN-GJS-350-22 (EN-JS1010), EN-GJS-400-18 (EN-JS1020)
Fundiciones nodulares de resistencia moderada y resiliencia elevada, utilizadas en una gran diversidad de piezas donde la resistencia a los choques es determinante: palancas de mando, elementos de apoyo, turbinas, bloques de motor, cárters de diferencial, montantes de prensas. La norma contempla grados de estas dos fundiciones nodulares con valores mínimos de energía de choque (o resiliencia): a bajas temperaturas EN-GJS-350-22-LT (EN-JS1015) con ≥ 12 J a -40 ºC, y EN-GJS-400-18-LT (EN-JS1025) con ≥ 12 J a -20ºC; y a temperatura ambiente (23º) EN-GJS-350-22-RT (EN-JS1014) con ≥ 17 J y EN-GJS-400-18-RT (EN-JS1024) con ≥ 14 J.

EN-GJS-450-10 (EN-JS1040), EN-GJS-500-7 (EN-JS1050)
Fundiciones nodulares para piezas de máquinas y vehículos que exigen una buena resistencia mecánica y al desgaste, a la vez que cierta resiliencia: cigüeñales y bielas (piezas tradicional-

mente fabricadas en acero forjado), ruedas y coronas dentadas, elementos de embragues y de frenos, platos y contrapuntos de torno, cilindros hidráulicos, embudos de colada.

EN-GJS-600-3 (EN-JS1060), EN-GJS-700-2 (EN-JS1070)
Fundiciones nodulares para piezas de máquinas y vehículos altamente solicitadas en las que los requerimientos de resistencia mecánica y resistencia al desgaste prevalecen sobre la resiliencia: árboles de levas, ruedas dentadas, rotores de bomba, ruedas de cadena, herramientas agrícolas, piezas para excavadoras y dagas. La norma europea contempla aún dos fundiciones nodulares de resistencia mecánica superior pero de muy bajo alargamiento a rotura: EN-GJS-800-2 (EN-JS1080), EN-GJS-900-2 (EN-JS1090).

La norma europea incluye también la especificación de las fundiciones nodulares según el valor mínimo de la dureza Brinell: EN-GJS-HB130 (EN-JS2010), EN-GJS-HB150 (EN-JS2020), EN-GJS-HB185 (EN-JS2040), EN-GJS-HB200 (EN-JS2050), EN-GJS-HB230 (EN-JS2060), EN-GJS-HB265 (EN-JS2070), EN-GJS-HB300 (EN-JS2080) y EN-GJS-HB330 (EN-JS2090), con características parecidas a las correspondientes EN-JS1xxx.

Fundiciones nodulares con temple bainítico (ADI)
(EN 1564, fundición bainítica)

Estas fundiciones (también conocidas por las siglas ADI, *Austempered Ductile Iron*) son el resultado de aplicar un temple bainítico (*austempering*) a una fundición nodular, en cuya composición se han añadido elementos de aleación (Ni, Cu, Mo) para aumentar su templabilidad y retrasar la formación de perlita. El material resultante exhibe un extraordinario conjunto de propiedades (resistencia mecánica, al desgaste, y tenacidad, fundamentalmente) que se controlan mediante la temperatura del baño de sales del temple bainítico. Al disminuir ésta (400 a 230 °C), decrecen la ductilidad (A=10 a 1%), la resiliencia (100 a 40 J) y la maquinabilidad, pero aumentan la resistencia a la tracción (850 a 1600 MPa), el límite elástico (550 a 1250 MPa) y la dureza (270÷320 a 440÷550 HB).

Les fundiciones nodulares con temple bainítico (ADI) son unos materiales con unas prometedoras posibilidades que hallan aplicaciones crecientes en una gran variedad de piezas de maquinaria y de automoción (engranajes, levas, cigüeñales, ruedas y eslabones de cadena, barras de dirección, juntas universales) que, tradicionalmente, se habían realizado en acero bonificado o acero endurecido superficialmente.

Los materiales contemplados en la norma europea se definen por las propiedades mecánicas (resistencia a la rotura y alargamiento a la rotura: EN-GJS-800-8 (EN-JS1100), EN-GJS-1000-5 (EN-JS1110), EN-GJS-1200-2 (EN-JS1120) y EN-GJS-1400-2 (EN-JS1130).

Fundiciones blancas y fundiciones maleables

En la fundición blanca (con bajo contenido de Si, grafitizante), el C no se transforma en grafito, sino que permanece combinado con el Fe formando la cementita. De esta manera se obtiene un material de gran dureza y resistencia al desgaste, pero muy frágil, que presenta aplicaciones muy particulares (bolas y rodillos de molino, trituradores).

Las fundiciones maleables se obtienen a partir de la fundición blanca mediante un tratamiento térmico de maleabilización (recocido especial) que descompone la cementita en nódulos de carbono y una matriz. Las propiedades de las fundiciones maleables se sitúan entre las de la fundición gris y las del acero moldeado, muy próximas a las de las fundiciones nodulares. Respecto a éstas últimas, presentan un módulo de elasticidad ligeramente superior (172÷193 GPa) y la facilidad de moldear pequeñas piezas con secciones muy delgadas, pero son inadecuadas para piezas de grandes secciones (debido a los espesores limitados que se obtienen con la fundición blanca).

2.7.4 Aceros de moldeo

La mayor parte de aceros, tanto aleados como no aleados, se pueden conformar por moldeo y, para composiciones equivalentes, responden de forma análoga a los tratamientos térmicos, tienen las mismas propiedades físicas y mecánicas, y una soldabilidad y una maquinabilidad similar a los aceros de laminación. Sin embargo, las piezas moldeadas no presentan la direccionalidad en las propiedades mecánicas que exhiben los aceros de laminación, lo que puede ser útil en determinadas aplicaciones.

La elección de aceros moldeados en lugar de fundiciones tiene por objeto obtener o mejorar algunas propiedades particulares de los materiales: determinadas características mecánicas a temperatura ambiente (tenacidad, resistencia al desgaste, en algunos casos resistencia a la tracción), un mejor comportamiento mecánico a temperaturas elevadas (resistencia a fluencia o *creep*) o a bajas temperaturas (buena tenacidad), una mejor resistencia a la corrosión (aceros inoxidables de moldeo) o una mejor estabilidad a altas temperaturas (aceros refractarios de moldeo).

Sin embargo, los aceros no se moldean con la misma facilidad que las fundiciones, ya que funden a temperaturas sensiblemente superiores (1500÷1600 °C), tienen una colabilidad peor (exigencia de secciones mayores), una contracción más elevada (1,5÷3%) y, después de colados, son frágiles y de baja maquinabilidad, siendo habituales tratamientos térmicos de normalización o de bonificación posteriores. Todo ello obliga a diseñar piezas con formas más sencillas y secciones más gruesas y constantes que, en consecuencia, resultan de coste más elevado.

A continuación es presentan los grupos de acero de moldeo más utilizados.

Aceros de moldeo no aleados normalizados
(EN 10293, para usos generales en ingeniería)

GE200 (1.0420), GE240 (1.0446), GE260 (1.0552), GE300 (1.0558), G28Mn6 (1.1165)
Son el grupo de aceros de moldeo más usados y se aplican a piezas sometidas a solicitaciones dinámicas y a choques de valores medios a temperaturas comprendidas entre −10÷300 °C. No se especifican la composición (fuera de la limitación de S y P) ni el tratamiento térmico, pero sí se especifican valores mínimos para algunas de sus características mecánicas. Los dos primeros se sueldan fácilmente (% C limitado), mientras que los últimos exigen precauciones especiales. Las características de estos aceros están comprendidas entre las de los aceros de construcción de la norma EN 10025 y los aceros de máquinas no aleados de la norma EN 10083.

Aceros de moldeo de bonificación
(EN 10293, para usos generales en ingeniería)

G34CrMo4 (1.7230), G9Ni14 (1.5638), G32NiCrMo8-5-4 (1.6570), GX4CrNi16-4 (1.4421)
Aceros de moldeo que suelen utilizarse en estado de bonificación (temple y revenido: +QT1, al aire y, +QT2, en líquido), hasta una temperatura de 300 °C en piezas sometidas a solicitaciones estáticas y dinámicas importantes. Algunos de estos aceros se corresponden con los aceros aleados de la norma europea EN 10083, a pesar de que sus propiedades mecánicas presentan algunas variaciones (Tabla 2.9).

Aceros de moldeo inoxidables y refractarios

GX12Cr12 (1.4011), GX5CrNi19-11 (1.4308), GX5CrNiMo19-11-2 (1.4408), EN 10283
GX40CrNiSi25-20 (1.4848), EN 10295
Los aceros inoxidables de moldeo (*resistentes a la corrosión*, EN 10283; *refractarios*, EN 10295) tienen composiciones no muy distintas a las de los aceros inoxidables de laminación análogos (EN 10088-1). EEUU los designa según la clasificación *Alloy Casting Institute* (ASTM A-743).

Tabla 2.15 **Fundiciones grises, nodulares y ADI** (hojas 1 y 2)

			Fundiciones grises (grafito laminar)				
Denominación simbólica Denominación numérica			EN-GJL-150 EN-JL1020	EN-GJL-200 EN-JL1030	EN-GJL-250 EN-JL1040	EN-GJL-300 EN-JL1050	EN-GJL-350 EN-JL1060
			EN 1561				
ASTM			~25	~30	~35	~45	~50
Composición química							
Carbono	C	%	3,60÷3,80	3,40÷3,60	3,20÷3,40	3,00÷3,20	2,80÷3080
Manganeso	Mn	%	0,50÷0,90	0,50÷0,90	0,50÷0,90	0,50÷0,90	0,50÷0,90
Silicio	Si	%	1,80÷2,20	1,70÷2,00	1,60÷1,90	1,50÷1,80	1,50÷1,75
Azufre	S	%	-	-	-	-	-
Fósforo	P	%	-	-	-	-	-
Otros		%	-	-	-	-	-
Propiedades físicas							
Densidad		Mg/m^3	7,10	7,15	7,20	7,25	7,30
Coeficiente de dilatación		μm/m·K	11,7	11,7	11,7	11,7	11,7
Calor específico		J/kg·K	530	530	530	530	530
Conductividad térmica		W/m·K	50,2	48	46,4	45,1	43,4
Resistividad eléctrica		nΩ·m	800	770	730	700	670
Propiedades mecánicas							
Resistencia tracción		MPa	150÷250 [1]	200÷300 [1]	250÷350 [1]	300÷400 [1]	350÷450 [1]
Resistencia flexión		MPa	250	290	340	390	490
Resistencia compresión		MPa	600	720	840	960	1080
Resistencia cortadura		MPa	170	230	290	345	400
Límite elástico [2]		MPa	98÷165	130÷195	165÷228	195÷260	228÷285
Alargamiento rotura		%	0,8÷0,3	0,8÷0,3	0,8÷0,3	0,8÷0,3	0,8÷0,3
Límite fatiga (con entalla)		MPa	70	90	110	135	145
(sin entalla)		MPa	70	85	105	115	125
Dureza superficial		HB	135÷165	160÷195	180÷220	200÷245	225÷275
Módulo de elasticidad E		GPa	78÷103	88÷113	103÷118	108÷137	123÷143
Módulo de rigidez G		GPa	40	46	50	54	56
Coeficiente de Poisson		-	0,26	0,26	0,26	0,26	0,26
Propiedades tecnológicas							
Coste (pieza)		€/kg	1,05÷1,30	1,10÷1,25	1,15÷1,40	1,20÷1,45	1,30÷1,55
Contracción		%	~1	~1	~1	~1	~1
Temperatura fusión		°C	1175	1200	1225	1225	1275
Temp. temple bainítico		°C	-	-	-	-	-
Espesor mínimo		Mm	≥2,5	≥2,5	≥5	≥10	≥10

[1] Los valores se refieren a probetas de diámetro de 30 mm, que corresponde a un espesor de pared de 15 mm
[2] Para fundiciones grises: 0,1% ; para fundiciones de grafito esferoidal y ADI: un 0,2%

Fundiciones de grafito esferoidal (o fundiciones nodulares)					Fundiciones nodulares ADI	
EN-GJS-350-22 EN-JS1010	EN-GJS-400-18 EN-JS1020	EN-GJS-450-10 EN-JS1040	EN-GJS-500-7 EN-JS1050	EN-GJS-600-3 EN-JS1060	EN-GJS-1000-5 EN-JS1110	EN-GJS-1200-2 EN-JS1120
EN 1563					EN 1564	
		~60-42-10	~70-50-05	~80-60-03	DIS 2	DIS 3
$3,70 \div 3,80$	$3,70 \div 3,80$	$3,70 \div 3,80$	$3,60 \div 3,70$	$3,60 \div 3,70$	$3,60 \div 3,70$	$3,60 \div 3,70$
$\leq 0,60$	$\leq 0,60$	$\leq 0,60$	$\leq 0,60$	$\leq 0,60$	$\leq 0,50$	$\leq 0,60$
$2,70 \div 2,80$	$2,70 \div 2,80$	$2,60 \div 2,80$	$2,40 \div 2,70$	$2,20 \div 2,60$	$2,40 \div 2,60$	$2,40 \div 2,60$
-	-	-	-	-	-	-
-	-	-	-	-	-	-
Mg	Mg	Mg	Mg	Mg	Ni, Cu, Mo	Ni, Cu, Mo
7,10	7,10	7,10	7,10	7,20	-	-
12,5	12,5	12,5	12,5	12,5	-	-
515	515	515	515	515	-	-
36,2	36,2	36,2	35,2	32,5	-	-
500	500	500	510	530	-	-
≥ 350	≥ 400	≥ 450	≥ 500	≥ 600	1000	1200
-	-	-	-	-	-	-
700	700	700	800	870	-	-
360	360	405	450	540	-	-
≥ 220	≥ 240	≥ 310	≥ 320	≥ 370	700	850
≥ 22	≥ 18	≥ 10	≥ 7	≥ 3	≥ 5	≥ 2
$170 \div 190$	$180 \div 200$	$190 \div 210$	$210 \div 240$	$240 \div 280$	-	-
$110 \div 115$	$115 \div 120$	$120 \div 125$	$125 \div 145$	$145 \div 165$	-	-
≤ 160	$135 \div 175$	$160 \div 210$	$170 \div 230$	$190 \div 270$	$300 \div 360$	$340 \div 440$
169	169	169	169	174	175	175
63	63	63	63	63	-	-
0,275	0,275	0,275	0,275	0,275	0,275	0,275
$1,30 \div 1,65$	$1,30 \div 1,65$	$1,35 \div 1,70$	$1,40 \div 1,75$	$1,45 \div 1,85$	-	-
$<0,7$	$<0,7$	$<0,7$	$<0,7$	$<0,7$	-	-
1120	1120	1130	1140	1150	-	-
-	-	-	-	-	-	-
-	-	-	-	-	-	-

Tabla 2.16 **Aceros para moldeo normalizados**

Designación simbólica Designación numérica			GE200+N 1.0420	GE240+N 1.0443	GE260+N 1.0552	GE300+N 1.0558
			EN 10293			
Composición química						
Carbono	C	%	-	-	-	-
Manganeso	Mn	%	-	-	-	-
Fósforo	P	%	≤0,035	≤0,035	≤0,035	≤0,035
Azufre	S	%	≤0,030	≤0,030	≤0,030	≤0,030
Propiedades mecánicas						
(espesor de la pieza)		Mm	≤300	≤300	≤100	≤100
Resistencia tracción		MPa	380÷530	450÷600	520÷670	520÷670 ≥300
Límite elástico 0,2%		MPa	≥200	≥240	≥300	≥18 145÷200
Alargamiento rotura		%	≥25	≥22	≥18	≥31 (20ºC)
Dureza		HB	105÷165	125÷185	145÷200	
Flexión por choque *KV*		J	≥27 (20ºC)	≥27 (20ºC)	≥31 (20ºC)	
Propiedades tecnológicas						
Coste (pieza)		€/kg	1,2÷2,5	1,2÷2,5	1,2÷2,5	1,2÷2,5
Temperatura normalización		ºC	900÷980	900÷980	880÷960	880÷960

Tabla 2.17 **Aceros para moldeo de bonificación**

Designación simbólica Designación numérica			G34CrMo4 1.7230	G9Ni14 1.5638	G32NiCrMo8-5-4 1.6570	GX4CrNi16-4 1.4421
			EN 10293			
Composición química						
Carbono	C	%	0,30÷0,37	0,06÷0,12	0,28÷0,35	≤0,06
Manganeso	Mn	%	0,50÷0,80	0,50÷0,80	0,60÷1,00	≤1,00
Cromo	Cr	%	0,80÷1,20	-	1,00÷1,40	15,50÷17,50
Níquel	Ni	%	-	3,00÷4,00	1,60÷2,10	≤0,70
Molibdeno	Mo	%	0,15÷0,30	-	0,30÷0,50	4,00÷5,50
Propiedades mecánicas						
Temple y revendo +QT1						
(espesor de la pieza)		mm	≤150	≤35	≤250	≤300
Resistencia tracción		MPa	620÷770	500÷650	820÷970	780÷980
Límite elástico		MPa	≥480	≥360	≥650	≥540
Alargamiento rotura		%	≥10	≥20	≥14	≥15
Flexión por choque *KV*		J	≥27 (20ºC)	≥27 (–90ºC)	≥35 (20ºC)	≥60 (20ºC)
Temple y revenido + QT2						
(espesor de la pieza)		mm	≤100	-	≤100	≤300
Resistencia tracción		MPa	830÷980	-	1050÷1200	1000÷1200
Límite elástico		MPa	≥650	-	≥950	≥830
Alargamiento rotura		%	≥10	-	≥10	≥10
Flexión por choque *KV*		J	≥27 (20ºC)	-	≥35 (20ºC)	≥27 (20ºC)
Propiedades tecnológicas						
Coste (pieza)		€/kg	2,00÷3,50	4,00÷6,50	-	-
Temperatura austenización		ºC	880÷950	820÷900	890÷930	1020÷1070
Temperat. revenido +QT1		ºC	600÷650	590÷640	600÷650	580÷630
Temperat. revenido +QT2		ºC	550÷600	-	500÷550	450÷500

Tabla 2.18 **Aceros para moldeo inoxidables y refractarios**

			Resistentes a la corrosión			Refractarios
Designación simbólica Designación numérica			GX12Cr12 1.4011	GX5CrNi19-11 1.4308	GX5CrNiMo19-11-2 1.4408	GX40CrNiSi25-20 1.4848
				EN 10283		EN 10295
ACI (Alloy Casting Institute)			CA-15	CF-8	CF-8M	HK

Composición química						
Carbono	C	%	≤0,15	≤0,07	≤0,07	0,3÷0,5
Silicio	Si	%	≤1,00	≤1,50	≤1,50	1,0÷2,5
Cromo	Cr	%	11,5÷13,5	18,0÷20,0	18,0÷20,0	24,0÷27,0
Níquel	Ni	%	≤1,00	8,0÷11,0	9,0÷12,0	19,0÷22,0
Molibdeno	Mo	%	≤0,50	-	2,0÷2,5	≤0,50
Propiedades mecánicas			temple + revenido	hipertemple + templado al aire	hipertemple + templado al aire	bruto fusión
Resistencia tracción		MPa	590÷785	440÷640	440÷640	≥450
Límite elástico		MPa	≥390	≥200	≥210	≥220
Alargamiento rotura		%	≤15	≤29	≤20	≤8
Módulo de elasticidad		GPa	215	200	200	200
Dureza		HB	170÷240	130÷200	130÷200	-
Resiliencia (entalla)		J	≥27,5	≥60	≥60	-
Propiedades tecnológicas						
Coste		€/kg	5,40	6,90	7,80	-
Temperatura recocido		°C	~750	-	-	-
temple (o hipertemple)		°C	≥950	1050÷1150	1080÷1150	-
revenido		°C	600÷750	-	-	-

Las variantes de aceros inoxidables de moldeo con contenido inferiores a ≤ 0,03 % C (que están representados en la tabla 2.18), limitan la precipitación de carburos durante la soldadura. Los aceros inoxidables de moldeo presentan determinadas características interesantes, como una libertad mayor en las formas y en la elección de la composición, ya que, en general, no son necesarias la deformación plástica en frío ni la soldadura (posibilidad de contenidos de C más elevados). El coste de los aceros inoxidables de moldeo es más elevado que el de los aceros inoxidables de laminación análogos.

3 Metales no férricos

3.1 Aluminio y aleaciones de aluminio

3.1.1 Introducción

El aluminio (elemento muy abundante en la corteza terrestre) y sus aleaciones destacan por su ligereza y resistencia a la corrosión, y por su buena conductividad térmica y eléctrica. Las propiedades mecánicas del metal puro son bastante moderadas, pero, aleado con otros elementos, mejoran notablemente. Si se toma la resistencia o la rigidez en relación con la densidad, los aluminios aventajan los aceros en determinadas aplicaciones (Sección 11.5). Estas cualidades, junto con la gran aptitud para el conformado (deformación en frío, forja, moldeo, extrusión, mecanizado), han convertido las aleaciones de aluminio en el segundo grupo de materiales metálicos más usados después de los férricos, aunque su obtención industrial no se inició hasta finales del siglo XIX. Los progresos de la industria del aluminio han ido muy ligados al desarrollo de la aviación (especialmente después de la Segunda Guerra Mundial), pero desde entonces han ido apareciendo nuevos campos de aplicación propios (automoción, equipamiento naval, arquitectura, envases).

3.1.2 Propiedades de las aleaciones de aluminio

Propiedades físicas

Destacan la muy baja densidad (2,7 Mg/m^3, ~1/3 de la de los aceros; vehículos, aparatos portátiles, piezas sometidas a grandes aceleraciones), la elevada conductividad térmica (80÷230 W/m·K; elementos conductores o disipadores de calor: pistones, carcasas), la elevada conductividad eléctrica (resistividad eléctrica: 28÷60 nΩ·m; aplicaciones eléctricas) y el también elevado calor específico (865÷905 J/kg·K). La elevada dilatación térmica (20÷25 μm/m·K; ~ doble de la de los aceros) hace que las piezas de aluminio sufran variaciones dimensionales importantes con la temperatura (menor estabilidad dimensional). El aluminio pulido proporciona excelentes superficies reflectoras.

Propiedades mecánicas

A temperatura ambiente, la resistencia a la tracción (150÷450 MPa), el límite elástico (100÷300 MPa) y el módulo de elasticidad (69÷73 GPa) son moderados, y las durezas relativamente bajas (Al-comercial 20 HB, Grupo Al-Zn: 150 HB), no adecuadas para las presiones superficiales requeridas en los enlaces. La resistencia a la fatiga es aceptable (sin un límite de fatiga definido) y la resiliencia es normalmente elevada excepto en los aluminios más resistentes (grupos Al-Cu y Al-Zn). El comportamiento a altas temperaturas es moderado: ya a 100÷150 °C (según las aleaciones) la fluencia se manifiesta de forma acusada y disminuyen sensiblemente la resistencia, el límite elástico y la dureza, siendo residuales las propiedades mecánicas a partir de 350 °C. Entre 200÷300 °C, el mejor comportamiento mecánico corresponde a los grupos Al-Cu y Al-Mg. Sin embargo, el comportamiento mecánico a bajas temperaturas es excelente y la resistencia aumenta mientras que la resiliencia, el límite elástico y el alargamiento se mantienen hasta temperaturas operativas de -195 °C.

Aptitudes para el conformado

Las aleaciones de aluminio presentan una gran aptitud para el conformado. La baja temperatura de fusión (520÷650 °C) facilita el moldeo de piezas complicadas (molde de arena, coquilla; por inyección se obtienen piezas de gran precisión dimensional). Su elevada ductilidad facilita el conformado por deformación plástica, en frío y en caliente, mediante laminación (chapas, barras), forja o extrusión (perfiles de formas complejas, eventualmente con cavidades, difíciles de obtener con otros tipos de materiales). La gran maquinabilidad a altas velocidades proporciona una productividad elevada, un abaratamiento de costes y el ahorro de energía.

3.1.3 Normativa

ISO 209-1:1989	Aluminio y aleaciones de aluminio para forja. Composición química y forma de los productos. Parte 1: Composición química.
EN 485-1/2	Aluminio y aleaciones de aluminio. Chapas, bandas y planchas. Parte 1 (1994): Condiciones técnicas de suministro y de inspección. Parte 2 (2004): Características mecánicas.
EN 515:1993	Aluminio y aleaciones de aluminio. Productos forjados. Designación de los estados de tratamiento.
EN 573-1/5	Aluminio y aleaciones de aluminio. Composición química y forma de los productos de forja. Parte 1 (2004): Sistema de designación numérica. Parte 2 (1994): Sistema de designación simbólica. Parte 3 (2003): Composición química. Parte 4 (2004): Forma de los productos. Parte 5 (2003): Codificación de los productos de forja normalizados.
EN 755-1/2:1997	Aluminio y aleaciones de aluminio. Redondos, barras, tubos y perfiles extruidos. Parte 1: Condiciones técnicas de suministro y de inspección. Parte 2: Características mecánicas.
EN 1706:1998	Aluminio y aleaciones de aluminio. Piezas moldeadas. Composición química y características mecánicas.
EN 12258-1/4	Aluminio y aleaciones de aluminio. Términos y definiciones. Parte 1 (1998): Términos generales. Parte 2 (2004): Análisis químico. Parte 3 (2003): Chatarras. Parte 4 (2004): Residuos de la industria del aluminio.

3.1.4 Estados de suministro y tratamientos térmicos
(EN 515:1993)

La designación F de las aleaciones de aluminio corresponde al estado bruto de fabricación (sin control de las condiciones térmicas o de acritud), y la designación O corresponde al estado de recocido. Las piezas y productos de aluminio pueden mejorarse mediante dos procedimientos distintos: *a*) deformación en frío o acritud (designaciones H); *b*) tratamientos térmicos (designaciones T).

Endurecimiento por deformación en frío (acritud)

Las aleaciones de aluminio pueden endurecerse por deformación en frío (acritud), seguida o no de un recocido parcial o de estabilización. Estos estados se indican por: H1x, deformación plástica en frío; H2x, deformación plástica en frío y recocido parcial; H3x, deformación plástica en frío y estabilización (mejora la ductilidad) mediante un proceso térmico a baja temperatura; H4x, deformación plástica en frío y un cierto recocido parcial debido al curado térmico de un lacado o pintado. El segundo dígito, x, indica el grado de dureza: 2 (¼ duro), 4 (½ duro), 6 (¾ duro), 8 (duro); los dígitos 1, 3, 5 y 7 se usan raramente. Los incrementos de resistencia a la tracción entre los estados de dureza, Hx8, y de recocido, O, van desde 55 MPa para los aluminios más blandos (< 40 MPa en estado de recocido) hasta 120 MPa en los aluminios más resistentes (> 300 MPa en estado de recocido). El tercer dígito, si se usa, indica variantes de los estados de dos dígitos. Algunos grupos de aleación de aluminio (Al-comercial, Al-Mn, Al-Mg) sólo se endurecen por deformación en frío.

Tratamientos térmicos

Las propiedades mecánicas de determinadas aleaciones de aluminio pueden mejorarse mediante tratamiento térmico de *bonificación* (o de *envejecimiento*) que consta de tres fases: *a) solubilización* de los elementos de aleación, por calentamiento del material durante un cierto tiempo a temperatura adecuada; *b) temple* o enfriamiento enérgico para producir una solución sobresaturada a temperatura ambiente; *c) maduración* (o *envejecimiento*) consistente en la precipitación de pequeñas partículas del material de aleación, ya sea a temperatura ambiente (maduración natural) o a temperatura controlada (maduración artificial). Los grupos de aleaciones que pueden bonificarse (además de endurecerse por deformación en frío) son: Al-Cu, Al-Mg-Si y Al-Zn, así como también algunos del grupo Al-Si.

Los principales tratamientos térmicos de los aluminios de forja son: T1, enfriamiento desde la conformación en caliente y maduración natural; T2, ídem con acritud antes de la maduración natural; T5, ídem con maduración artificial; T4, solubilización, temple y maduración natural; T6, ídem con maduración artificial; T3, solubilización, temple, deformación en frío y maduración natural; T8, ídem con maduración artificial; T9, solubilización, temple, maduración artificial y deformación en frío; T7, solubilización, temple y sobresaturación/estabilización. Se pueden añadir uno o más dígitos a las designaciones T1 a T9 para indicar variantes de tratamiento que incidan significativamente en las características del producto. La designación T73, por ejemplo, indica que el proceso se ha realizado de manera que se obtenga la mejor resistencia bajo tensión.

Tabla 3.1 **Resumen de los estados de tratamiento térmico de los aluminios**

Maduración	Acritud	Enfriamiento desde la conformación	Enfriamiento desde solubilización en horno
Natural	No	T1	T4
	Sí	T2	T3
Artificial	No	T5	T6, T7
	Antes de maduración	-	T7, T8
	Después de maduración	-	T9

3.1.5 Resistencia a la corrosión. Anodizado

Gracias a la extraordinaria afinidad con el oxígeno, el aluminio se recubre espontáneamente de una capa superficial de óxido de pocos átomos de espesor (si se destruye, se regenera), tupida e impermeable, que protege al material de oxidaciones posteriores y del ataque de la mayoría de sustancias orgánicas e inorgánicas, lo que le proporciona inocuidad sanitaria (alimentos, utensilios de uso personal); en ciertos medios, algunas aleaciones experimentan corrosiones intercristalinas. En todo caso, hay que hacer notar el mal comportamiento a la corrosión de las aleaciones que contienen Cu, en especial en ambientes marinos.

Anodizado

Tratamiento superficial de los productos y piezas de aluminio que consiste en situar el material en el ánodo de una célula electrolítica donde se libera oxígeno, que refuerza la capa protectora de óxido (normalmente de 5÷25 μm de espesor; en el anodizado duro las capas son más gruesas y duras, de 25÷150 μm). Los efectos del anodizado son varios: acción protectora contra la corrosión, acción decorativa (con la adición de colorantes, las piezas y los productos adquieren un aspecto atractivo), mejora de la resistencia al desgaste (anodizado duro) y aislamiento eléctrico. En principio todos los grupos de aleación de aluminio son aptos para el anodizado, pero los que dan mejores resultados son el Al puro y las aleaciones de Al-Mg y Al-Mg-Si.

3.1.6 Grupos de aleación de aluminio y aplicaciones

Como en otros metales, se distingue entre las aleaciones para forja (extrusión y laminación) y las de moldeo. A pesar de la gran variedad de aleaciones de forja normalizadas, el mercado ofrece una selección relativamente reducida dentro de la que debe hacerse la selección, siempre que ello sea posible. Existe más libertad en las aleaciones para moldeo, ya que en cada colada puede ajustarse la composición deseada a partir de la mezcla de lingotes de *aleación madre* (para fundir, con composiciones sencillas bien definidas). A continuación se analizan las principales propiedades y aplicaciones de los diferentes grupos de aleación de aluminios para forja y moldeo.

3.1.7 Aleaciones de aluminio de forja (laminación, extrusión)
(EN 573-1/2/3/4/5, productos forjados; EN 755-1/2, productos extrudidos)

Los productos laminados o extrudidos se suministran en una gran diversidad de formas (chapas, planchas, bandas, barras, tubos, alambre y una gran variedad de perfiles), que se obtienen en distintos estados de suministro (recocido, O; deformado en frío, Hxy; bonificado, Tx). La elección debe hacerse en función de las propiedades del material, el proceso de conformado previsto para la pieza (mecanizado, deformación en frío, forja, extrusión, soldadura) y los costos totales derivados.

Las aleaciones de aluminio para forja (AW, *wrought* en inglés) se designan según las normas europeas EN 573-1:2004 (designación numérica) y EN 573-2:1994 (designación simbólica). Las designaciones numéricas proceden del Registro Internacional de Aleaciones, mientras que las designaciones simbólicas se basan en los mismos principios que la norma ISO 209-1:1989. Ejemplos: EN AW-2014 [AlCu4SiMg]; más raramente, EN AW-AlCu4SiMg. Los aluminios para aplicaciones eléctricas anteponen la letra E a la designación simbólica: EN AW-6101 [EAlMgSi].

Grupos no bonificables

Grupo Al

Este grupo incluye los Al comerciales de distintos niveles de pureza superiores a 99,0%. Ninguno de ellos es bonificable y se usan recocidos o en distintos grados de acritud. Los Al comerciales, de bajas características mecánicas, se caracterizan por una buena resistencia a la corrosión, soldabilidad, facilidad de conformación y aptitud para el anodizado, y se utilizan en una gran diversidad de aplicaciones (envases y embalajes, recipientes, conductores eléctricos, intercambiadores de calor, reflectores de luz, placas de *offset*, embellecedores) y de sectores de actividad (industrias química, alimentaria y criogénica, arquitectura). El aluminio más frecuente es el EN AW-1050A [Al 99,5], suministrado recocido (0), ¼ duro (H12) y ½ duro (H14). La versión para usos eléctricos EN AW-1350 [EAl 99,5], tiene contenidos severamente limitados de Ti, V, Cr y Mn (elementos que perjudican la conductividad eléctrica; 62% IACS, ver aleaciones de Cu, Sección 3.2), y se halla en el mercado en forma de alambre para trefilar. El aluminio EN AW-1080A [Al 99,8(A)], de mayor pureza y bello aspecto, tiene un excelente comportamiento en medios agresivos y se usa en la industria química. El aluminio EN AW-1200 [Al 99,0] ofrece una resistencia mecánica ligeramente superior a EN AW-1050A, pero disminuyen su conductividad térmica y la reflectividad a la luz.

Grupo Al-Mn

La adición de un pequeño porcentaje de Mn al aluminio proporciona aleaciones no bonificables, de mejor resistencia mecánica, muy buena resistencia a la corrosión, excelente soldabilidad y buena conformabilidad. Se presenta en forma de chapas, especialmente aptas para embutición profunda (baterías de cocina), barras, alambres, tubos y perfiles, y se usa en sustitución del Al comercial cuando se requieren mejores propiedades mecánicas (industria química, intercambiadores térmicos y criogénicos, depósitos, tejados, embalaje, muebles, señales de tráfico). El más usual es EN AW-3003 [AlMn1Cu] y, con la adición de Mg, la aleación EN AW-3004 [AlMn1Mg1] adquiere una resistencia mecánica superior (envases de bebida o latas, recubrimientos de fachadas).

Grupo Al-Mg

Aleaciones que destacan por la excelente resistencia a la corrosión (la mejor entre los aluminios), la buena soldabilidad y la aptitud al anodizado. No suelen bonificarse ya que se obtienen mejoras poco significativas. El contenido de Mg aumenta la resistencia mecánica pero empeora mucho la ductilidad. La aleación EN AW-5005 [AlMg1(B)], relativamente barata y de mejores propiedades mecánicas que el Al99,5, se usa en fachadas de edificios; la aleación EN AW-5052 [AlMg2,5], de mejor resistencia a la corrosión, se usa en calderería, conducciones (condensadores, intercambiadores de calor) y en la industria química. La más frecuente del grupo, EN AW-5754 [AlMg3], resistente a la corrosión marina y con buen comportamiento a fatiga, se aplica a la fabricación de cascos de buque, carrocerías de automóvil, vagones de ferrocarril, depósitos y en la industria alimentaria. Las aleaciones EN AW-5086 [AlMag4] y EN AW-5083 [AlMg4,5Mn0,7], más resistentes pero también más caras que la AlMg3 (por este orden), se utilizan en aplicaciones de mayor compromiso mecánico; la última es el material estándar para fabricar depósitos criogénicos.

Grupos bonificables

Grupo Al-Cu

Aleaciones que suelen usarse en estado de bonificación y se caracterizan por la elevada resistencia mecánica, pero también por la baja resistencia a la corrosión, la poca soldabilidad y la mala aptitud al anodizado. Se suministran en forma de barras para mecanizar o tocho para forjar con prensa, y con ellas se fabrican piezas de alta resistencia. Las aleaciones EN AW-2011 [Al Cu6BiPb] y EN AW-2030 (AlCu4PbMg), con pequeñas adiciones de Pb y suministradas en forma de barras, se utilizan para fabricar piezas de alta resistencia que requieran una excelente maquinabilidad, la primera para dimensiones pequeñas (tornillería, barras roscadas, bridas) y la segunda para piezas de dimensiones mayores. La aleación EN AW-2017A (AlCu4MgS), suministrada en barras y chapas, y las aleaciones EN AW-2014 (AlCu4SiMg) y EN AW-2024 [AlCu4Mg1], suministradas en barras, a menudo conocidas como duraluminios, se utilizan en piezas que requieran elevadas características mecánicas, como elementos estructurales y fuselaje de aviones, chasis de vehículos pesados o aplicaciones análogas. La última se utiliza para fabricar sonotrodos (soldadura por ultrasonidos).

Grupo Al-Mg-Si

Aleaciones de aluminio con porcentajes de Mg y Si generalmente inferiores a 1% y bonificables, con unas propiedades de conformabilidad, soldabilidad, resistencia mecánica, resistencia a la corrosión y aptitud al anodizado que, sin ser ninguna de ellas extraordinaria, constituyen un compromiso muy equilibrado. Las aleaciones EN AW-6060 [AlMgSi] y EN AW-6063 [AlMg0,7Si], la segunda de mejores propiedades mecánicas, son por excelencia los materiales para fabricar perfiles extruidos, especialmente para la construcción (marcos, puertas y ventanas, compartimentación interior); a la vez, son buen conductores eléctricos de resistencia mecánica superior a EAl99,5. Las aleaciones EN AW-6061 [Al Mg1SiCu] y EN AW-6082 [AlSi1MgMn] se usan para piezas mecanizadas y forjadas de menor compromiso que los duraluminios, pero de mejor resistencia a la corrosión. La última también se usa para perfiles extruidos de secciones no excesivamente complejas.

Grupo Al-Zn

Contenidos de Zn superiores al 4% con elementos secundarios (Mg, Cu, Cr, Mn) dan lugar a una familia de aleaciones bonificable por maduración artificial que proporciona las resistencias mecánicas más elevadas entre las aleaciones de aluminio. La aleación EN AW-7020 [AlZn4,5Mg1], de características mecánicas moderadas dentro el grupo, pero de maquinabilidad y soldabilidad muy buenas y corrosión muy baja, se usa en elementos estructurales. Las aleaciones EN AW-7049A [AlZn8MgCu] y EN AW-7075 [AlZn5,5MgCu] tienen las características mecánicas más elevadas entre los aluminios, pero con una resistencia a la corrosión y una soldabilidad menores. El primero, cuyo comportamiento mecánico es ligeramente superior, se utiliza en aviación, armamento y en tornillería de alta resistencia, mientras que el segundo halla sus principales aplicaciones en equipos deportivos (esquí, cañas de pescar, equipo para alpinismo, bicicletas de competición).

3.1.8 Aleaciones de aluminio para moldeo
(EN 1706, piezas moldeadas)

La norma EN 1706 da las designaciones numéricas y simbólicas de las aleaciones de aluminio de moldeo (AC, *cast* en inglés). Los procesos se designan por: S, molde de arena; K, molde de coquilla; D, moldeo por inyección; L, moldeo a la cera perdida. Los estados de tratamiento térmico se indican por las abreviaturas F, O, T1, T4, T5, T6 (T64) y T7 definidas anteriormente. Ejemplo de denominación completa: EN 1706 AC-42000KT6 (AC-AlSi7MgKT6).

Las cualidades que se esperen de los aluminios de moldeo son una buena colabilidad (aptitud para llenar correctamente la cavidad del molde), una contracción relativamente pequeña y la no formación de fisuras (causa de la fragilidad) en la contracción. Las temperaturas de fusión relativamente bajas permiten usar, además de moldes de arena, moldes metálicos donde el material se introduce o bien por gravedad (moldeo en coquilla), o bien bajo presión (moldeo por inyección). Este último proceso, a pesar de exigir un equipo de inyección y un molde específico muy caros para cada pieza, permite obtener elevadas precisiones dimensionales y excelentes acabados superficiales que requieren poca o nula mecanización posterior, siendo muy utilizado en la fabricación de piezas complejas en grandes series (componentes de automóvil, de electrodoméstico).

Grupo Al

El aluminio sin alear se usa menos en piezas moldeadas que en productos forjados. La aleación Al 99,5 (no normalizada en EN 1706), de ductilidad, resistencia a la corrosión y conductividad eléctrica excelentes, se usa en piezas obtenidas en molde de arena y en coquilla y, más raramente, por inyección. Tiene aplicaciones en la industria química y eléctrica, para elementos sin compromiso mecánico. Los rotores de motores eléctricos asíncronos de baja resistencia se fabrican con EAl99,5 (57% IACS), mientras que los rotores de alta resistencia se fabrican con otras aleaciones, como la aleación AlSi5Mg (no normalizada en EN 1706, ~30÷35% IACS) o la aleación EN AC-46200 (AC-AlSi8Cu3, 25÷30% IACS).

Grupo Al-Si12

La adición de Si al aluminio (punto eutéctico ~12% Si) incrementa la fluidez del material fundido, disminuye la fisuración y contracción en el enfriamiento, y permite diseñar piezas de formas complejas con cambios importantes de sección y paredes desde muy delgadas a muy gruesas. También ofrece una buena soldabilidad, ductilidad y estanquidad. La aleación base es el EN AC-44100 [AC-AlSi12], no bonificable, que proporciona unes cualidades de moldeo y de comportamiento a la corrosión excelentes, a pesar de sacrificar la resistencia mecánica y la maquinabilidad. Con pequeñas adiciones, las restantes aleaciones del grupo intentan paliar estos inconvenientes. La aleación EN AC-47000 [AC-AlSi12(Cu)] mejora la resistencia a la fatiga, a costa de empeorar la resistencia a la corrosión, mientras que la aleación AlSi12Ni2 (no normalizada en EN 1706) mejora la resistencia mecánica en caliente y la resistencia al desgaste, a la vez que tiene un bajo coeficiente de dilatación (adecuado para pistones de automóviles). En la fabricación de piezas de motores alternativos (bloque motor, culatas, pistones), a menudo se usan aleaciones de composiciones no normalizadas de alto contenido de Si o hipereutécticas (AlSi17Cu4Mg, AlSi21CuNi-Mg, AlSi25CuMgNi, no normalizadas en EN 1706).

Grupo Al-Si-Mg

Con la adición de pequeños porcentajes de Mg, las aleaciones Al-Si se convierten en bonificables, y consiguen valores de resistencia y dureza considerablemente más altos y mejoran la maquinabilidad. El tratamiento térmico tiene lugar en la fundición sobre la pieza moldeada, antes de ser mecanizada. La aleación EN AC-43000 [AC-Al Si10Mg(a)] se utiliza en motores y máquinas (llantas de rueda, carcasas y cajas, tambores de freno, tubos centrifugados). La aleación EN AC-42000 [AC-AlSi7Mg] es más resistente y de mejor maquinabilidad a costa de una menor facilidad de moldeo (ruedas, brazos de suspensión, piezas de la dirección).

Grupo Al-Si-Cu

Las aleaciones de esta familia tienen multiplicidad de aplicaciones cuando las características mecánicas exigidas son mayores que las de los grupos anteriores, incluso a temperaturas moderadamente altas. Se funden fácilmente (posibilidad de formas complicadas), se trabajan bien (buena maquinabilidad), pero no presentan la misma resistencia a la corrosión y a los agentes químicos que las aleaciones de los grupos anteriores (presencia de Cu). Contenidos mayores de Si aumentan la colabilidad en el molde, mientras que contenidos mayores de Cu mejoran la maquinabilidad y las posibilidades de pulido. Las aleaciones más usadas son la EN AC-45200 [AC-AlSi5Cu3Mn], de resistencia más elevada y apta para moldear en arena o en coquilla, y la EN AC-46200 [AC-AlSi8Cu3], que prácticamente es la estándar en el moldeo por inyección.

Grupo Al-Mg

Las aleaciones de este grupo se caracterizan por una gran resistencia a la corrosión, incluso en agua de mar y en atmósfera salina. Tienen una buena maquinabilidad, pueden pulirse muy bien y admiten el anodizado con finalidad decorativa. Sus principales campos de aplicación son la construcción naval, las industrias química y alimentaria, y también los objetos decorativos. Dado que, mediante moldeo, no es necesario conformar por deformación en frío, se puede aumentar el porcentaje de Mg, lo que hace bonificables estas aleaciones. Sin embargo, no se moldean fácilmente (especialmente con contenidos >7% Mg), lo que debe tenerse en cuenta en el diseño; pequeñas adiciones de Si facilitan la colabilidad, pero empeoran la apariencia en el anodizado. La aleación EN AC-51200 [AC-AlMg9], bonificable, une a su excelente resistencia a la corrosión unas elevadas características mecánicas y una gran resistencia al choque; sin embargo, como ya se ha comentado, su moldeo requiere cuidados especiales. La aleación que ofrece más posibilidades de aplicación es el EN AC-51000 [AC-AlMg3(b)], de moldeo más fácil, a pesar de unas menores características mecánicas (aplicaciones navales, industria de la alimentación, herrajes resistentes a la corrosión).

Grupo Al-Cu

Mediante tratamiento térmico (el Cu posibilita la bonificación), las aleaciones de este grupo consiguen las mejores características mecánicas entre los aluminios de moldeo (resistencia a la tracción, límite elástico, alargamiento, tenacidad, resistencia al desgaste), especialmente a elevadas temperaturas. Sin embargo, las características generales de moldeo (colabilidad, grietas durante la contracción) son más bien bajas (sobretodo para >5% de Cu); además, son difíciles de conformar en coquilla debido al gran intervalo de solidificación y la elevada tendencia a formar grieta por efectos térmicos. Por ello, se requiere un diseño cuidadoso de las piezas que tenga en cuenta las condiciones de moldeo. Se usan para piezas de vehículos y máquinas con altas solicitaciones mecánicas, sometidas a choques o a desgaste (poleas de correa trapezoidal) y son ineludibles en piezas que trabajan en caliente. Las aleaciones más usuales de este grupo son: la EN AC-21000 [AC-AlCu4MgTi], aleación de aluminio estándar de características mecánicas elevadas y resistente a los choques, para una gran variedad de piezas, carcasas y elementos estructurales (automoción, aviación) moldeadas en arena o en coquilla; y la AlCu4Ni2Mg (no normalizada en EN 1706), utilizada para piezas moldeadas en molde de arena o en coquilla que requieran una elevada resistencia mecánica a temperaturas de hasta 300 °C, con un coeficiente de dilatación bajo (culatas, émbolos).

Grupo Al-Zn-Mg

La característica más relevante de este grupo es su capacidad de autotemplarse sin necesidad de solubilización, seguido de una maduración natural (varias semanas) o artificial (varias horas), lo que facilita la fabricación de piezas de grandes dimensiones con buenas características mecánicas, tenacidad, maquinabilidad, estabilidad dimensional y resistencia a la corrosión. La aleación más frecuente es la EN AC-71000 [AC-Al Zn5Mg], para piezas moldeadas en arena o en coquilla.

Tabla 3.2 **Aleaciones de aluminio para forja** (hojas 1 y 2)

		Aleaciones para forja no bonificables			
		Grupo Al			Grupo Al-Mn
EN 573-1, denominación numérica		AW-1050[a]	AW-1080A	AW-1200	AW-3003
EN 573-2, denominación simbólica		AW-Al 99,5	AW-Al 99,8	AW-Al 99,0	AW-Al Mn1Cu

Composición química											
Aluminio	Al	%	99,5			99,8			99,0			resto
Cromo	Cr	%	-			-			-			-
Cobre	Cu	%	≤0,05			≤0,03			≤0,05			0,05÷0,20
Hierro	Fe	%	≤0,05			≤0,15			Si+Fe 1,00			≤0,7
Magnesio	Mg	%	≤0,40			≤0,02			-			-
Manganeso	Mn	%	≤0,05			≤0,02			≤0,05			1,0÷1,5
Silicio	Si	%	≤0,25			≤0,15			Si+Fe 1,00			≤0,6
Cinc	Zn	%	≤0,07			≤0,06			≤0,10			≤0,1

Propiedades físicas					
Densidad	Mg/m^3	2,70	2,70	2,72	2,73
Coeficiente dilatación	µm/m·K	23,5	23,6	23,4	23,1
Calor específico	J/kg·K	899	899	898	892
Conductividad térmica	W/m·K	229	235	225	190/160/155
Resistividad eléctrica	nΩ·m	29	28	29,5	34/41/41
	%IACS	59,9		58,5	50,2/42/42

Propiedades mecánicas												
Tratamiento		O	H14	H18	O	H14	O	H14	H18	O	H14	H18
Resistencia tracción 24°C	MPa	≥65	≥105	≥140	≥65	≥100	≥75	≥115	≥150	≥95	≥145	≥190
150°C	MPa	-	-	-	-	-	-	-	-	75	125	160
205°C	MPa	-	-	-	-	-	-	-	-	60	95	95
Resistencia cortadura	MPa	55	75	95	-	-	65	80	100	75	100	110
Límite elástico (mínimo)	MPa	20	85	120	15	70	25	95	130	35	125	170
Alargamiento A50 ($t>0,5$)	%	26	4	2	31	5	24	4	2	20	3	2
Límite de fatiga ($5·10^8$)	MPa	20	35	45	-	-	-	-	-	45	60	70
Dureza	HB	20	34	42	18	32	23	37	45	28	46	60
Módulo de elasticidad	GPa	69,0			69,0		69,0			69,5		
Coeficiente de Poisson	-	0,33			0,33		0,33			0,33		

Propiedades tecnológicas					
Coste	€/kg	3,00	3,40	2,80	3,30
Temperatura de fusión	°C	645÷658	650÷655	645÷657	640÷655
Resistencia corrosión	[1÷5]	[5]	[5]	[5]	[5]
Anodizado	[1÷5]	[5]	[5]	[4]	[4]
Conformación en frío	[1÷5]	[5]/[4]/[3]	[5]/[4]	[5]/[4]/[3]	[5]/[4]/[2]
Maquinabilidad	[1÷5]	[1]/[2]/[2]	[1]/[2]	[1]/[2]/[2]	[1]/[2]/[2]
Soldabilidad	[1÷5]	[5]	[5]	[5]	[5]

	Grupo Al-Mg				
AW-3004	AW-5005	AW-5052	AW-5083	AW-5086	AW-5754
AW-Al Mn1Mg1	AW-Al Mg1(B)	AW-Al Mg2,5	AW-Al Mg4,5Mn0,7	AW-Al Mg4	AW-Al Mg3

AW-3004	AW-5005	AW-5052	AW-5083	AW-5086	AW-5754
resto	resto	resto	resto	resto	resto
-	≤0,10	0,15÷0,35	0,05÷0,25	0,05÷0,25	0,10÷0,60 Mn+Cr
≤0,25	≤0,20	≤0,10	≤0,10	≤0,10	≤0,10
≤0,70	≤0,70	≤0,40	≤0,40	≤0,50	≤0,40
0,80÷1,30	0,50÷1,10	2,20÷2,80	4,00÷4,90	3,50÷4,50	2,60÷3,60
1,00÷1,50	≤0,20	≤0,10	0,40÷1,00	0,20÷0,70	0,10÷0,60 Mn+Cr
≤0,30	≤0,30	≤0,25	≤0,40	≤0,40	≤0,40
≤0,25	≤0,25	≤0,10	≤0,25	≤0,25	≤0,20

AW-3004	AW-5005	AW-5052	AW-5083	AW-5086	AW-5754
2,72	2,70	2,68	2,66	2,67	2,68
23,3	23,5	23,8	23,8	23,8	23,7
893	897	900	899	900	897
190/160/160	201	135	117	126	132
34/41/41	33	29	60	56	53
50,5/42/42	52	59,5	28,5	31	32,5

O	H14	H18	O	H14	H18	H34	H38	O	H32	H34	O	H34	O	H32	H34
178	242	260	145	165	185	255	270	313	343	370	260	330	215	245	260
152	190	215	-	-	-	205	235	215	-	-	200	-	-	-	-
95	145	150	-	-	-	165	170	150	-	-	150	-	-	-	-
110	125	145	75	95	100	145	165	180	190	-	160	185	130	150	-
60	180	230	35	120	165	150	210	125	250	250	100	220	80	130	160
15	2	1	20	3	2	6	3	13	5	6	14	7	16	9	7
95	105	110	-	-	-	125	140	-	-	-	-	-	-	-	-
45	67	80	29	40	58	67	81	70	80	99	65	80	52	63	70

AW-3004	AW-5005	AW-5052	AW-5083	AW-5086	AW-5754
69,0	69,5	69,5	71,0	71,0	70,5
0,33	0,33	0,33	0,33	0,33	0,33

AW-3004	AW-5005	AW-5052	AW-5083	AW-5086	AW-5754
3,60	3,60	3,60	4,20	3,60	3,60
630÷655	630÷655	610÷650	580÷640	585÷640	595÷646
[4]	[5]	[5]	[5]	[5]	[5]
[4]	[5]	[5]	[4]	[4]	[4]
[5]/[3]/[2]	[5]/[2]/[2]	[3][2]	[4]/[3]/[2]	[4]/[3]	[4]/[3]/[3]
[1]/[3]/[3]	[1]/[2]/[2]	[2]/[3]	[2]/[3]/[3]	[2]/[3]	[3]/[4]/[4]
[5]	[5]	[4]	[3]	[3]	[3]

Tabla 3.2 **Aleaciones de aluminio para forja** (hojas 3 y 4)

	Aleaciones de forja bonificables				
	Grupo Al-Cu				
EN 573-1, denominación numérica	AW-2011	AW-2014	AW-2017A	AW-2024	AW-2030
EN 573-2, denominación simbólica	AW-AlCu6BiPb	AW-AlCu4SiMg	AW-AlCu4MgSi	AW-AlCu4Mg1	AW-AlCu4PbMg

Composición química									
Aluminio	Al	%	resto	resto	resto	resto	resto
Cromo	Cr	%	-	≤0,10	≤0,10	≤0,10	≤0,10
Cobre	Cu	%	5,00÷6,00	3,90÷5,00	3,50÷4,50	3,80÷4,90	3,30÷4,50
Hierro	Fe	%	≤0,70	≤0,70	≤0,70	≤0,50	≤0,70
Magnesio	Mg	%	-	0,20÷0,80	0,40÷1,00	1,20÷1,80	0,50÷1,30
Manganeso	Mn	%	-	0,40÷1,20	0,40÷1,00	0,30÷0,90	0,20÷1,00
Silicio	Si	%	≤0,40	0,50÷1,20	0,20÷0,80	≤0,50	≤0,80
Titanio	Ti	%	-	≤0,15	-	≤0,15	≤0,20
Cinc	Zn	%	≤0,30	≤0,25	≤0,25	≤0,25	≤0,50
Otros		%	Pb, Bi 0,2÷0,6	Posible Zr+Ti ≤0,25	Zr+Ti ≤0,25	Posible Zr+Ti ≤0,25	Pb 0,8÷1,5 Bi ≤0,2

Propiedades físicas									
Densidad	Mg/m^3	2,84	2,80	2,80	2,79	2,82
Coeficiente dilatación	µm/m·K	23,0	22,7	22,9	23,1	23,0
Calor específico	J/kg·K	863	869	873	874	864
Conductividad térmica	W/m·K	152/172	134/155	193/134	121/151	134
Resistividad eléctrica	nΩ·m	44/38	51/43	34/51	57/57/45	51
	%IACS	39,2/45,4	33,8/40,1	50,7/33,8	30,2/30,2/38,3	33,8

Propiedades mecánicas												
Tratamiento		T3	T8	T4	T6	O	T4	T3	T4	T8	T3	T4
Resist. tracción máx. 24°C	MPa	365	420	430	450	225	425	-	-	485	460	445
mín. 24°C	MPa	310	370	400	485	-	380	435	425	460	-	370
150°C	MPa	195	-	-	275	-	275	380	310	310	-	-
205°C	MPa	110	-	-	110	-	110	185	180	180	-	-
Resistencia cortadura	MPa	220	250	260	240	125	260	290	285	300	280	270
Límite elástico	MPa	≥260	≥275	≥250	≥400	≤140	≥230	≥290	≥275	≥400	≤360	≥245
Alargamiento A50	%	≥15	≥12	≥14	≥7	≥13	≥14	≥14	≥13	≥5	≥8	≥10
Límite de fatiga (5·10^8)	MPa	125	125	140	125	90	125	140	140	-	-	-
Dureza	HB	95	115	110	134	55	110	123	120	138	115	100
Módulo de elasticidad	GPa	72,5		73,0		72,5		73,0			75,2	
Coeficiente de Poisson	-	0,33		0,33		0,33		0,33			0,33	

Propiedades tecnológicas									
Coste	€/kg	4,30	4,20	4,40	4,20	4,40
Temperatura de fusión	°C	540÷645	505÷640	510÷645	500÷640	510÷640
Resistencia corrosión	[1÷5]	[2]	[2]	[2]	[2]	[2]
Anodizado	[1÷5]	[2]	[2]	[2]	[2]	[2]
Conformación en frío	[1÷5]	[1]	[2]/[1]	[4]/[2]	[2]	[1]
Maquinabilidad	[1÷5]	[5]	[3]/[4]	[1]/[3]	[4]/[3]/[4]	[5]
Soldabilidad	[1÷5]	[1]	[2]	[2]	[2]	[1]

[1] Puede usarse ≤0,20 de Zr+Ti para productos extruidos y forjados (acuerdo previo entre suministrador y comprador)

Grupo Al-Mg-Si				Grupo Al-Zn		
AW-6005A	AW-6061	AW-6063	AW-6082	AW-7020	AW-7049A	AW-7075
AW-Al SiMg(A)	AW-Al Mg1SiCu	AW-Al Mg0,7Si	AW-Al Si1MgMn	AW-Al Zn4,5Mg1	AW-Al Zn8MgCu	AW-Al Zn6MgCu

Composición química:

AW-6005A	AW-6061	AW-6063	AW-6082	AW-7020	AW-7049A	AW-7075
resto	resto	resto	resto	resto	resto	resto
≤0,30	0,04÷0,35	≤0,10	≤0,25	0,10÷0,35	0,05÷0,25	0,18÷0,28
≤0,30	0,15÷0,40	≤0,10	≤0,10	≤0,20	1,20÷1,90	1,20÷2,00
≤0,35	≤0,70	≤0,35	≤0,50	≤0,40	≤0,50	≤0,50
0,40÷0,70	0,80÷1,20	0,45÷0,90	0,60÷1,20	1,00÷1,40	2,10÷3,10	2,10÷2,90
≤0,50	≤0,15	≤0,10	0,40÷1,00	0,05÷0,50	≤0,50	≤0,30
0,50÷0,90	0,40÷0,80	0,20÷0,60	0,70÷1,30	≤0,35	≤0,40	≤0,40
≤0,10	≤0,15	≤0,10	≤0,10	4,00÷5,00	7,20÷8,40	≤0,20
≤0,20	≤0,25	≤0,10	≤0,20	Zr 0,08÷0,20	Zr+Ti ≤0,25	5,10÷6,10
-	-	-	-	Zr+Ti 0,08÷0,20	-	[2]

Propiedades físicas:

AW-6005A	AW-6061	AW-6063	AW-6082	AW-7020	AW-7049A	AW-7075
2,71	2,70	2,70	2,71	2,78	2,82	2,81
23,3	23,3	23,5	23,1	23,3	23,4	23,5
892	895	898	894	873	875	862
180/189	180/155/165	193/209/201	167/172	140	-/154	134/155
36,6/34,9	37/43/40	50,5/55,5/52	42/44	35	-/43,2	52/43,5
47,1/49,4	46,6/40,1/43,1	34,1/31,1/33,2	41,1/39,2	49,3	-/39,9	33,2/39,6

Propiedades mecánicas según estado:

T1	T5	O	T4	T6	T1	T5	T6	T4	T6	T4	T6	T6	T73	T6	T73
172	270	125	235	310	150	215	245	260	340	320	380	610	525	570	505
-	250	-	180	260	-	150	205	205	310	-	350	-	-	530	475
-	-	-	-	235	145	138	145	-	-	-	-	-	-	215	215
-	-	-	-	130	60	65	60	-	-	-	-	-	-	110	110
-	-	85	150	190	95	115	150	170	210	-	-	-	305	350	305
105	≥200	55	≥110	≥240	≥90	≥110	≥170	≥110	≥260	≥210	≥290	≥500	≥450	460	390
16	≥8	16	≥15	≥8	20	≥8	≥10	≥12	≥8	≥13	≥8	≥4	12	≥8	≥7
-	95	62	98	98	60	70	70	-	102	-	135	-	275	150	150
-	95	30	65	95	45	60	75	70	95	92	104	-	135	160	140

AW-6005A	AW-6061	AW-6063	AW-6082	AW-7020	AW-7049A	AW-7075
69,5	70,0	69,5	70,0	70,0	72,0	72,0
0,33	0,33	0,33	0,33	0,33	0,33	0,33

AW-6005A	AW-6061	AW-6063	AW-6082	AW-7020	AW-7049A	AW-7075
3,60	5,00	4,20	-	4,50	6,00	6,00
605÷655	580÷650	615÷655	575÷650	605÷645	475÷625	475÷635
[4]	[4]	[4]	[4]	[3]	[2]	[2]
[4]	[4]	[5]	[4]	[3]	[2]	[2]
[2]/[3]	[5]/[3]/[2]	[4]/[3]/[3]	[3]/[2]	[1]	[1]	[1]
[3]	[1]/[2]/[3]	[2]/[3]/[3]	[3]	[4]	[4]	[4]
[4]	[4]	[4]	[4]	[3]	[2]	[2]

[2] Se puede tomar ≤0,25 de Zr+Ti para los productos extruidos y forjados (acuerdo previo entre suministrador y comprador)

Tabla 3.3 **Aleaciones de aluminio para moldeo** (hojas 1 y 2)

		Grupo Al	Grupo Al-Si (Al-Si-Mg; Al-Si-Cu)		
EN 1706, denominación numérica			AC-44100	AC-43000	AC-42000
EN 1706, denominación simbólica		Al 99,5	AC-AlSi12(b)	AC-AlSi10Mg(a)	AC-AlSi7Mg
AA (Aluminum Association)		150.1	413	360.0	356.0

Composición química

		%	Grupo Al	AC-44100	AC-43000	AC-42000
Aluminio	Al	%	Al ≥99,5	resto	resto	resto
Cobre	Cu	%	-	≤0.05	≤0,05	2,50÷4,00
Magnesio	Mg	%	-	≤0,1	0,20÷0,45	≤0,40
Silicio	Si	%	-	10,50÷13,50	9,00÷11,00	4,5÷6,0
Cinc	Zn	%	-	≤0,15	≤0,1	≤0,55
Otros		%		≤0,15	Mn ≤0,55; Fe ≤0,65	Mn 0,20÷0,55; Fe ≤0,8

Propiedades físicas

		Grupo Al	AC-44100	AC-43000	AC-42000
Densidad	Mg/m^3	2,70	2,66	2,68	2,68
Coeficiente dilatación	µm/m·K	24,0	20,0	20,0	21,4
Calor específico	J/g·K	900	865	875	963
Conductividad térmica	W/m·K	215	145÷165	135÷160	150÷170
Resistividad eléctrica	nΩ·m	30	45÷50	45÷50	40

Propiedades mecánicas

Moldeo		S	K	S	K	arena (S)		coquilla (K)		arena (S)		coquilla (K)	
Tratamiento		F	F	F	F	F	T6	F	T6	F	T6	F	T6
Resistencia a tracción	MPa	80	80	150	170	150	220	180	260	140	220	170	260
Límite elástico	MPa	30	35	70	80	80	180	90	220	80	180	90	220
Alargamiento a rotura	%	35	40	4	5	2	1	2,5	1	2	1	2,5	1
Límite de fatiga 5·10^8	MPa	-	-	-	90	-	-	-	-	-	-	-	-
Dureza	HB	20	20	50	55	50	75	55	90	50	75	55	90

		Grupo Al	AC-44100	AC-43000	AC-42000
Módulo de elasticidad	GPa	69,0	75,0	75,0	72,4
Coeficiente de Poisson	-	0,33	0,33	0,33	0,33

Propiedades tecnológicas

		Grupo Al	AC-44100	AC-43000	AC-42000
Coste [1]	€/kg	2.90	2,90	3,10	-
Temperatura de fusión	°C	650	575÷585	555÷590	557÷613
Contracción lineal	%	1,6	1,1	1,2	1,3
Fragilidad de contracción	[1÷5]	[5]	[5]	[5]	[5]
Colabilidad	[1÷5]	[2]	[5]	[5]	[4]
Maquinabilidad	[1÷5]	[2]	[3]	[4]	[4]
Soldabilidad	[1÷5]	[5]	[5]	[5]	[4]
Resistencia en caliente	[1÷5]	-	-	-	[5]
Resistencia corrosión	[1÷5]	[5]	[2]/[3]	[4]	[2]

[1] El sobrecoste del proceso de moldeo, en función de las dimensiones y la complejidad de la pieza (molde aparte), es: *a*) molde de arena: 2,00 a 9,00 €/kg; *b*) coquilla por gravedad: 1,00 a 5,00 €/kg; *c*) inyección: 0,40 a 2,00 €/kg

		Grupo Al-Mg		Grupo Al-Cu	Grupo Al-Zn
AC-45200	AC-46200	AC-51200	AC-51000	AC-21000	AC-71000
AC-AlSi5Cu3Mn	AC-AlSi8Cu3	AC-AlMg9	AC-AlMg3(b)	AC-AlCu4MgTi	AC-AlZn5Mg
363.0	380.0	520.0	515.0	204.0	(712.0)

resto 2,50÷4,00 ≤0,40 4,50÷6,00 ≤0,55 Mn 0,2÷0,55; Fe ≤0,8		resto 2,00÷4,00 0,05÷0,55 8,00÷11,00 3,00 Fe ≤1,3	resto ≤0,1 8,0÷10,5 2,50 ≤0,25 Fe ≤1,0 Mn ≤0,55	resto ≤0,10 2, 50÷3,50 ≤0,55 ≤0,10 Mn ≤0,45; Fe ≤0,55	resto 4,2÷5,0 0,15÷0,35 ≤0,20 ≤0,10 Ti ≤0,20, Fe ≤0, 35	resto 0,15÷0,35 0,40÷0,70 ≤0,30 4,5÷6,0 Cr ≤0,4, Ti ≤0,2	
2,68 21,5 875 125÷150 45÷60		2,72 21,0 875 110 63	2,57 24,5 910 70÷100 82	2,75 23,0 860 125÷160 47	2,80 22,5 860 167/130 39/52	2,81 24,7 865 138 49	

arena (S)		coquilla (K)		inyección (D)	S	K	S	K	S	K	S	K
F	T6	F	T6	F	T6	T6	T4	T4	T4	T4	T1	T1
140 70 2 - 60	230 200 1 - 90	160 80 1 - 70	280 230 1 70÷100 90	240 140 1 - 80	210 130 2 - 80	200 150 4 - 80	300 200 5 75 90	320 200 8 80÷110 95	300 200 5 75 90	320 200 8 80÷110 95	190 120 4 - 60	210 130 4 60÷90 65
74,0 0,33		74,0 0,33		69,0 0,33		75,0 0,33		75,0 0,33		72,0 0,33		
3,10 520÷590 1,2 [5] [4] [4] [<1] [4] [2]		3,30 520÷590 1,2 [5] [4] [4] [<1] [4] [2]		3,40 590÷640 1,4 [2] [3] [3] [3] - [5]		3,60 530÷635 1,4 [1] [2] [5] [2] [2] [2]		3,80 530÷635 1,4 [1] [2] [5] [2] [2] [2]		- 570÷615 1,5 [1] [2] [5] [3] [2] [4]		

3.2   Cobre y aleaciones de cobre

3.2.1 Introducción al cobre y aleaciones de cobre

En la forma de bronce tradicional (aleación de Cu-Sn), el cobre hace más de 5.000 años que es conocido por el hombre y ha dado nombre a una de las etapas de la evolución de la humanidad (la *edad del bronce*). Las cualidades más destacadas del Cu y sus aleaciones, origen de sus principales aplicaciones, son: una conductividad eléctrica excelente (usos eléctricos; resistividad eléctrica de 16,7 nΩ·m, la mejor entre los materiales usuales), una conductividad térmica excelente (elementos de disipación, intercambiadores de calor) y una buena resistencia a la corrosión (usos sanitarios, elementos resistentes a la corrosión). Al mismo tiempo combina estas cualidades con una resistencia mecánica aceptable (intermedia entre la de los aceros y los aluminios) y una excelente aptitud para el conformado, especialmente gracias a su ductilidad. Los factores que pesan en el lado negativo de la balanza son la elevada densidad (8,93 Mg/m^3, 15% superior a la de los aceros) y un coste elevado influido negativamente por la densidad. El cobre y sus aleaciones han sido substituidos en muchas aplicaciones tradicionales por otros materiales: el aluminio, en usos eléctricos; los plásticos, en aplicaciones que requieren resistencia a la corrosión; o los aceros inoxidables, en aplicaciones que exigen una buena resistencia mecánica.

El cobre industrialmente puro tiene aplicaciones eléctricas y térmicas, usando el diseño de máquinas preferentemente varias de sus aleaciones: *latones*, aleaciones de Cu-Zn; *bronces tradicionales*, aleaciones de Cu-Sn y en menor proporción: *bronces al aluminio*, aleaciones de Cu-Al; *bronces al berilio*, aleaciones de Cu-Be; y *cuproníqueles*, aleaciones de Cu-Ni.

3.2.2 Normativa y designaciones

Algunas de las normas europeas más usuales sobre cobres y aleaciones de cobre son:

EN 1173:1995	Cobre y aleaciones de cobre. Designación de los estados de tratamiento.
EN 1652:1997	Cobre y aleaciones de cobre. Placas, bandas y discos para usos generales.
EN 1654:1997	Cobre y aleaciones de cobre. Bandas para muelles y conectores.
EN 1655:1997	Cobre y aleaciones de cobre. Declaraciones de conformidad.
EN 1977:1998	Cobre y aleaciones de cobre. Alambrón de cobre para trefilar.
EN 1982:1998	Cobre y aleaciones de cobre. Lingotes y piezas moldeadas.
EN 12163:1998	Cobre y aleaciones de cobre. Barras para usos generales.
EN 12164:1999	Cobre y aleaciones de cobre. Barras para mecanización.
EN 12165:1998	Cobre y aleaciones de cobre. Productos y semiproductos de forja.
EN 12166:1998	Cobre y aleaciones de cobre. Alambres para usos generales.
EN 12420:1999	Cobre y aleaciones de cobre. Piezas forjadas
EN 12451:1999	Cobre y aleaciones de cobre. Tubos sin soldadura para intercambiadores de calor.

Designaciones

Como en otros materiales metálicos, hay aleaciones de cobre destinadas a ser conformadas por procesos de laminación y forja (designación numérica iniciada por CW, de *wrought* en anglés) y aleaciones de cobre destinadas a ser conformadas por moldeo (designación numérica iniciada por CC, de *cast*, en inglés). Las normas también proporcionan una denominación simbólica.

La información necesaria para especificar los productos comprende:

a) Denominación (EN 1652: chapa gruesa, chapa fina, banda, disco; EN 1654: banda; EN 1977: alambre de cobre para trefilar; EN 1988: pieza moldeada; EN 12163, EN 12164: barra; EN 12165: semiproducto de forja; EN 12166: alambre de cobre; EN 12420: pieza forjada; EN 12451: tubo).

b) Referencia a la norma EN y designación simbólica o numérica del material.

c) Designación del estado metalúrgico (según EN 1173; ver Sección 3.2.3).

d) Forma de los productos largos (EN 12163, EN 12164: RND, redondo; SQR, cuadrado; HEX, hexagonal; OCT, octogonal; EN 12165, EN 12166: ídem +: RCT, rectangular; PFL, barra perfilada).

e) Medidas nominales (EN 1652: chapas: grueso x anchura x longitud (bruto de laminación, M, o a una longitud fija, F); discos: espesor x diámetro; EN 1652, EN 1654: bandas en bobinas: espesor x anchura; (bruto de laminación, M, o a una longitud fija, F); EN 1977: alambre: diámetro – masa bobina, en kg; EN 12163, EN 12164, EN 12165, EN 12166: Barras: diámetro o distancia entre caras; EN 12165: sección de los perfiles: dimensión exterior x dimensión interior, o anchura x espesor; EN 12451: tubos: diámetro exterior x espesor pared).

f) Tolerancias de espesor, anchura, diámetro (EN 1654, EN 12163, EN 12164: clases A y B, de menos a más estrecha; EN 12165,: barras redondas: clases A, B y C; perfiles: esquema completo EN 12166: Barras redondas: clases de A a E; Barras de sección regular: clases A, B y C). Acabados (EN 12163, EN 12164: barras poligonales; SH, aristas vivas; RD, aristas redondeadas).

f) Condición del producto o su estado superficial (EN 1654: N, bruto de laminación; G, aplanado; EN 1977: M, bruto de laminación; CL, limpiado).

g) EN 1982: procesos de moldeo (GS, molde de arena; GM, molde de coquilla; GZ, moldeo centrífugo; GC, moldeo continuo; GP, moldeo a presión) – número de modelo, matriz o plano.

Ejemplos:
Se puede especificar el producto mediante la designación simbólica o la numérica. Los siguientes ejemplos se basan en la designación simbólica; sin embargo, también se ha incluido la correspondiente designación numérica (entre paréntesis). Se suele usar una u otra.

Chapa gruesa EN 1652 – Cu-DHP (CW024A) – H065 – 14,50 x 350,0 x 1200 M

Disco EN 1652 – CuZn40 (CW509L) – R470 – 1,150 x 345,0

Banda EN 1654 – CuSn5 (CW451K) – H170– 0,500A x 190,0A – G

Alambre de cobre por trefilar EN 1977 (CW004A) – Cu-ETP – 8 – 1000 – CL

Pieza (o pieza moldeada) EN 1982 – CuAl10Fe5Ni5-C (CC333G) – GS – XXXX

Barra EN 12163 – CuZn30 (CW505L) – R370 – HEX14B – RD

Barra EN 12164 – CuZn36Pb3 (CW603N) – R480 – RND12,50A – SH

Semiproducto de forja EN 12165 – CuZn25Al5Fe2Mn2Pb (CW707R) – H130 – RND15A

Alambre de cobre EN 12166 – CuZn39Pb3 (CW614N) – H120 – RCT 6,0 x 5,0 – SH

Pieza forjada EN 12420 – CuAl8Fe3 (CW303G) – H110

Tubo EN 12451 – CuNi30Mn1Fe (CW354H) – H120 – 22 x 2,0

3.2.3 Estados de suministro
(EN 1173)

Los estados de suministro de los cobres y aleaciones de cobre se designan por una letra mayúscula seguida normalmente de tres dígitos. La letra indica la característica especificada: A, alargamiento (en %); B, límite de flexión elástica (en MPa); D, simplemente estirado, sin especificar características mecánicas; G, dimensión del grano; H, dureza (en Brinell o Vickers); M, directo de fabricación, sin especificar características mecánicas; R, resistencia a la tracción (en MPa); Y, límite elástico al 0,2% (en MPa). Los tres dígitos siguientes (excepto para D, G y M) indican el valor mínimo de la características especificada en las normas europeas EN del material. Así, pues: A007 indica un alargamiento del 7%; H150, una dureza Brinell o Vickers de 150; o Y460, un límite elástico de 460 MPa. En las aleaciones de muy elevada resistencia a la tracción, se admite un cuarto dígito y, si es necesario un tratamiento de relajamiento de tensiones, se añade el sufijo S.

3.2.4 Cobres

(EN 1652, productos planos; EN 1977, alambre para trefilar; EN 12163, barras;
EN 12165, semiproductos de forja; EN 12166, alambres para usos generales)

Según la forma de elaboración, se distinguen varios tipos de cobre industrial:

Cobre electrolítico, Cu-ETP (*electrolytic tough pitch*; CW004A), EN 1652 y EN 1977
Cobre refinado electrolíticamente con más de 99,90% de Cu y trazas de O (~0,04%); fruto de la
combinación del oxígeno con las impurezas, la conductividad eléctrica resulta excelente (100%
IACS, International Annealed Copper Standard, correspondiente a una resistividad de 17,241 $n\Omega \cdot m$)
y se usa en aplicaciones eléctricas (hilos conductores, barras, platinas, contactores). Si se calienta a
más de 400 °C en atmósferas reductoras, la presencia de O en combinación con H da lugar a una
fragilización, por lo que debe evitarse la soldadura o su uso más allá de esta temperatura.

Cobre fosforoso, Cu-DHP (*desoxided high phosphorous*, CW024A)
EN 1652, EN 12163, EN 12165 y EN 12166, entre otras
Cobre con más de un 99,85 % de Cu, desoxidado por medio de P, que si bien es apto para soldadura (tubos y chapas para servicios sanitarios, intercambiadores de calor), el contenido residual
elevado de P (~ 0,04 %) disminuye su conductividad eléctrica.

Cobre libre de oxígeno, Cu-FRHC (*fire-refined high conductivity*, CW005A), EN 1977
Cobre obtenido por fusión en una atmósfera reductora, con el oxígeno limitado a 0,003 %, apto
tanto para conductor eléctrico como para soldadura.

El Cu puro es muy dúctil y se conforma fácilmente en frío y en caliente pero su maquinabilidad es
baja y es difícil de moldear (fisuras superficiales, formación de cavidades interiores debido a la
gran contracción), por lo que los Cu para moldeo incorporan elementos de aleación. La resistencia
mecánica de los distintos tipos de Cu puro es sensiblemente la misma, y depende del grado de deformación en frío que han experimentado. La temperatura de servicio es relativamente baja y marcada por la recristalización (140÷220 °C). La adición de pequeñas cantidades de plata, Cu-Ag0,04
(CW011A, EN 1977), aumenta esta temperatura hasta 350 °C sin modificar la conductividad eléctrica. La adición de telurio (0,50% Te), CuTeP (CW118C, EN 12166), mejora mucho la maquinabilidad, mientras que otros elementos de aleación, en proporciones algo superiores, pueden aumentar espectacularmente la resistencia mecánica manteniendo una elevada conductividad eléctrica:
aleaciones CuCr1Zr (CW106C, EN 12163, EN 12165 y EN 12166) o CuCo2Be (CW104C, EN
1652, EN 12163, EN 12165 y EN 12166, entre otras) para electrodos de soldadura.

3.2.5 Latones

Aleaciones de Cu-Zn (eventualmente con otros elementos) que combinan un coste relativamente
bajo (el Zn es más barato y ligero que el cobre) con una buena resistencia a la corrosión, conductividad eléctrica y térmica, resistencia mecánica, ductilidad y maquinabilidad. Los latones no
ofrecen las buenas cualidades de deslizamiento ni la tenacidad de los bronces. En agua marina, o
en aguas dulces con alto contenido de oxígeno, los latones experimentan un proceso de corrosión
llamado *descincificación*, por disolución de la aleación y deposición del Cu en forma porosa; la
adición de pequeñas cantidades de Sn (latones navales) o de Al protegen las aleaciones de este
fenómeno.

Latones para deformación en frío
(EN 1652, productos planos; EN 12163, barras)

Latones con un contenido de 20 ÷ 37 % de Zn, destinados a la conformación mediante grandes
deformaciones en frío, que obtienen simultáneamente la máxima resistencia mecánica y ductili-

dad para 30 % de Zn; más allá de este porcentaje, se mantiene la resistencia pero disminuye ligeramente la ductilidad. Las principales aleaciones son: latón CuZn30 (CW505L, llamado también *latón de cartuchería*), que se utiliza especialmente para piezas conformadas por embutición profunda (vainas de bala, roscas de lámpara); latones de contenidos mayores de Zn (más baratos, como el CuZn36, CW507L), que a pesar de perder ductilidad son los más usados (tornillería de latón, muelles de lámina, grifería).

Latones para forja en caliente
(EN 1652, productos planos; EN 12163, barras; EN 12165, semiproductos de forja)

Los latones de contenido de Zn entre 38 ÷ 44 % no presentan una estructura cristalina adecuada para trabajar en frío; sin embargo, obtienen una excelente plasticidad en caliente. La aleación CuZn40 (CW509L, llamada también *metal Muntz*), más barato que los latones de deformación en frío (alto contenido de Zn), es especialmente adecuada para piezas forjadas y estampadas en caliente, además de tener una buena maquinabilidad.

Latones para mecanizar
(EN 12164, barras para mecanizar; EN 12165, semiproductos de forja; EN 12420, piezas forjadas)

La adición de Pb (0,5÷4%) a los latones facilita la fragmentación del material en el corte y disminuye la fricción entre la herramienta y la pieza, lo que aumenta considerablemente la maquinabilidad (latones de fácil mecanización). El latón CuZn36Pb3 (CW603N, tan sólo en EN 12164) obtiene una mejor maquinabilidad en piezas que requieren deformación en frío seguida de mecanizado (tornillos y tuercas, remaches, piezas recalcadas), mientras que el CuZn39Pb3 (CW614N) proporciona una gran mejora de la maquinabilidad en piezas forjadas en caliente (tiene mala aptitud para la deformación en frío) con mecanizado posterior (manguitos, pernos, cojinetes).

Latones de alta resistencia
(EN 12163, barras; EN 12165, semiproductos de forja; EN 12420, piezas forjadas)

Latones con moderadas adiciones de Mn, Fe y Al en diversas proporciones que dan lugar a un incremento sensible de la resistencia mecánica y al desgaste, y una mejora de la resistencia a la corrosión. Los representantes de esta familia son el CuZn25Al5Fe2Mn2Pb (CW705R), para piezas forjadas o extrudidas, de excelente resistencia mecánica y buena maquinabilidad (segmentos de pistón, vástagos de bombas, válvulas, árboles para aplicaciones marinas); y el CuZn39Mn1AlPbSi (CW 718R), para productos forjados o extruidos en caliente, de excelente resistencia mecánica y buenas aptitudes para el deslizamiento y el desgaste, pero de menor maquinabilidad (válvulas, árboles, piñones y ruedas dentadas, émbolos, sincronizadores, contactores).

Latones resistentes a la corrosión
(En 12163, barras; EN12420, piezas forjadas; EN 12451, tubos para intercambiadores)

Latones con pequeñas adiciones de estaño, Sn, que mejoran la resistencia a la corrosión, especialmente la marina. El latón naval CuZn39Sn1 (CW719R, EN 12163, barras; 12420, forja) tiene una excelente resistencia a la corrosión y un precio moderado, para piezas estructurales y de forja que trabajan en entornos marinos. El latón CuZn28Sn1As (CW706K, EN 12452, también llamado *latón admiralty*) tiene una excelente resistencia a la corrosión, se puede soldar y se utiliza en tubos y placas para condensadores e intercambiadores de calor.

Latones para moldeo
(EN 1982, lingotes y piezas moldeadas)

Existen variantes de latón adecuadas para conformar por moldeo. Entre ellas destacan el latón CuZn33Pb2-C (CC750S), de fácil mecanización, y el latón CuZn25Al5Mn4Fe3-C (CC762S), de alta resistencia, con características análogas a los latones de forja de las respectivas familias.

3.2.6 Bronces

En sentido estricto, el término se aplica a las aleaciones de Cu-Sn (*bronces* o *bronces al estaño*), pero su uso se ha extendido para designar otras aleaciones del Cu (a excepción de los latones y cuproníqueles): *bronces al aluminio* (aleaciones Cu-Al) y *bronces al berilio* (aleaciones Cu-Be).

Bronces fosforosos
(EN 1982, lingotes y piezas moldeadas)

Aleaciones de Cu-Sn, de coste elevado (el Sn es más caro que el Cu), desoxidadas con P, que se conforman tanto por laminación y forja (contenidos de Sn <8%), como por moldeo (normalmen-te, contenidos de Sn de 8÷12%; en las campanas hacia el 20%). Se caracterizan por la buena tenacidad, la elevada dureza, la alta resistencia a la corrosión y el bajo coeficiente de fricción.

Entre los bronces fosforosos de laminación, que se endurecen por deformación en frío, el más frecuente es el CuSn5 (CW451K, EN 12163), de gran ductilidad, que se suministra en forma de alambres y láminas (hilo para soldar, elementos de sujeción, discos de embrague, diafragmas).

Los bronces fosforosos de moldeo más frecuentes son: el CuSn10-C (CC480K), para cojinetes y piezas de deslizamiento en las máquinas, y el CuSn11P-C (CB481K), más resistente al desgaste, para la fabricación de engranajes. Pequeñas adiciones de Pb, CuSn11Pb2-C (CB482K), mejoran la maquinabilidad, mientras que la adición de Ni en los bronces de moldeo, CuSn12Ni2-C (CC484K), aumenta la resistencia y la dureza. Por sinterización se obtiene un bronce poroso apto para cojinetes (retiene el lubricante).

Bronces rojos
(EN 1982, lingotes y piezas moldeadas)

La adición de Zn al bronce mejora las cualidades de moldeo manteniendo unes buenas propie-dades mecánicas y de resistencia a la corrosión. Los bronces al Zn con porcentajes de Sn mode-rados y adiciones importantes de Pb (también conocidos como *bronces rojos*) presentan a la vez una buena colabilidad, maquinabilidad, resistencia a la corrosión (no son susceptibles de des-cincificación, como los latones) y un precio moderado.

Las aleaciones CuSn5Zn5Pb5-C (CC491K) y CuSn7Zn4Pb7-C (CC493K), ésta segunda lige-ramente más resistente, se utilizan en piezas y valvulería de instalaciones de agua, vapor y gas, así como en otros elementos análogos fabricados en serie.

Bronces al plomo para cojinetes
(EN 1982, lingotes y piezas moldeadas)

Las aleaciones para cojinetes tienen un bajo coeficiente de fricción y una buena resistencia al desgaste, y se diferencian por su grado de dureza (aleaciones plásticas, <40 HB; aleaciones blan-das, 40÷80 HB; aleaciones duras, >80 HB). La plasticidad garantiza un reparto uniforme de la carga (compensa desalineaciones) y permite absorber partículas duras que así neutralizan su ca-pacidad abrasiva, mientras que la dureza permite aceptar cargas específicas más elevadas.

Los bronces al plomo CuSn10Pb10-C (CC495K) y CuSn5Pb20-C (CC497K), de plasticidad creciente con el contenido de Pb, se sitúan entre las aleaciones blandas y son adecuadas para cojinetes de velocidades y presiones moderadas que trabajan en ambientes corrosivos y en con-diciones de lubricación escasa (minería, ferrocarril).

Entre los materiales para cojinetes de mayor plasticidad (20÷40 HB) hay los *babbitts al Sn* (80÷90% Sn, Sb, Cu y Pb), de excelentes cualidades antifricción, y los *babbitts al Pb-Sn* (65÷75% Pb, Sn, Sb, Cu), de cualidades antifricción menores pero más económicos; mientras que entre las aleaciones más duras (>80 HB) hay los bronces fosforosos, los *bronces al alumi-nio* y aleaciones de aluminio antifricción.

3.2.7 Otras aleaciones de cobre

Bronces al aluminio
(EN 1982, lingotes y piezas moldeadas; EN 12420, piezas forjadas)

Aleaciones de Cu-Al, a menudo con la adición de otros elementos (Fe, Ni, Mn), que destacan por su extraordinaria resistencia a la corrosión (incluso en aguas marinas) gracias a la formación de una capa muy protectora de alúmina, a la vez que ofrece unas propiedades mecánicas excelentes que mantienen hasta temperaturas moderadamente elevadas.

Se distinguen dos grupos de aleaciones:

a) *Aleaciones hasta ~9% Al*: son dúctiles y se pueden endurecer moderadamente por trabajo en frío, mejora mecánica que mantienen hasta temperaturas de servicio de 250 °C, mientras que en estado de recocido se pueden usar hasta 400 °C; la aleación más frecuente del grupo, CuAl8Fe3 (CW303G), se usa en equipos para ingeniería química, en la fabricación de monedas y en joyería.

b) *Aleaciones con 9÷14% Al*, generalmente con Fe y a menudo con Ni o Mn: se pueden tratar térmicamente para obtener mejores características mecánicas (tenacidad, resistencia a tracción, al desgaste y a la fatiga). Las aleaciones más frecuentes son la CuAl10Fe1 (CW305G, para forja; CuAl10Fe2-C, CC331G, para moldeo) y la CuAl10Ni5Fe4 (CW307G, para forja; y CuAl10Fe5Ni5-C, CC333G, para moldeo). Esta última combina una excelente resistencia a tracción a 400 °C con una aceptable resistencia a fluencia hasta 250 °C. Tienen numerosas aplicaciones marinas (válvulas, bombas, hélices) y en máquinas (cojinetes, engranajes, ruedas de tornillo sinfín, tornillos y tuercas, guías de válvula, levas; elementos de moldes de plástico).

Cobre (o bronce) al berilio
(EN 1654, bandas para muelles)

Aleaciones de Cu con pequeños porcentajes de Be (1,7÷2 %), que se tratan térmicamente para obtener una gran mejora de sus características mecánicas (resistencia a la tracción extraordinaria, hasta 1400 MPa, y límite elástico, hasta 1300 MPa; buena dureza y resistencia al desgaste), a la vez que mantienen una buena resistencia a la corrosión y una elevada conductividad eléctrica.

La aleación CuBe1,7 (CW100C) se usa para fabricar muelles no magnéticos, piezas elásticas que deben conducir la corriente eléctrica, así como piezas sometidas a fatiga o de alta resistencia mecánica que deben ser resistentes a la corrosión. También se utiliza para moldes de plástico.

Cuproníqueles y platas alemanas
(EN 1652, productos planos; EN 1982, lingotes y piezas moldeadas; En 12163, barras; EN 12165, semiproductos de forja; EN 12420, piezas forjadas)

Los cuproníqueles son aleaciones de Cu-Ni, de forja o de moldeo, de gran resistencia a la corrosión en agua salada, destinados a usos navales, a plantas de desalinización de agua de mar y a aplicaciones análogas. Las composiciones varían entre 10÷30% de Ni, a menudo con adiciones de Fe y Mn. Las aleaciones más usadas son CuNi10Fe1Mn (CW352H, para forja; CuNi10Fe1Mn1-C, CC380H para moldeo) y CuNi30Mn1Fe (CW354H, para forja; CuNi30Fe1Mn1-C, CC381H, para moldeo), la segunda más resistente a la erosión que la primera.

Les platas alemanas son aleaciones de Cu-Ni-Zn en proporciones tales que adquieren una apariencia de plata. Se suministran como materiales de forja y en este caso presentan unas propiedades de deformación en frío excelentes; también pueden moldearse. Algunas aleaciones contienen Sn (mejora la colabilidad) o Pb (mejora la maquinabilidad). Además de usarse en cubertería y con finalidades decorativas, la aleación CuNi18Zn27 (CW410J, EN 1652) se aplica a muelles para contactos eléctricos que sean estables en todas las condiciones climáticas.

Tabla 3.4 **Cobre y aleaciones de cobre** (hojas 1 y 2)

	Cobre electrolítico, cobre fosforoso	Latones de forja			
		deformación en frío		def. caliente	por mecan.
EN 12165 Denominación simbólica	Varias	CuZn30	CuZn36	CuZn40	CuZn36Pb3
EN 12165 Denominación numérica	Varias	CW505L	CW507L	CW509L	CW603N
Número UNS	Diversos	C 26000	C 27000	C 28000	C 36000

Composición química												
Cobre	Cu	%	>99,90	69,00÷71,00		63,50÷65,50			59,50÷61,50		60,00÷62,00	
Cinc	Zn	%	-	resto		resto			resto		resto	
Estaño	Sn	%	-	≤ 0,10		≤ 0,10			≤ 0,20		≤ 0,20	
Plomo	Pb	%	-	≤ 0,05		≤ 0,05			≤ 0,30		2,50÷3,50	
Aluminio	Al	%	-	≤ 0,02		≤ 0,02			≤ 0,05		≤ 0,05	
Níquel	Ni	%	-	≤ 0,30		≤ 0,30			≤ 0,30		≤ 0,30	
Otros		%	varias limitaciones	-		-			-		-	
Propiedades físicas												
Densidad		Mg/m³	8,94	8,53		8,47			8,39		8,50	
Coeficiente dilatación		μm/m·K	17,0	19,9		20,3			20,8		20,5	
Calor específico		J/kg·K	385	375		384			375		380	
Conductividad térmica		W/m·K	391	120		116			123		123	
Resistividad eléctrica		nΩ·m	17,1÷17,5	62		64			62		66	
Conductividad eléctrica		%IACS	101÷98	27,8		27,0			27,8		26,1	

Propiedades mecánicas [1]

		R200	R240	R360	R270	R480	R300	R410	R550	R340	R470	R360	R480
Tratamiento													
Resistencia a tracción	MPa	≥200	≥240	≥360	≥270	≥480	≥300	≥410	≥550	≥340	≥470	≥360	≥400
Resistencia a cortadura	MPa	130	150	195	180	380	200	320	350	145	340	205	250
Límite elástico	MPa	≥100	≥180	≥320	≥160	≥430	≥130	≥300	≥500	≥240	≥390	≥150	≥380
Alargamiento a rotura	%	≥42	≥15	≥2	≥50	≥2	≥48	≥12	≥2	≥43	≥12	≥20	≥8
Límite de fatiga 5·10⁸	MPa	60	-	90	75	145	75	90	120	-	-	-	-
Dureza	HB	≥40	≥65	≥110	≥55	≥150	≥55	≥120	≥170	≥80	≥140	≥90	≥140

Módulo de elasticidad	GPa	115			110		105			105		97	
Coeficiente de Poisson	-	-			0,37		-			0,34		0,31	

Propiedades tecnológicas

Coste	€/kg	5,20÷5,80	3,80	-	-	-
Temperatura de fusión	°C	1083	915÷955	905÷930	900÷905	875÷890
Conformación en frío	[1÷5]	[5]	[4]	[4]	[2]	[3]
Conformación en caliente	[1÷5]	[4÷5]	[2]	[1]	[4]	[3]
Maquinabilidad	[1÷5]	[1]	[2]	[2]	[3]	[4÷5]
Soldabilidad	[1÷5]	[2÷3]	[2÷3]	[2÷3]	[2÷3]	[1]
Resistencia corrosión	[1÷5]	[4]	[4]	[3]	[3]	[3]

[1] Las normas dan las propiedades de las aleaciones de forja en: resistencia a la tracción (R); límite elástico (Y); o dureza (H). Las referencias R370, Y320 y H115 representan, pues, el mismo estado metalúrgico

					Bronces de forja	
	de alta resistencia		resistentes a la corrosión		al estaño	al aluminio
CuZn39Pb3	CuZn25Al5Fe2 Mn2Pb	CuZn39Mn1Al PbSi	CuZn39Sn1	CuZn28Sn1As	CuSn5	CuAl8Fe3
CW614N	CW705R	CW718R	CW719R	CW706R	CW451K	CW303G
C 38500	C 67500	-	C 46400	C 44300	C 51000	C 61400

Composición:

CuZn39Pb3	CuZn25Al5Fe2Mn2Pb	CuZn39Mn1AlPbSi	CuZn39Sn1	CuZn28Sn1As	CuSn5	CuAl8Fe3
57,00÷59,00	65,00÷68,00	57,00÷59,00	59,00÷61,00	70,00÷72,50	resto	resto
resto	resto	resto	resto	resto	≤0,20	≤0,40
-	-	-	0,50÷1,00	0,90÷1,30	4,50÷5,50	≤0,10
2,50÷3,50	0,20÷0,80	0,20÷0,80	≤0,20	≤0,05	≤0,02	≤0,05
≤0,05	4,00÷5,00	0,30÷1,30	-	-	-	6,50÷8,50
≤0,30	-	-	≤0,20	≤0,10	≤0,20	≤0,10
-	Fe, Mn 0,50÷3,00	Mn 0,80÷1,80	-	As 0,02÷0,06	P 0,01÷0,40	Fe 1,50÷3,50

Propiedades físicas:

CuZn39Pb3	CuZn25Al5Fe2Mn2Pb	CuZn39Mn1AlPbSi	CuZn39Sn1	CuZn28Sn1As	CuSn5	CuAl8Fe3
8,47	8,95	8,28	8,41	8,53	8,86	7,89
20,9	20,3	21,5	21,2	20,2	17,8	16,2
380	-	-	380	380	380	375
123	-	-	116	110	84	56
62	102	72	66	69	87	123
27,8	16,9	23,9	26,1	25,0	19,8	14,0

Propiedades mecánicas:

R380	R550	R620	R650	R440	R550	R340	H460	R320	R460	R330	R540	R780	H110
≥380	≥550	≥620	≥650	≥440	≥550	≥340	≥460	≥320	≥460	≥330	≥540	≥780	≥460
-	-	-	-	-	-	-	280	-	-	250	345	385	225
≥160	≥420	≥360	≥400	≥200	≥200	≥170	≥340	≥100	≥410	≥220	≥480	≥770	≥180
≥18	6	≥12	≥10	≥12	≥8	≥30	≥12	≥55	≥20	≥45	≥6	≥2	≥30
-	-	-	-	-	-	70	90	-	-	170	180	-	120
≥90	≥150	≥170	≥190	≥100	≥130	≥80	≥135	≥60	≥160	≥80	≥160	≥200	≥140

CuZn39Pb3	CuZn25Al5Fe2Mn2Pb	CuZn39Mn1AlPbSi	CuZn39Sn1	CuZn28Sn1As	CuSn5	CuAl8Fe3
97	105	105	100	105	122	115
-	-	-	-	-	-	0,31

CuZn39Pb3	CuZn25Al5Fe2Mn2Pb	CuZn39Mn1AlPbSi	CuZn39Sn1	CuZn28Sn1As	CuSn5	CuAl8Fe3
2,80	4,20	-	-	-	5,80	8,40
890	-	860÷880	-	-	975÷1060	1045
[1]	[1]	[1]	[2]	[4]	[4]	[2]
[4]	[3]	[3]	[4]	[2]	[1]	[3]
[5]	[2÷3]	[2]	[2]	[2]	[1]	[2]
[1]	[2]	[1]	[2]	[2]	[3]	[2]
[3]	[3]	[4]	[4÷5]	[5]	[4]	[4]

Tabla 3.4 **Cobre y aleaciones de cobre** (hojas 3 y 4)

		Otros aleaciones de forja			Latones de moldeo	
		Cu-Ni	plata alemana	Cu-Be	para mecanizar	alta resistencia
EN 12165 Denominación numérica		CuNi30Mn1Fe	CuNi18Zn27	CuBe1,7	CuZn33Pb2-C	CuZn25Al5 Mn4Fe3-C
EN 12165 Denominación simbólica		CW354H	CW410J	CW100C	CC750S	CC762S
Número UNS		C 71700	C 77000	C 17000	~C 85700	C 86300

Composición química										
Cobre	Cu	%	resto		53,00÷56,00		resto		63,00÷66,00	60,00÷67,00
Cinc	Zn	%	≤ 0,50		resto		-		resto	resto
Estaño	Sn	%	≤ 0,03		≤ 0,03		-		≤ 1,50	≤ 0,20
Plomo	Pb	%	≤ 0,02		≤ 0,10		-		1,00÷3,00	≤ 0,20
Aluminio	Al	%	-		-		-		≤ 0,10	3,00÷7,00
Níquel	Ni	%	30,00÷32,00		17,00÷19,00		≤ 0,30		≤ 1,00	≤ 3,00
Otros		%	Mn 0,50÷1,50 Fe 0,40÷1,00		Mn ≤ 0,50 Fe ≤ 0,30		Be 1,60÷1,80 -		Mn ≤ 0,20 Fe ≤ 0,80	Mn 2,50÷5,00 Fe 1,50÷4,00

Propiedades físicas										
Densidad		Mg/m^3	8,94		8,70		8,26		8,43	7,90
Coeficiente dilatación		µm/m·K	16,2		16,7		16,7		21,0	22,0
Calor específico		J/kg·K	377		380		420		375	375
Conductividad térmica		W/m·K	29		29		118		86	35
Resistividad eléctrica		nΩ·m	375		305		77		85	85
Conductividad eléctrica		%IACS	4,6		5,7		22,4		20,3	20,3

Propiedades mecánicas [1]										
Tratamiento			R350	R410	R390	R700	R680	R1240	GS	GZ	GS	GZ/GC
Resistencia a tracción		MPa	≥350	≥410	≥390	≥700	≥680	≥1340	≥180	≥180	≥750	≥750
Resistencia a cortadura		MPa	-	-	-	-	-	-	-	-	-	-
Límite elástico		MPa	≥120	≥300	≥280	≥660	≥620	≥1060	≥70	≥70	≥450	≥480
Alargamiento a rotura		%	≥35	≥14	≥40	≥20	≥8	≥2	≥12	≥12	≥8	≥5
Límite de fatiga 5·10^8		MPa	-	-	-	-	270	310	-	-	-	-
Dureza		HV	≥80	≥110	≥90	≥220	≥200	≥350	≥45	≥50	≥180	≥180
Módulo de elasticidad		GPa	152		125		131		100		105	
Coeficiente de Poisson		-	-		-		0,30		-		-	

Propiedades tecnológicas						
Coste	€/kg	18,00	-	20,00	-	-
Temperatura de fusión	°C	1170÷1240	1055	865÷960	915÷930	890÷925
Conform. frío/Contracción	[1÷5] o %	[3÷4]	[4]	[3]	1,5÷1,8	2,3
Conf.caliente /Colabilidad	[1÷5]	[3÷4]	[2]	-	[3]	[2÷3]
Soldabilidad	[1÷5]	[4÷5]	[3]	[3]	-	-
Maquinabilidad	[1÷5]	[2]	[2]	[1]	[4]	[2]
Resistencia corrosión	[1÷5]	[5]	[2]	[4]	[2]	[2]

[1] Les propiedades de las aleaciones de forja se dan en: resistencia a la tracción (R), límite elástico (Y) o dureza (H), todos ellos seguidos de tres dígitos que indican el valor. Los procesos de moldeo se indican por: GS, molde de arena; GM, molde de coquilla; GZ, moldeo centrífugo; GC, moldeo continuo; GP, moldeo a presión

Bronces de moldeo

fosforoso	al níquel	rojo	al plomo		al aluminio	
CuSn11P-C	CuSn12Ni2-C	CuSn5Zn5Pb5-C	CuSn10Pb10-C	CuSn5Pb20-C	CuAl10Fe2-C	CuAl10Fe5-Ni5-C
CC481K	CC484K	CC491K	CC495K	CC497K	CC331G	CC333G
~C 90700	C 91700	C 83600	C 93700	C 94100	~C 95200	~C 95500

CuSn11P-C	CuSn12Ni2-C	CuSn5Zn5Pb5-C	CuSn10Pb10-C	CuSn5Pb20-C	CuAl10Fe2-C	CuAl10Fe5-Ni5-C
87,00÷89,50	84,00÷87,50	83,00÷87,00	78,00÷82,00	70,00÷78,00	83,00÷89,50	76,00÷83,00
≤ 0,05	≤ 0,40	4,00÷6,00	≤ 2,00	≤ 2,00	≤ 0,50	≤ 0,50
10,00÷11,50	11,00÷13,00	4,00÷6,00	9,00÷11,00	4,00÷6,00	≤ 0,20	≤ 0,10
≤ 0,25	≤ 0,30	4,00÷6,00	8,00÷11,00	18,00÷23,00	≤ 0,10	≤ 0,03
≤ 0,01	≤ 0,01	≤ 0,01	≤ 0,01	≤ 0,01	8,50÷10,50	8,50÷10,50
≤ 0,10	1,50÷2,50	≤ 2,00	≤ 2,00	≤ 2,50	≤ 1,50	4,00÷6,00
P 0,50÷1,00	-	-	-	-	Fe 1,50÷3,50	Fe 4,00÷5,50
-	-	-	-	-	-	Mn ≤ 3,00

CuSn11P-C	CuSn12Ni2-C	CuSn5Zn5Pb5-C	CuSn10Pb10-C	CuSn5Pb20-C	CuAl10Fe2-C	CuAl10Fe5-Ni5-C
8,77	8,80	8,83	8,95	9,40	7,45	7,53
18,0	18,3	18,0	18,5	18,5	16,2	16,2
375	375	380	375	375	420	418
71	54	72	47	52	59	42
178	168	114	170	171	133	203
9,7	10,3	15,1	10,1	10,1	13,0	8,5

GS	GM	GS	GZ/GC	GS	GZ/GC	GS	GM	GS	GM	GS	GM	GS	GM/GZ
≥250- ≥130	≥310- ≥170	≥280- ≥160	≥300- ≥180	≥200- ≥90	≥250- ≥110	≥180- ≥80	≥220- ≥110	≥150- ≥70	≥180	≥500	≥600- ≥250	≥600- ≥250	≥650- ≥280
≥5	≥2	≥12	≥8	≥13	≥13	≥8	≥3	≥5	-	-	≥20	≥13	≥7
-	-	-	-	-	-	-	-	-	≥90	≥180	-≥130	-≥140	-≥150
≥60	≥85	≥85	≥95	≥60	≥65	≥60	≥65	≥45	≥7 65 ≥50	≥18 -≥100			

CuSn11P-C	CuSn12Ni2-C	CuSn5Zn5Pb5-C	CuSn10Pb10-C	CuSn5Pb20-C	CuAl10Fe2-C	CuAl10Fe5-Ni5-C
105	90	85	85	72	110	110÷115
-	-	-	-	-	0,32	0,32

CuSn11P-C	CuSn12Ni2-C	CuSn5Zn5Pb5-C	CuSn10Pb10-C	CuSn5Pb20-C	CuAl10Fe2-C	CuAl10Fe5-Ni5-C
-	-	-	-	-	9,60	10,80
830÷1000	860÷880	855÷1100	760÷930	800÷940	1025÷1040	1040÷1055
1,5÷1,8	1,6	5,7	2,0	1,5	1,6	1,6
[4]	-	[5]	[5]	[3]	[1]	[1]
-	-	-	-	-	-	-
[2]	[3]	[1]	[4]	[4]	[3]	[3]
[4]	-	[3÷4]	[3]	[3]	[4÷5]	[4÷5]

3.3   Otros metales

3.3.1 Introducción

Además de las tres familias de metales analizadas en los apartados anteriores (aleaciones del Fe, Al y Cu), que cubren el grueso de las aplicaciones en el diseño de máquinas, en este último capítulo de materiales metálicos se consideran brevemente otras cinco familias de metales (aleaciones del Zn, Mg, Ti, Ni y superaleaciones), con aplicaciones más específicas.

3.3.2 Cinc y aleaciones de cinc

El cinc se caracteriza por la baja temperatura de fusión (420ºC) y por sus moderadas propiedades mecánicas. En estado puro se emplea, en su mayor parte (>50%), en la galvanización del acero y en planchas laminadas para tejados de edificios. El diseño de máquinas presta más interés a las aleaciones de moldeo (coquilla, inyección), ya que, con un punto de fusión muy bajo, se obtienen piezas de una gran precisión dimensional y una resistencia mecánica aceptable. Los principales elementos de aleación son: el Al, que aumenta la colabilidad del Zn; el Cu, que mejora la resistencia mecánica; y el Mg, que, en pequeños porcentajes, aumenta mucho la resistencia, a pesar de ir en detrimento de la colabilidad y la tenacidad. La presencia de otros elementos (Pb, Sn o Fe) ejerce un efecto muy negativo sobre la tenacidad, lo que obliga a un estricto control de las impurezas.

Normativa

EN 988:1997	Cinc y aleaciones de cinc. Especificaciones de productos laminados planos para la construcción.
EN 1559-6:1999	Fundición. Condiciones técnicas de suministro. Parte 6: Requisitos adicionales para piezas moldeadas de aleaciones de cinc.
EN 1774:1998	Cinc y aleaciones de cinc. Aleaciones para fundición. Lingotes y estado líquido.
EN 12844:1999	Cinc y aleaciones de cinc. Piezas coladas. Especificaciones.
EN 14290:2005	Cinc y aleaciones de cinc. Materias primas secundarias.

ZP3 (ZnAl4), ZP5 (ZnAl4Cu1), norma EN 12844 (símbolo de la aleación, EN 1774)

Estos materiales, conocidos también por el nombre comercial de Zamak, con el Al limitado a 4% y la presencia de otros elementos, son las aleaciones estándares de Zn para moldeo en coquilla por inyección en cámara caliente (más eficiente que en cámara fría); tanto la productividad como la duración del molde son mayores que en los materiales competidores (aleaciones de aluminio, magnesio y cobre). En estado fundido tienen una gran fluidez y permiten fabricar piezas de paredes muy delgadas (compensan la densidad relativamente alta del material) y formas complicadas de una gran precisión dimensional y una resistencia aceptable, a un coste competitivo (menor que el bronce, pero mayor que la fundición nodular o el aluminio). La aleación ZP3 es la más usada, pero la aleación ZP5 ofrece mejores propiedades mecánicas y mejor resistencia a la fluencia.

ZP8 (ZnAl8Cu1), ZP12 (ZnAl11Cu1), ZP27 (ZnAl27Cu2), norma EN 12844

Constituyen una nueva generación de aleaciones de Zn con contenidos mayores de Al (la cifra indica aproximadamente el %), destinadas inicialmente al moldeo por inyección en cámara fría, pero que también pueden moldearse por gravedad en coquilla o en molde de arena. Su coste superior (10÷15%) y su eficiencia menor en la fabricación inclinan su interés en sus mejores propiedades. La aleación ZP8, moldeada por gravedad, tiene un excelente acabado superficial; la aleación ZP12, que combina una buena resistencia mecánica y al desgaste con una buena colabilidad y un coste moderado, es la más utilizada de este grupo; finalmente, la aleación ZP27, de propiedades mecánicas más elevadas, tiene ciertas restricciones de diseño en secciones gruesas. Deben destacarse las excelentes cualidades que presentan estas dos últimas aleaciones, como cojinetes (coeficiente de deslizamiento, presiones admisibles, resistencia al desgaste) que las hace comparables, si no superiores, a los bronces para cojinetes.

3.3.3 Magnesio y aleaciones de magnesio

El magnesio y sus aleaciones se caracterizan por tener la densidad más baja entre los metales estructurales (1,74 Mg/m^3, el 64 % de las aleaciones de Al y el 22 % de los aceros); así pues, a pesar de sus moderadas características mecánicas, las relaciones resistencia/densidad y rigidez/densidad son favorables en muchas aplicaciones (aviación, automoción, objetos portátiles, piezas sometidas a grandes aceleraciones).

Normativa

EN 12421:1998	Magnesio y aleaciones de magnesio. Magnesio no aleado.
EN 12438:1999	Magnesio y aleaciones de magnesio. Ídem para ánodos moldeados.
EN 1559-5:1998	Fundición. Condiciones técnicas de suministro. Parte 5: Requisitos adicionales para las piezas moldeadas de aleaciones de magnesio.
EN 1753:1998	Magnesio y aleaciones de magnesio. Lingotes y piezas moldeadas de aleaciones de magnesio.
EN 1754:1998	Magnesio y aleaciones de magnesio. Ánodos, lingotes y piezas moldeadas de magnesio y de aleaciones de magnesio. Sistema de designación.

Propiedades

Además de la baja densidad, las aleaciones de magnesio resisten bien la corrosión (forman una capa de óxido estable, susceptible de anodizado), pero en atmósfera salina son muy sensibles a las impurezas de Fe, Cu y Ni. La resistencia mecánica varía mucho según los elementos de aleación (Al, Mn, Zn, Zr, Th y tierras raras) y, a pesar de las limitadas temperaturas de uso (generalmente a 150 °C), algunas aleaciones permiten llegar a los 400 °C. Destacan también la buena resistencia a la fatiga (son muy sensibles a la entalla) y el gran amortiguamiento interno. Como factores limitativos debe citarse el alto coeficiente de dilatación (baja estabilidad dimensional) y el coste.

Conformación

Las aleaciones de magnesio pueden deformarse de forma limitada en frío, debido a la gran acritud que adquieren con pequeñas deformaciones, pero se conforman bien en caliente (entre 200÷370 °C) por extrusión (barras de distintas secciones, tubos, perfiles), laminación (chapas) y forja. Se funden con facilidad (temperaturas <650 °C), y se moldean tanto en arena como en coquilla (por gravedad o a presión). Admiten el endurecimiento por deformación y por tratamientos térmicos, análogamente a los aluminios, y utilizan las mismas designaciones. Tienen una excelente maquinabilidad y son fácilmente soldables.

Aleaciones de forja y extrusión

La aleación MgAl3Zn1 (MA21130, AZ31, según ASTM) es la de uso más generalizado para piezas forjadas y productos extruidos y laminados (una variante, conocida como PE, se usa para fotograbado). La aleación MgAl8Zn (AZ80 según ASTM), tratable térmicamente, ofrece una resistencia mayor pero una ductilidad muy limitada. La aleación MgZn6Zr (ZK60 según ASTM), tratable térmicamente, combina una resistencia mecánica más elevada con una buena tenacidad. Las aleaciones MgTh2Mn (HM21 según ASTM), para productos laminados, y MgTh3Mn (HM31 según ASTM), para productos extruidos, la segunda de resistencia mayor, ofrecen un comportamiento mecánico excelente (resistencia y fluencia) a temperaturas elevadas (hasta 340°C y 420 °C, respectivamente); se usan en aviación y en mísiles.

Aleaciones de moldeo

La aleación MgAl6Zn3 (AZ63 según ASTM) es adecuada para piezas moldeadas en arena, mientras que la aleación MgAl9Zn1 (AZ91 según ASTM) es especialmente indicada para piezas moldeadas en coquilla (objetos portátiles, piezas de vehículos). Para evitar los problemas de corrosión tradicionales en las piezas moldeadas de magnesio, se han adoptado aleaciones de pureza mayor (AZ91D para inyección y AZ91E para moldeo de arena).

3.3.4 Titanio y aleaciones de titanio

A pesar de su abundancia en la naturaleza, las dificultades de obtención metalúrgica del Ti derivadas de su gran reactividad a elevadas temperaturas (entre 800 ºC y el punto de fusión, a 1670 ºC), han llevado a que su comercialización no se iniciara (y aún a escala reducida) hasta los años 50 y que su coste resulte extremadamente elevado (25÷50 veces el del acero).

Propiedades y aplicaciones

El Ti y sus aleaciones se caracterizan por su alta resistencia mecánica (útil hasta temperaturas de 300÷500 ºC), la baja densidad (57% de la de los aceros) y la buena resistencia a la corrosión (se forma espontáneamente una capa protectora de óxido). Sus principales aplicaciones son, pues: componentes estructurales de alta resistencia en sistemas que exigen ligereza (aviación, automoción, equipos deportivos de alta competición, elementos sometidos a grandes aceleraciones, ultracentrifugadoras) y equipos sometidos a fuertes solicitaciones mecánicas con exigencia de una elevada resistencia a la corrosión (procesos químicos, industria alimentaria y del papel, instrumentos médicos, prótesis quirúrgicas). Otras propiedades de interés del Ti y sus aleaciones son la buena resistencia a la fatiga, el bajo coeficiente de dilatación (buena estabilidad dimensional) y las buenas propiedades a bajas temperaturas (aplicaciones criogénicas con Ti comercialmente puros o aleaciones de Ti α).

Conformación

La gran reactividad del Ti en caliente preside la fabricación de piezas de este metal y de sus aleaciones. El mercado ofrece varios productos semielaborados (barras, perfiles, chapas, planchas), que son transformados por deformación en frío (chapas, generalmente de Ti comercialmente puro) o por forja en caliente (aproximación a la forma final de la pieza, ahorro de material de coste elevado). En este último caso hay que evitar contaminar el material (atmósfera inerte o ligeramente oxidante). Tomando ciertas precauciones (refrigeración abundante, velocidades lentes, pasadas profundas, buena sujeción de la herramienta), también puede mecanizarse. Es posible la soldadura MIG, TIG y por puntos, así como determinados recubrimientos, como la nitruración. El moldeo presenta dificultades debido a la gran reactividad citada, pero la fusión en el vacío y la colada en moldes especiales de grafito parece proporcionar una buena solución.

Titanios comercialmente puros y de baja aleación

Los Ti comercialmente puros, de resistencia mecánica relativamente baja (equivalentes a los aceros de construcción) no tienden a endurecerse por deformación por lo que ofrecen unas buenas propiedades para la conformación en frío. Hay cuatro grados de pureza (Ti99,6 a Ti99,0) con resistencias mecánicas crecientes y ductilidades decrecientes. Presentan una excelente resistencia a la corrosión en ambientes oxidantes, pero más escasa en ambientes reductores. La adición de un 0,2 % de Pd (Ti99,4Pd) mejora extraordinariamente la corrosión en estas circunstancias sin afectar la resistencia. Todos ellos pueden usarse hasta 350 ºC sin perder sus características mecánicas, y hasta 500 º C sin presentar problemas de oxidación. Sus principales aplicaciones son la industria química (intercambiadores de calor, condensadores, desalinización del agua de mar, fabricación de pulpa de papel) y aeronáuticas (fuselajes).

Aleaciones de Ti

Las aleaciones de Ti se usan cuando se requieren mayores resistencias mecánicas que con los Ti comercialmente puros. En función de las microestructuras a temperatura ambiente se clasifican en:

a) *Aleaciones de Ti* α (estructura hexagonal), soldables, de resistencias medias que mantienen hasta temperaturas relativamente elevadas, pero no tratables térmicamente y con la peor aptitud para la conformación en frío; la aleación TiAl5Sn2 se utiliza en turbinas de gas, aplicaciones aeroespaciales y procesos químicos que requieran soldadura y mantener las características mecánicas a temperaturas de hasta 480 ºC.

b) *Aleaciones de Tiα+β* : combinan la estructura hexagonal α con la cúbica β, más fácilmente deformable en frío; se endurecen por envejecimiento hasta valores de 1200 MPa, pero por encima de los 300 °C, la resistencia a la fluencia resulta insuficiente; las aleaciones TiAl6V4 (la más usada de todas) y TiAl6V6Sn2 tienen una gran diversidad de aplicaciones en aeronáutica (tanto en el motor como en el fuselaje), procesos químicos (recipientes a presión), instrumental quirúrgico y elementos de máquinas sometidos a grandes solicitaciones dinámicas; para endoprótesis se utiliza la aleación TiAl5Fe2,5, ya que combina una elasticidad y una resistencia mecánica elevadas con una gran compatibilidad con los tejidos humanos.

c) *Aleaciones de Tiβ*, menos utilizadas, ofrecen las ventajas sobre el *Tiα+β* de una mayor tenacidad, un mismo nivel de resistencia y la posibilidad de endurecimiento por envejecimiento, incluso de piezas con secciones gruesas, pero presentan temperaturas de utilización relativamente bajas (<350 °C); la aleación TiV13Cr11Al3 se usa en componentes aeronáuticos militares sometidos a solicitaciones extremas.

3.3.5 Níquel y aleaciones de níquel

El Ni y sus aleaciones destacan por su excelente resistencia a la corrosión, las buenas características mecánicas (próximas a las de los aceros) que mantienen a temperaturas elevadas (500 ÷ 1150 °C) y bajas (−200 ÷ 0 °C). Las principales limitaciones en su utilización derivan del elevado coste y, en menor grado, de la elevada densidad.

A través de sus extraordinarias propiedades, el níquel y, sobretodo, sus aleaciones han contribuido de forma destacada al progreso de la técnica. Entre los materiales basados en el níquel (en los que interviene de forma destacada) hay: aceros inoxidables (ya estudiados en la Sección 2.6); superaleaciones (analizadas más adelante); aleaciones con propiedades especiales (baja dilatación, resistencia eléctrica, propiedades magnéticas, memoria de forma). Y, entre los campos que ha contribuido y continua contribuyendo a desarrollar, hay: *a*) Máquinas y motores: turbinas de gas (aviación), turbinas de vapor (centrales térmicas y nucleares), motores alternativos (escape, turbocompresores). *b*) Procesos químicos con altas exigencias térmicas y/o de presión en medios agresivos (industrias petroquímica, papelera, alimentaria; desalinización de agua de mar; fabricación de productos químicamente agresivos; equipos de control de la polución). *c*) Medios de fabricación (herramientas y matrices para trabajo en caliente, hornos y equipo para tratamientos térmicos, sistemas de manipulación a altas temperaturas).

El mercado ofrece una notable diversidad de productos de laminación de níquel y de aleaciones de níquel, presentados en forma de chapas, barras, perfiles, así como aleaciones para moldeo, que contienen elementos adicionales (Si, Mn) para aumentar la colabilidad. Los principales materiales basados en el Ni se agrupan en: *a*) *níqueles de baja aleación*; *b*) *aleaciones de Ni-Cu*; *c*) *superaleaciones en base al Ni*. Las dos primeras se presentan a continuación, mientras que la tercera se trata, junto con el resto de superaleaciones, en el próximo apartado.

Níqueles de baja aleación

El níquel comercialmente puro, Níquel 200 (con trazas de Fe, Cu, Mn, Si y < 0,15 % C), de resistencia mecánica moderada, es especialmente resistente al ataque de los agentes químicos, pero más allá de 325 ° C pierde la ductilidad debido a la precipitación del carbono (el Níquel 201, con un porcentaje mucho más limitado de C, 0,01%, se utiliza a temperaturas más altas); sus aplicaciones son la industria química y alimentaria, la fabricación de productos cáusticos, de fibras sintéticas y de componentes electrónicos. El Duraníquel 301, con la adición de Al y Ti, se endurece por precipitación y adquiere características mecánicas altas propias de los muelles manteniendo la misma resistencia a la corrosión.

Aleaciones de Ni-Cu (Monel)

Estas aleaciones abaratan el coste del Ni (el Cu es más barato) sin perder las características anti-corrosivas y dan lugar a una mejor resistencia mecánica hasta unos 300 °C. La aleación Monel 400, con un 31 % de Cu, es resistente, tenaz y dúctil, fácilmente conformable por moldeo, forja y mecanización y se suelda bien; se utiliza en aplicaciones marinas, intercambiadores de calor, procesos químicos y en ambientes salinos. La aleación Monel K-500, con adiciones de Al y Ti, puede endurecerse por envejecimiento, de manera que adquiere una resistencia mucho más elevada; se utiliza para rotores de bomba, hélices, válvulas, muelles no magnéticos y tornillos sometidos a elevadas solicitaciones en medios parecidos al Monel 400.

3.3.6 Superaleaciones

El comportamiento a fluencia y la degradación superficial a altas temperaturas permite establecer cuatro grupos de materiales: *a*) Hasta temperaturas de 400° C, son adecuados los aceros al C con pequeñas adiciones de otros elementos (aceros no aleados, o microaleados, de aplicaciones a presión), y algunos bronces. *b*) Hasta temperaturas de 600° C, son adecuados aceros ferríticos al *Mo, Cr-Mo* o *Cr-Mo-V* (aceros aleados para aplicaciones a presión, utilizados en centrales de energía y plantas petroquímicas) y determinadas aleaciones de Ti. *c*) Hasta temperaturas de $650 \div 700$ °C, los aceros inoxidables austeníticos y refractarios (turbinas de gas). *d*) A partir de estas temperaturas, se debe recurrir a las llamadas *superaleaciones*.

Las superaleaciones son materiales metálicos sobre la base del Fe, del Ni y del Co que satisfacen dos tipos de requerimientos a elevadas temperaturas ($650 \div 1150$ °C): 1. Evitan la degradación por oxidación o por otras agresiones del medio (gases de combustión, productos químicos, metales líquidos, sales fundidas). 2. Mantienen unas propiedades mecánicas aceptables, especialmente la resistencia a fluencia (o *creep*): en el cálculo de una estructura resistente a elevada temperatura es más útil conocer la tensión que produce la rotura o una determinada deformación del material después de cierto tiempo, obtenido en un ensayo de fluencia, que no la resistencia instantánea que proporciona un ensayo de tracción.

Las principales aplicaciones de los superaleaciones son: turbinas de gas de aviación (quemadores, cámaras de combustión, rotores); motores alternativos (válvulas de escape con altas solicitaciones); industria química, petroquímica y centrales de energía (reactores, turbinas de vapor, sometidas a presiones y temperaturas elevadas); equipamiento industrial y hornos (atmósferas oxidantes o reductores, procesos con choques térmicos).

Superaleaciones sobre la base del Fe

Las superaleaciones sobre la base del Fe son austeníticas y forman combinaciones de Fe-Ni-Cr y de Fe-Ni-Co, con varios elementos de adición (Mo, Nb, Al y Ti) para facilitar el endurecimiento por solución sólida o por precipitación. Surgieron como extensión de los aceros inoxidables austeníticos.

Incoloy 800 (DIN 1.4876; UNS N08800)

Aleación de Fe-Ni-Cr de contenido medio de Ni ($30 \div 35$ %), con valores moderados de resistencia mecánica, pero con un buen comportamiento a fluencia y una buena resistencia a la corrosión hasta temperaturas elevadas. Adiciones de otros elementos de aleación (Al, Ti) aumenten las características mecánicas (Incoloy 801; UNS N08801) o mejoran la resistencia a la corrosión (Incoloy 825; DIN 2.4858; UNS N08825).

Tabla 3.5 **Cinc y aleaciones del cinc**

	Laminación[1]	**Moldeo**			
EN 1774:1997 Símbolo de la aleación	Zn0,08Pb	ZnAl4	ZnAl4Cu	ZnAl11Cu1	ZnAl27Cu2
EN 12844 Designación larga		ZP0400	ZP0410	ZP1110	ZP2720
Designación corta		ZP3	ZP5	ZP12	ZP27
ASTM (B-86) (B-791)		AG40A	AC41A	ZA-12	ZA-27

Composición química							
Aluminio Al	%	≤0,001	4	4	11		27
Magnesio Mn	%	-	0,035	0,055	0,025		0,015
Cobre Cu	%	≤0,001	≤0,25	1	1		2
Plomo Pb	%	0,10	≤,004	≤0,004	≤0,005		≤0,005
Cinc Zn	%	resto	Resto	resto	resto		resto
Propiedades físicas							
Densidad	Mg/m^3	7,14	6,60	6,70	6,03		5,00
Coeficiente dilatación	µm/m·K	32,5/23	27,4	27,4	24,1		26,0
Calor específico	J/g·K	395	419	419	450		525
Conductividad térmica	W/m·K	108	113	109	116		125
Resistividad eléctrica	nΩ·m	62	64	65	61		58
Propiedades mecánicas							
Tipos moldeo		[2]	inyección	inyección	arena	inyec.	arena	inyec.
Resistencia tracción 20°C	MPa	134/159	280	325	299	405	230	426
95°C	MPa	-	195	240	-	229	-	259
Resistencia a compresión	MPa	-	415	600	-	-	-	-
Resistencia a cortadura	MPa	-	215	260	253	296	292	325
L. elástico tracción 0,2%	MPa	-	-	-	-	320	-	371
L. elást.compresión 0,1%	MPa	-	-	-	230	269	330	359
Alargamiento a rotura	%	65/50	10	7	1,5	5	4,5	2,5
Dureza	HB	42	82	91	94	100	90	119
Resistencia fatiga 5·10^8	MPa	17	48	56	103	117	172	117
Resiliencia	J	-	58	65	26	29	48	12
Resistencia fluencia [3]	MPa	-	21	-	69	69	76	69
Módulo de elasticidad	GPa	-	-	-	82,7	82,7	77,9	77,9
Propiedades tecnológicas							
Coste	€/kg	2,35÷2,50	2,80	-	-		-
Temperatura de fusión	°C	419	385	385	432		484
Contracción	%	-	1,17	1,17	1,30		1,30

[1] No hay normas europeas EN sobre productos forjados [2] Propiedad longitudinal/propiedad transversal
[3] Fluencia 1%, durante 10^5 horas, a 20 °C

Tabla 3.6 **Magnesio y aleaciones de magnesio**

		Forja			Moldeo			
		MgAl3Zn1	MgAl8Zn	MgZn6Zr	MgAl6Zn3		MgAl9Zn1(A)	
Forja, número DIN; moldeo EN 1753		3.5312	3.5812	3.5161	MC21150		MC21120	
ASTM		AZ31	AZ80	ZK60	AZ63		AZ91	
Composición química								
Aluminio Al	%	3,0	7,0÷8,7	6,0	6,0		8,3÷9,7	
Cinc Zn	%	1,0	0,35÷1,0	-	3,0		0,35÷1,0	
Magnesio Mn	%	resto	resto	resto	resto		resto	
Manganeso Mn	%	>0,2	≥0,10	-	>0,30		≥0,10	
Zirconio Zc	%	-	-	>0,45	-		-	
Propiedades físicas								
Densidad	Mg/m^3	1,77	1,80	1,83	1,83		1,81	
Coeficiente dilatación	μm/m·K	26,0	26,0	26,0	26,1		26,0	
Calor específico	J/g·K	-	1050	-	1050		1050	
Conductividad térmica	W/m·K	96	76	120	77		72	
Resistividad eléctrica	nΩ·m	92	145	-	115÷130		150÷170	
Propiedades mecánicas								
Tratamiento		H34	T5	T5	F	T6	F	T6
Resistencia tracción 20 ºC	MPa	290	335	350	200	275	230	275
200 ºC	MPa	103	195	-	105	120	-	115
Límite elástico 20 ºC	MPa	220	245	285	95	130	150	145
200 ºC	MPa	59	120	-	-	80	-	80
Alargamiento a rotura	%	15	6	11	4	5	3	6
Dureza	HB	73	72	82	50	73	63	70
Límite de fatiga $5 \cdot 10^8$	MPa	-	-	-	75	75	95	95
Resiliencia	J	4,3	-	-	1,4	1,5	2,7	1,4
Módulo de elasticidad	GPa	45	45	45	45	45	45	45
Módulo de rigidez	GPa	17	17	17	17	17	17	17
Coeficiente de Poisson	-	0,35	0,35	0,35	0,35	0,35	0,35	0,35
Propiedades tecnológicas								
Coste	€/kg	2,10÷2,20	2,70	-	-		-	
Temperatura de fusión	ºC	630	610	635	610		595	

Tabla 3.7 **Titanio y aleaciones del titanio**

	Puro	Aleaciones α	Aleaciones α+β		Aleaciones β
	Ti99,2	TiAl5Sn2	TiAl6V6	TiAl6V6Sn2	TiV13Cr11Al3
Número DIN	3.7055	3.7115	3.7165	3.7175	
ASTM (UNS)	Grau 3	R54520	R56400	R56620	R58010

Composición química						
Aluminio	Al	%	-	5	6	5,5	3
Estaño	Sn	%	-	2,5	-	2	-
Vanadio	V	%	-	-	4	5,5	13,5
Cromo	Cr	%	-	-	-	-	11
Titanio	Ti	%	resto	resto	resto	resto	resto
Otros		%	Fe<0,25	-	-	Fe, Cu	-
Propiedades físicas							
Densidad		Mg/m³	4,50	4,48	4,43	4,54	4,82
Coeficiente dilatación		μm/m·K	9,1	9,4	9,3	9,4	9,4
Calor específico		J/g·K	520	-	560	-	-
Conductividad térmica		W/m·K	16,0	7,6	7,1	6,5	-
Resistividad eléctrica		nΩ·m	52	157	171	157	-
Propiedades mecánicas							
Tratamiento			recocido	recocido	rec./env.	rec./env.	Envejecido
Resistencia a tracción		MPa	490÷590	789÷860	900/1070	1000/1200	1170÷1220
Límite elástico		MPa	340	780	830/1000	930/1000	1100÷1170
Alargamiento a rotura		%	18/16[1]	16	10/8	8/6	8
Dureza		HB	170	360	360/420	380/420	400
Resiliencia		J	34/27[1]	13÷20	17/-	17/-	11
Resisten. fluencia[2] 325°C		MPa	-	-	480	-	-
Resisten. fluencia[2] 425°C		MPa	-	-	220	-	-
Módulo de elasticidad		GPa	105	110	114	110	102
Módulo de rigidez		GPa	39	-	42	-	43
Coeficiente de Poisson		-	0,34	-	0,34	-	0,30
Propiedades tecnológicas							
Coste		€/kg	24,0÷26,0	-	35,0÷38,0	-	-
Temperatura de forja		°C	700÷900	900÷1100	900÷980	840÷920	650÷950
Radio plegado (t=grosor)		-	2,5·t	4,5·t	5·t	-	2,7·t

[1] Longitudinal/transversal [2] Fluencia 1% durante 1000 horas

Tabla 3.8 **Níquel, aleaciones del níquel y superaleaciones** (hojas 1 y 2)

	Níquel y aleaciones de níquel			Superaleaciones base Fe	
Aleación	Níquel 200	Monel 400	Monel K-500	Incoloy 800	Incoloy 903
Número de material DIN	2.4066	2.4360	2.4375	1.4876	-
ASTM (UNS)	N02200	N04400	N05500	N08800	N19903

Composición química						
Níquel	Ni	%	99,0	66	64	32,5	38
Hierro	Fe	%	0,40	2,50	2,00	39,5	41,5
Cobalto	Co	%	-	-	-	-	15
Cromo	Cr	%	-	-	-	21	-
Cobre	Cu	%	0,25	31	28	-	-
Molibdeno	Mo	%	-	-	-	-	-
Aluminio	Al	%	-	-	2,70	0,40	1,40
Titanio	Ti	%	-	-	0,70	0,40	0,90
Otros		%	Mn	Mn 1,00	Mn 1,50	-	Nb 3, Si

Propiedades físicas			(3)	(3)	(3)		
Densidad		Mg/m^3	8,89	8,80	8,44	7,94	8,14
Dilatación térmica	(1)	μm/m·K	13,3	13,9	13,7	14,4/-	8,6/-
Calor específico	(2)	J/kg·K	456	427	419	460/-	435/-
Conductividad térmica	(2)	W/m·K	70	21,8	17,5	11,5/-	16,8/-
Resistividad eléctrica		nΩ·m	95	545	615	990	610

Propiedades mecánicas		Unidades					
Resist. tracción	20/650ºC	MPa	460/-	550/-	1100/-	595/405	1310/1000
	760/870ºC	MPa	-	-	-	235/-	-/-
	980ºC	MPa	-	-	-	-	-
Límite elástico	20/650ºC	MPa	148/-	240/-	780/-	250/180	1105/895
	760/870ºC	MPa	-	-	-	180/-	-/-
	980ºC	MPa	-	-	-	-	-
Alarg. a rotura	20/650ºC	%	47/-	40/-	20/-	54/51	14/18
	760/870ºC	%	-	-	-	83/-	-
	980ºC	%	-	-	-	-	-
Res. fluencia[4]	650/760ºC	MPa	-	-	-	165/66	510/-
	870/980ºC	MPa	-	-	-	30/13	-/-
	1090ºC	MPa	-	-	-	-	-
Módulo elástico	20/870ºC	GPa	204/-	180/-	180/-	196/138	147/-
Dureza	20ºC	HB	140÷230	160÷225	255÷370	180÷300	-

Propiedades tecnológicas						
Coste	€/kg	25,0÷35,0	-	-	-	-
Temperatura fusión	ºC	1345÷1445	1300÷1350	1315÷1350	1355÷1385	1315÷1390

[1] A 540 ºC/a 970 ºC   [2] A 21 ºC/ a 870 ºC   [3] A 20 ºC   [4] Rotura a fluencia en 1000 horas

base Ni						base Co
Inconel 600	Inconel X-750	Hastelloy X	Inconel 718	Nimonic 115	Inconel MA 754	Haynes 188
2.4816	2.4669	2.4665	2.4668	2.4636		
N06600	N07750	N06002	N07718		N07754	R30188

76	73	47	52,5	57,5	55	22
8	7	18,5	18,5	-	-	3
-	-	1,5	-	15	20	39
15,5	15,5	22	19	15	20	22
-	-	-	-	-	-	-
-	-	9	3	3,5	-	-
-	0,70	-	0,50	5	3	-
-	2,50	-	0,90	4	0,50	-
-	Nb 1,00	W 0,60	Nb 5,10	B, Zr	Y$_2$O$_3$ 0,60	W 14
8,41	8,25	8,21	8,22	7,85	-	9,13
15,1/16,4	14,6/16,8	15,1/16,1	14,4/-	13,3/16,4	-	14,8/17,0
445/625	430/725	485/700	430/645	460/-	-	405/565
14,8/28,8	12,0/23,6	9,1/26,0	11,4/24,9	10,7/22,6	-	-/25,1
1030	1390	1180	1250	1390	-	920
660/450	1200/940	785/570	1435/1228	1240/1125	965/600	960/740
260/140	-/-	435/255	950/340	1085/830	345/250	710/635
-	-	-	-	-	-	420
285/205	815/710	360/275	1185/1020	865/815	585/475	485/305
180/40	-/-	260/180	740/330	800/550	275/215	305/290
-	-	-	-	-	-	260
45/49	27/10	43/37	21/19	27/23	21/25	56/70
70/80	-	37/50	25/88	24/16	34/32	61/43
-	-	-	-	-	-	73
(-)/(-)	470/(-)	215/100	595/195	(-)/420	255/200	(-)/(-)
30/15	45/-	41/14	-/-	185/70	160/130	70/25
-	-	-	-	-	125	-
214/157	214/153	197/137	200/139	224/164	-	207/(-)
180÷300	-	-	390	-	-	-
40,00÷45,0	-	-	-	-	-	-
1355÷1415	1395÷1425	1260÷1355	1260÷1335	-	-	1300÷1330

Incoloy A 286 (DIN 1.4980; UNS S66286)
Discaloy (UNS S66220)
Incoloy 901 (UNS N09901)
Aleaciones de Fe-Ni-Cr, las tres primeras con un contenido moderado de Ni (25 ÷ 30 %) y la última con un contenido más elevado (40 ÷ 45 %), todas ellas con adiciones de Mo, Ti y Al, que provocan un endurecimiento por precipitación y consiguen unas características mecánicas elevadas. Se aplican a componentes de turbinas de gas hasta la temperatura de 650 °C. La aleación Incoloy A 286 se usa en las calderas de los reactores nucleares.

Incoloy 903 (UNS N19903)
Incoloy 907 (DIN 2.4693, UNS N19907)
Incoloy 909 (DIN 2.4692, UNS N19909)
Grupo de superaleaciones basadas en composiciones de Fe-Ni-Co endurecidas por precipitación (la ausencia de Cr las hace más susceptibles de oxidación), que combinan un coeficiente de dilatación bajo (de gran interés en la mejora del rendimiento de las turbinas, porque permite disminuir el juego entre rotor y estator), con características mecánicas relativamente elevadas hasta 650 °C.

Superaleaciones sobre la base del Ni
Las superaleaciones de este numeroso grupo, con un interesante comportamiento mecánico y a la corrosión a elevada temperatura, se basan en combinaciones de Ni-Cr-Fe (Inconel y Hastelloy) y de Ni-Cr-Co (Nimonic). Las aleaciones suministradas en chapas (Hastelloy X, DIN 2.4665, UNS N06002; Inconel 600, DIN 2.4816, UNS N06600) para cámaras, conductos y reactores deben ser suficientemente dúctiles para ser laminadas y posteriormente conformadas, y en general presentan una buena soldabilidad, mientras que las aleaciones destinadas a barras y productos forjados (Inconel X-750, DIN 2.4669, UNS N07750; Inconel 718, DIN 2.4668, UNS N07718; Nimonic 115, DIN 2.4636), para álabes de turbinas y piezas de máquinas, requieren una buena resistencia mecánica a elevada temperatura.

Hastelloy X (DIN 2.4665, UNS N06002)
Aleación del grupo Ni-Cr-Fe, con un porcentaje significativo de Co (9 %) y trazas de W; presenta un buen equilibrio entre su elevada resistencia a la oxidación (contenido de Cr relativamente alto), una resistencia mecánica moderada pero que se mantiene a elevada temperatura (endurecimiento por solución sólida y precipitación de carburos) y su fabricabilidad (es fácilmente soldable). Se utiliza en motores de reacción y en cámaras de combustión por encima de los 1050 °C en la industria petroquímica (gran resistencia a la corrosión por tensión).

Inconel 600 (DIN 2.4816, UNS N06600)
Aleación de composición 76Ni-15Cr-8Fe, con una excelente resistencia a la oxidación a altas temperaturas (hasta 1175 °C), pero una baja resistencia mecánica; se usa en componentes de hornos, en ingeniería nuclear y en la industria química y alimentaria.

Inconel X-750 (DIN 2.4669; UNS N07750)
Aleación de composición parecida a Inconel 600, endurecida por precipitación gracias a adiciones de Al y Ti. Tiene unas excelentes características mecánicas y de resistencia a la corrosión por debajo de 700 °C. Su excelente resistencia a la fluencia la hace especialmente apta para muelles, pernos y remaches que trabajan a altas temperaturas, así como para utillajes de extrusión y conformación.

Inconel 718 (DIN 1.4668, UNS N07718)
Aleación con contenidos significativos de Mo y Nb y menores de Al y Ti, endurecida por precipitación, que ofrece una resistencia a la tracción y a la fluencia muy buena por debajo de los 650 °C y una resistencia a la corrosión excelente hasta 980 °C; se usa en turbinas de gas, reactores nucleares, depósitos a alta presión y temperatura, así como en determinadas piezas (válvulas) o herramientas (hileras de extrusión) que trabajan en caliente.

Nimonic 115 (DIN 2.4636)

Superaleación de composición Ni-Cr-Co-Mo, con porcentajes de Al y Ti, fundida al vacío, que facilita el endurecimiento por precipitación y proporciona valores útiles de resistencia a la fluencia hasta cerca de los 1000 °C. También presenta una buena resistencia a la fatiga, a la oxidación y a los choques térmicos (motores de reacción y otras aplicaciones industriales que requieran resistencia y durabilidad a altas temperaturas). Otras aleaciones (Nimonic 90, DIN 2.4632, UNS N07090; Nimonic 105, DIN 2.4634; Udimet 500, UNS N07500; y Waspaloy, UNS N07001; fundidas al aire; Astraloy, UNS N13017, fundida al vacío) contienen pequeñas diferencias en la composición, que se traducen en variaciones de su comportamiento.

Inconel MA 754 (UNS N07754)

Aleación de composición Ni-Cr-Co, endurecida por una dispersión de partículas de óxido de ytrio (Y_2O_3) producidas mediante metalurgia de polvos a partir de una mezcla de la aleación y del óxido. Proporciona unas buenas características mecánicas que se mantienen hasta temperaturas por encima de los 1000 °C; se ha utilizado en toberas.

Superaleaciones sobre la base del Co

Estas aleaciones se endurecen por solución sólida de Cr, Ni y W en la matriz de Co, y ofrecen muy buena resistencia al ataque por corrosión de los gases de escape. Su resistencia mecánica es baja, pero mantienen valores útiles de resistencia a la fluencia hasta temperaturas muy elevadas (> 1000 °C), donde superan las superaleaciones sobre la base del Ni. Las aleaciones Haynes 188 (UNS R30188) y Haynes 25 (o Udimet L-605, UNS R30605) se utilizan en turbinas de gas para temperaturas comprendidas entre $650 \div 1150$ °C.

4 Materiales no metálicos

4.1 Introducción a los polímeros

4.1.1 Definiciones

Los *plásticos* y los *elastómeros* constituyen un amplio grupo de materiales (la gran mayoría sintéticos), basados en macromoléculas de tipo orgánico (polímeros), a las que se añaden determinadas cantidades de otras sustancias (aditivos) para modificar sus propiedades o para facilitar los procesos de conformado. Estos materiales son cada vez más decisivos en el diseño de máquinas y responden a las descripciones siguientes:

Plásticos
Materiales basados en polímeros de consistencia rígida comparados con los elastómeros (su denominación se refiere al estado plástico que la mayoría de ellos presentan durante el proceso de conformado). Se agrupan en dos grandes familias: *plásticos termoplásticos* (los más numerosos), en general dúctiles, de comportamiento viscoelástico que, al calentarse, se reblandecen y pueden deformarse plásticamente; *plásticos termoestables*, no dúctiles, de comportamiento elástico que, una vez polimerizados, mantienen fundamentalmente su consistencia y no se deforman en caliente.

Elastómeros
Materiales basados en polímeros de comportamiento elástico, consistencia flexible comparados con los plásticos (sufren grandes deformaciones con tensiones moderadas) y resiliencia elevada. Se agrupan también en dos familias: *elastómeros termoplásticos* que, al calentarse, se reblandecen y pueden deformarse plásticamente; su desarrollo se relativamente reciente, pero su importancia crece debido a la facilidad de conformado; *elastómeros termoestables* (o permanentes) que, una vez polimerizados (o vulcanizados), mantienen su consistencia y no se deforman en caliente.

4.1.2 Campos de aplicación

Dada la gran diversidad de composiciones químicas y estructurales de los polímeros de base, y gracias a las grandes posibilidades de modificación por medio de aditivos, los distintos *plásticos* y *elastómeros* tienen una gradación de propiedades casi continua que los hacen muy atractivos para numerosas aplicaciones relacionadas con el diseño de máquinas.

Las características más destacadas de los plásticos y de los elastómeros, origen de sus principales aplicaciones, son: *a) baja densidad*: ha permitido aligerar muchos objetos, máquinas y aparatos de uso cotidiano, entre ellos los vehículos, donde el peso se determinante; *b) bajo coste y fácil conformado*: a pesar de la gran variedad de precios, los materiales plásticos son relativamente baratos, en gran parte debido a la baja densidad; *c) fácil conformación* (especialmente en los termoplásticos): junto con el bajo coste, han contribuido de manera destacada en su difusión; *d) resistencia al ataque químico*: los plásticos y los elastómeros presentan una buena resistencia al ataque químico y, en general, no necesitan protecciones superficiales; pero son atacados por sustancias de naturaleza análoga a la del propio material (aceites, disolventes); *e*) *relación amigable con el usuario*: ofrecen posibilidades muy interesantes, como una gran libertad para obtener formas atractivas, excelentes acabados superficiales (gran variedad de colores y texturas), sensación de ligereza, sensación de atemperación térmica (ni frío ni calor) debido a la baja conductividad térmica y seguridad contra las descargas eléctricas.

Pero también tienen algunas limitaciones que deben tenerse presentes: *f*) *propiedades mecánicas moderadas*: los plásticos (y los elastómeros aún más) tienen una resistencia mecánica, una rigidez y una dureza mucho menor que los metales; aun así, cuando se establecen las magnitudes características de estas propiedades en relación a su masa, la comparación ya no resulta tan desfavorable; *g*) *bajas temperaturas de servicio*: ésta es una limitación importante de los plásticos y de los elastómeros en relación a los metales.

Los plásticos tienen cada día un mayor número de aplicaciones (como alternativa a los metales o por méritos propios) en una gran variedad de elementos y piezas de las máquinas con funciones de soporte (carcasas, marcos), de guiado y transmisión (cojinetes, guías, levas, engranajes), o en funciones complementarias (tapas, revestimientos). Los elastómeros tienen aplicación en determinadas piezas elásticas, a menudo de alto contenido técnico, que ejercen funciones decisivas en las máquinas (juntas, retenes, articulaciones elásticas, elementos de suspensión, ruedas, protecciones flexibles, conducciones de fluidos), para las que no hay alternativa.

4.1.3 Estructura molecular

Los *polímeros*, materiales base de los plásticos y elastómeros, son compuestos orgánicos basados en cadenas de carbono, C, en combinación con otros elementos: hidrógeno, H; oxígeno, O; nitrógeno, N; cloro, Cl; flúor, F; bromo, Br; y azufre, S. Algunos polímeros se basan en cadenas que alternan átomos de silicio, Si, y de oxígeno, y reciben el nombre de siliconas. Todos ellos se forman a partir de una o más unidades químicas simples (o monómeros), con enlaces activos (dobles o triples) que, al romperse, reaccionan unas con otros monómeros (polimerización) originando así una cadena que crece (polímero) hasta que encuentra un agente de bloqueo o se agota el monómero. Si no se forma ningún otro compuesto más que el polímero, la reacción recibe el nombre de *polimerización de adición*, mientras que si se segregan otras moléculas (por ejemplo, agua), la reacción se llama de *polimerización de condensación*. En función de la naturaleza de las macromoléculas y de las uniones entre ellas, pueden distinguirse los siguientes materiales basados en polímeros:

Polímeros termoplásticos / polímeros termoestables

Los *polímeros termoplásticos* se forman a partir de monómeros con un solo enlace activo, que polimerizan en moléculas de estructura lineal o ramificada, con uniones de naturaleza débil (fuerzas de Van der Waals, fuerzas polares, entrelazamiento de cadenas), sensibles a la temperatura; mientras que los *polímeros termoestables* se forman a partir de monómeros con más de un enlace activo, que polimerizan en una estructura tridimensional mediante enlaces químicos de naturaleza fuerte.

Plásticos / elastómeros

En los *plásticos*, la densidad de uniones entre las moléculas (débiles en los *termoplásticos* y fuertes en los *termoestables*) es muy densa, lo que limita la deformación del material (consistencia rígida); mientras que en los *elastómeros*, las moléculas están enrolladas o plegadas y la retícula de uniones entre sí (débiles en los *elastómeros termoplásticos* y fuertes en los *elastómeros permanentes*, es poco tupida, lo que permite grandes deformaciones elásticas.

		Estructura molecular	Comportamiento termomecánico
Plásticos	Termoplásticos — amorfos		
	Termoplásticos — Semicristalinos		
	termoestables		
Elastómeros	Termoplásticos (semicristalinos)		
	Permanentes o termoestables		

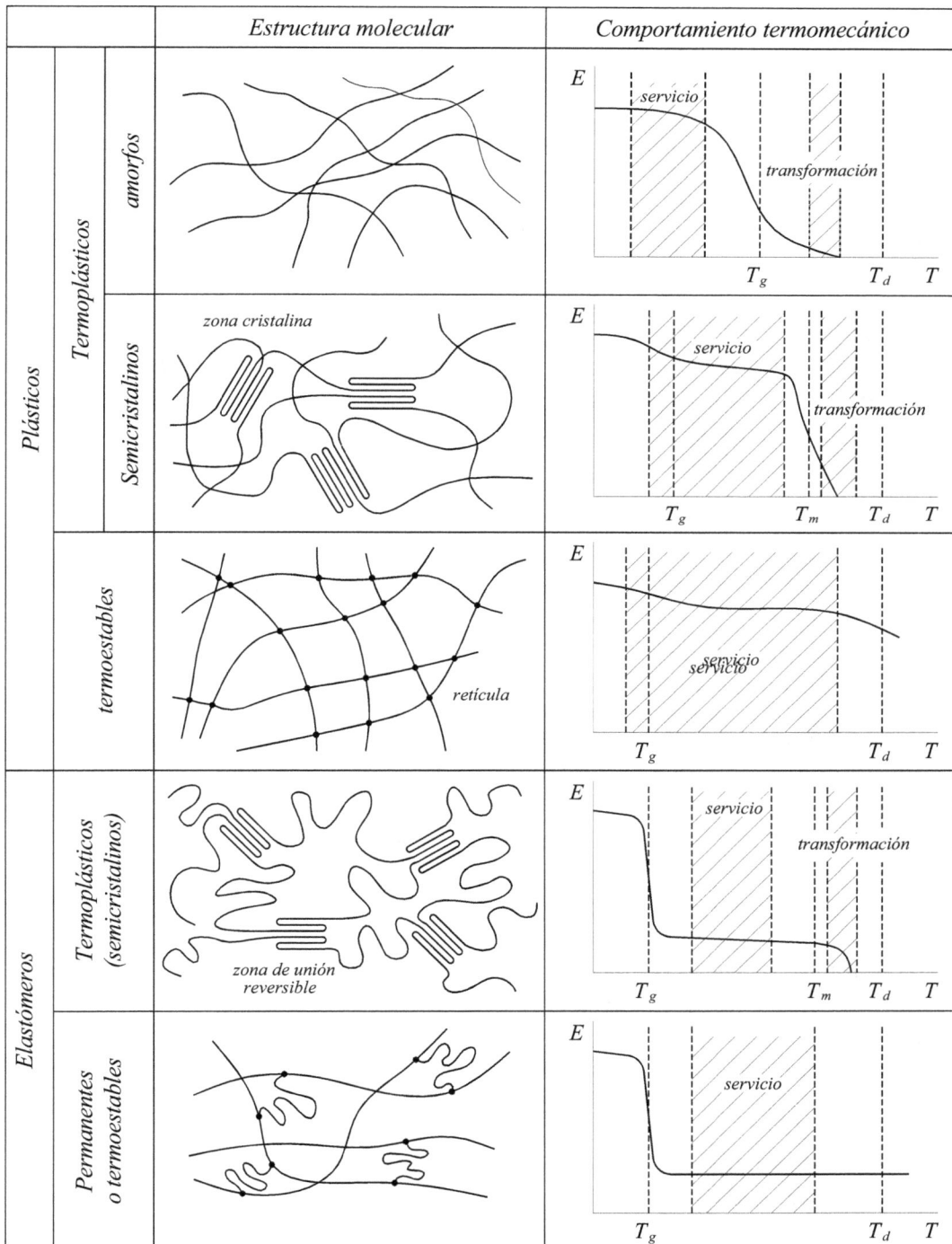

Figura 4.1 Relación entre la estructura molecular y el comportamiento termomecánico para los distintos tipos de polímeros. Intervalos de temperaturas de servicio y de transformación.

Termoplásticos amorfos / termoplásticos semicristalinos

En los *termoplásticos amorfos* (por ejemplo: PS, PMMA), las moléculas se entrelazan sin ningún orden, mientras que en los *termoplásticos semicritalinos* (por ejemplo: PE, PA), hay zonas con cierto paralelismo entre las moléculas, análogo a la ordenación de los átomos en los cristales.

El grado de cristalinidad de los materiales influye en las propiedades físicas (mayor densidad) y ópticas (los amorfos son transparentes y los semicristalinos opacos), mecánicas (mayor rigidez, dureza y resistencia a la fluencia) y superficiales (baja fricción y elevada resistencia al desgaste).

4.1.4 Caracterización termomecánica de los polímeros

Las propiedades mecánicas de los polímeros (rigidez, dureza, tenacidad) varían con la temperatura y, mediante tres valores característicos (*temperatura de transición vítrea*, T_g; *temperatura de fusión*, T_m, para los termoplásticos semicristalinos; y *temperatura de descomposición*, T_d), se establecen tres o cuatro zonas características, según el polímero:

a) Por debajo de T_g, los polímeros tienen una consistencia rígida, dura y frágil, como la del vidrio.

b) Por encima de T_g, los polímeros pierden la fragilidad y se vuelven menos rígidos.

c) A la temperatura de fusión T_m, los termoplásticos semicristalinos pierden la cristalinidad y se ablandan.

d) A la temperatura T_d, todos los polímeros experimentan alteraciones químicas y se degradan.

A continuación se caracterizan los diferentes tipos de polímeros (ver la figura 4.1) en función de la variación del módulo de elasticidad, E, con la temperatura, T ($E \approx 3 \cdot G$, obteniendo G en un ensayo de vibración a torsión):

Plásticos termoplásticos amorfos

Muestran una disminución del módulo de elasticidad muy marcada en la zona de temperatura de transición vítrea, T_g. La zona de servicio (o de uso) se encuentra por debajo de esta temperatura y la de transformación, entre T_g y T_d.

Plásticos termoplásticos semicristalinos

Muestran una disminución del módulo de elasticidad poco acusada a la temperatura de transición vítrea, T_g, ya que conservan zonas cristalinas hasta la temperatura de fusión, T_m. La zona de servicio se halla por debajo de la temperatura de fusión, T_m, y la zona de transformación, entre T_m y T_d.

Plásticos termoestables

Son rígidos y frágiles durante todo el intervalo de temperaturas hasta la degradación, T_d, con una pequeña pérdida de rigidez poco antes de esta temperatura. La zona de servicio se tiene que distanciar de la temperatura de degradación.

Elastómeros termoplásticos

La rigidez disminuye de forma muy acusada a la temperatura de transición vítrea, T_g, para mantenerse después prácticamente constante hasta la temperatura de fusión, T_m. La zona de servicio se halla entre estas dos temperaturas (módulo de rigidez bajo), y la de transformación, entre T_m y T_d.

Elastómeros termoestables (o *permanentes*)

Presentan también una disminución muy pronunciada de la rigidez en la zona de la temperatura de transición vítrea, T_g, que después se mantiene prácticamente constante hasta la temperatura de degradación, T_d. La zona de servicio se encuentra entre estas dos temperaturas.

4.1.5 Modificaciones de las propiedades de los polímeros

Cada campo de aplicación exige requerimientos específicos que no siempre se corresponden con las características de los polímeros de base de los plásticos y de los elastómeros. Aun así, gracias a las enormes posibilidades de modificación de estos materiales, los fabricantes y transformadores de plásticos y elastómeros han sido capaces de adaptar las propiedades de los polímeros a las necesidades de cada aplicación, por medio de: a) modificaciones químicas; b) modificaciones físicas; c) modificaciones con aditivos.

Modificaciones químicas

Incidencia de los parámetros de las macromoléculas

El control de las reacciones de síntesis durante la polimerización permite incidir en algunos de los parámetros más significativos de las macromoléculas: *longitud media de las cadenas* (o peso molecular medio), *dispersión de las longitudes de cadena* (o desviación tipo de los pesos moleculares), *grado de ramificación* (número y longitud de las cadenas laterales que entroncan con la cadena principal) y *grado de cristalinidad* (en gran medida consecuencia de los parámetros anteriores), que influyen tanto en las propiedades del material como en las condiciones de transformación.

El incremento de la longitud media de las cadenas (asociado a una menor cristalinidad del material) mejora la resistencia al impacto (incluso a bajas temperaturas) y disminuye la deformación por calor (amplía, pues, el intervalo de temperaturas de servicio). También aumenta la viscosidad del material fundido, lo que incide en los procesos de transformación (inyección, extrusión, moldeo por soplado y calandrado que requieren viscosidades crecientes). Cuanto menor es la dispersión de las longitudes de la cadena de un polímero, más uniformes son sus propiedades.

El incremento de la ramificación (también asociado a una menor cristalinidad) disminuye la densidad, la resistencia, la rigidez y las temperaturas de servicio y transformación, pero aumenta el alargamiento, la resistencia al impacto, la dilatación térmica y la contracción.

Copolimerización

Un polímero puede resultar de la polimerización de un solo monómero (*homopolímero*) o de dos o más monómeros diferentes (*copolímero*, de dos monómeros; *terpolímero*, de tres monómeros).

Las propiedades de los copolímeros dependen de las características de los monómeros y de los porcentajes y tipo de secuencia que los forman: *a*) copolímero alternante: -A-B-A-B-A-; *b*) copolímero alternativo: -A-B-A-A-B-B-B-A-A-B-B-A-; *c*) copolímero de bloques: -A-A-A-B-B-A-A-A-B-B-; *d*) copolímero de injerto (lateral): -A-A-A(-B-B-B)-A-A(-B-B)-A-.

Modificaciones físicas

Mezcla (o aleación) de polímeros

Una aleación plástica (*blend* en inglés) es una mezcla de polímeros distintos (porcentajes superiores al 25%) que mejora algunas de las propiedades de sus componentes (resistencia al impacto, temperatura de termodeflexión, retraso de la llama).

Las aleaciones plásticas se designan por medio de las siglas de los componentes separadas por un signo +, con todo el conjunto encerrado dentro un paréntesis. Algunos de los más frecuentes son: (PVC+ABS), el primero que se introdujo; (PC+ABS); (PBT+PC); (PPE+S/B).

Estirado

Algunos procesos de transformación (laminación, moldeo por soplado) producen un estirado físico que mejora las propiedades mecánicas.

Modificaciones con aditivos

Los aditivos son sustancias que se añaden a los polímeros para modificar determinadas propiedades de los materiales plásticos o facilitar su fabricación. La tabla 4.1 muestra algunos de los principales aditivos y sus efectos.

Tabla 4.1 **Aditivos y sus efectos en los polímeros**

Aditivos	Efectos
Cargas (amianto, mica, yeso, aserrín, fibra corta)	Abaratan. Mejoran las propiedades
Refuerzos (fibra de vidrio, de carbono; fibra larga)	Mejoran las propiedades mecánicas (resistencia, rigidez, impacto)
Ignifugantes (hidróxido de aluminio, productos bromados)	Reducen la combustibilidad
Plastificantes (ftalato de dioctilo, ésteres)	Aumentan la plasticidad
Estabilizantes (poliéster)	Retrasan el envejecimiento
Aditivos conductores (negro de humo, microfibras de acero, de carbono)	Evitan la carga estática
Colorantes	Proporcionan un color definido
Lubricantes	Facilitan el moldeo
Aceleradores/Inhibidores (estearato)	Activan o retardan la polimerización
Agentes espumantes	Proporcionan polímeros espumados

4.1.6 Comportamiento mecánico de larga duración

Naturaleza viscoelástica de los polímeros termoplásticos

Los polímeros termoplásticos tienen al mismo tiempo un comportamiento viscoso y un comportamiento elástico, Cuando el material se somete a una tensión experimenta una deformación elástica (y almacena una energía potencial), pero simultáneamente inicia una lenta deformación plástica. Cuando cesa la tensión, se recupera la deformación y la energía elásticas, mientras que se inicia una lenta recuperación de la deformación viscosa que nunca consigue volver a su forma inicial: queda, pues, una deformación plástica remanente.

Otros materiales (metales y cerámicas) presentan el fenómeno de deformación bajo carga en el tiempo cuando trabajan a temperaturas relativamente elevadas, conocido con el nombre de *fluencia* o *creep* (limitaciones del aluminio para cables de alta tensión; o de las superaleaciones para rotores de turbina; sección 1.3.1).

Sin embargo, lo que caracteriza a los polímeros termoplásticos es que este fenómeno se manifiesta a temperatura ambiente y tiene un lento retorno viscoso, lo que constituye una de las principales limitaciones en sus aplicaciones.

Fluencia y relajación

Al analizar más a fondo el comportamiento viscoelástico de los polímeros termoplásticos, no aparece tan solo el fenómeno de la *fluencia* del material sometido a carga, sino también el fenómeno dual de la *relajación* de tensiones en piezas a las que se ha impuesto una deformación inicial (ensamblaje de poleas sobre ejes, ecliquetajes a presión, muelles con deformación constante).

Fluencia (o *creep*)

Anteriormente se ha descrito el fenómeno de la fluencia en un proceso de carga y descarga de tensiones en un material termoplástico (figura 4.2*a*). Si se mantiene la tensión permanentemente, se obtienen las *curvas de fluencia* (figura 4.2*c*), que muestran la deformación creciente del material hasta que, transcurrido un tiempo suficientemente prolongado, éste acaba rompiéndose (*curva de rotura*). Las curvas de fluencias crecen cuanto mayores son las tensiones.

Relajación

Atenuación progresiva de las tensiones en el tiempo para un material al que se le ha impuesto una deformación inicial. La representación de las tensiones en el tiempo proporciona las *curvas de relajación* (figura 4.2*d*) sin un límite análogo al de las curvas de rotura. Las curvas de relajación (el límite elástico impone los valores superiores) crecen cuanto mayores son las deformaciones.

Estos dos fenómenos (la fluencia y la relajación) conllevan relaciones entre cuatro parámetros: la *tensión*, σ, la deformación, ε, el tiempo, t, y la temperatura T; las curvas de relajación pueden deducirse de las de fluencia y viceversa. Pueden establecerse otras presentaciones o combinaciones de estos parámetros que sean adecuados a determinados requerimientos del diseño de piezas. Los buenos catálogos comerciales de termoplásticos térmicos suelen incluir las siguientes gráficas: *a*) *curvas del módulo de fluencia*; *b*) *curvas del módulo de relajación*; *c*) *curvas isócronas*; *d*) *curvas de resistencia a tensión permanente*.

Curvas del módulo de fluencia

El módulo de fluencia se define como el cociente entre la tensión constante aplicada sobre el material y la deformación creciente que experimenta a lo largo del tiempo. La representación de esta función da lugar a las curvas del módulo de fluencia (figura 4.3*a*), que dependen de otros dos parámetros: la tensión aplicada, σ, y la temperatura, T (las curvas son inferiores tanto para tensiones como para temperaturas crecientes). La literatura proporciona curvas del módulo de fluencia para tensiones de tracción o de flexión (se tiene que indicar). Algunas tablas de propiedades dan el módulo de fluencia $E_{c/t/\sigma}$ (a tracción o a flexión), para un tiempo y una tensión fijadas (sección 1.3), pero esta información (indicativa del comportamiento del material para unas condiciones dadas) es muy escasa para evaluar un fenómeno tan complejo como la fluencia.

Curvas del módulo de relajación

El *módulo de relajación* se define como el cociente entre la tensión (decreciente) en el tiempo y la deformación inicial impuesta al material. La representación de esta función da lugar a las *curvas del módulo de relajación* (figura 4.3*b*), que dependen de otros dos parámetros: la deformación inicial impuesta, ε, y la temperatura, T (las curvas disminuyen tanto para mayores deformaciones iniciales como para mayores temperaturas). En general, el módulo de relajación se da a compresión.

Curvas isócronas

Para piezas sometidas a tensiones prolongadas en el tiempo en las que hay que limitar la deformación, es útil el cálculo llamado *pseudoestático*, basado en las curvas isócronas (figura 4.3*c*) o relaciones entre tensión y deformación para un tiempo dado (y una temperatura dada). Se pueden construir a partir de las curvas de fluencia (ver la correspondencia de puntos entre las figuras 4.2*c* y 4.3*c*). A menudo, se toma como *módulo de fluencia* (para un tiempo determinado) la pendiente de las curvas isócronas en su primera zona aproximadamente lineal.

Curvas de resistencia a tensión permanente

Para piezas que, sometidas a una tensión prolongada en el tiempo, no deben romperse (por ejemplo, canalizaciones sometidas a presión interior o exterior), las curvas de resistencia a tensión permanente (derivadas de las curvas de rotura, figura 4.2*c*) proporcionan valores para el cálculo.

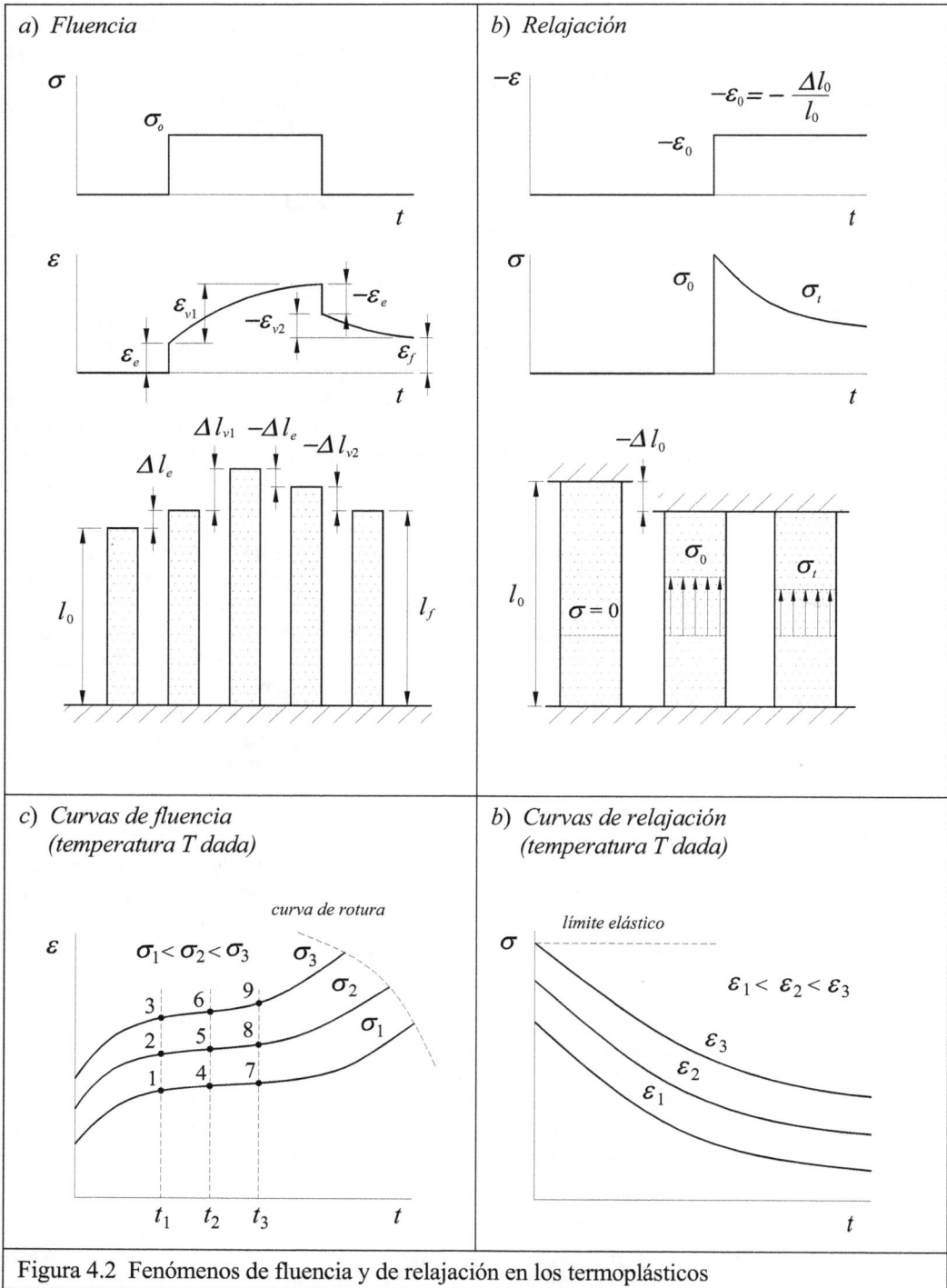

Figura 4.2 Fenómenos de fluencia y de relajación en los termoplásticos

a) *Módulo de fluencia*
   (temperatura T dada)

$$E_c(t) = \frac{\sigma}{\varepsilon(t)}$$

$\sigma_1 < \sigma_2 < \sigma_3$

b) *Módulo de relajación*
   (temperatura T dada)

$$E_c(t) = \frac{\sigma(t)}{\varepsilon}$$

$\varepsilon_1 < \varepsilon_2 < \varepsilon_3$

c) *Curvas isócronas*
   (temperatura T dada)

zona lineal

$t_1 < t_2 < t_3$

d) *Resistencia a tensión permanente*

$T_1 < T_2 < T_3$

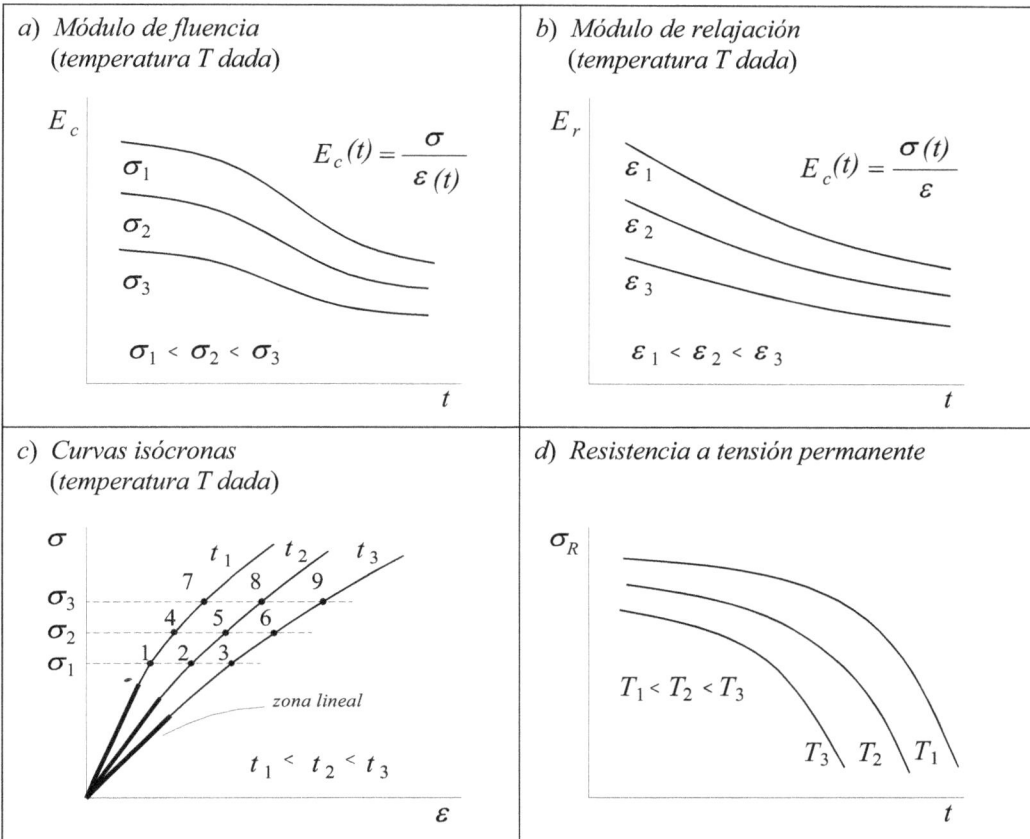

Figura 4.3 Características de diseño de los termoplásticos

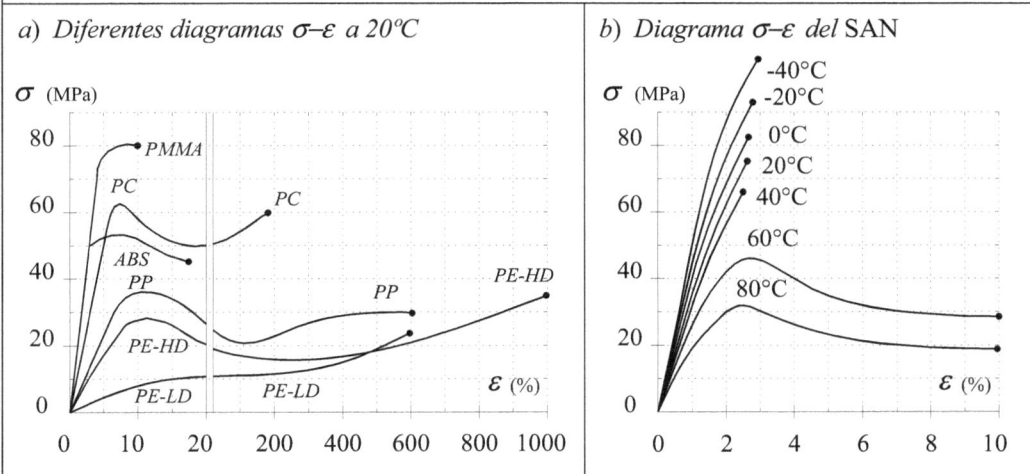

a) *Diferentes diagramas σ–ε a 20°C*

b) *Diagrama σ–ε del SAN*

Figura 4.4 Diagramas de tensión-deformación de diferentes termoplásticos. Variación con la temperatura

4.1.7 Comportamiento mecánico de corta duración

Diagrama de tensión-deformación

El diagrama de tensión-deformación que tan importante se para determinar los parámetros de cálculo de los metales, en los polímeros tiene a la vez una mayor complejidad (se usa para caracterizar los materiales), pero una menor incidencia práctica, ya que solo permite cálculos para cargas de corta duración mientras que, para cargas de larga duración hay que recurrir a las características de fluencia. Pueden distinguirse cinco tipos de polímeros (figura 4.4*a*):

a) Plásticos frágiles. Por ejemplo, el PMMA. Siguen la ley de Hooke, tienen elevadas rigideces y el límite elástico tiende a confundirse con la rotura; se caracterizan por la resistencia a la tracción, el alargamiento a rotura y el módulo de elasticidad. La mayoría de plásticos termoestables entran dentro de esta categoría.

b) Plásticos deformables. Por ejemplo, el ABS, las PA, el PC (la mayoría de plásticos técnicos de buena tenacidad). Cumplen razonablemente bien la ley de Hooke, tienen un límite elástico definido y experimentan una gran deformación plástica antes de romperse. Se caracterizan por el límite elástico, el alargamiento en el límite elástico, el alargamiento a rotura y el módulo de elasticidad.

c) Plásticos extensibles. Por ejemplo, el PE-HD, el PP. Presentan un límite elástico definido pero no siguen la ley de Hooke. Después del límite elástico experimentan un gran alargamiento hasta la rotura. Se caracterizan por el límite elástico, el alargamiento en el límite elástico y el alargamiento a rotura. La rigidez se mide por el módulo de elasticidad secante en la zona inicial del diagrama (0,05 y 0,25 % de deformación).

d) Plásticos flexibles. Por ejemplo, el PE-LD y el PVC-P. No cumplen la ley de Hooke, no muestran un límite elástico bien definido y experimentan grandes deformaciones antes de la rotura. Se caracterizan por la tensión a una determinada deformación y también por el módulo de elasticidad secante en la zona inicial del diagrama.

e) Elastómeros. Aparentemente, el diagrama se semejante al de los plásticos flexibles, pero se diferencian en que prácticamente toda la deformación es elástica (se recupera inmediatamente), mientras que en los primeros, habiendo cierto retorno viscoelástico (lento en el tiempo), la mayor parte de la deformación queda como alargamiento plástico.

Los polímeros pueden mostrar un comportamiento distinto a tracción que a compresión (menos acusado en polímeros reforzados) o a flexión (generalmente más elevado) o, incluso, a cortadura. Es por ello frecuente proporcionar también parámetros extraídos de los diagramas de tensión-deformación para este tipo de solicitación.

Comportamiento a fatiga

Los polímeros suelen tener un comportamiento a fatiga no excesivamente distinto del de los metales. Algunos muestran un límite de fatiga definido (por debajo de este valor no se produce rotura) y otros no. En este último caso se suele dar la resistencia a la fatiga para un valor convencional de ciclos (habitualmente 10^7). En la mayoría de plásticos, la resistencia a la fatiga para 10^7 ciclos suele hallarse entre el 20÷30% de la resistencia a la rotura. Hay que tener en cuenta la incidencia de la frecuencia de la vibración en el calentamiento debido a la histéresis (generalmente en los ensayos no se sobrepasa 10 Hz) y las modificaciones que introduce en el comportamiento del material.

Resistencia al impacto

Los polímeros muestran resistencias al impacto muy distintas. Mientras que los elastómeros tienen una gran tenacidad (ni tan solo se suele medir), los plásticos pueden ser desde muy tenaces (PE, PP, POM, PA, PC) hasta muy frágiles (PS, PMMA, algunos plásticos termoestables).

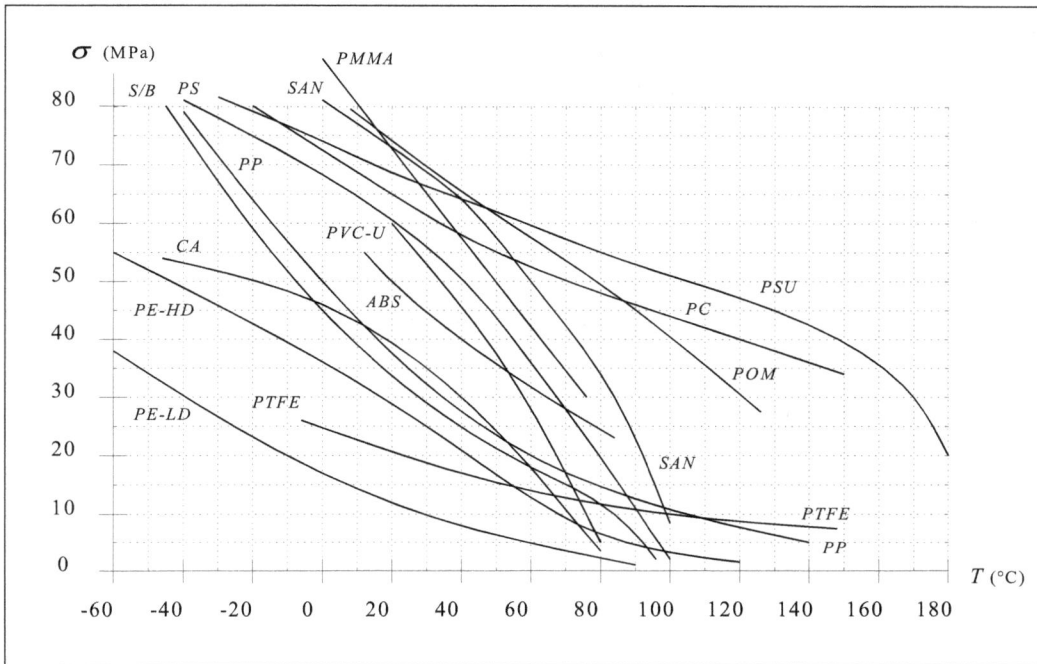

Figura 4.5 Variación de la resistencia a tracción de diferentes plásticos con la temperatura

a) Índice de desgaste según la rugosidad

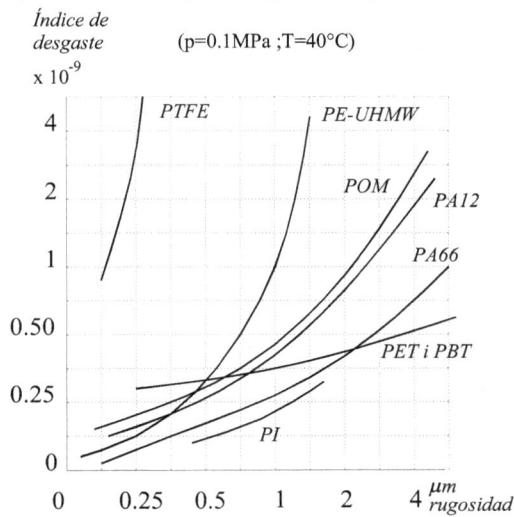

b) Índice de desgaste según la temperatura

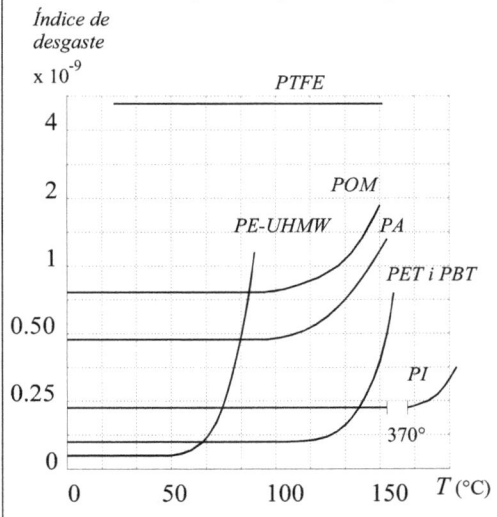

Figura 4.6 Variación del índice de desgaste según la rugosidad superficial y la temperatura

El principio utilizado para medir la resistencia al impacto de los plásticos es análogo al de los metales (diferencia de energía de un péndulo antes y después de romper una probeta), pero se han establecido normas específicas: ISO 179, para el ensayo según Charpy (probeta rota a flexión, apoyada por los dos extremos); ISO 180, para el ensayo según Izod (probeta rota a flexión, apoyada por un solo extremo). La probeta puede ser o no entallada, con entalla en forma de U o de V. Las probetas no entalladas de los plásticos tenaces no rompen.

Dureza

Para los elastómeros, la dureza es la propiedad que caracteriza sus propiedades mecánicas, mientras que en los plásticos es una propiedad complementaria. Los ensayos de dureza de los polímeros se basan en medir la profundidad de la deformación del material cuando se le aplica una bola con una determinada fuerza. La dureza *a la bola*, en la que interviene tanto la penetración como el tiempo (debido al carácter viscoelástico de los polímeros), es adecuada para los plásticos (termoplásticos y termoestables), mientras que el grado *de dureza internacional del caucho* (IRHD) se utiliza específicamente para los elastómeros. La dureza *Shore* (A y D), basada en un durómetro de bolsillo, menos preciso pero de fácil uso, se aplica a los termoplásticos blandos y a los elastómeros.

Influencia de la temperatura

En general, todos los polímeros (y de manera más destacada los termoplásticos) presentan fuertes variaciones en su comportamiento mecánico con la temperatura. A elevadas temperaturas disminuyen la resistencia a la tracción, el límite elástico, el módulo de elasticidad y la dureza, mientras que aumentan sensiblemente el alargamiento a la rotura y la tenacidad (la figura 4.5 muestra la variación de la resistencia a la tracción con la temperatura para los principales termoplásticos). Es más, al aumentar la temperatura, determinados polímeros (por ejemplo, SAN, figura 4.4*b*) pueden pasar de ser frágiles a ser dúctiles. A bajas temperaturas, todos los polímeros tienden a transformarse en rígidos y frágiles (incluso los elastómeros). Otras muchas propiedades físicas, mecánicas o tecnológicas también son función de la temperatura. Por ello, la fijación de las temperaturas máxima y mínima de servicio de los plásticos y elastómeros es tan importante, a la vez que constituye uno de los principales factores de selección.

4.1.8 Deterioro de los polímeros

Las formas de deterioro de los polímeros son distintas de las de los metales (la corrosión galvánica no es posible ya que no son conductores). Pero, en cambio, presentan varias formas de degradación que hay que tener en cuenta y, si es posible, evitar.

a) Absorción de líquidos, fundamentalmente agua (fría, caliente, en forma de humedad, vapor) en los plásticos, y aceites y grasas en los elastómeros. Los efectos son un hinchamiento del material y una pérdida de propiedades.

b) Ataque químico. A pesar de la buena estabilidad química de los polímeros, hay productos (generalmente los más afines) que atacan determinados materiales. En algunos plásticos puede darse la *tensofisuración*, degradación que resulta de la acción combinada del ataque químico y las tensiones mecánicas, mientras que en los elastómeros se produce la fisuración por ataque del ozono.

c) Envejecimiento. Consiste en la pérdida de propiedades de los polímeros (generalmente se endurecen y fragilizan) por efecto combinado del oxígeno del aire, las radiaciones UV y la exposición prolongada a temperatura.

d) Comportamiento a la llama. Por ejemplo: propagación o no de la llama (y en qué grado), producción de gases tóxicos o asfixiantes. Es un de los factores que más limitan la utilización de los polímeros. Muchos de ellos admiten aditivos ignifugantes.

4.1.9 Procesos de transformación

La fabricación de piezas de plástico y elastómero ofrece una gran diversidad de procedimientos que permiten obtener desde productos semielaborados de forma muy sencilla (extrusión, calandrado) hasta productos de gran complejidad (moldeo por inyección), y desde fabricaciones unitarias o de serie corta (laminado manual de materiales compuestos) hasta producciones en grandes series altamente automatizadas (moldeo por soplado).

En la breve presentación de los sistemas de fabricación que se presenta a continuación, se establecen tres niveles de procesos: *a*) preparación de los materiales, *b*) fabricación de productos semielaborados, *c*) fabricación de piezas. Los procesos específicos para fabricar piezas de plástico reforzado se describen en la sección 4.4.

Preparación de los materiales

En general, hay que preparar los materiales suministrados por los fabricantes (termoplásticos, termoestables o elastómeros) para adecuarlos a los requerimientos de cada aplicación mediante la incorporación de aditivos (cargas, fibras de refuerzo, lubricantes, ignifugantes, colorantes) o la formación de aleaciones.

La preparación de los termoplásticos se realiza en extrusoras especiales, con varias entradas dosificadas, de donde salen unos filamentos que son troceados en forma granular (o *granza*).

La preparación de los termoestables se realiza de dos maneras: *a*) *masas de moldeo*, que incluyen además de la resina y varios aditivos, las cargas o las fibras de refuerzo (después de moldeadas, reticulan por medio de calor); *b*) *mezclando dos componentes reactivos* que reticulan rápidamente; a partir de la mezcla, el tiempo para efectuar el conformado es muy breve. Una modalidad de este último sistema es el RIM.

Los cauchos se preparan por medio de la malaxación (o ablandamiento mecánico) del material, normalmente en mezcladoras internas, fase en la que se realiza la incorporación de aditivos.

Fabricación de productos semielaborados

Se entiende por productos semielaborados aquellos materiales con una composición adecuada y formas sencillas (películas, láminas, barras, tubos, perfiles) que permiten su posterior elaboración o transformación en piezas o componentes con la forma definitiva. Los principales procesos para fabricar productos semielaborados son:

Extrusión (Ex)

Proceso que se basa en plastificar el material entrante (generalmente granulado) en una cavidad cilíndrica calentada y, mediante uno o dos husillos, hacerlo fluir, por la acción combinada de la temperatura y la presión (originada por fricción o por efecto volumétrico), a través de una hilera con la forma de la sección del producto semielaborado (película, lámina, barra, tubo, perfil, revestimiento de hilos, de láminas; figura 4.7*a*). La extrusión es el procedimiento más utilizado en la primera transformación de los termoplásticos (cerca del 75% de los de consumo y 50% del total), pero también se utiliza para transformar algunos termoestables (PF, UF; reticulan al pasar por la hilera y así crean la contrapresión) y elastómeros (antes de vulcanizar). A menudo se sigue la extrusión con otros procesos que proporcionan la configuración final al material (formación de bolsas, moldeo por soplado, termoconformado de láminas, mecanizado de barras, en los termoplásticos; tubos compuestos, juntas de ventanas y vulcanizado posterior, en los elastómeros).

Soplado de láminas (SL)

Proceso que permite dilatar un tubo a la salida de una extrusora para formar una película circular muy delgada y de gran diámetro de la que se hacen bolsas, especialmente de PE-LD (figura 4.7*b*).

Coextrusión

Proceso que combina dos o más unidades extrusoras en serie o en paralelo para fabricar tubos o láminas multicapa, eventualmente con la incorporación de tejidos de refuerzo. Este sistema es frecuente en la fabricación de conducciones y mangueras de elastómeros (figura 4.7c).

Calandrado (Cal)

Proceso que consiste en hacer pasar un plástico o un elastómero entre dos (o más) rodillos calentados, de manera que a la salida se obtienen láminas de tolerancias de espesor muy estrechas (cintas magnéticas de poliéster). El calandrado es adecuado para crear mezclas de plásticos, fabricar láminas multicapa, procesar materiales sensibles a la temperatura (especialmente PVC-U, PVC-P), recubrir tejidos u obtener láminas de elastómero (figura 4.7d).

Fabricación de piezas

La transformación de los plásticos y de los elastómeros en piezas de formas no simples requiere un molde para cada una de ellas y, según su coste, las series económicas de fabricación son más o menos elevadas. Los principales procesos de fabricación de piezas son:

Moldeo por inyección (o simplemente *inyección*) (Iny)

Proceso que se inicia en una unidad análoga a la de una extrusora de un solo husillo. Durante la plastificación y con la salida obturada, el husillo se desplaza hacia atrás impulsado por el movimiento de giro y, en el momento de la inyección, un émbolo empuja el husillo hacia adelante, lo que introduce el material a muy alta presión en el molde (generalmente refrigerado), donde se solidifica rápidamente. Finalmente, se abre el molde y se extrae la pieza (figura 4.8a y b). Este proceso, barato y de gran productividad (normalmente varias operaciones por minuto), se presta a un alto grado de automatización y permite obtener una gran variedad de formas. Sin embargo, cada pieza requiere un molde específico de elevada complejidad con un coste que sólo se justifica para series elevadas. La inyección es el proceso más utilizado en la fabricación de piezas de termoplástico (PE-HD, PP, PS y los plásticos técnicos).

La inyección de termoplásticos reforzados con fibra corta (0,2÷0,4 mm) tiene algunas diferencias: la mayor viscosidad del material obliga a mayores presiones y la rigidez superior dificulta la extracción de la pieza, pero a la vez disminuye el tiempo de ciclo al permitir el desmoldeo a mayor temperatura. Debe tenerse en cuenta el efecto abrasivo de las fibras sobre la unidad de inyección y el molde.

La inyección de termoestables es cada día más importante por la gran productividad del proceso, pero también debe adaptarse a los nuevos requerimientos de flujo y de reticulado. El cilindro de inyección trabaja por debajo de la temperatura de reticulado (contrariamente a los termoplásticos, que se calientan para reblandecer el material), mientras que se calienta el molde para asegurar el reticulado (contrariamente a los moldes para termoplásticos, que se refrigeran para solidificar el material). También se fabrican piezas de plástico reforzado a partir de masas de moldeo (SMC o BMC).

Moldeo por inyección-reacción (RIM)

En el RIM (*reaction injection moulding*), los reactivos líquidos que formaran la resina termoestable se mezclan justo antes de inyectarse, de manera que el reticulado se produce en el molde (figura 4.9). Si se incorporan fibras cortas en un de los reactivos, se obtiene el RIM reforzado (o R-RIM) mientras que si se introducen fibras largas en el molde, se obtiene el RIM estructural (o S-RIM). Este proceso resulta económico gracias al cabezal mezclador y a la recuperación y recirculación del sobrante de material. Si bien el RIM se aplica especialmente a los poliuretanos (PUR), otros termoestables (UP, EP) se adaptan bien a su rápida polimerización. Dadas las bajas presiones de inyección (los reactivos son muy fluidos), se pueden utilizar moldes de Al (menos resistentes pero más ligeros) y el área proyectada de la pieza puede ser hasta 10 veces superior a la de la inyección convencional (piezas de grandes dimensiones: parachoques, tableros de mando).

Moldeo por soplado (MS)

Proceso por el que un tubo obtenido en una extrusora se transforma en botellas, envases o depósitos vacíos. Situada la parte extrema del tubo en la cavidad del molde, se inyecta aire a presión en su interior que proyecta el material contra las paredes, donde adquiere la forma y se solidifica. Posteriormente, se corta el cuello de entrada, se abre el molde y se extrae la pieza (figura 4.7*a*). Es un proceso de gran productividad, muy utilizado en la industria del envase para transformar termoplásticos (PE-HD, PET, PVC), pero resultan piezas de espesores muy distintos.

Moldeo por inyección-soplado (MIS)

Procedimiento semejante al moldeo por soplado que se diferencia de él porque, inicialmente, se inyecta una preforma en un primer molde y, después, mediante aire a presión, se impulsa el material contra un segundo molde con la forma definitiva (figura 4.10*a*). Permite obtener envases y depósitos de mejor calidad (espesores más uniformes y las fibras orientadas).

Moldeo por inyección-sándwich (MISw)

Variante del moldeo por inyección que permite fabricar piezas con dos componentes, un material de altas características situado en la capa exterior y otro material más barato (una espuma o un material de reciclaje) en el núcleo. Primero se inyecta el material periférico llenando parcialmente el molde y, después, se inyecta el material del núcleo que fluye por su interior empujándolo hacia las paredes. Finalmente, una pequeña inyección del primer material cierra la capa exterior y prepara el nuevo ciclo (figura 4.10*b*). Este procedimiento permite disminuir el peso o abaratar el coste de las piezas.

Moldeo por inyección-espumado (MIE)

Proceso de inyección de un termoplástico con agentes espumantes en un molde, donde se produce su expansión. Al inyectar el material, la menor presión en el molde permite expandir el gas espumante que empuja el material hacia las paredes, y se obtienen así piezas con una capa exterior compacta y una gradación de densidades decrecientes hacia el núcleo (son las llamadas *espumas estructurales* o *integrales*). Se obtienen densidades comprendidas entre el 30÷70% de la del material de base y relaciones de resistencia/masa y rigidez/masa mucho más elevadas. Si bien se pueden fabricar con máquinas inyectoras convencionales, la baja presión del proceso (10÷20 bars) y las grandes dimensiones de muchas piezas han llevado a desarrollar máquinas inyectoras especializadas.

Moldeo por rotación (MR)

Proceso que, por efecto de las fuerzas centrífugas creadas por el giro simultáneo del molde sobre dos ejes perpendiculares, permite fabricar desde pequeñas piezas vacías de espesores homogéneos (muñecas, pelotas) hasta piezas de grandes dimensiones y paredes gruesas de 10 mm y más (planchas de surf, palas de rotor, pequeñas embarcaciones). El material se introduce en forma de polvos o de masa de moldeo y el conjunto de moldes en rotación se calientan en un horno (los termoplásticos funden y los termoestables reticulan); después se enfría el molde para solidificar el material en los termoplásticos y, finalmente, se extrae la pieza libre de tensiones internas (figura 4.11). Debido a las bajas presiones, los moldes son relativamente baratos (aluminio fundido, chapa de acero). El material más utilizado es el PE, pero también se moldean otros termoplásticos (PP, PS, ABS, PA, PC) con o sin fibras de refuerzo. El procedimiento también es apto para fabricar piezas de termoestables y de materiales compuestos con fibra larga.

Moldeo por prensado (MP)

Proceso típico de transformación de termoestables y elastómeros que consiste en introducir una cantidad conocida de material en polvo, granulado o como preforma, en un molde abierto calentado (generalmente a 130÷200°C) y, mediante una prensa, aplicar un contramolde que imprima la forma a la pieza (figura 4.12*a*).

a) *Extrusión y moldeo posterior por soplado*

b) *Soplado de láminas*

c) *Coextrusión*

d) *Calandrado (fabricación de película de PVC-P)*

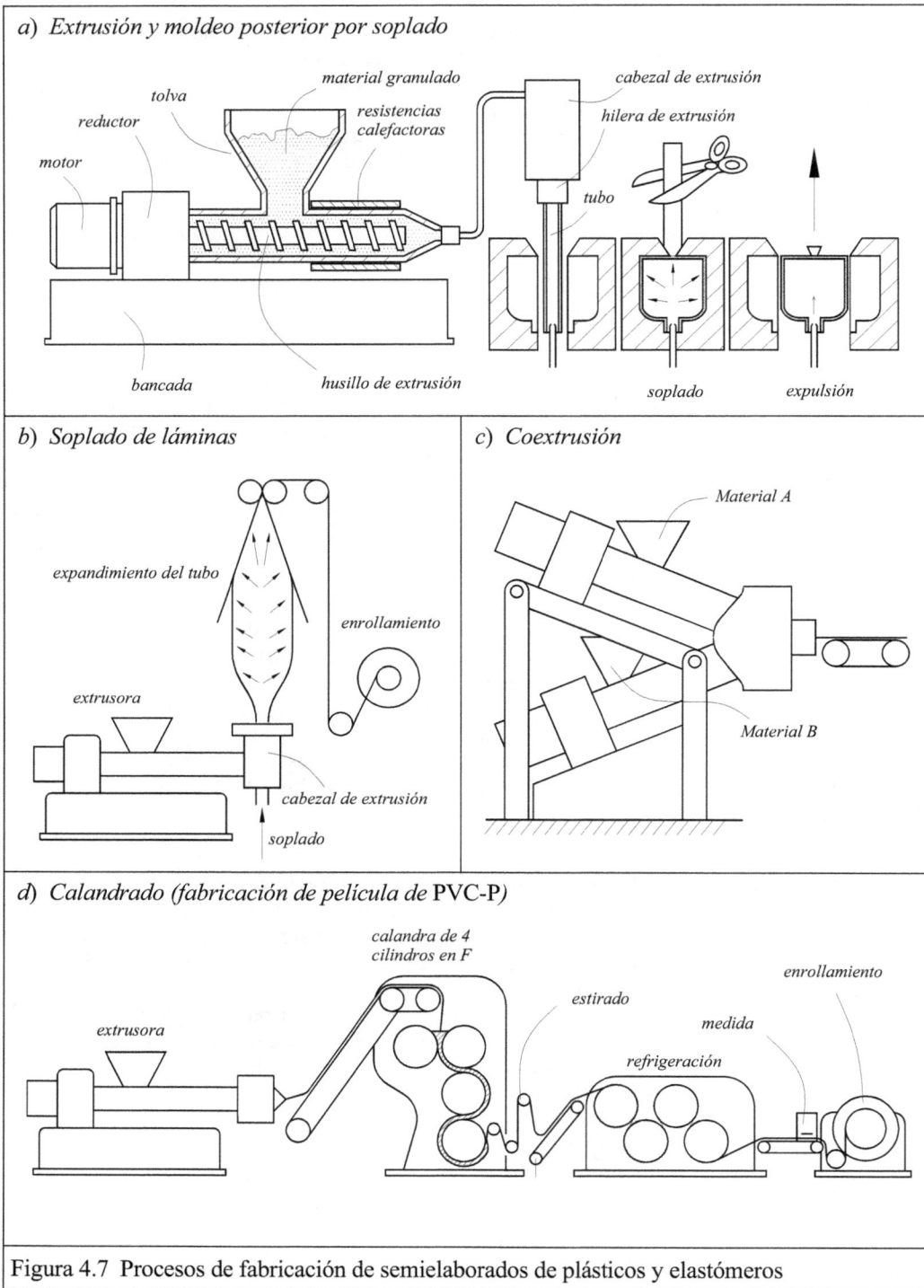

Figura 4.7 Procesos de fabricación de semielaborados de plásticos y elastómeros

a) *Fase de inyección y de moldeo*

b) *Fase de plastificación y desmoldeo*

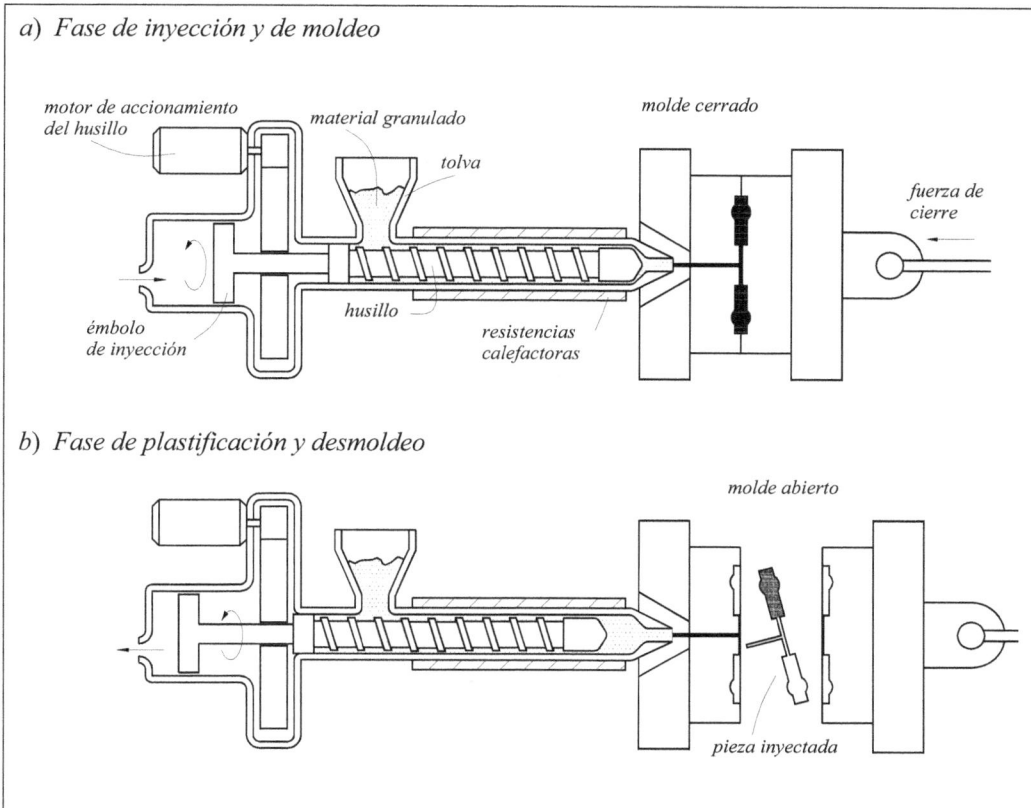

Figura 4.8 Moldeo por inyección

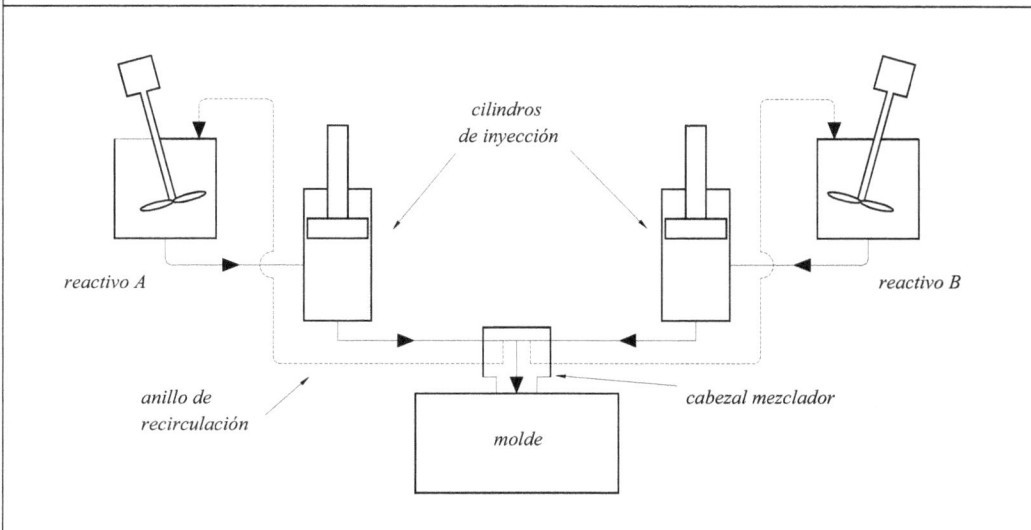

Figura 4.9 Moldeo por inyección-reacción (RIM)

a) *Moldeo por inyección-soplado*

inyección
preforma   calentamiento   soplado   expulsión

b) *Moldeo por inyección-sándwich*

inyección A   inyección B   final inyección

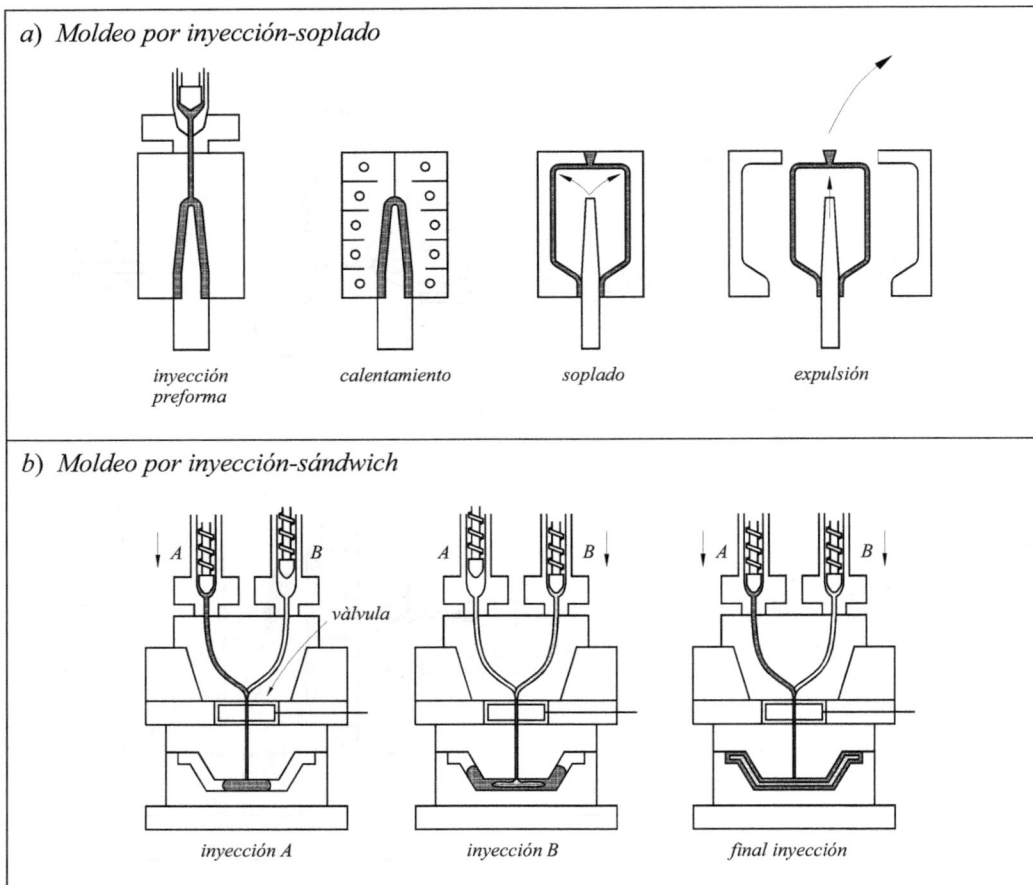

Figura 4.10   Variantes del moldeo por inyección: inyección-soplado, inyección-sándwich

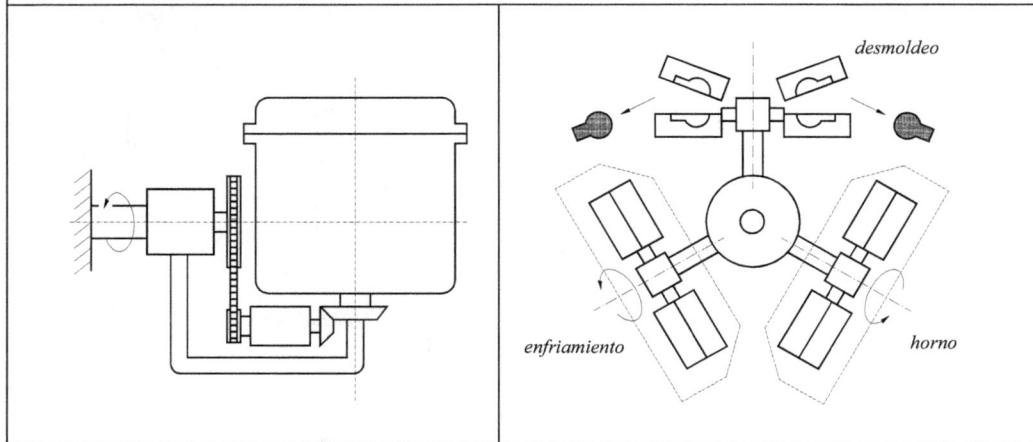

Figura 4.11   Moldeo por rotación

a) *Moldeo por prensado*

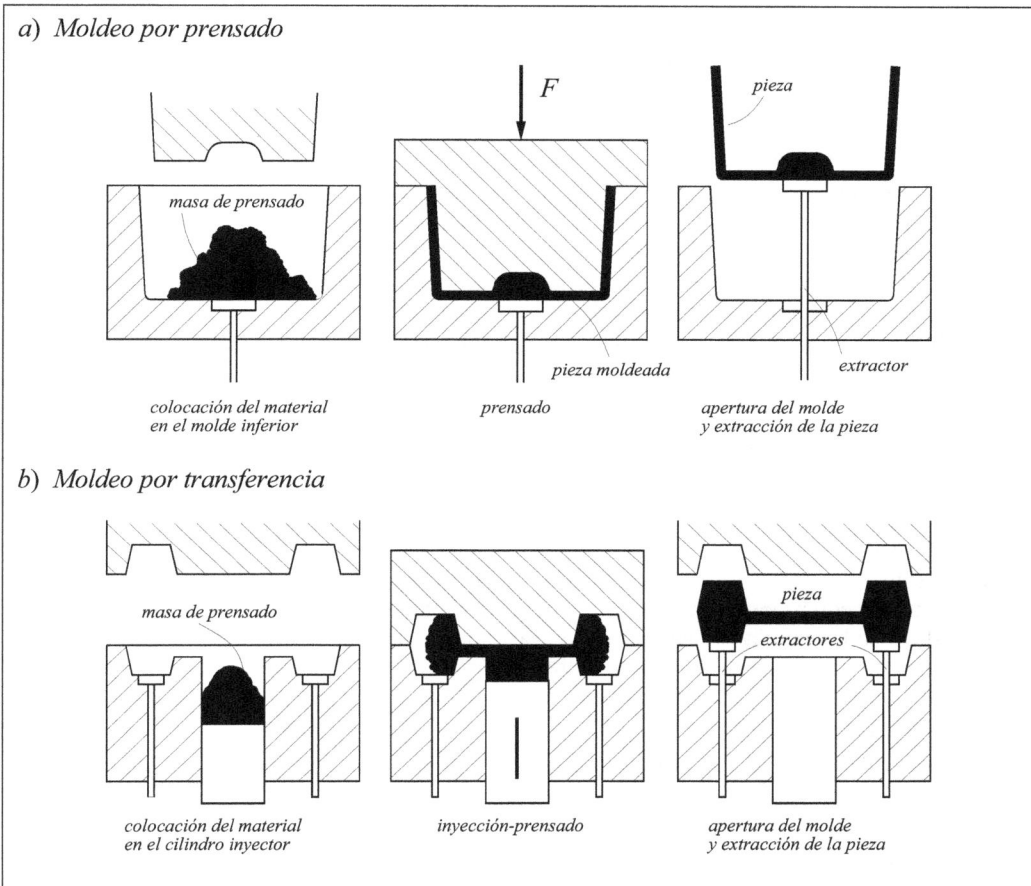

colocación del material en el molde inferior

prensado

apertura del molde y extracción de la pieza

b) *Moldeo por transferencia*

colocación del material en el cilindro inyector

inyección-prensado

apertura del molde y extracción de la pieza

Figura 4.12 Moldeo por prensado y moldeo por transferencia

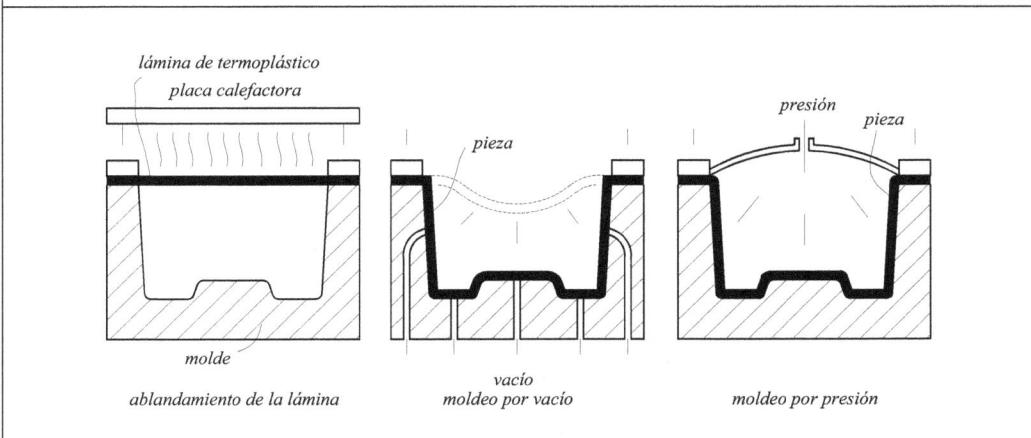

ablandamiento de la lámina

vacío
moldeo por vacío

moldeo por presión

Figura 4.13 Termoconformado

Este proceso de baja productividad (tiempo de reticulado largo) sólo permite obtener formas sencillas y da lugar a tolerancias poco precisas (difícil dosificación), pero el coste del utillaje es muy económico. El moldeo por prensado es apto para conformar materiales SMC (*sheet moulding compounds*), para piezas en forma de láminas, y materiales BMC (*bulk moulding compounds*) para piezas de forma volumétrica.

Moldeo por transferencia (RTM)

En el RTM (*resin transfer moulding*), proceso similar al anterior, el material calentado en un cilindro se transfiere bajo presión a la cavidad del molde (también caliente). Después del reticulado o el vulcanizado, se extrae la pieza (figura 4.12*b*). Este sistema permite formas más intricadas, mejora la distribución de temperaturas, acorta el tiempo de ciclo y disminuye las distorsiones del material. Es adecuado para materiales termoestables o elastómeros que fluyen con relativa facilidad y permite la fabricación de piezas de material compuesto si, previamente, se han introducido fibras largas en el molde (plásticos reforzados) o los insertos metálicos (articulaciones elásticas y componentes de goma-metal).

Moldeo por colada (MCol)

Proceso que consiste en verter los componentes reactivos de una resina en el interior de un molde, donde polimeriza sin presión en frío o en caliente.

Termoconformado (Tc)

Procedimiento para transformar una lámina de material termoplástico en una pieza con relieve (juguetes, mapas con relieve, grandes piezas de recubrimiento). Después de calentar la lámina de termoplástico, se la empuja hacia el molde, ya sea por succión mediante vacío, ya sea por soplado. Una vez la pieza se ha solidificado, se extrae (figura 4.13). Es un proceso adecuado para series cortas o medianas, ya que el molde es relativamente barato.

Otros procesos

Finalmente, no hay que olvidar otros procesos que también tienen su importancia en la fabricación de piezas y componentes con polímeros:

Mecanización (Mec)

Muchos termoplásticos, especialmente los técnicos y los plásticos termoestables, pueden mecanizarse con cierta facilidad a fin obtener la forma deseada (engranajes, poleas, cojinetes), sobretodo en series cortas. Las operaciones más frecuentes son el torneado, el fresado y el taladrado.

Soldadura (Sol)

Dos piezas del mismo termoplástico (y en algunos casos de plásticos compatibles) pueden unirse por soldadura (el material se calienta hasta hacerse viscoso y después se presiona una pieza contra la otra). Las principales formas de generar el calor son: *a*) *calentamiento por contacto*, con un elemento calefactor; *b*) *soldadura por ultrasonidos*, con vibraciones sonoras de alta frecuencia (20÷40 kHz) que calientan las partes en un tiempo muy breve (0,2÷2 segundos); *c*) *soldadura por fricción*, con el calor originado por rozamiento entre las dos partes a soldar; *d*) *soldadura por efecto dieléctrico*, donde el calor se origina por pérdidas dieléctricas provocadas por un campo eléctrico de alta frecuencia (RF o HF).

Roblonado, unión por adhesivos

Una de las formas de unión más interesantes de los termoplásticos es el remachado de partes salientes sobre otros elementos (especialmente agujeros en planchas de metal), deformados mediante calor.

También son de gran interés las posibilidades de unión de distintos elementos (plástico/plástico o plástico/metal) por medio de adhesivos. La mayor parte de los plásticos se pueden unir por medio de adhesivos epoxi (excepto PE y PTFE, que utilizan adhesivos fenólicos y de silicona) y adhesivos de la misma naturaleza que los materiales que se unen.

4.2 Plásticos

4.2.1 Introducción

Los plásticos son materiales basados en polímeros de consistencia rígida (en comparación con los elastómeros) que, normalmente, en algún momento de su conformación adquieren una consistencia plástica.

Los plásticos tienen múltiples aplicaciones como materiales estructurales, ya que compensan su poca resistencia y rigidez con su baja densidad. Presentan también un conjunto de propiedades muy adecuadas en su relación con el usuario: sensación de ligereza, sensación de atemperado térmico (ni frío ni calor, debido a su baja conductividad térmica), sensación de no agresividad (flexibilidad, cantos no cortantes), protección eléctrica (son aislantes), buena presencia visual (gran libertad de formas, buenos acabados superficiales, fácil coloreado), son baratos (favorecido por la baja densidad) y de fácil conformado, y son resistentes a muchos agentes químicos. En el lado negativo se halla una temperatura de servicio máxima muy limitada (en comparación con los metales), una estabilidad dimensional pequeña y el peligro de degradación por envejecimiento.

Se dividen clásicamente en *termoplásticos* y *termoestables*, según la aptitud o no para deformarse plásticamente al ser calentados después de la polimerización; también pueden clasificarse según la estructura química de los polímeros de base. Sin embargo, en este texto se da prioridad a la agrupación según criterios orientados a las aplicaciones.

Grupos de plásticos

Plásticos de consumo

Plásticos de bajo coste, de propiedades mecánicas y térmicas muy moderadas y con temperaturas de servicio limitadas a 100 °C; sus propiedades y características son adecuadas para objetos de uso cotidiano. Entre los plásticos de consumo hay las poliolefinas (PE-LD, PE-HD, PP), los poliestirenos (PS, SAN, S/B) y determinados plásticos clorados (PVC-U, PVC-P). Todos ellos son termoplásticos y los procesos de conformado más utilizados (extrusión, moldeo por inyección, moldeo por soplado, calandrado) permiten grandes producciones con unos costes de transformación muy económicos. Totalizan más del 80% del consumo global de plásticos.

Plásticos técnicos

Son plásticos de coste más elevado, con propiedades mecánicas (resistencia, rigidez, impacto) y térmicas más elevadas y unas temperaturas de servicio máximas comprendidas entre 80÷150°C. Estas propiedades van unidas, en muchas ocasiones, a un buen comportamiento a la abrasión y al deslizamiento, a una buena exactitud y estabilidad dimensional, fruto de la escasa contracción y a una relativamente baja dilatación. Entre los plásticos técnicos hay varios termoplásticos como el ABS, los poliésteres saturados (PET y PBT), los poliacetales (POM), las poliamidas (PA6, PA66, PA11, PA12), el policarbonato (PC) y el poli(éter de fenileno) (PPE), así como también la mayoría de los plásticos termoestables como los fenoplastos (PF), los aminoplastos (UF y MF), los poliésteres insaturados (UP), los epoxis (EP) y los poliuretanos termoestables (PUR).

Plásticos de altas prestaciones

Son plásticos de coste muy elevado (muchos de ellos aún en fase experimental), que a menudo requieren técnicas y maquinaria especiales para su transformación. Mantienen unas buenas propiedades mecánicas más allá de los 150 °C, características hasta hace poco no posibles en un plástico. Entre ellos hay las polisulfonas (PSU, PES), el poli(sulfuro de fenileno) (PPS), las polietercetonas (PEK y PEEK), las poliimidas (PI) y los polímeros de cristal líquido (LCP).

Plásticos especiales

Son plásticos de coste entre moderado y muy alto que poseen alguna propiedad remarcable, siendo el resto de propiedades (especialmente las mecánicas y térmicas) poco destacables. Entre ellos se hallan el poli(metacrilato de metilo) (PMMA), con una transparencia y estabilidad a la luz excelentes; el polietileno de ultra elevado peso molecular (PE-UHMW), con propiedades de deslizamiento y resistencia a la abrasión muy buenas; los polímeros de la celulosa (CA, CAB), por su resistencia al impacto, la transparencia y la adecuación para piezas con insertos; el poli(cloruro de vinilideno) (PVDC), por su muy baja permeabilidad; o los plásticos fluorados (PTFE, FEP, PFA, E/TFE), por las propiedades deslizantes y antiadherentes, y las temperaturas de servicio muy altas y muy bajas.

Estas agrupaciones responden fundamentalmente a tendencias en la aplicación y pretenden ser una ayuda para una mejor comprensión de los plásticos desde este punto de vista. Pueden variar con el transcurso del tiempo debido a factores como el abaratamiento de los precios de algunos de ellos (el poliéster saturado PET *amorfo*, que hoy día es un verdadero plástico de consumo) o el desarrollo de nuevas variantes con mayores prestaciones (como es el caso del PP, que se sitúa en la misma frontera de los plásticos técnicos).

4.2.2 Normativa y designaciones

La mayoría de normas europeas sobre plásticos (en la forma EN-ISO) se corresponden a las normas internacionales (ISO, IEC) con la misma numeración. Más delante, la tabla 4.5 establece las principales equivalencias entre las normas de ensayo más utilizadas (internacionales ISO, IEC; americanas ASTM; y antiguas alemanas DIN).

A continuación se citan algunas de las principales normas internacionales relativas a plásticos.

Definiciones

ISO 472:1999	Plásticos. Vocabulario.
ISO 1043-1/4	Plásticos. Símbolos y abreviaturas. Parte 1 (2001): Polímeros básicos y sus características especiales. Parte 2 (2000): Cargas y materiales de refuerzo. Parte 3. (2000): Plastificantes. Parte 4 (1996): Retardantes de la llama (1998).
ISO 11469:2000	Plásticos. Identificación genérica y marcado de productos de materias plásticas.
prEN 15342:2006	Plásticos. Plásticos reciclados. Caracterización de reciclados de poliestireno (PS).
prEN 15343:2006	Plásticos. Plásticos reciclados. Trazabilidad y evaluación de conformidad del reciclado de plásticos y del contenido en reciclado.
prEN 15344:2006	Plásticos. Plásticos reciclados. Caracterización de reciclados de polietileno (PE).
prEN 15345:2006	Plásticos. Plásticos reciclados. Caracterización de reciclados de polipropileno (PP).
prEN 15346:2006	Plásticos. Plásticos reciclados. Caracterización de reciclados de poli(clorur de vinilo) (PVC).
prEN 15347:2006	Plásticos. Plásticos reciclados. Caracterización de residuos plásticos.
prEN 15348:2006	Plásticos. Plásticos reciclados. Caracterización de reciclados de poli(tereftalato de etileno) (PET).

Ensayos

ISO 62: 1999	Plásticos. Determinación de la absorción de agua.
ISO 75-1/3:2004	Plásticos. Determinación de la temperatura de deflexión bajo carga. Parte 1: Método de ensayo general. Parte 2: Plásticos y ebonita. Parte 3: Laminados termoestables de alta resistencia y plásticos reforzados con fibra larga.
ISO 175:1999	Plásticos. Métodos de ensayo para la determinación de los efectos de la inmersión en productos químicos líquidos.
ISO 178:2001	Plásticos. Determinación de las propiedades de flexión
ISO 179-1/2	Plásticos. Determinación de las propiedades al impacto Charpy. Parte 1 (2000): Ensayo de impacto no instrumentado. Parte 2 (1997): Ensayo de impacto instrumentado.
ISO 180:2000	Plásticos. Determinación de la resistencia al impacto Izod.

ISO 294-1/4	Plásticos. Moldeo por inyección de probetas de materiales termoplásticos. Parte 1 (1999): Principios generales, y moldeo de probetas de usos múltiples y de barras. Parte 2 (1996): Barras pequeñas para tracción. Parte 3 (2004): Placas de pequeño tamaño. Parte 4 (2001): Determinación de la contracción de moldeo.
ISO 306:2004	Plásticos. Determinación de la temperatura de reblandecimiento Vicat.
ISO 489:1999	Plásticos. Determinación del índice de refracción.
ISO 527-1/5	Plásticos. Determinación de las propiedades a tracción. Parte 1 (1993): Principios generales. Parte 2 (1993): Condiciones de ensayo para plásticos para moldeo y extrusión. Parte 3 (1995): Condiciones de ensayo para películas y hojas. Parte 4 (1997): Condiciones de ensayo para materiales plásticos compuestos reforzados con fibras isótropas y ortótropas. Parte 5 (1997): Condiciones de ensayo para plásticos compuestos reforzados con fibras unidireccionales.
ISO 604:2002	Plásticos. Determinación de las propiedades de compresión.
ISO 868:2003	Plásticos y ebonita. Determinación de la dureza de indentación por medio de un durómetro (dureza Shore).
ISO 877:1994	Plásticos. Métodos de exposición directa a la intemperie, de exposición indirecta filtrada por vidrio, y a la luz del día intensificada por espejos de Fresnel (sustituye ISO 4607).
ISO 899:2003	Plásticos. Determinación del comportamiento a fluencia. Parte 1: Fluencia a tracción. Parte 2: Fluencia a flexión por el método de carga en tres puntos.
ISO 1183-1/3	Plásticos. Métodos para determinar la densidad de plásticos no celulares. Parte 1 (2004): Método de inmersión, método del picnómetro líquido y método de valoración. Parte 2 (2004): Método de la columna por gradiente de densidades. Parte 3 (1999): Método del picnómetro de gas.
ISO 2039-1/2	Plásticos. Determinación de la dureza. Parte 1 (2001): Método de la indentación a la bola. Parte 2 (1987): Dureza Rockwell.
ISO 3146:2000	Plásticos. Determinación del comportamiento en fusión (temperatura de fusión o intervalo de fusión) de polímeros semicristalinos mediante los métodos del tubo capilar y del microscopio de polarización.
ISO 6601:2002	Plásticos. Fricción y desgaste por deslizamiento. Identificación de parámetros de ensayo.
ISO 6603-1/2	Plásticos. Determinación del comportamiento de los plásticos rígidos frente al impacto multiaxial. Parte 1 (1985): Método de caída del dardo. Parte 2 (1989): Ensayo de impacto instrumentado.
ISO 6721-1/10	Plásticos. Determinación de las propiedades mecano-dinámicas. Parte 1(2001): Principios generales. Parte 2 (1994): Método del péndulo de torsión (sustituye ISO 537). Parte 3 (1994): Vibración a flexión. Método de la curva de resonancia. Parte 4 (1994): Vibración a tracción. Método de no resonancia. Parte 5 (1996) Vibración a flexión. Método de no resonancia. Parte 6 (1996): Vibración de cortadura. Método de no resonancia.
ISO 8256:2004	Plásticos. Determinación de la resistencia al impacto-tracción.
ISO 8295:1995	Plásticos. Películas y láminas. Determinación de los coeficientes de fricción.
ISO 8302:1991	Aislamiento térmico. Determinación de la resistencia térmica y de las propiedades térmicas en régimen estacionario. Método de la placa caliente guardada (1991).
ISO 9352:1995	Plásticos. Determinación de la resistencia al desgaste por medio de ruedas abrasivas.
ISO 11357-1/3	Plásticos. Calorimetría diferencial de barrido (DSC). Parte 1 (1997): Principios generales. Parte 2 (1999): Determinación de la temperatura de transición vítrea. Parte 3 (1999): Determinación de la temperatura y la entalpía de la fusión y la cristalización. Parte 4 (2005): Determinación de la capacidad calorífica específica; Parte 5 (1999): Determinación de las temperaturas y tiempos característicos de la curva de reacción, de la entalpía de reacción y del grado de transformación. Parte 6 (2002): Determinación del tiempo de inducción a la oxidación. Parte 7 (2002): Determinación de la cinética de cristalización.

ISO 11359-1/3	Plásticos. Análisis termomecánico (TMA). Parte 1 (1999): principios generales. Parte 2 (1999): Determinación del coeficiente de dilatación térmico lineal y de la temperatura de transición vítrea. Parte 3 (2002): Determinación de la temperatura de penetración.
ISO 22068:2006	Plásticos. Determinación de la resistencia a la fisuración bajo esfuerzo en un ambiente activo (ESC). Parte 1: Guía general. Parte 2: Método del esfuerzo de tracción constante (sustituye ISO 6252). Parte 3: Método de la probeta curvada (sustituye ISO 4599). Parte 4: Método de impresión con aguja o con bola (sustituye ISO 4600).
IEC 60093:1980	Métodos de prueba para la resistividad de volumen y resistividad de la superficie de materiales aislantes eléctricos sólidos.
IEC 60112:2003	Método de determinación de los índices de resistencia y de prueba a la formación de caminos conductores de los materiales aislantes sólidos
IEC 60243	Rigidez dieléctrica de los materiales aislantes. Métodos de ensayo. Parte 1 (1998): Ensayos a frecuencias industriales. Parte 2 (2001): Requisitos complementarios para ensayos con tensión continua. Parte 3 (2001): Requisitos complementarios para ensayos de impulsos a 1,2/50 μs.
IEC 60250:1999	Métodos recomendados para determinar la permeatividad y el factor de disipación de aislantes eléctricos a frecuencias industriales, audibles y radioeléctricas (incluidas las ondas métricas).
IEC 60695:2003	Ensayos relativos al riesgo de fuego. Parte 11-10 (2003): Llamas de ensayo. Métodos de ensayo horizontal y vertical a la llama de 50 W (sustituye ISO 1210). Parte 11-20 (2003): Llamas de ensayo. Métodos de ensayo a la llama de 500 W.

Designación

El sistema de designación de los termoplásticos se basa en el siguiente patrón normalizado:

Designación						
Descripción (opcional)	Bloque de identificación					
	Número de la norma internacional	Bloque de datos particulares				
		Bloque de datos 1	Bloque de datos 2	Bloque de datos 3	Bloque de datos 4	Bloque de datos 5

Consta del descriptor opcional "termoplástico", seguido del bloque de identificación que comprende el número de la norma internacional que se refiere al plástico o familia de plásticos considerada.

A continuación viene el bloque de datos particulares subdividido en cinco partes, la primera separada por un guión (-) de la denominación de la norma y, cada una de las restantes, por una coma (si hay que saltarse un bloque, se separa por una doble coma,,):

1. Bloque de datos 1. Después del guión, se sitúa el símbolo del termoplástico (de acuerdo con ISO 1043-1, ver tabla 4.2), (eventualmente) seguido de otro guión con un número de código con la información adicional especificada en la correspondiente norma.

2. Bloque de datos 2. En la posición primera de este bloque se informa sobre la eventual aplicación y/o sobre los procesos y, en las posiciones 2 a 8, se da información sobre propiedades significativas y el color. Si no se incluye información específica en la posición 1, se insiere la letra X.

3. Bloque de datos 3. Se designan algunas propiedades significativas. Cada norma concreta referente a una familia de plásticos especifica las opciones de este bloque de datos.

4. Bloque de datos 4. En este bloque de la designación se incorporan los materiales de carga y de refuerzo así como sus contenidos (según códigos como los establecidos en la tabla 4.3).

5. Bloque de datos 5. Finalmente, este bloque de datos puede contener información adicional que se considere oportuna; por ejemplo, sobre prescripción de ensayos a realizar.

Tabla 4.2 **Lista de los plásticos**

Plásticos (ISO 1043-1:1987)				
Símbolos	Denominación química	(1)	(2)	(3)
ABS	Acrilonitrilo/butadieno/estireno	C/B	Tp/Am	- / No
CA	Acetato de celulosa	N	Tp/Am	- / No
CAB	Acetobutirato de celulosa	N	Tp/Am	- / No
EP	Resinas epoxi	H/C	Te/Am	- / No
E/TFE	Etileno/tetrafluoroetileno	C	Tp/Scr	- / 270
FEP	Etileno/propileno perfluorato	C	Tp/Scr	- / 285÷295
MF	Melamina-formaldehido	H	Te/Am	- / No
PA 6	Poliamida 6	H	Tp/Scr	- / 217÷221
PA 66	Poliamida 66	H	Tp/Scr	90 / 250÷265
PA 11	Poliamida 11	H	Tp/Scr	- / 180÷190
PA 12	Poliamida 12	H	Tp/Scr	- / 170÷180
PB	Polibuteno-1	H	Tp/Scr	- / 125÷130
PBT	Poli(tereftalato de butileno)	H	Tp/Scr	- / 220÷225
PC	Policarbonato	H	Tp/Am	150 / No
PE-HD	Polietileno de alta densidad	H	Tp/Scr	-10 / 105÷115
PE-LD	Polietileno de baja densidad	H	Tp/Scr	-10 / 125÷140
PEEK	Polieteretercetona	C	Tp/Scr	143 / 334
PES	Polietersulfona	H	Tp/Am	- / No
PET	Poli(tereftalato de etileno)	H	Tp/Scr-Am	65 / 255÷258
PF	Fenol-formaldehido	H/C	Te/Am	- / No
PFA	Copolímero de perfluoroalcoxi	C	Tp/Scr	- / 300÷310
PI	Poliimida	H/C	Tp-Te/Am	- / No
PMMA	Poli(metacrilato de metilo)	H	Tp/Am	106 / No
POM	Polioximetileno (poliacetal)	H/C	Tp/Scr	-13 / 164÷167
PP	Polipropileno	H	Tp/Scr	- / 158÷168
PPE	Poli(éter de fenileno)	B	Tp/Am	210 / No
PPS	Poli(sulfuro de fenileno)	H	Tp/Scr	- / 280÷288
PS	Poliestireno	H	Tp/Am	95 / No
PSU	Polisulfona	H	Tp/Am	- / No
PTFE	Politetrafluoroetileno	H	Tp/Scr	- / 327
PUR	Poliuretano	C	Tp-Te/Am	- / No
PVC-U	Poli(cloruro de vinilo) (rígido)	H	Tp/Am	- / No
PVC-P	Poli(cloruro de vinilo) (plastif.)	H	Tp/Am	85 / No
PVDC	Poli(cloruro de vinilideno)	C	Tp/Am	- / No
SAN	Estireno/acrilonitrilo	C	Tp/Am	- / No
S/B	Estireno/butadieno	C/B	Tp/Am	- / No
UF	Urea-formaldehido	H/C	Te/Am	- / No
UP	Poliéster insaturado	C	Te/Am	- / No

[1] B=mezcla de polímeros, C=copolímero, H=homopolímero, N=natural

[2] am=amorfo, sc=semicristalíno, te=termoestable, tp=termoplástico

[3] Temperatura de transición vítrea (T_g) /Temperatura de fusión de las cristalitas (T_m) (en °C)

Tabla 4.3 **Algunos de los códigos usados en el Bloque de datos 2**

Código	Posición 1	Código	Posición 2
A	Adhesivos	A	Proceso estabilizado
B	Moldeo por soplado	B	Antibloque
C	Calandrado	C	Coloreado
E	Extrusión	D	Polvos
F	Extrusión de películas	E	Expansible
G	Usos general	F	Características especiales al fuego
H	Recubrimiento	G	Granulado
K	Recubrimiento de cables e hilos	H	Estabilizado por envejecimiento
L	Extrusión monofilamento	L	Estabilizado a la luz y al aire
M	Moldeo	N	Natural (sin color añadido)
Q	Moldeo por compresión	P	Modificado al impacto
R	Moldeo rotacional	Q1	Chapable
S	Sinterizado	R	Agente desmoldeador
T	Fabricación de cintas	S	Lubricante
V	Termoconformado	T	Transparente
X	Sin indicación	X	Reticulable tridimensionalmente
Y	Fabricación de fibras textiles	Y	Conductividad eléctrica mejorada
		Z	Antiestático

Tabla 4.4 **Algunos de los códigos usados para las cargas en el Bloque de datos 2**

Código	Posición 1	Código	Posición 2
B	Boro	B	Bolitas, esferas
C	Carbono	D	Polvos
E	Arcilla	F	Fibras
G	Vidrio	G	Tierra
K	Carbonato de calcio	H	Rechazo
L	Cargas tipo celulosa	K	Fibras tejidas
M	Mineral o metal	L	Capa
P	Mica	M	*Mat* (grueso)
Q	Sílice	N	Tela no tejida (delgada)
R	Arámida	P	Papel
S	Sintético, orgánico	R	*Roving*
T	Talco	S	Escamas, virutas
W	Madera	T	Cuerda
X	No especificado	V	Revestimiento
Z	Otros	W	Tejido
		X	No especificado
		Y	Hilo
		Z	Otros

Ejemplo de designación

Un material de poli(fenileno éter), contemplado en la norma ISO 15103 (código PPE), modificado con PS (código 2, particular de la norma), para inyectar (código M), estabilizar a temperatura (código H), a la luz (L) y natural, sin color (código N), con una temperatura de termodeflexión bajo carga de 1,8 MPa a 130 ºC (código A130), una resistencia al impacto en el ensayo Charpy con entalla de 35 kJ/m^2 (código 40), un comportamiento a la llama de HB40 (código HB40) y un refuerzo del 25% de fibra de vidrio (GF25), se designa por (información tan solo en los bloques de datos 1, 2 y 3):

(Termoplástico) ISO 15103-PPE-2,MHLN,A130-40-HB40,GF25

4.2.3 Marcado y reciclaje

Los plásticos y las sustancias que se relacionan con ellos (cargas y aditivos) tienen una inciden-cia especialmente importante en los impactos ambientales de los productos, al menos en tres momentos de su ciclo de vida: *a*) la producción; *b*) el uso; *c*) y el fin de vida.

En relación a la producción y/o al uso de sustancias ambientalmente nocivas, se han desarrollado reglamentaciones como la Directiva Europea 2002/95/CE (27-01-2003) sobre "restricciones a la utilización de determinadas sustancias peligrosas en aparatos eléctricos y electrónicos". Pero también se hace un gran esfuerzo para mitigar los impactos ambientales al fin de vida en Directi-vas Europeas como la 94/62/CE (20-12-1994), sobre "envases y sus residuos", la 2000/53/CE (18-09-2000), relativa a los "vehículos al final de su vida útil" o la 2002/96/CE (27-01-2003) sobre "residuos de aparatos eléctricos y electrónicos". Esta preocupación se enmarca en la nueva *política integrada de producto* (IPP, *Integrated Product Policy*) de la Comunidad Europea que incide en el ecodiseño y la eficiencia energética: Directiva 2005/32/CE (6-07-2005).

Hay dos enfoques sobre la documentación ambiental de los productos: la *ecoetiqueta*, concedida a los productos que cumplen determinados requisitos ambientales, y destinada a informar a los con-sumidores; y la *ecodeclaración*, autodeclaración de carácter más versátil, destinada a todas las personas o entidades relacionadas con el producto (*stakeholders*: cadena de suministro, fabricante, usuarios, recicladores), y basada en normas voluntarias como ECMA TR70 y ECMA 370.

Marcado

En el reciclaje de termoplásticos se obtienen excelentes calidades siempre que se parta de mate-rial homogéneo de desguace, para lo que es de gran importancia el marcado de las piezas en ori-gen de acuerdo con la norma ISO 11469. El marcado se sitúa sobre la pieza (gravado, en relieve u otras formas) y se basa en los símbolos y abreviaturas de las normas ISO 1043-1/4 (materiales termoplásticos) e ISO 18064 (elastómeros termoplásticos) de la forma >XXX<. Por ejemplo:

Material homogéneo:	Policarbonato	>PC<
Mezclas (o aleaciones de polímeros):	Policarbonato+ABS	>PC+ABS<
Material cargado o reforzado:	Policarbonato con 20% de fibra de vidrio	>PC-GF20<

4.2.4 Propiedades de los plásticos

Las propiedades de los plásticos presentan algunas particularidades respecto a otros materiales, especialmente en lo que se refiere a su comportamiento viscoelástico y a las limitadas temperatu-ras de servicio. Ello ha obligado a desarrollar métodos de ensayo y normas específicas (tabla 4.5). Las propiedades más significativas son las que se describen a continuación.

Propiedades físicas

Los plásticos, como el resto de polímeros, tienen una baja densidad ($0,9 \div 2,2$ Mg/m^3) y son malos conductores del calor y la electricidad (por lo tanto, buenos aislantes térmicos y eléctricos). Los coeficientes de dilatación son altos (normalmente entre $50 \div 250$ μm/m·K, valores entre $5 \div 10$ ve-ces superiores a los de los metales), así como también los calores específicos ($850 \div 2700$ J/kg·K, hasta 5 veces los de los metales), mientras que la conductividad térmica es muy baja ($0,15 \div 0,60$ W/m·K, más de 100 veces inferiores a los de los metales). En los apartados siguientes se comen-tan las propiedades ópticas, eléctricas y de resistencia a la deformación por calor.

Propiedades ópticas

Muchos plásticos amorfos son transparentes, origen de interesantes aplicaciones ópticas (lentes, láminas u objetos transparentes). En estos casos es interesante conocer algunas propiedades ópti-cas (sección 1.2) como la transmisividad (E/TFE $\leq 95\%$; PMMA $\leq 92\%$; PS $\leq 90\%$; PC $80 \div 90\%$; CA, CAB $\leq 85\%$) y el índice de refracción.

Propiedades eléctricas

La resistividad (o *resistividad volumétrica*; en los plásticos también interesa medir la *resistividad superficial* o conducción entre dos puntos de una superficie a cierta distancia) es muy elevada ($10^9 \div 10^{16}$ $\Omega \cdot$m, unas 10^{20} veces superior a la de los metales). Los plásticos también se caracterizan por sus propiedades dieléctricas (sección 1.2): *a*) *constante dieléctrica* (valores comprendidos entre $2,1 \div 7$); *b*) *factor de pérdidas dieléctricas* (los valores inferiores, <0,001, para aplicaciones a HF, corresponden a los termoplásticos PTFE/FEP, PE-HD/PE-LD, PS, PP, PPE y PSU; los valores intermedios, $0,01 \div 0,001$, a los restantes polímeros del estireno, a los poliésteres saturados, PC, POM, PSU, PI y EP; y, los valores superiores, >0,01, poco aptos para HF, a los plásticos de celulosa, PMMA, las poliamidas, los PVC y al resto de termoestables); *c*) *rigidez dieléctrica* (valores entre $10 \div 80$ MV/m). Todas estas propiedades tienen normas de ensayo específicas (tabla 4.5).

Resistencia a la deformación por calor

Varios ensayos con las correspondientes medidas permiten evaluar la capacidad de los plásticos para resistir deformaciones a ciertas temperaturas, entre ellas: *a*) *temperatura de termodeflexión* (HDT=*heat deflection temperature*): temperatura a la que una probeta sometida a flexión, bajo una carga especificada (HDT/A a 1,86 MPa; HDT/B a 0,45 MPa; también HDT/C, a 5 MPa, para plásticos de altas prestaciones), sufre una deformación superior a un determinado valor; *b*) *temperatura de ablandamiento Vicat*; temperatura a la cual un punzón cargado con una fuerza determinada penetra en el plástico. Los valores obtenidos en estos ensayos se relacionan con las temperaturas máximas de servicio y son una referencia para el control de las piezas inyectadas.

Propiedades mecánicas

En la sección 4.1 («Introducción a los polímeros») se analiza el comportamiento mecánico de los plásticos y elastómeros, así como la naturaleza viscoelástica de los polímeros termoplásticos. En este apartado se establecen algunas comparaciones entre las características mecánicas de los plásticos y las de los metales. Hay que hacer notar que la resistencia mecánica de los plásticos es unas 10 veces inferior a la de los metales (resistencia a la tracción, o límite elástico, entre $8 \div 100$ MPa), pero su rigidez se sitúa entre $20 \div 100$ veces por debajo (módulo de elasticidad a tracción entre $0,20 \div 4,00$ GPa). También la dureza de los plásticos es muy inferior a la de los metales, a pesar de que en esta magnitud es difícil de establecer comparaciones debido a los distintos métodos de ensayo.

En general, las propiedades del ensayo de tensión-deformación tienen un interés tan solo para el cálculo a solicitaciones de corta duración. Para solicitaciones de larga duración o permanentes, hay que referirse a los parámetros de fluencia y relajación (sección 4.1) y, para los cálculos con solicitaciones repetidas, a los valores de resistencia a la fatiga.

El coeficiente de fricción de los plásticos (generalmente referido al rozamiento con acero pulido) es un parámetro de gran importancia en muchas aplicaciones (cojinetes, guías, engranajes, levas) y, en general, debe evaluarse conjuntamente con la resistencia al desgaste. Los plásticos que presentan un coeficiente de fricción menor son: PTFE ($0,05 \div 0,25$), PE-UHMW (0,21), POM, PPS, poliamidas, poliésteres saturados y PI (todos ellos entre $0,20 \div 0,30$). Cuando estos valores se correlacionan con la resistencia al desgaste (figura 4.6), aparecen como mejor situados el PE-UHMW (para temperaturas limitadas y rugosidades bajas), los poliésteres saturados (el desgaste mejora con el refuerzo de fibra sin aumentar el coeficiente de fricción), las poliamidas y POM. Ya con costes mucho más elevados, hallamos PPS y PI, mientras que el PTFE debe acompañarse de otros materiales para disminuir el desgaste.

Propiedades tecnológicas

Coste y suministro

El precio es uno de los factores más determinantes en las aplicaciones de los plásticos. Fundamentalmente pueden agruparse en tres niveles: *a*) costes bajos ($0,80 \div 1,50$ €/kg: plásticos de consumo y aminoplastos), para productos de fabricación masiva (influye positivamente la baja densidad de los materiales); *b*) costes medianos (1,50÷6,00 €/kg: termoplásticos técnicos y termoestables, excepto los aminoplastos, más baratos; plásticos especiales, excepto los fluorados, más caros), para fabricar elementos técnicos o especializados; *c*) costes elevados (>6,00 €/kg, plásticos de altas prestaciones y plásticos fluorados), para piezas con requerimientos muy especiales.

La mayoría de los plásticos para inyectar se suministran en forma granulada (granza), a menudo como resultado de un proceso de preparación previa (incorporación de aditivos). Muchos termoestables se suministran también como semielaborados (plancha, barras, tubos, perfiles) que se transforman en su forma definitiva a través de termoconformado o mecanizado (algunos termoplásticos de muy elevado peso molecular, como el PE-UHMW o el PTFE, sólo se presentan en forma de productos semielaborados, ya que se obtienen por sinterizado). Los plásticos termoestables suelen suministrarse en forma de masas de moldeo o en reactivos separados.

Transformación

Los procesos de transformación más habituales en los termoplásticos son la inyección y la extrusión, pero también son frecuentes el termoconformado, el moldeo por soplado o por inyección-soplado, el moldeo rotacional y el calandrado (especialmente los PVC). La contracción de los plásticos en el moldeo repercute negativamente en la exactitud dimensional y en la tendencia al arqueo de las piezas, y la distinta contracción para distintos materiales hace que, en general, un molde destinado a una pieza para un determinado termoplástico no sea adecuado para moldearla con otro. Los termoplásticos amorfos (poliestirenos, PC, PPE, celulósicos, PMMA) tienen un porcentaje de contracción (<1%) sensiblemente inferior al de los termoplásticos semicristalinos (PE, PP, PA, POM, PET, PBT, plásticos fluorados). Algunos termoestables de difícil fusión o de muy alta viscosidad (PE-UHMW, PTFE, PI) se transforman mediante procesos basados en el sinterizado.

Los plásticos termoestables presentan una situación distinta. Las resinas llamadas *de alta presión* (fenoplastos, PF, y aminoplastos, UF, MF) reticulan por policondensación liberando vapor de agua a elevada temperatura (140÷180 °C); para evitar la destrucción del material, los procesos de transformación (generalmente moldeo por prensado, moldeo por transferencia y, en algunos casos, inyección; sección 4.1) se realizan a presiones elevadas. Otras resinas termoplásticas llamadas *reactivas* o *de baja presión* (poliésteres no saturados, UP, epoxis, EP, poliuretanos, PUR) reticulan por poliadición a partir de un o más componentes (reactivos), con iniciadores y otros aditivos, sin dar lugar a productos volátiles, por lo que pueden transformarse a baja (o sin) presión por medio de los procesos de colada, de laminación, por prensado de preimpregnados (o *prepregs*) o por moldeo de inyección-reacción o RIM (especialmente los PUR), prestándose algunos de ellos a la fabricación de materiales compuestos (sección 4.4).

Temperaturas de servicio

Les temperaturas de servicio mínima, máxima continua y máxima de punta (o de corta duración) tienen gran importancia tecnológica en la aplicación de los plásticos, a pesar de no responder a ningún ensayo. Se evalúan a partir de factores como la retención de ciertas propiedades (resistencia a la fluencia, rigidez, tenacidad, dureza) y el comportamiento químico o al envejecimiento.

La temperatura de servicio máxima continua permite ordenar los plásticos en cinco niveles: *a*) temperaturas de servicio <80 °C (PE, PVC, PS, S/B, UF, MF, PUR, CA, PMMA, fundamentalmente los plásticos de consumo, algunos termoestables y otros especiales); *b*) temperaturas de servicio entre 80÷120 °C (PP, SAN, ABS, PET, PBT, POM, PA, PPE, PF, PE-UHMW, fundamentalmente los plásticos técnicos y algunas poliolefinas); *c*) temperaturas de servicio entre 120÷150 °C (PC, UP y EP: el policarbonato y las resinas utilizadas en los plásticos reforzados); *d*) temperaturas de servicio entre 150÷200 °C (PSU, E/TFE, en el límite inferior del intervalo y las polisulfonas PAS, PES, en su límite superior); *e*) temperaturas de servicio superiores a 200 °C (PPS, PEEK, PI, LPC, PTFE, FEP, PFA: los plásticos de altas prestaciones y los plásticos fluorados, todos ellos de elevado coste). Respecto a las temperaturas máximas de corta dura-ción, hay que señalar los valores relativamente altos de las PA, y los absolutos de las PI.

Les temperaturas de servicio mínimas, permiten establecer tres niveles: *a*) temperaturas de servicio mínimas superiores a −20 °C (PP, en determinados casos, PVC, PS, SAN, S/B, todos ellos plásticos de consumo, y PET); *b*) temperaturas de servicio mínimas entre −20÷−100 °C (PE, plásticos técnicos excepto PET, ésteres de celulosa y PMMA); *c*) temperaturas de servicio míni-mas inferiores a −100 °C (plásticos de altas prestaciones, PE-UHMW y plásticos fluorados).

Absorción de agua

Los polímeros de estructura polar (PA, PUR, CA, CAB) y, mucho menos los de estructura no polar (PE, PP, PS, PTFE), en contacto o por la acción de la humedad ambiente, absorben una determinada cantidad de agua (ciertos aditivos pueden aumentar este efecto) fenómeno que in-fluye sobre varias propiedades del material, fundamentalmente: *a*) disminuye la resistencia y la dureza, y aumenta la tenacidad; *b*) hincha las piezas y altera las dimensiones; *c*) empeora las pro-piedades eléctricas; *d*) puede deteriorar el aspecto superficial. Es importante controlar el conteni-do de agua de los plásticos, y la norma ISO 62 establece la forma de medir el porcentaje de ab-sorción de agua en 24 horas, y hasta la saturación. En las poliamidas, mediante un proceso lla-mado *acondicionamiento*, se fuerza un determinado contenido de agua para modular determina-das propiedades.

Comportamiento a la llama

El comportamiento de los plásticos a la llama, de gran importancia para avaluar el riesgo de in-cendio en determinadas aplicaciones (construcción, transporte, electrónica), puede ordenarse en cinco niveles: 1) plásticos fácilmente combustibles (PS, PMMA, CA); 2) plásticos combustibles (PE, PP, SAN, ABS, PET, PBT, POM, PA, PUR); 3) plásticos difícilmente combustibles (EP); 4) plásticos autoextinguibles (PVC, PC, PPE, MF, PSU, PI); 5) plásticos no combustibles (PEEK, LPC, PTFE y fluorados). Una de las normas más frecuentes para la evaluación del com-portamiento a la llama es la americana UL94 (Underwriters Laboratories Inc.), relacionada con la norma IEC 60695, que prevé los siguientes grados: *a*) grado HB, si después de 30 segundos de acción de la llama sobre una probeta horizontal, no ha quemado más de 25,4 mm; *b*) grado V-2, si después de aplicar 10 segundos la llama en el extremo inferior de una probeta vertical, la com-bustión dura menos de 30 segundos y la probeta no se quema por completo, pero gotean partícu-las en llamas que encienden el algodón seco; *c*) grado V-1: igual que el anterior, pero no gotean partículas en llamas; *d*) grado V-0, las mismas condiciones anteriores, pero la combustión dura menos de 10 segundos. El comportamiento a la llama de muchos plásticos puede modificarse mediante aditivos ignifugantes (retraso, inhibición, extinción de la llama).

Resistencia química y tensofisuración

La mayoría de plásticos tienen un comportamiento químico aceptable, pero hay productos, entre ellos el agua y el vapor de agua, que atacan químicamente a determinados plásticos (norma ISO 175). En general, la cristalinidad y el aumento del peso molecular mejoran la resistencia química, pero los aditivos (plastificantes, cargas) suelen empeorarla. A menudo, los peores efectos se produ-cen por la combinación del ataque químico y las tensiones internas del material (*tensofisuración*, norma ISO 22068), especialmente en determinados plásticos amorfos (PS, PMMA, SAN, PC).

Envejecimiento

Otro deterioro proviene de factores atmosféricos (*oxígeno del aire, humedad*) y ambientales (*radiación solar, temperatura*), desencadenantes de una acción combinada que repercute en una pérdida de propiedades en el tiempo (*envejecimiento*), aspectos contemplados por la norma ISO 4607.

Tabla 4.5 **Equivalencias entre normas de ensayo de los plásticos**

	ISO/IEC	ASTM	DIN
Propiedades físicas			
Densidad	ISO 1183	D792	53479
Índice de refracción	ISO 489	D542	53491
Transmitancia óptica	ISO 13468	D1003	53791
Coeficiente de dilatación lineal	ISO 11359-1	D696	53752
Calor específico	ISO 11357-4	C351	-
Conductividad térmica	ISO 8302	C177	52612
Temperatura de fusión	ISO 3146	D3418	53736
Temperatura de transición vítrea	ISO 11357-2	E1356	-
Temperatura de termodeflexión	ISO 75	D648	53461
Temperatura de reblandecimiento Vicat	ISO 306	D1525	53460
Temperatura de transición dúctil/frágil	ISO 6603-2	-	-
Resistividad eléctrica (volumétrica/superficial)	IEC 60093	D257	53482
Constante dieléctrica / factor de disipación	IEC 60250	D150	53481/3
Resistencia dieléctrica	IEC 60243-1	D149	53483
Resistencia al arco	IEC 60112	D495	53484
Propiedades mecánicas			
Propiedades de tracción (resistencia, módulo)	ISO 527-1/5	D638	53455[1]
Propiedades de compresión (resistencia, módulo)	ISO 604	D695	53454[1]
Propiedades de flexión (resistencia, módulo)	ISO 178	D790	53452[1]
Propiedades a cortadura (resistencia, módulo)	ISO 6721-2	D732	-
Módulo E (tracción, compresión, flexión)	-	-	53457
Coeficiente de Poisson	-	E132	-
Propiedades dinámicas	ISO 6721	D4065 y ot.	53445
Dureza a la bola (o Brinell)	ISO 2039-1	-	53456
Dureza Rockwell	ISO 2039-2	D785	-
Dureza Shore (A y D)	ISO 868	D2240	53505
Resistencia al impacto Charpy	ISO 179	D256	53453
Resistencia al impacto Izod	ISO 180	D256	-
Resistencia al impacto a tracción	ISO 8256	D1822	-
Comportamiento a fluencia	ISO 899-1/2	D2990	53444
Límite de fatiga	-	D671	53442
Coeficiente de fricción	ISO 6601	D1894	-
Resistencia a la abrasión Taber	-	D1044	-
Deformación bajo carga	-	D621	-
Propiedades tecnológicas			
Contracción en la transformación	ISO 294-4	D955	53464
Absorción de agua	ISO 62	D570	53495
Comportamiento a la llama	IEC 60695	(UL 94)	VDE 0304
Envejecimiento a la intemperie	ISO 877	D 1435	53756
Resistencia química en líquidos	ISO 175	(≈C 581)	53386
Resistencia a la fisuración por tensión	ISO 22068	D 1693	53449

[1] No figura la determinación del módulo de elasticidad

4.2.5 Plásticos de consumo

Polietilenos: PE-LD, PE-LLD, PE-HD

Familia de termoplásticos semicristalinos que resultan de la polimerización del etileno: PE-LD (*low-density*), de cadena muy ramificada, baja cristalinidad y baja densidad; PE-LLD (*linear low-density*), con ramificación corta; PE-HD (*high-density*), de cadena poco ramificada, alta cristalinidad y alta densidad. El PE-UHMW (*ultra-high molecular weight*), de masa molecular superior a $6 \cdot 10^6$, se trata con los plásticos especiales.

Son los plásticos más baratos y a la vez los más usados (36% del consumo total). Las densidades son bajas ($0,92 \div 0,96$ Mg/m^3, menores que la del agua) y ofrecen una gran facilidad de transformación (extrusión, inyección, soplado, soldadura, termoconformado). Tienen una buena resistencia química (ácidos y álcalis, acetonas, ésteres, lejías, detergentes), que disminuye con la temperatura, y una baja absorción de agua; sin embargo, son susceptibles de fisuración por tensión (especialmente el PE-LD) en determinados medios químicos (alcoholes, ácidos orgánicos, álcalis) en presencia de detergentes. Destacan también por la elevada resistencia al impacto, las excelentes propiedades como a aislantes y dieléctricos (aplicaciones para altas frecuencias, HF) y el buen comportamiento a fricción. Las principales limitaciones provienen de su baja estabilidad dimensional, su poca resistencia al calor (temperaturas de servicio máximas: PE-LD, 70 °C; *PE-HD, 80 °C*), su moderada resistencia mecánica (a la tracción, a la fluencia, menores en el PE-LD que en el PE-HD) y su muy bajo módulo de elasticidad (consistencia flexible en el PE-LD y moderadamente rígida en el PE-HD).

La principal aplicación del PE-LD y el PE-LLD son películas (si son delgadas son transparentes), bolsas (las de la compra) y sacos destinados a envases y embalajes (13,5% del consumo en peso del total de plásticos); le sigue en importancia el uso para invernaderos en agricultura, ya que dejan pasar muy bien los rayos ultravioletas (3,5% del consumo total de plásticos); en proporción mucho menor se utilizan también como a aislantes eléctricos y en objetos de poco compromiso (juguetes, objetos del hogar), hasta totalizar más del 20% del consumo total de plásticos.

La principal aplicación del PE-HD es también en envases y embalajes, pero en forma de cajas, cestas, botellas y bidones (13% del consumo de plásticos). Otras aplicaciones significativas son conducciones (agua, gas), depósitos (líquidos de freno, gasolina) y objetos del hogar, hasta totalizar más del 16% del consumo de plásticos.

Polipropileno, PP

Termoplástico que resulta de polimerizar el propileno. Se suministra en varios grados, en algunos casos reforzados con fibra de vidrio y, en otros, como copolímero de etileno-propileno.

Es un material extraordinariamente versátil que en algunas aplicaciones está en la frontera de los plásticos técnicos. Destaca por ser el plástico más ligero (0,90 Mg/m^3), por tener el menor coste después del PE y, también, por ofrecer un buen equilibrio entre las propiedades térmicas (hasta 100 °C en continuo y 140 °C en punta) y las mecánicas (ligeramente mejores que las del PE-HD), con una buena resistencia al impacto por encima de 0 °C. También ofrece una excelente resistencia química (ácidos y álcalis diluidos, acetonas, ésteres, agua caliente; pero no a los carburantes ni a los hidrocarburos aromáticos). Es inodoro, insípido y fisiológicamente inocuo. Resiste poco la intemperie (debido a los rayos UV), al envejecimiento (oxidación a temperatura), y se quema desprendiendo humos y goteando. Se transforma fácilmente por inyección, extrusión, soplado y termoconformado pero, debido a su alta cristalinidad, tiene una gran contracción ($1 \div 2,5$%, más acusada cuanto más lento es el enfriamiento), que da lugar piezas con grandes deformaciones y poca estabilidad dimensional (con fibra de vidrio se obtienen piezas más estables).

Tiene aplicaciones análogas a las del PE-HD y es especialmente adecuado cuando se requieren temperaturas de uso más elevadas (hasta a 100 °C o agua hirviendo). Otra característica interesante es que puede resistir un número elevado de flexiones repetidas (cajas con efecto *bisagra*). En el sector del automóvil se ha impuesto su uso, ya sea sin refuerzo (parachoques, pasaruedas, ventilador, depósitos de agua de refrigeración, de líquido de freno, caja de batería), ya sea reforzado (revestimientos interiores, calefacción y conducciones de aire), gracias a las propiedades mecánicas, la resistencia química y al bajo coste.

Plásticos clorados: PVC-U, PVC-P

Los poli(cloruro de vinilo), PVC, constituyen una variada familia de termoplásticos amorfos (pueden ser transparentes), que abarcan el 18% del consumo total de plásticos. El poli(cloruro de vinilo) rígido, PVC-U, además de otros aditivos, incorpora estabilizantes para evitar la degradación durante la transformación, y el poli(cloruro de vinilo) plastificado, PVC-P, también incorpora el plastificante. Otras variantes de plásticos clorados son el poli(cloruro de vinilo) de alto impacto, PVC-HI, y el poli(cloruro de vinilideno), PVDC, usado para recubrimientos muy impermeables.

El PVC-U muestra una buena resistencia, rigidez y dureza, pero una tenacidad moderada, sobretodo por debajo de 20 ºC. El comportamiento a temperatura es limitado y las propiedades eléctricas son moderadas. Tiene una buena resistencia química a los ácidos, bases, hidrocarburos alifáticos, aceites minerales y alcoholes, pero no a los hidrocarburos aromáticos ni clorados, los ésteres ni cetonas. Con estabilizantes adecuados, resiste bien los agentes atmosféricos y las radiaciones. Sometido a la llama, es autoextinguible, pero desprende gases nocivos. Un factor positivo es el bajo coste. El PVC-P puede adoptar una amplia gama de flexibilidades (hay que evitar la emigración posterior del plastificante, lo que causa fragilidad). La compatibilidad fisiológica (envases, juguetes, vestuario) sólo es admisible con determinados plastificantes. Es extraordinariamente tenaz y resistente a la abrasión, pero tiene poca resistencia al desgarre.

PVC-U se usa en la construcción (canalizaciones de agua, perfiles de puertas y ventanas, cubiertas) y en otras aplicaciones (embalajes, envases tipos lámina o *blisters*, cintas adhesivas, cintas magnéticas, cintas para gravar con huella blanca, cajas de acumuladores). El PVC-P ofrece un gran abanico de aplicaciones en la construcción (juntas de puertas y ventanas, suelo sintético, recubrimientos de piscinas), en la industria eléctrica (recubrimientos de cables flexibles, cinta aislante), del mueble (tapizado en piel artificial), del vestido y calzado (suelas de zapato, botas de agua, guantes, bolsas de mano y maletas, gabardinas, telas recubiertas) y en de otras industrias (mangueras, muñeca, pelotas). También permite obtener PVC espumado.

Polímeros del estireno: PS, SAN, S/B, ABS

Las distintas combinaciones de copolímeros entre el estireno, el butadieno y el acrilonitrilo dan lugar a un conjunto de termoplásticos amorfos que abarcan más del 10% del consumo total de plásticos: poliestireno, PS, homopolímero del estireno; SAN, copolímero de estireno y acrilonitrilo; poliestireno antichoque, S/B, copolímero (a veces mezcla) de estireno y butadieno; ABS, copolímero de acrilonitrilo, estireno y butadieno (los dos primeros son frágiles y transparentes, mientras que los dos últimos son opacos y tenaces).

Todos los polímeros del estireno destacan por la elevada resistencia y rigidez, por la baja absorción de agua y la buena estabilidad dimensional, y porque son inocuos a los alimentos (excepto el S/B), pero también por unas temperaturas de servicio máximas muy bajas (siempre por debajo de los 85 ºC), una resistencia al ataque químico moderada (son atacados por disolventes orgánicos, aceites y grasas), un mal comportamiento a la intemperie (son muy sensibles a los rayo UV, a excepción del ABS) y por su mal comportamiento al fuego (queman fácilmente desprendiendo densos humos). El poliestireno, PS, es un termoplástico rígido y frágil, de una gran transparencia (transmisividad >90%), con una superficie brillante, que permite un excelente acabado superficial. Sus propiedades como aislante eléctrico y como dieléctrico son excelentes (apto para HF).

Se transforma fácilmente por inyección, extrusión y soplado (el termoconformado es poco usado porque genera fisuras por tensión) y su coste es bajo. El SAN, de aspecto parecido al PS (también transparente), muestra unes propiedades mecánicas (resistencia, rigidez, dureza y resistencia al rayado) y térmicas superiores al PS, así como un mejor comportamiento químico (resiste los hidrocarburos alifáticos), pero las propiedades eléctricas son peores (no apto para HF) y el coste es sensiblemente mayor; antes de la inyección o la extrusión se recomienda secar el material, y el termoconformado es posible (menor fisuración por tensión). El poliestireno antichoque, S/B, de propiedades eléctricas semejantes al PS, mejora mucho la tenacidad sin una disminución sensible de la resistencia ni la rigidez, pero pierde la transparencia y el brillo; además de la inyección y la extrusión, es muy usado el termoconformado. El ABS muestra una gran resistencia al impacto (de las mayores entre los plásticos, asociada a una atenuación acústica), además de una buena resistencia, rigidez, dureza y resistencia a la abrasión; las propiedades eléctricas y químicas son semejantes a las del SAN; se transforma sin problemas por inyección, extrusión, soplado y termoconformado (en éste último, hay que secar previamente el material).

Todos los polímeros del estireno se aplican a objetos que requieren una buena estabilidad dimensional a temperatura ambiente, unos buenos acabados y una buena presencia. El PS se utiliza en envases de un solo uso (alimentación, farmacia, cosmética), en piezas moldeadas para electrodomésticos (botones, pulsadores, marcos de televisión, cassetes, carcasas de electrodomésticos), juguetes e instrumentos de dibujo, entre otros. El SAN tiene aplicaciones análogas al PS en piezas más técnicas. El S/B se aplica sobretodo a carcasas y piezas termoconformadas. El ABS se aplica a la industria de automoción (tablero de control, guanteras, piezas cromadas, cascos de motorista), en objetos domésticos (carcasas, sillas, lámparas, juguetes de calidad). EL ABS cromado ha sustituido en muchos casos los metales fundidos en fontanería y elementos decorativos.

4.2.6 Plásticos técnicos (termoplásticos)

Acrilonitrilo/butadieno/estireno, ABS

Es el termoplástico técnico más usado (un 2,5% del total de plásticos) después de los poliésteres saturados. Ha sido descrito entre los polímeros del estireno, ya que pertenece a aquella familia.

Poliamidas: PA6, PA66, PA11, PA12, PA6-3-T

Forman una numerosa familia de termoplásticos técnicos (también conocidos por el nombre comercial *Nylon*, de Du Pont), los más difundidos (1,5% del total) después de los poliésteres saturados y del ABS. Hay varias poliamidas cristalinas (por lo tanto, opacas): PA6, ε-caprolactama; PA66, hexametilendiamina + ácido adípico; PA11, ácido 11-aminoundecanoico; PA12, w-laurolactama; y otras amorfas (transparentes): PA6-3-T, trimetilhexametileno + ácido tereftálico.

Las poliamidas destacan por la excelente tenacidad y resistencia a la fatiga (la resistencia a la rotura y la rigidez, más moderadas, mejoran sensiblemente con fibra de vidrio o de carbono), las buenas propiedades al deslizamiento (incluso en ausencia de lubricante), la resistencia al desgaste, el buen comportamiento químico (disolventes, carburantes, lubricantes, agua hirviente) y las excelentes aptitudes para el moldeo (reproduce de forma precisa el molde). Las principales limitaciones provienen de su carácter fuertemente higroscópico, que comporta modificaciones en las dimensiones (bloqueo de piezas) y en las propiedades mecánicas (bajan la resistencia y rigidez y aumenta la tenacidad), así como del coste relativamente alto. Las temperaturas de servicio son moderadas (sin embargo con puntas muy elevadas) y las propiedades dieléctricas no permiten la utilización en HF. La poliamida PA66 es la de mayor rigidez, dureza, resistencia a la abrasión y temperatura de servicio, mientras que la poliamida PA6 es más tenaz, incluso a bajas temperaturas. Estas dos poliamidas son fuertemente higroscópicas (cerca de un 10% de absorción de agua en la saturación) y, en general, se acondicionan (absorción acelerada y controlada del grado de humedad re-querido por la aplicación; las propiedades indicadas en la tabla 14.4 corresponden a este estado). La poliamida

PA11 tiene el mejor comportamiento a impacto de todas las poliamidas, mientras que la PA12 tiene la mejor resistencia a la corrosión por tensión. Las poliamidas PA11 y PA12 tienen un grado de absorción de humedad mucho menor y, por consiguiente, una mayor estabilidad dimensional, pero los costes son más elevados. La poliamida PA6-3-T es amorfa y transparente, y a la vez tiene gran dureza, rigidez, tenacidad y estabilidad dimensional.

Son termoplásticos de gran versatilidad que se utilizan en la fabricación de numerosas piezas técnicas, especialmente aquellas que están sometidas a deslizamiento y abrasión: cojinetes de fricción, jaulas de rodamientos, engranajes, levas, válvulas, hélices marinas y turbinas, carcasas y cascos. La más usada es la PA66, a menudo con cargas para mejorar las propiedades termomecánicas (mica, talco, carbonato de calcio), las propiedades de deslizamiento (PTFE, PE-HD, MoS2, grafito) o fibra para mejorar la resistencia y la rigidez.

Poliacetales, POM

Familia de termoplásticos técnicos (también conocidos por el nombre comercial *Delrin*, de Du Pont) de la que existen dos versiones fundamentales: poli(óxido de metileno), POM (homopolímero); copolímero de poli(óxido de metileno) con otros monómeros, POM (copolímero).

Son plásticos que destacan por un excelente conjunto de propiedades mecánicas: alto módulo de elasticidad, gran dureza superficial, elevada resistencia a la fatiga, bajo coeficiente de fricción y buena resistencia al desgaste, buena recuperación en frío (efecto muelle) y resistencia a la fluencia. También son de destacar sus buenas propiedades eléctricas, la baja absorción de humedad y la buena estabilidad dimensional, la facilidad de transformación (fundamentalmente por inyección; se mecaniza bien), los acabados de gran calidad y unas temperaturas de servicio medianas. La resistencia al ataque químico es moderado, pero sobretodo las limitaciones vienen del mal comportamiento a las radiaciones y a la llama, y de un precio moderadamente elevado. El homopolímero POM presenta unas propiedades mecánicas ligeramente superiores, mientras que el copolímero de POM ofrece una mejor estabilidad térmica y resistencia química.

Se utiliza en piezas técnicas de elevada precisión sometidas a tensiones. Las aplicaciones son similares a las de las poliamidas (elementos deslizantes, engranajes, levas, rodillos y pistes de rodamientos de plástico, partes de bomba), pero es insustituible en piezas sometidas a importantes deformaciones elásticas (muelles, ecliquetajes).

Policarbonatos, PC, PEC

Poliésteres del ácido carbónico, obtenidos por policondensación a partir del bisfenol-A: policarbonato, PC; poliestercarbonato, PEC. Son termoplásticos técnicos transparentes de estructura amorfa. El PC a menudo se refuerza con fibras cortas. También se usa formando mezclas. La más utilizada es la PC+ABS.

El PC combina unas características mecánicas destacadas (excelente tenacidad, gran resistencia, rigidez, dureza, baja fluencia), útiles en un amplio intervalo de temperaturas ($100 \div 13 \neg 0°C$), con unas elevadas propiedades ópticas (transmisividad de la luz entre $85 \div 89\%$; con absorción de parte de las radiaciones infrarrojas y ultravioletas; posibilidad de coloreado en calidad de transparente, translúcido o opaco). También destacan las buenas propiedades eléctricas, la estabilidad a la intemperie (es resistente al envejecimiento y a las radiaciones UV), resistente a la llama (es autoextinguible) e inocuo respecto a los alimentos. En el lado negativo, hay la poca resistencia química a determinados productos (álcalis, disolventes orgánicos, agua y vapor de agua por sobre de los 60 °C), las precauciones que deben tomarse durante su transformación (un mal secado previo de la granza puede dar lugar una baja tenacidad o a defectos superficiales), la tendencia a la fisuración por tensión a causa de determinados agentes químicos (disolventes aromáticos), la sensibilidad a la entalla y el coste elevado. Puede transformarse por inyección, extrusión y termoconformado, y también puede soldarse. El PEC ofrece una buena resistencia mecánica a temperaturas relativamente elevadas (140÷180 °C). La mezcla PC+ABS tiene un comportamiento térmico intermedio entre los dos componentes, con una importante reducción de coste.

Les cualidades del PC le proporcionan numerosas aplicaciones: en forma de láminas transparentes o de piezas inyectadas se aplica a elementos ópticos o transparentes expuestos a impactos (vidrios de seguridad, invernáculos, placas solares, faroles, semáforos, faros de automóvil, parabrisas, gafas protectoras). Otros campos de aplicación son: almacenaje de información (discos compactos, disquetes); industria eléctrica (aislantes, conectores, interruptores); industria del automóvil (tablero de instrumentos, otros elementos interiores, deflectores aerodinámicos, cascos de seguridad); electrodomésticos, material de oficina y piezas de máquinas (carcasas, chasis, válvulas, levas, pulsadores, mirillas); botellas y envases (moldeo por soplado) y conducciones, por su carácter inocuo.

Poliésteres saturados: PET, PBT

Familia de poliésteres saturados lineales de naturaleza termoplástico. Los más utilizados son: poli(tereftalato de etileno), PET, transparente en estado amorfo y opaco en estado semicristalino; poli(tereftalato de butileno), PBT, normalmente opaco por su mayor cristalinidad. Con mucha frecuencia se suministran con refuerzo de fibra de vidrio corta.

El PET *semicristalino* ofrece una estabilidad dimensional excelente, una elevada dureza, rigidez y resistencia a la fluencia, un fácil deslizamiento y una gran resistencia a la abrasión, pero una resistencia mecánica mediana, una baja tenacidad y una elevada sensibilidad a la entalla. Las propiedades eléctricas son moderadas. El comportamiento químico y a la intemperie son aceptables, pero no resiste el agua caliente (>80 °C) ni el vapor de agua. Buena estabilidad al calor hasta temperaturas en continuo de 100°C (con puntas de hasta 200 °C). A pesar de que el coste es muy favorable, una de las principales limitaciones es la baja fluidez, que dificulta el moldeo por inyección (debe controlarse la temperatura para evitar la degradación del material y conviene precalentar el molde). El PET *amorfo* tiene una rigidez y dureza menores, una tenacidad mayor y una temperatura máxima de uso más limitada (<60 °C): las transformaciones más habituales (además de la inyección) son la extrusión de láminas, la coextrusión y la inyección-soplado con estirado, seguida de un tratamiento térmico. El PBT tiene una resistencia menor, una tenacidad mayor y una temperatura de servicio superior (120 °C) pero, sobretodo, ofrece unas condiciones de transformación mucho mejores (inyección, extrusión, termoconformado), a pesar del coste sensiblemente superior.

El PET amorfo se utiliza masivamente en la fabricación de botellas y envases de un sol uso (por esta razón, a menudo se le considera plástico de consumo). El PET cristalino y el PBT (el primero mucho más barato que el segundo, pero más difícil de transformar) se utilizan cuando son interesantes buenas propiedades al deslizamiento, resistencia a la abrasión y resistencia a la temperatura (engranajes, levas, elementos y pistas de rodadura), la estabilidad dimensional (carcasas, tapas, componentes de automóvil) o la resistencia a la fluencia (numerosas piezas en sustitución de metales o materiales termoestables).

Poli(éteres de fenileno), PPE (PPO)

Termoplásticos amorfos, obtenidos por polimerización del 2,6-dimetilfenol, que generalmente se comercializan formando mezclas (PPE modificados) con otros termoplásticos (normalmente PPE+PS, conocido también por el nombre comercial *Noryl*, de General Electric Plastics, pero también S/B, PA, PBT o SAN). A menudo se refuerzan con fibra de vidrio o de carbono.

Les buenas propiedades mecánicas del material puro (rigidez y dureza elevadas, resistencia mediana, buena resistencia al impacto a baja temperatura, resistencia a la fluencia a elevada temperatura y buenas propiedades al deslizamiento y a la abrasión), así como la buena estabilidad dimensional y las excelentes propiedades eléctricas, no pueden aprovecharse debido a las dificultades de transformación, a su gran tendencia a la oxidación (sobretodo por encima de 100 °C) y a la gran sensibilidad a la luz. Los PPE modificados mejoran estos defectos a la vez que se aumenta la facilidad de transformación (inyección, extrusión, moldeo por soplado, soldadura, también metalización), a pesar de disminuir en cierta medida las propiedades mecánicas. El PPE+PS resiste los ácidos diluidos y álcalis concentrados, alcohol, detergentes, aceites y grasas (dependiendo de los aditivos), el agua fría y caliente, pero no los ácidos concentrados ni los hidrocarburos aromáticos o clorados. El PPE+PA tiene un mejor comportamiento químico. Son inocuos (excepto cuando llevan colorantes con pigmentos tóxicos) y autoextinguibles a la llama.

Se aplican a piezas que requieren una buena estabilidad dimensional y una buena rigidez a temperaturas elevadas, especialmente en piezas de grandes superficies. Los principales campos de aplicación son los electrodomésticos (carcasas y otras piezas para radio, TV, ordenadores, aspiradoras, lavadoras, lavaplatos), la electrotecnia (enchufes, contactores, bandejas portacables) y la automoción (calefacción y aire acondicionado, tablero de mando, retrovisores, alerones, protecciones laterales, de ruedas).

4.2.7 Plásticos técnicos (termoestables)

Resinas fenólicas (o *fenoplastos*), FP

Plásticos termoestables que resultan de la policondensación de fenol y formaldehído con una retícula tridimensional muy compacta (conocidos a menudo con el nombre comercial de *Bakelita*), y que se oscurecen por efecto de la luz. Se comercializan como a masas de moldeo que incorporan la resina, aditivos y cargas (aserrín, algodón o pulpa de papel, para mejorar la resistencia al impacto; amianto, para mejorar la resistencia al calor; mica, para mejorar la resistencia eléctrica; grafito, para mejorar el coeficiente de fricción), destinadas normalmente a piezas moldeadas que reticulan con aportación de calor y también en forma de placas estratificadas, fabricadas a partir de papel, tejido de algodón o fibra de vidrio impregnados.

Destacan por la rigidez y la dureza pero también por su fragilidad (la resistencia mecánica y la tenacidad dependen en gran medida de las cargas o fibras de refuerzo, así como también del tipo de mezcla que se haya realizado). También cabe destacar la buena resistencia a la deformación por calor, con temperaturas de servicio siempre superiores a 100 °C, que, con determinadas cargas, pueden llegar a puntas de 300 °C y que difícilmente se inflaman. Son buenos aislantes eléctricos, pero sus propiedades dieléctricas son bajas. Buen comportamiento químico (disolventes orgánicos, aceites, grasas, carburantes, benceno y agua, pero no resisten los ácidos y los álcalis fuertes). No son aptos para el contacto con los alimentos.

Las piezas moldeadas se usan en electricidad (enchufes, carcasas, tapas, regletas), en máquinas (soportes, carcasas, piezas de bombas) y en electrodomésticos (mangos y ansas, ceniceros); los laminados se usan en placas para circuitos impresos, engranajes y cojinetes lubricados por agua.

Resinas amínicas (o *aminoplastos*), UF, MF

Plásticos termoestables que resultan de la policondensación de urea y formaldehído (UF) o de la melamina y formaldehídoo (MF), con una retícula tridimensional muy compacta. Pueden colorearse con colores claros, ya que no se oscurecen con la luz. Se comercializan como masas de moldeo de MF, UF, MF+UF, que incorporan la resina, aditivos y determinadas cargas (sobretodo celulosa y aserrín) destinadas normalmente a piezas inyectadas o prensadas que reticulan con aportación de calor y, también, en forma de estratificados a partir de papel o tejidos impregnados.

Las resinas amínicas son rígidas, duras y frágiles, y sus características mecánicas dependen en gran medida de los materiales de las cargas (la adición de termoplásticos mejora la tenacidad). La resina MF es apta para el contacto con alimentos y tiene mejor resistencia a la temperatura, mientras que la resina UF no es recomendable para usos alimentarios ni adecuada para el contacto con agua hirviente. Resisten los disolventes orgánicos, los aceites y la gasolina, pero no los ácidos ni los álcalis concentrados.

Se utilizan para material eléctrico de colores claros (enchufes, lámparas) y la resina UF también se utiliza para objetos de cocina (vajillas, ansas).

Poliésteres insaturados, UP

Resinas termoestables obtenidas por copolimerización de ácidos dicarboxílicos insaturados con dialcoholes, que dan lugar a un reticulado tridimensional muy espeso. Normalmente se utilizan con diferentes tipos de carga o refuerzo (fibra corta o larga).

Las propiedades de las resinas UP dependen en gran medida de la composición y de las condiciones de transformación. Las resinas de colada (sin refuerzo) son moderadamente resistentes, rígidas y tenaces, pero con refuerzo de fibra de vidrio (es importante la adherencia entre fibra y matriz) se obtienen aumentos sustanciales de estas características (semejantes a las de los metales ligeros), a la vez que se reducen la contracción y la fluencia. Las resinas UP resisten los ácidos, los hidrocarburos alifáticos, los carburantes, los aceites y las grasas, el agua y las soluciones salinas, pero no una larga inmersión en agua caliente, ni los álcalis, los alcoholes u otros disolventes orgánicos. Mantienen la tenacidad a baja temperatura y las temperaturas de servicio en continuo se sitúan entre 100÷140 ºC, con puntas que en algunos casos llegan a los 220 ºC. Sometidas a la llama, queman, pero se pueden ignifugar. Las resinas UP pueden reticular en frío (temperatura ambiente) o en caliente (80÷120 ºC); también hay resinas que reticulan con la radiación UV (son necesarias lámparas especiales) y, entonces, el tiempo de permanencia antes del moldeo puede ser prácticamente ilimitado.

Las resinas UP se comercializan en forma de resinas de colada, masas de moldeo o preimpregnados. Como resinas de colada, se fabrican bloques transparentes con inclusiones de objetos o pequeños animales, encapsulados de componentes electrónicos, aisladores, botones. Como masas de moldeo (resina de UP con fibra corta), se utilizan en piezas de buenas características mecánicas y también de buenas propiedades eléctricas (regletas de bornes, portalámparas, núcleos de bobina). Como laminados (resina de UP con fibra larga en forma de *mat* o de tejidos), se realizan grandes elementos con funciones estructurales como depósitos y contenedores, embarcaciones, carrocerías de automóvil, piezas de recubrimiento de camiones y ferrocarril.

Resinas epoxi, EP

Resinas termoestables que resultan de la poliadición de dos reactivos: un polihidroxilato (normalmente bisfenol A) con la epiclorhidrina. Suelen reticular sin temperatura ni presión (pueden establecerse formulaciones para modificar la fluidez de los reactivos y la temperatura de reticulado).

Tienen unas características mecánicas notables (gran resistencia, rigidez y tenacidad, buena dureza y resistencia a la abrasión), que pueden aumentar sustancialmente con refuerzo de fibras, hasta acercarse a las de los aceros. También son destacables su adherencia y buena estabilidad dimensional. Las temperaturas de servicio son medianas (100÷130 ºC) y difícilmente se inflaman. Tienen excelentes propiedades eléctricas. La resistencia química es mediana (no resisten los ácidos ni los álcalis concentrados), la resistencia a la intemperie es buena, pero la resistencia al agua hirviente es limitada.

Se transforman por procedimientos semejantes a los poliésteres insaturados, UP, y se usan fundamentalmente como a plásticos con refuerzo estructural (componentes de aviación: partes del fuselaje de aviones, palas de rotores de helicóptero; equipo deportivo de alta competición: esquís, raquetas de tenis, cañas de pescar, pértigas); como resinas de colada (sin fibra de refuerzo: encapsulados y piezas eléctricas; con fibra de refuerzo: piezas técnicas, bases de circuitos impresos). También se usan como adhesivo para metales y plásticos (*Araldit* es un epoxi de la casa Ciba) y son la base de pinturas y recubrimientos.

Poliuretanos (*termoestables*), PUR

Los poliuretanos forman una amplia familia de polímeros que van desde las resinas termoestables, pasando por los elastómeros termoplásticos hasta los elastómeros termoestables. Las resinas termoestables son el resultado del reticulado de diisocianatos con polioles (*Vulkollan* es un nombre comercial de Bayer).

Sus principales características son: buena resistencia y rigidez mecánica, un reticulado rápido y, a baja temperatura (por debajo de 0°C), una baja contracción (con pequeños efectos sobre los insertos), moderada resistencia química (ácidos y bases débiles, aceites y grasas, hidrocarburos alifáticos, pero no a los ácidos y bases fuertes ni a los hidrocarburos aromáticos), una buena resistencia al envejecimiento, pero mal comportamiento a la llama.

En forma de resina se utilizan para algunos elementos electrotécnicos sometidos a un trabajo duro, pero la mayoría de aplicaciones se relacionan con la fabricación de espumas mediante moldeo por inyección-reacción (RIM).

4.2.8 Plásticos de altas prestaciones

Polisulfonas: PSU, PES, PAS

Familia de termoplásticos amorfos (transparentes u opacos), obtenidos por policondensción de clorosulfonas aromáticas con difenoles, que presenta las siguientes variantes: polisulfona, PSU (la más utilizada); polietersulfona, PES; poliarilsulfona, PAS. A menudo se refuerzan con fibras.

Muestran una elevada resistencia, rigidez, dureza y una baja tendencia a la fluencia bajo carga (incluso a temperaturas elevadas), pero la resistencia al impacto con entalla es moderada. La dilatación térmica es pequeña y tienen una buena estabilidad dimensional. Son buenos aislantes eléctricos (PSU el mejor) y ofrecen buenas propiedades dieléctricas que se mantienen con la temperatura. Se comportan bien ante los ácidos, álcalis, alcoholes, aceites y grasas (el PES y el PAS, también ante los hidrocarburos alifáticos y carburantes) y son inocuos, pero no resisten los hidrocarburos aromáticos ni halogenados, ni los ésteres ni las cetonas, ni el contacto continuo con agua caliente. Tienen un buen comportamiento a la intemperie, muestran una gran resistencia al fuego y generan pocos humos. Se transforman por inyección, extrusión y termoconformado, además de mecanizado y soldadura por ultrasonidos. Las principales diferencias entre ellos radican en las temperaturas máximas de servicio y en los costes crecientes: PSU, entre $150 \div 180$ °C (la menos cara); PES, entre $180 \div 200$ °C; PAS, entre $175 \div 250$ °C (la más cara).

Se utilizan para piezas técnicas en electricidad y electrónica (conectores, núcleos de bobina, soportes de lámparas, cajas de instrumentos, aislantes, condensadores, circuitos impresos), en el automóvil (incluso piezas para el motor y cajas de cambios) o en aviación, todas ellas sometidas a importantes esfuerzos y para las que se requiere una gran estabilidad a elevadas temperaturas. También se utilizan en aplicaciones ópticas y médicas.

Poli(sulfuro de fenileno), PPS

Termoplástico semicristalino, obtenido a partir de la policondensación del p-diclorobenzeno, que prácticamente siempre se suministra con cargas minerales, refuerzo de fibra o con adiciones de otros plásticos para evitar el desprendimiento de gases sulfurosos a elevadas temperaturas.

Tiene una elevada resistencia, rigidez, dureza y comportamiento a fluencia, incluso a temperaturas elevadas, pero su resistencia al impacto con entalla es baja (si no lleva refuerzo de fibra). El abanico de temperaturas de servicio es muy amplio (desde $-170 \div -200$ °C hasta $200 \div 230$ °C en continuo, con puntas de 300 °C) y las propiedades al deslizamiento son muy buenas. También cabe destacar su estabilidad dimensional, la buena resistencia química (ácidos y álcalis, hidrocarburos alifáticos, aromáticos y halogenados, alcoholes, grasas y agua, pero no a los aceites y determinados ácidos), la resistencia al envejecimiento, a las radiaciones y el buen comportamiento al fuego (autoextinguible y, en todo cas, genera pocos humos). Se transforma por inyección con molde caliente, por prensado de masas de moldeo SMC, por sinterizado o por proyección (para formar revestimientos), y también puede mecanizarse, pulirse y soldarse por ultrasonidos.

Las principales aplicaciones están en la electricidad y la electrónica (carcasas, chips, láminas de condensadores, placas de circuitos impresos; soporta la soldadura de onda de estaño hasta 260 °C), aparatos de fluidos (bombas, válvulas, hélices, elementos de estanqueidad) y automoción (piezas solicitadas mecánicamente del compartimento motor).

Poliariletercetonas, PEK, PEEK

Familia de termoplásticos de altas prestaciones, que resultan de la combinación de éteres (E), cetonas (K) y grupos fenil o difenil (P). Las más conocidas son: polietercetona, PEK; polieteretercetona, PEEK (se comercializa normalmente reforzada con fibra de vidrio o carbono).

Tienen buenas propiedades mecánicas (resistencia a la tracción y flexión, a la fatiga, rigidez, dureza y tenacidad) que mantienen valores aceptables hasta temperaturas de 240÷250 °C. Muestran una gran resistencia al impacto a bajas temperaturas y una buena resistencia a fluencia a altas temperaturas. Buenas propiedades deslizantes y al desgaste. Resisten los ácidos, álcalis, la mayoría de disolventes orgánicos y el vapor de agua hasta 180 °C, pero su comportamiento a los oxidantes y a las radiaciones UV es bajo. Son muy difícilmente inflamables y prácticamente no producen humos. Se transforman por inyección en un molde caliente y el coste es elevado.

Tienen un amplio espectro de aplicaciones, siempre especializadas: piezas técnicas de máquinas (ruedas dentadas, jaulas de rodamientos, piezas de bombas, carcasas), elementos eléctricos, elementos para agua caliente, prótesis. También se usan para revestimientos de elevadas prestaciones.

Poliimidas, PI

Familia de plásticos de altas prestaciones, a medio camino entre los termoplásticos y los termoestables. Entre sus variantes hay: poliarilimidas, PI; poliamidaimidas, PAI; polieterimidas, PEI.

La poliimida, PI, tiene una resistencia y una rigidez elevadas y un amplio abanico de temperaturas de servicio (entre −240÷250 °C, con puntas de hasta 450 °C; la PAI admite temperaturas de servicio aún superiores), pero una baja tenacidad. Destaca el buen comportamiento al deslizamiento (mejora con el grafito y el MoS2) y una buena resistencia a la abrasión, especialmente a elevadas temperaturas. Tiene buenas propiedades eléctricas y dieléctricas. Resiste los disolventes alifáticos y aromáticos y los ácidos diluidos, pero no los ácidos y álcalis concentrados, ni el agua hirviente ni el vapor de agua. Se autoextingue a la llama, pero no es adecuada para largas exposiciones a la intemperie. Debido a la dificultad de fundir el material, la PI se transforma por medio de sinterizado o se mecaniza a partir de productos semielaborados, mientras que la PEI admite la inyección.

Las poliimidas se utilizan en piezas que requieren a la vez una buena resistencia mecánica y buenas propiedades deslizantes (ruedas dentadas, cojinetes, anillos de pistón, asientos de válvula), en aplicaciones eléctricas y electrónicas que trabajan a temperatura elevada (conectores, núcleos de bobina, circuitos impresos) y en aplicaciones aeronáuticas (resistencia a las radiaciones).

Plásticos de cristal líquido, LCP

Son termoplásticos de tipo poliéster o poliestercarbonato muy aromáticos en los que las macromoléculas, al ser transformadas en estado fundido, se orientan en una dirección determinada a modo de fibras (efecto de *autorefuerzo*), de manera que se obtienen características mecánicas extraordinariamente elevadas en esta orientación. En el diseño debe tenerse en cuenta la anisotropía (resistencia menor en las otras direcciones) que se suele paliar por medio de la polimerización con moléculas más flexibles o con la adición de cargas o refuerzos.

Tienen características mecánicas elevadas (resistencia, rigidez, tenacidad) y una elevada resistencia a la deformación por calor (temperaturas de servicio entre 185÷250 °C), un comportamiento químico excelente (incluso a temperaturas muy elevadas) y a la intemperie, son difícilmente inflamables y la prácticamente nula tendencia a la fisuración por tensiones.

A pesar de su gran resistencia, los motivos de su aplicación son su gran estabilidad dimensional (baja dilatación, gran rigidez y paredes finas) y la resistencia a la agresión química y al fuego. Sus aplicaciones son muy especializadas y de bajo consumo en la industria eléctrica y electrónica (substratos de chips y circuitos impresos, núcleos de bobina, encapsulados, conectores para fibra óptica), en la automoción, la aviación o la aeronáutica.

4.2.9 Plásticos especiales

Polietileno de peso molecular ultraelevado, PE-UHMW

Variante del *PE-HD* (ver *Plásticos de consumo*) de cadena extraordinariamente larga (peso molecular $>10^6$), que proporciona un aumento importante de la tenacidad, de la resistencia al calor y de la estabilidad química y, sobretodo, una mejora del coeficiente de fricción y un extraordinario aumento de la resistencia al desgaste, pero también repercute negativamente en la aptitud para la transformación, ya que como que no muestra un punto de fusión claro, obliga a la fabricación de productos semielaborados mediante sinterizado, con la correspondiente repercusión en el coste.

Les aplicaciones se relacionan especialmente con las magníficas propiedades de deslizamiento: cojinetes, guías, ruedas dentadas, revestimientos antidesgaste.

Plásticos celulósicos, CA, CAB

Familia de termoplásticos fabricados a base de la esterificación de la celulosa (uno de los pocos productos naturales usados en la fabricación de plásticos). Entre ellos hay: acetato de celulosa, CA, y acetobutirato de celulosa, CAB. La *celofana* es una película transparente de celulosa regenerada.

Tienen una resistencia y una rigidez moderadas, una buena tenacidad y una baja dureza, pero su gran elasticidad superficial produce un efecto de autopulido (poco sensible, pues, a las rayas). El que estos plásticos cedan a las tensiones permite incorporar insertos metálicos sin peligro de fisuras. Destacan por su gran transparencia (90%) y brillo. Resisten bien la gasolina, los disolventes orgánicos y el sudor de las manos, pero mal el agua caliente, los ácidos y los álcalis, y no son adecuados para alimentos. El CAB tiene una resistencia mecánica inferior, pero es adecuado para aplicaciones en la intemperie. Las temperaturas de servicio son muy bajas y, en contacto con el fuego, mantienen la llama.

En especial, se usan cuando se requiere transparencia (faros de automóvil, plafones publicitarios, artículos de dibujo), el contacto humano (botones, manecillas, volantes, monturas de gafas, ciertas carcasas) o piezas con insertos.

Poli(metacrilato de metilo), PMMA

Termoplástico que resulta de polimerizar el metacrilato de metilo (también conocido por *plexiglas*).

Rígido y muy duro (no se raya con facilidad), de resistencia media, resiste impactos moderados (hay versiones con la tenacidad mejorada). Destaca por su gran transparencia incolora (transmite el 92% de la luz) y brillo, y puede teñirse con distintos colores adoptando aspectos translúcidos u opacos. Buena resistencia química (pero no a los disolventes polares ni a los ácidos concentrados), excelente resistencia a la intemperie (radiaciones UV) y al envejecimiento, pero tendencia a la tensofisuración. Las temperaturas de servicio son moderadas y queman con una llama brillante.

Las aplicaciones giran entorno de sus buenas propiedades ópticas junto con su dureza, rigidez y resistencia a la intemperie: láminas transparentes, faros, lentes, rótulos, envases transparentes, instrumentos de dibujo.

Plásticos fluorados: PTFE, FEP, PFA, E/TFE

Forman una larga familia de termoplásticos (conocidos también por el nombre comercial de *Teflon* de Du Pont) entre los que el más conocido es: politetrafluoroetileno, PTFE. Otros miembros destacados son: copolímero de tetrafluoroetileno/hexafluoropropileno (o *etileno/propileno perfluorado*), FEP; copolímero de perfluoroalcoxi, PFA; copolímero de etileno/tetrafluoroetileno, E/TFE.

El PTFE y, en general, los polímeros con un contenido elevado de flúor presentan un interesante conjunto de propiedades: una extraordinaria inercia química, una bajísima absorción de agua, una gran estabilidad a la intemperie y son prácticamente incombustibles. Las propiedades deslizantes y antiadherentes son excelentes (las mejores de todos los plásticos), así como las cualidades de aislante y de dieléctrico. Pueden usarse en un amplio abanico de temperaturas de servicio (de los más amplios de todos los plásticos). Los factores que limitan su uso son las bajas características mecánicas (resistencia, rigidez, dureza, resistencia a la abrasión), los elevados costes y las dificultades de transformación (la elevada viscosidad del PTFE no permite la extrusión, la inyección, el termoconformado ni la soldadura; su transformación se realiza por sinterizado, mecanizado o como recubrimiento). El FEP, más flexible que el PTFE, si bien con una reducción de las propiedades térmicas y químicas, puede transformarse como un termoplástico (extrusión, inyección). El PFA, más rígido que el PTFE, consigue las cualidades térmicas y químicas de éste con las capacidades de transformación del PFE. Finalmente, el copolímero E/TFE, el más rígido de ellos, se comporta como un verdadero termoplástico (semejante al PE), pero con una temperatura de servicio máxima sensiblemente menor que la del PTFE.

Las principales aplicaciones del PTFE y los restantes plásticos fluorados se relacionan con sus propiedades: *a*) cojinetes, guías, juntas (por su baja fricción; se refuerza con fibra de vidrio, grafito o bronce para reducir la dilatación, mejorar la conductividad térmica y disminuir la abrasión); *b*) bombas, válvulas, conductos para la industria química (por su inalterabilidad química y resistencia al calor); *c*) recubrimiento de sartenes, planchas eléctricas (por su inalterabilidad química, sus propiedades antiadherentes y sus elevadas temperaturas de servicio); *d*) cinta aislante, recubrimiento de cables y otras aplicaciones eléctricas (por sus cualidades como aislantes y dieléctricos).

4.2.10 Selección del material y diseño de piezas de plástico

La selección del material plástico más adecuado para la fabricación de una pieza o elemento difícilmente puede realizarse mediante una simple selección de propiedades estándares de los materiales. Se presentan varias dificultades: *a*) En primer lugar, a menudo los criterios de selección determinantes se refieren a propiedades o características difícilmente cuantificables (aspecto o color, facilidad de transformación, arqueamiento de la pieza, electricidad estática). *b*) En segundo lugar, las posibilidades de modificación de los plásticos a través de aditivos (refuerzos, cargas, plastificantes) y de mezclas de materiales, son muy grandes. *c*) Y, en último lugar, las condiciones en las que se fabrican los prototipos (mecanizado, moldes provisionales) son, en general, muy distintas a las condiciones de transformación finales (generalmente por inyección).

A título de recordatorio, a continuación se citan algunos de los principales puntos que deben tenerse en cuenta al elegir el material y diseñar una pieza o elemento de plástico:

- Coste del material y coste de transformación
- Posibilidades de transformación y formas que se pueden obtener
- Aspecto y acabado superficial (brillante, mate, pintura, recubrimientos)
- Temperaturas de servicio máxima (continua y de corta duración) y mínima
- Solicitaciones mecánicas según la temperatura
- Solicitaciones de cargas permanentes (fluencia)
- Solicitaciones de cargas repetidas (fatiga)
- Solicitaciones a impactos (tenacidad)

- Exposición a agentes químicos
- Exposición a la intemperie (rayos UV, ozono)
- Comportamiento deslizante y resistencia a la abrasión
- Estabilidad dimensional (en la fabricación y durante el uso)
- Propiedades eléctricas (resistencia eléctrica y dieléctrica)

Recomendaciones para algunos elementos de máquinas

A continuación se describen algunos de los materiales plásticos más aptos para determinados elementos de las máquinas:

Guías y cojinetes de deslizamiento

En las guías de deslizamiento, en general se exigen bajos coeficientes de fricción dinámicos y resistencia al desgaste. Los materiales más usados a temperatura ambiente son PE-UHMW y a temperaturas superiores, PET y PBT. Con cargas o refuerzos es muy frecuente el uso de PTFE.

Los materiales para piezas que hacen de cojinete de deslizamiento, o que lo incluyen, deben ofrecer unas propiedades análogas a las de las guías de deslizamiento, probablemente con mayores capacidades para presiones de contacto. Uno de los materiales más utilizados son las poliamidas. Sin embargo, el hinchamiento que sufren con la absorción de agua, puede llevar al bloqueo o malfuncionamiento de las piezas. En general, las poliamidas se utilizan con aditivos MoS_2, grafito, PTFE que, además de aumentar sus propiedades deslizantes, mejoran su estabilidad dimensional.

Muelles y elementos elásticos

En la fabricación de piezas de plástico muy a menudo son necesarios elementos con efecto muelle (por ejemplo, el tapón de un bolígrafo) o ecliquetajes (piezas que entran a presión deformándose elásticamente). En estos casos, el material debe disponer de una buena recuperación elástica con una elevada resistencia a la fluencia o a la relajación (según los casos). Probablemente el plástico que mejor se adecua a estas funciones es el POM. También tienen un buen comportamiento elástico los plásticos reforzados con fibra (vidrio, carbono, arámida), pero entonces la deformación admisible es relativamente reducida.

Carcasas

Las carcasas son elementos fundamentales en muchas máquinas o aparatos (electrodomésticos, radio, televisión, ordenadores y material informático). Estas piezas deben tener una buena rigidez, estabilidad dimensional, una buena presencia exterior (textura, color), una fácil transformación en piezas de formas tridimensionales complejas (facilidad de moldeo por inyección) y que ofrezcan un buen acabado superficial (el poliestireno, PS, y el SAN son una solución barata a estos requerimientos). Otra característica que se exige a menudo es la resistencia al impacto (el ABS cumple bien esta condición a un precio moderado). Si, además, se requieren un buen comportamiento a temperatura, a la intemperie o al fuego, son necesarios materiales de mejores características (el policarbonato, PC, y el poli(éter de fenileno) modificado, PPE, cubren estos aspectos, con un precio mayor). Últimamente se está utilizando con unos resultados excelentes el polipropileno, PP, y la poliamida PA66, reforzados con fibra de vidrio.

Elementos estructurales

Los elementos estructurales intervienen cada día de forma más decisiva en numerosas aplicaciones, entre las que destacan los vehículos (carrocerías de automóvil, chasis de bicicletas, partes del fuselaje de aviones, embarcaciones). Cuando las exigencias no son muy altas, los materiales usados suelen sen resinas de poliéster con fibras de vidrio, UP+FV (carrocerías de automóvil, embarcaciones, cascos de motorista) mientras que, cuando son más altas, se utilizan las resinas epoxi con fibra de carbono, EP+FC (cuadros de bicicletas, elementos del fuselaje de aviones).

Tabla 4.6 **Plásticos** (hojas 1 y 2)

Grupos de plásticos		Plásticos de consumo (termoplásticos)				
		Poliolefinas			Plásticos clorados	
Denominación (ISO, ASTM, DIN)		PE-LD Polietileno baja densidad	PE-HD Polietileno alta densidad	PP Polipropileno	PVC-U Poli(cloruro de vinilo) (rígido)	PVC-P Poli(cloruro de vinilo) (plastif.)
Propiedades físicas	Unidades					
Densidad	Mg/m^3	0,91÷0,93	0,94÷0,96	0,90÷0,91	1,38÷1,40	1,20÷1,35
Propied. ópticas (transm.)	%	Trp	Opaco	Trp/Opaco	Trp/Opaco	Trp/Opaco
Coeficiente dilatación	µm/m·K	250	200	160÷200	70÷80	150÷210
Calor específico	J/kg·K	2100÷2500	2100÷2700	2000	850÷900	900÷1800
Conductividad térmica	W/m·K	0,32÷0,40	0,38÷0,51	0,17÷0,22	0,14÷0,17	0,15
Temp. termodeflexión [1]	°C	35	50	45/120	60÷82	-
Resistividad volumétrica	$\Omega\cdot m$	$>10^{15}$	$>10^{15}$	$10^{15}\div10^{16}$	$>10^{13}$	$>10^9$
Constante dieléctrica	-	2,29/2,28	2,35/2,34	2,3/2,6	3,5/3,0	4÷8/4÷4,5
Factor pérdidas dieléctricas	10^{-4}	1,5/0,8	2,4/2,0	4,0/5,0	110/150	800/1200
Rigidez dieléctrica [2]	MV/m	80÷100	80÷100	50÷75	35÷70	25÷35
Propiedades mecánicas	Unidades					
Resistencia tracción	MPa	8÷23	18÷35	21÷37	50÷75	10÷25
Alargamiento límite elástico	%	15÷20	10÷12	10÷16	3÷7	-
Alargamiento a rotura	%	300÷1000	100÷1000	20÷800	10÷50	170÷400
Módulo elasticidad (tracc.)	GPa	0,20÷0,50	0,70÷1,40	1,10÷1,30	1,0÷3,5	-
Módulo fluencia (10^3 h) [3]	GPa	0,06/-	0,50/-	0,46/0,24	2,40/-	-
Coeficiente de Poisson	-	-	-	-	0,38	-
Impacto Charpy (sin entalla)	kJ/m^2	no rompe	no rompe	no rompe	no rompe÷>20	no rompe
(con entalla)	kJ/m^2	no rompe	no rompe	3÷17	2÷50	no rompe
Resistencia fatiga 10^7	MPa	-	16÷20	24	-	-
Dureza a la bola	MPa	13÷20	40÷65	36÷70	75÷155	50÷95 ShA
Coeficiente de fricción	-	0,50÷0,60	0,25÷0,30	0,25÷0,30	-	-
Propiedades tecnológicas	Unidades					
Coste	€/kg	1,35	1,15	1,35	0,85	0,80
Transformación	pág.181	Ex/MS/Iny	Iny/Ex/MS	Iny/Ex/Tc	Ex/Iny	Cal/Ex
Contracción	%	1,0÷3,0	1,5÷3,0	1,3÷2,5	0,4÷0,8	0,7÷3,0
Temp. servicio (mínima)	°C	-50	-50	0÷-30	-5	0÷-20
(máxima continua)	°C	60÷75	70÷80	100	65÷85	50÷55
(máxima punta)	°C	80÷90	90÷120	140	75÷100	55÷65
Absorción de agua (24 h)	%	<0,01	<0,01	0,01÷0,03	0,04÷0,4	0,15÷0,75
Comportamiento a la llama	[1÷5][4]	[2] HB	[2] HB	[2] HB	[4]	[3÷4]
Resistencia desgaste	[1÷5]	[3]	[4]	[4]	-	-
intemperie	[1÷5]	[4]	[4]	[3]	[5]	-
ácidos	[1÷5]	[4]	[4]	[5]	[4÷5]	[2]
álcalis	[1÷5]	[5]	[5]	[5]	[5]	[4]
disolventes orgánicos	[1÷5]	[4]	[4]	[3÷4]	[3]	[3]

[1] HDT/A / HDT/B   [2] 50 Hz / 10^6 Hz   [3] (a partir de las curvas isócronas): 20 °C / 60 °C   [4] Los niveles representan:
[1] Fácilmente combustible, [2] Combustible, [3] Difícilmente combustible, [4] Autoextinguible, [5] Incombustible,

Plásticos técnicos (termoplásticos)							
Polímeros del estireno				Poliésteres saturados		Poliacetales	
PS Poliestireno	SAN Estireno/ acrilonitril	S/B Estireno/ butadieno	ABS Acrilonitrilo/ butadieno/ estireno	PET Poli(tereftalato de etileno)	PBT Poli(tereftalato de butileno)	POM Poli(óxido de metileno) (homopolímero)	POM Poli(óxido de metileno) (copolímero)
1,05 transp. (>90) 70 1300 0,17 80÷110 $>10^{14}$ 2,5/2,5 2/2 30÷70	1,08 transparente 80 1300 0,18 90÷104 $>10^{14}$ 3,0/2,8 70/90 40÷50	1,03÷1,05 opaco 70 1300 0,17 82÷104 $>10^{14}$ 2,4/4,4 12/12 30÷60	1,03÷1,06 opaco 60÷110 1500 0,18 80/120 $>10^{13}$ 2,4/4,4 50/100 35÷50	1,37 transp/opaco 70 1200 0,24 80 $2 \cdot 10^{14}$ 4,0/4,0 20/20 42	1,31 opaco 60 1350 0,21 65/190 $5 \cdot 10^{14}$ 3,0/3,0 20/20 42	1,42 opaco 90 1460 0,23 124/170 $>10^{13}$ 3,7/3,7 50/50 38÷50	1,41 opaco 110 1460 0,31 110/160 $>10^{13}$ 3,7/3,7 50/50 38÷50
45÷65 - 3÷4 3,20 2,10/0,75 0,33 5÷20 2÷2,5 19 120÷130 0,32	75 - 5 3,60 2,65/- - 1÷20 2÷3 27 130÷140 0,33	26÷38 - 25÷60 1,80÷2,50 - - 10÷80 5÷13 18÷20 80÷130 0,50	32÷45 2,5 15÷30 1,90÷2,70 1,70/0,80 0,50 70÷no rompe 7÷20 13÷21 80÷120 0,35	47 4,0 70 2,80 2,70/- - no rompe 4 30 95÷150 0,25	40 4,0 200 2,60 1,30/0,32 - no rompe 4 28 120÷130 0,25	68÷70 8÷12 15÷70 3,00÷3,60 1,70/0,85 0,35 no rompe 3,5 26÷30 160÷170 0,21	62÷68 8÷14 25÷75 2,80÷3,10 1,10/0,65 0,35 no rompe 6÷9 26÷30 150÷160 0,21
1,20 Iny 0,4÷0,7 -10 50÷70 60÷80 0,03÷0,1 [1] HB [2] [2] [3] [5] [1]	1,80 Iny/Ex 0,4÷0,6 -20 85 95 0,2÷0,3 [2] HB [1] [2] [3] [5] [1÷2]	1,60 Iny/Ex/Tc 0,4÷0,7 -20 50÷70 60÷80 0,05÷0,06 [2] HB - [3] [5] [1÷2]	1,50÷2,00 Iny/Tc 0,4÷0,7 -40 75÷85 85÷100 0,2÷0,45 [2] HB - [3] [5] [1÷2]	1,35 MS/Iny/Ex 1,6÷2,0 -20 100 200 0,30 [2] HB [1] [2] [3] [3] [3]	2,50÷2,75 Iny/Ex 1,0÷2,2 -30 120 165 0,08 [2] HB [1] [2] [3] [3] [3]	2,75 Iny/Mec 1,5÷2,5 -60 90÷110 110÷140 0,22÷0,25 [2] HB [4] [2] [3] [5] [4÷5]	2,60 Iny/Mec 1,5÷2,5 -60 90÷110 110÷140 0,22÷0,25 [2] HB [3] [2] [3] [5] [4÷5]

otras indicaciones corresponden a la norma americana UL-94

Tabla 4.6 **Plásticos** (hojas 3 y 4)

		Plásticos técnicos (termoplásticos) (continuación)				
Grupos de plásticos		Poliamidas				
Denominación (ISO, ASTM, DIN)		PA 6 ε-caprolactama	PA 66 Hexametilendia-mina + ácido adípico	PA 11 Ácido 11-ami-noundecanoico	PA 12 w-laurolactama	PA 6-3-T Trimetilhexa-metileno + acido tereftálico
Propiedades físicas	Unidades					
Densidad	Mg/m^3	1,13	1,14	1,04	1,02	1,12
Propied. ópticas (transm.)	%	Trl/Opac	Trl/Opac	Trl/Opac	Trl/Opac	Trp
Coeficiente dilatación	μm/m·K	80	80	130	110	80
Calor específico	J/kg·K	1700	1700	1260	1500	1600
Conductividad térmica	W/m·K	0,23	0,27	0,23	0,30	0,23
Temp. termodeflexión [1]	°C	80/190	105/200	130/150	140/150	140/180
Resistividad volumétrica	Ω·m	>10^{10}	>10^{10}	>10^{15}	>10^{11}	>10^9
Constante dieléctrica	-	3,7	3,8/3,4	3÷7/3,5	4,2/3,1	4,0/3,0
Factor pérdidas dieléctricas	10^{-4}	100/300	1400/800	600/400	400/300	300/400
Rigidez dieléctrica [2]	MV/m	40	60	43	45	35
Propiedades mecánicas	Unidades					
Resistencia tracción	MPA	80$_{(sec)}$/40	85$_{(sec)}$/65	55	55÷65	70÷85
Alargamiento límite elástico	%	6$_{(sec)}$/20	5$_{(sec)}$/18	10$_{(sec)}$/22	8$_{(sec)}$÷27	9÷10
Alargamiento a rotura	%	200÷300	150÷300	500	300	70÷150
Módulo elasticidad (tracc.)	GPa	3,10$_{(sec)}$/1,4	3,30$_{(sec)}$/2,0	0,80÷1,30	1,20÷1,60	2,90÷3,00
Módulo fluencia (10^3 h) [3]	GPa	0,55/0,28	0,70/0,35	0,45/-	0,58/0,20	1,35/1,20[6]
Coeficiente de Poisson	-	0,30	0,39	0,30	0,30	0,30
Impacto Charpy (sin entalla)	kJ/m^2	no rompe	no rompe	no rompe	no rompe	no rompe
(con entalla)	kJ/m^2	3÷6	2÷3	6÷15	6÷15	13
Resistencia fatiga 10^7	MPa	19÷32	21÷34	-	-	27
Dureza a la bola	MPa	160$_{(sec)}$/60	170$_{(sec)}$/80	75÷90	75÷100	140÷170
Coeficiente de fricción	-	0,30	0,28	0,32	0,32	0,32
Propiedades tecnológicas	Unidades					
Coste	€/kg	2,55	2,75	5,75	5,60	5,20
Transformación	Pág. 181	Iny/Mec	Iny/Mec	Iny/Mec	Iny/Mec	Iny
Contracción	%	0,8÷2,5	0,8÷2,5	1,0÷2,0	1,0÷2,0	0,5÷0,6
Temp. servicio (mínima)	°C	-30	-30	-70	-70	-70
(máxima continua)	°C	80÷100	80÷120	70÷80	70÷80	80÷100
(máxima punta)	°C	140÷180	170÷200	140÷150	140÷150	130÷140
Absorción de agua (24 h)	%	1,7/9,5[5]	1,5/8,5[5]	0,3/1,9[5]	0,25/1,5[5]	1,5/6,5[5]
Combustibilidad	[1÷5][4]	[2] V-2	[2] V2	[2]	[2]	[2]
Resistencia desgaste	[1÷5]	[5]	[5]	[5]	-	-
intemperie	[1÷5]	[2]	[2]	[2]	[2]	[2]
ácidos	[1÷5]	[2]	[2]	[2]	[2]	[2]
álcalis	[1÷5]	[4]	[4]	[4]	[4]	[4]
disolventes orgánicos	[1÷5]	[4÷5]	[4÷5]	[4÷5]	[4÷5]	[4÷5]

[1] HDT/A / HDT/B   [2] 50 Hz / 10^6 Hz   [3] (a partir de las curvas isócronas): 20 °C / 60 °C   [4] Los niveles representan:
[1] Fácilmente combustible, [2] Combustible, [3] Difícilmente combustible, [4] Autoextinguible, [5] Incombustible,

		Plásticos técnicos (termoestables)					
		Fenoplastos	Aminoplastos				
PC Policarbonato	PPE Poli(éter de fenileno) modificado	PF Fenol- formaldehido	UF Urea- formaldehido	MF Melamina- formaldehido	UP Poliéster insaturado	EP Resina epoxi	PUR Poliuretano (termoestable)
1,20 transpar. 89 60÷70 1200 0,21 130/145 10^{15} 3,0/2,9 7/100 30	1,06÷1,10 opaco 60÷70 1400 0,16÷0,22 100/140 10^{14} 2,6/2,6 4/9 35	1,24÷1,32 opaco 30÷50 1300 0,35 150/190 10^{11} 6/4,5 1000/300 30÷40	1,50÷1,60 opaco 50÷60 1200 0,40 130/- 10^{11} 8/7 400/300 30÷40	1,50÷1,60 opaco 50÷60 1200 0,50 180/- 10^{11} 9/8 600/300 28÷30	1,10÷1,35 opaco 60÷80 1200÷1900 0,60 55÷90/- $10^{12}÷10^{15}$ 6/5 400/200 25÷53	1,17÷1,25 opaco 40÷70 1400 0,17÷0,23 140 $>10^{14}$ 4/4 10/100 30÷40	1,05 transparente 10÷20 1760 0,58 90/- 10^{16} 3,6/3,4 500/500 24
63÷65 6÷8 65÷100 2,3÷2,4 2,15/1,70 0,39 no rompe 20÷35 18÷24 100÷110 0,38	55÷68 2÷7 30÷50 3,1 2,65/1,50[7] 0,38 no rompe 15÷20 12÷18 85÷100 0,27÷0,36	25 - 0,4÷0,8 5,6÷12 - - >6 >1,5 - 250÷320 -	30 - 0,5÷1,0 7,0÷10,5 - - >6,5 >2,5 - 260÷350 -	30 - 0,6÷0,9 4,9÷9,2 - - >7 >1,5 - 260÷410 -	30-50 - 2÷3 3,0÷4,5 - 0,37 10÷12 - - - -	45÷60 - 6÷8 3,5÷6,0 - 0,38 - 10÷25 3 - -	70÷80 - 3÷6 4,0 - - - - - - 0,37
2,60÷2,95 Iny/Ex/MS - -100 130 160 0,35 [4] V-2 - [4] [3] [1] [2÷3]	3,10 Iny/Ex 0,5÷0,7 -30 90÷100 150 0,15÷0,35 [4] V-1 [1] [4] [4] [4] [3]	1,25 MP/Iny - - 100÷120 150 0,3÷1,2 [4] - [2] [2] [5]	1,20 MP/Iny - - 80 100 0,4÷0,8 - - [2÷3] - [5]	1,35 MP/Iny - - 80 120 0,1÷0,6 [4] - [2÷3] - [5]	2,40 MCol 4,0÷8,0 - 100÷140 140÷160 0,1÷0,3 - - [3] [2÷3] [4]	3,60÷4,10 MCol 1,0÷2,0 - 100÷120 180 0,1÷0,4 [3] - [3÷4] [4] [3]	3,75÷4,60 RIM - - 80 100 0,1÷0,2 [2] - [4] [2] [3] [3÷4]

otras indicaciones corresponden a la norma americana UL-94 [5] Absorción de agua: 24 horas/saturación [6] A 80 °C [7] A 60 °C

Tabla 4.6 **Plásticos** (hojas 5 y 6)

Grupos de plásticos		**Plásticos de altas prestaciones**				
		(5)				(5)
Denominación (ISO 1043)		PSU Polisulfona	PPS/PPS GF40 Poli(sulfuro de fenileno)	PEEK Polietereter-cetona	PI Poliimida	LCP/LCP GF30 Plásticos de cristal líquido
Propiedades físicas	Unidades					
Densidad	Mg/m^3	1,24	1,34/1,65	1,29	1,27÷1,42	1,35÷1,40/1,88
Propied. ópticas (transm.)	%	transp/opaco	opaco	opaco	opaco	opaco
Coeficiente dilatación	μm/m·K	50÷56	99/30	48÷100	50÷63	0÷25/-1÷47
Calor específico	J/kg·K	1090	-	-	1300	-
Conductividad térmica	W/m·K	0,26	0,29/0,30	0,25	0,60	-/0,25
Temp. termodeflexión [(1)]	°C	174/180	135/-//260	150/-	280÷360/-	250/-//-
Resistividad volumétrica	Ω·m	5·10^{14}	10^{14}	6,5·10^{16}	10^{16}÷10^{17}	10^{15}÷10^{16}/10^{15}
Constante dieléctrica	-	3,5/3,5	3,1	3,3	3,4	2,6÷3,3/3,4
Factor pérdidas dieléctricas	10^{-4}	8/30	4/7	-	20/50	-
Rigidez dieléctrica [(2)]	MV/m	18	24	-	-	34÷43
Propiedades mecánicas	Unidades					
Resistencia tracción	MPA	70÷100	70÷75/150	70÷100	75÷115	135/185
Alargamiento límite elástico	%	5÷6	-	-	-	-
Alargamiento a rotura	%	25÷30	3,0/1,1	35÷50	8,0÷10,0	1,2÷3,8/2,1
Módulo elasticidad (tracc.)	GPa	2,60÷2,75	3,60/16	3,80	2,00	7,0÷13,0/16,1
Módulo fluencia (10^3 h)[(3)]	GPa	-	-	-	-	-
Coeficiente de Poisson	-	0,37	-	-	0,41	-
Impacto Charpy (sin entalla)	kJ/m^2	no rompe	-	no rompe	-	30÷130/-
(con entalla)	kJ/m^2	2÷5	-/7	8,2	-	20÷80/23,5
Resistencia fatiga 10^7	Mpa	7	-	-	35	-
Dureza a la bola	Mpa	140	-/Shore 90D	126	-	-/200
Coeficiente de fricción	-	0,37	0,24/-	-	0,29	-
Propiedades tecnológicas	Unidades					
Coste	€/kg	10,50	6,50/8,20	75,00	47,00	14,50÷18,50
Transformación	pág. 181	Iny/Ex/Tc	Iny/MP/Tc	Iny/Mec	Sint/Mec	-
Contracción	%	0,6÷0,8	1,0/-	1,1	-	-
Temp. servicio (mínima)	°C	-100	-180/-200	-	-240	-/-200
(máxima continua)	°C	150	210/260	250	260	250/220
(máxima punta)	°C	180	300/300	270	450	-/250
Absorción de agua (24 h)	%	-	0,2/0,02	0,5	0,32	0,0/<0,1
Combustibilidad	[1÷5][(4)]	[4] V-0	[5] V-0	[5] V-0	[4] V-0	[5] V-0
Resistencia desgaste	[1÷5]	-	-	-	[5]	-
intemperie	[1÷5]	[4]	[2]	[2]	[4]	-
ácidos	[1÷5]	[4]	[3]	[4]	[3]	-
álcalis	[1÷5]	[4]	[4]	[4]	[3]	-
disolventes orgánicos	[1÷5]	[2÷3]	[5]	[4÷5]	[4]	[4]

[(1)] HDT/A / HDT/B   [(2)] 50 Hz / 10^6 Hz   [(3)] (a partir de las curvas isócronas): 20 °C / 60 °C   [(4)] Los niveles representan:
[1] Fácilmente combustible, [2] Combustible, [3] Difícilmente combustible, [4] Autoextinguible, [5] Incombustible,

Plásticos especiales (termoplásticos)							
	Plásticos celulósicos			Plásticos fluorados			
PE-UHMW peso molecular ultraelevado	CA Acedato de celulosa	CAB Acetobutirato de celulosa	PMMA Poli(metacrilato de metilo)	PTFE Politetra-fluoroetileno	FEP Etileno/-propileno perfluorato	PFA Copolímero perfluoro-alcoxi	E/TFE Etileno/tetra-fluoretileno
0,94	1,27÷1,34	1,15÷1,22	1,17÷1,20	2,15÷2,20	2,15÷2,20	2,12÷2,17	1,70÷1,77
opaco	transp (<92)	transp (<92)	transp 0,92	opaco	opaco	transp/opaco	transp/opaco
200÷220	110÷160	110÷160	60÷70	100	80	120	40
-	1500÷1900	1300÷1700	1500	1000	1120	-	900
0,42	0,25÷0,28	0,29÷0,33	0,17÷0,20	0,24÷0,27	0,20÷0,23	0,26	0,22÷0,24
45/-	90/-	60/70	60/100	55/135	-/70	-/74	71/104
$2 \cdot 10^{14}$	$10^{10} \div 10^{14}$	$10^{11} \div 10^{15}$	$>10^{14}$	$>10^{16}$	10^{16}	10^{16}	10^{14}
2,1/3,0	3,2÷7,0	3,4÷6,4	2,8/2,8	2,1÷2,1	2,1÷2,1	2,1÷2,1	2,6÷2,6
3/3	200/300	60/210	500/200	0,5/0,7	0,3/0,7	0,9÷1,1	8/50
36	10÷24	10÷16	30÷32	16÷20	20÷24	79	19
20÷22	18÷36	19÷34	50÷80	25÷36	15÷21	15÷30	35÷54
15÷18	-	-	-	-	-	-	-
>600	2,5÷3,0	4,0÷4,5	2÷8	350÷550	250÷330	300÷350	400÷500
0,72÷0,80	1,80÷2,20	1,40÷1,60	2,70÷3,20	0,35÷0,70	0,35÷0,50	0,60÷0,70	1,00÷1,10
0,55÷0,20	-	-	1,50/-	0,15÷0,05	-	-	-
-	-	-	-	0,46	0,48	-	-
no rompe	65	no rompe	18	no rompe	no rompe	no rompe	-
no rompe	15	30÷35	2	13÷15	-	-	-
20	-	-	-	-	-	-	-
38	35÷90	30÷80	180÷200	27÷35	30÷32	35	65
0,21	-	-	0,45	0,05÷0,25	0,33	0,21	0,40
1,90	3,20	3,30	2,00÷3,30	11,50	20,50	36,80	24,20
Sint/Mec	Iny/Ex	Iny/Ex/Tc	Iny/Ex/Tc	Sint/Mec	Ex/Iny	Ex/Iny	Iny/Ex
-	0,3÷0,5	0,3÷0,5	0,3÷0,8	1,0÷1,5	3,0÷6,0	4,0	2,0÷4,0
-260	-40	-40	-40	-200	-100	-200	-190
100	70	60÷115	65÷90	260	205	260	150÷180
400	80	80÷120	85÷100	300	250	-	220
<0,4	1,7÷4,5	0,9÷2,2	0,1÷0,4	0	<0,1	0,03	0,03
[2]	[1] HB	[1] HB	[1] HB	[5] V-0	[5] V-0	[5] V-0	[5] V-0
[5]	-	-	[4]	[1]	-	-	-
[4]	-	[4]	[4÷5]	[5]	[5]	[5]	[5]
[5]	[1]	[1]	[2]	[5]	[5]	[5]	[5]
[4]	[1]	[1]	[4]	[5]	[5]	[5]	[5]
[4]	[2÷3]	[1]	[1]	[5]	[5]	[5]	[4]

[5] Datos del material "sin refuerzo/con refuerzo de fibra de vidrio" (GF)

4.3 Elastómeros

4.3.1 Introducción

Los elastómeros son materiales basados en polímeros de comportamiento elástico y de consistencia flexible (experimentan grandes deformaciones con esfuerzos moderados) y resiliencia elevada.

Su desarrollo es reciente y su incidencia en el diseño de máquinas no ha hecho más que aumentar en muchas aplicaciones decisivas (juntas, retenes, articulaciones elásticas, elementos de suspensión, protecciones flexibles, conducciones), en las que difícilmente tienen alternativa. Hacia los años 50 se conocían media docena de elastómeros (NR, SBR, BR, NBR, CR y IIR), mientras que actualmente se dispone de más de 30 familias, con propiedades orientadas a una gran diversidad de aplicaciones.

Grupos de elastómeros

Elastómeros termoplásticos

Materiales que combinan las propiedades de los elastómeros (elasticidades situadas entre las de los termoplásticos flexibles y las de los elastómeros) con las facilidades de conformado de los termoplásticos. Ello se debe a la presencia simultánea de segmentos rígidos, normalmente semicristalinos (hacen de enlaces cruzados), con una temperatura de reblandecimiento, T_m, mayor que la de servicio (posibilidad de conformado como termoplástico), y segmentos elásticos, normalmente amorfos, con una temperatura de transición vítrea, T_g, menor que la de servicio.

Entre las familias de *elastómeros termoplásticos* TPE, las de durezas menores (poliestirenos, TPE-S y en parte poliolefinas, TPO/TPE-O), de buena la elasticidad, no sustituyen fácilmente los elastómeros termoestables debido a las limitadas temperaturas de servicio máximas; y, las de mayores durezas (poliuretanos, TPU/TPE-U, poliésteres, TEEE/TPE-E y poliamidas, PEBA/TPE-A), siendo menor su elasticidad, se aplican a elementos como amortiguadores, muelles, parachoques y tubos flexibles, gracias a propiedades como las de los termoplásticos técnicos. Los nuevos *elastómeros termoplásticos vulcanizados* (TPV/TPE-V), fruto de la mezcla de un termoplástico (matriz) y un elastómero (partículas de ≈1 µm) que se vulcaniza dinámicamente en la mezcla durante la fabricación, tienen propiedades cercanas a las de los elastómeros termoestables. Aun siendo los materiales TPE relativamente caros, su transformación es más versátil y barata que la de los elastómeros termoestables, siendo posible la fabricación de piezas más complejas y precisas a un coste global menor.

Elastómeros de buenas propiedades mecánicas (cauchos de consumo)

Elastómeros de excelente resistencia a la tracción y a la abrasión, pero poco resistentes a los agentes atmosféricos y a los aceites, y con una temperatura de servicio inferior a 100 °C.

Son el caucho natural, NR, y varios cauchos sintéticos (IR, SBR, BR). Su consumo es muy elevado (más del 80% de todos los elastómeros, repartido a partes iguales entre el NR y los SBR/BR, siendo el consumo de IR muy reducido). La principal aplicación de todos ellos es la fabricación de neumáticos, mientras que el NR presenta otras aplicaciones relacionadas con su excelente resiliencia de rebote.

Elastómeros resistentes a los agentes atmosféricos

Tienen una buena resistencia al ozono y a los agentes atmosféricos, pero un mal comportamiento a los aceites. Las propiedades mecánicas son buenas y las temperaturas de servicio, intermedias (100÷150 °C). Comprenden los cauchos butilos (IIR, CIIR y BIIR), de alta impermeabilidad a los gases, usados en cámaras y revestimientos interiores de neumáticos (5% del consumo de elastómeros), y los elastómeros de etileno/propileno (EPM y EPDM), hoy día los materiales estándares en aplicaciones que exigen una buena resistencia química y a los agentes atmosféricos pero no a los aceites (6% del consumo de elastómeros).

Elastómeros resistentes a los aceites

Se caracterizan por ser resistentes a los aceites y ofrecer temperaturas de servicio medianas o bajas (CR, AU). Los más usados son el policloropreno, CR, y el caucho nitrilo, NBR (cada uno, 4% del consumo de elastómeros), el segundo más resistente a los aceites pero menos resistente a los agentes atmosféricos; los etilenos clorados y clorosulfonados (CM, CSM) muestran una excelente resistencia a los agentes químicos y atmosféricos y se usan para recubrimientos de cables eléctricos; el copolímero de etileno/acetato de vinilo, EVM, destaca por la excelente resistencia a los agentes atmosféricos y por la elevada temperatura de servicio; los poliuretanos, AU, destacan por las elevadas características mecánicas, pero también por la limitada temperatura de servicio; finalmente, los elastómeros de epiclorhidrina (CO, ECO) y los nitrilos hidrogenados (H-NBR) ofrecen un compendio de las mejores características del grupo, pero, también, un coste elevado.

Elastómeros resistentes a altas temperaturas

Se caracterizan por trabajar a temperaturas superiores a 150 °C. Entre ellos hay los cauchos acrílicos (ACM, EAM), con temperaturas de servicio comprendidas entre $150 \div 175$ °C; los elastómeros de silicona (VMQ, FVMQ), con temperaturas de servicio máximas superiores a 175 °C y un extraordinario comportamiento a muy bajas temperaturas, pero sus características mecánicas son moderadas; finalmente, los elastómeros fluorados (FPM, PFE) ofrecen los mayores valores de temperaturas de servicio máximas y una gran estabilidad química, manteniendo unas propiedades mecánicas aceptables.

4.3.2 Propiedades de los elastómeros

Dada la gran deformabilidad y las especiales condiciones de trabajo, los elastómeros tienen características particulares, por lo que se han desarrollado métodos de ensayo específicos (tabla 4.7).

Propiedades físicas

Los elastómeros son materiales de densidad muy baja ($0,85 \div 2$ Mg/m^3), mal conductores del calor y de la electricidad. Los coeficientes de dilatación (afectan la contracción durante la fabricación) y los calores específicos son elevados. Las propiedades eléctricas más usuales son las que los caracterizan como aislantes y como dieléctricos (para recubrimientos de cables, aislantes).

Propiedades mecánicas

Dureza

Es la propiedad más usual par la caracterización mecánica de los elastómeros, a pesar de su baja precisión (± 5 puntos). Se mide por medio de dos métodos ampliamente aceptados: a) dureza IRHD (*international rubber hardness degree*), relacionada con la diferencia de penetración de una bola para dos cargas predeterminadas (escala $10 \div 98$); b) dureza Shore, relacionada con la inversa de la penetración de un punzón que, impulsado por un muelle, sobresale del plano de aplicación en un durómetro de bolsillo de fácil utilización (escala Shore A, $10 \div 90$, prácticamente coincidente con la IRHD, para los elastómeros más blandos; escala Shore D, $30 \div 90$, para los elastómeros más duros y los plásticos más blandos).

Tracción, compresión y cortadura

Los principales parámetros derivados del ensayo a tracción de los elastómeros (no cumplen la ley de Hooke), la *resistencia a la tracción*, el *alargamiento a rotura* y la *tensión* (o *módulo*) *de alargamiento a 100%* o *300%* (valores muy variables en función de los aditivos y del proceso de vulcanizado), se usan como control en la preparación de mezclas y en la fabricación, pero tienen un uso limitado para el proyectista. En muelles y elementos solicitados elásticos de goma, el elastómero suele trabajar a cortadura o a compresión en la zona de bajas tensiones (≤15% de rotura), donde el material se comporta de manera aproximadamente lineal. Para la cortadura suele establecerse una relación entre el módulo de rigidez y la dureza mientras que, para la compresión, el módulo de elasticidad, $E \approx 3 \cdot G$ (el coeficiente de Poisson es $v \approx 0,5$), debe ser afectado por un factor de forma igual al cociente entre la superficie que transmite la fuerza y la superficie lateral libre.

Fatiga

Los elastómeros adquieren tenacidad con las vibraciones, llegando el módulo de elasticidad dinámico a ser el doble del estático en los elastómeros de baja resiliencia de rebote (alta histéresis). Estos valores se obtienen en ensayos dinámicos con probetas sometidas a vibraciones forzadas.

Otras propiedades mecánicas

Deformación permanente: porcentaje de la deformación inicial que resta después de un tiempo determinado de haber cesado la carga (suele definirse para compresión); también, relajación de la tensión a deformación constante.

Resiliencia de rebote: porcentaje de energía que recupera un péndulo o una bola al rebotar sobre una probeta de elastómero; una elevada resiliencia equivale a una baja histéresis, una pequeña disipación de energía y un bajo calentamiento del material; la resiliencia varía con la temperatura.

Resistencia al desgarre (tear strength): dificultad que ofrece un elastómero a la propagación de un desgarre ya iniciado; mide la resistencia en unas condiciones de ensayo particulares y constituye un índice de comparación.

Propiedades tecnológicas

Probablemente las propiedades tecnológicas son las más determinantes en la selección de los elastómeros. Se establecen cuatro grupos de características que son igualmente importantes: *a*) coste y transformación; *b*) temperaturas de servicio; *c*) resistencia al deterioro; *d*) otras propiedades tecnológicas.

Coste y transformación

El coste de la mayoría de elastómeros de consumo es bajo o moderado, lo que se beneficia de su baja densidad. Sin embargo, los elastómeros resistentes a los aceites, de mejores prestaciones, y los resistentes a altas temperaturas se hallan entre los materiales caros.

La fabricación de piezas y componentes de elastómero comprende tres fases distintas: *a*) *preparación del material*: elaboración de la mezcla del polímero de base con los aditivos en mezcladoras especiales, donde se obtiene un producto crudo semielaborado; *b*) *conformado de la pieza* o producto por calandrado (o laminación, en la formación de láminas, revestimientos o impregnado de tejidos), extrusión (perfiles, mangueras, recubrimiento de cables), o moldeo por compresión, transferencia o inyección (juntas, componentes goma-metal, productos con forma); *c*) *vulcanizado* de la pieza o producto que puede ir ligado o no a la fase de conformado; se efectúa a temperatura y consiste en el reticulado espacial por medio de compuestos de azufre (puentes de S) o de peróxidos (puentes de O), de manera que el elastómero adquiere las propiedades elásticas.

Los elastómeros termoplásticos, *TPE*, pueden conformarse con los medios para materiales termoplásticos, de productividad elevada, y no comportan el proceso de vulcanizado. Los procesos más habituales son el moldeo por inyección, la extrusión, el calandrado y el termoconformado. Los *TPE* más elásticos pueden transformarse a temperaturas inferiores y moldearse en las máquinas habituales de la industria del caucho.

Temperaturas de servicio

A bajas temperaturas, los elastómeros se caracterizan por tres valores: la *temperatura de frágilización*, T_s, por debajo de la cual el material es frágil; la *temperatura de transición vítrea*, T_g, por encima de la cual el material experimenta una gran disminución de la rigidez (el módulo de elasticidad puede variar más de 100 veces) y adquiere el máximo valor de amortiguamiento; y la *temperatura límite*, T_r, con una rigidez no superior en más de 2,5÷10 veces la temperatura ambiente (valor usado como temperatura de servicio mínima).

Tabla 4.7 **Lista de los elastómeros**

Elastómeros (ISO 1629:1987)		
Símbolos	Denominación química	T_g (°C) [1]
ACM	Poliacrilato (caucho acrílico)	-22÷-40
AU	Poliuretano basado en poliéster	-35
BIIR	Caucho butilo bromado	-66
BR	Caucho de polibutadieno	-112
CIIR	Caucho butilo clorado	-66
CM	Polietileno clorado	-25
CO	Homopolímero de epiclorhidrina	-26
CR	Elastómero de cloropreno	-45
CSM	Polietileno clorosulfonado	-25
EAM	Copolímero de etileno/acrilato	-40
ECO	Copolímero de epiclorhidrina/óxido de etileno	-45
EPDM	Terpolímero de etileno/propileno/dieno	-55
EPM	Copolímero de etileno/propileno	-55
ETER	Terpolímero de epiclorhidrina/óxido de etileno/dieno	-
EU	Poliuretano basado en poliéter	-55
EVM	Copolímero de etileno/acetato de vinilo	-30
FPM	Elastómero de fluoruro de vinilideno/hexafluoropropileno	-18÷-50
FVMQ	Caucho de silicona fluorada	-70
H-NBR	Caucho nitrilo hidrogenado	-30
IIR	Isobutileno/isopreno (caucho butilo)	-66
IR	Caucho de poliisopreno sintético	-120
NBR	Butadieno/acrilonitrilo (caucho nitrilo)	-20÷-45
NR	cis-1,4 poliisopreno (caucho natural)	-72
PEBA	Copolímero de bloques poliéster/amida	-
PFE	Perfluorelastómero (terpolímero)	-
PVMQ	Polimetilfenilvinilsiloxano	-
(PUR)	Elastómeros poliuretanos (genérico)	-
(SI)	Elastómeros de silicona (genérico)	-
SBR	Caucho de estireno/butadieno	-50
SBS/(TPE-S)	Copolímero de estireno/butadieno/estireno	-
SEBS/(TPE-S)	Copolímero de estireno/etileno/butadieno/estireno	-
SIS/(TPE-S)	Copolímero de estireno/isopreno/estireno	-
SR	Elastómeros sintéticos (genérico)	-
TEEE	Elastómero termoplástico éter-éster	-
TM	Caucho de polisulfuro	-
TPE	Elastómeros termoplásticos (genérico)	-
(TPE-A)/PEBA	Elastómeros termoplásticos de poliamidas	-
(TPE-E)/TEEE	Elastómeros termoplásticos de poliésteres	-
TPE-O/TPO	Elastómeros termoplásticos de poliolefinas	-
(TPE-S)/diversos	Elastómeros termoplásticos de poliestirenos	-
TPE-U/TPU	Elastómeros termoplásticos de poliuretanos	-
TPE-V/TPV	Elastómeros termoplásticos vulcanizados	-
VMQ	Polimetilvinilsiloxano	

[1] Temperatura de transición vítrea, T_g (en °C)

A altas temperaturas, los elastómeros deben mantener sus características elásticas y no deben degradarse. Las temperaturas de servicio máximas en continuo van desde los 70÷90 °C del NR y otros elastómeros (IR, BR, AU y la mayoría de los TPE) hasta los más de 200 °C de los elastómeros resistentes a altas temperaturas (VMQ, FPM, PFE).

Resistencia al deterioro

Envejecimiento: pérdida de propiedades de los elastómeros con el paso del tiempo que se manifiesta de distintas maneras: *fisuración*, debida al ozono; *degradación de la capa superficial*, que se vuelve pegajosa en el NR, o dura y rígida en el SBR, debido a la acción combinada del oxígeno, las radiaciones y la temperatura. En los ensayos de fisuración por el ozono y de envejecimiento a la intemperie, se evalúa la resistencia a los agentes atmosféricos, mientras que en los ensayos de envejecimiento acelerado a temperatura y de comportamiento mecánico en caliente, se estima la temperatura de servicio máxima.

Absorción de líquidos (*aceites, agua caliente*): los elastómeros son insolubles pero pueden absorber cantidades más o menos importantes de líquidos, que dan lugar a un hinchado y a un deterioro de las propiedades mecánicas. En muchos elastómeros (NR, IIR, EPDM), la baja resistencia a los aceites constituye un factor limitativo, mientras que, en otros (AU, VMQ), lo son la baja resistencia al agua caliente o al vapor de agua.

Ataque de productos químicos: los elastómeros se ven sometidos a una gran variedad de ambientes químicos agresivos; muchos fabricantes de estos materiales proporcionan listas con la resistencia química de los elastómeros a estos productos.

Otras propiedades tecnológicas

Ensayo de permeabilidad: mide la facilidad con que un líquido o un gas puede pasar a través de una lámina del elastómero, propiedad importante en la fabricación de neumáticos, membranas, conducciones y recipientes.

Color: hay elastómeros que son necesariamente negros, mientras que otros pueden colorearse (aspecto exterior).

4.3.3 Normativa

La mayoría de normas europeas sobre elastómeros (en la forma EN-ISO) corresponden a las normas internacionales (ISO, IEC) con la misma numeración. Más adelante, la tabla 4.8 establece las principales equivalencias entre las normas de ensayo más utilizadas (internacionales ISO, IEC; americanas ASTM; y antiguas alemanas DIN).

A continuación se referencian las principales normas internacionales relativas a elastómeros.

Definiciones

ISO 1382:2002	Caucho. Vocabulario.
ISO 1629:1995	Caucho y látex. Nomenclatura.
ISO 18064:2003	Elastómeros termoplásticos. Nomenclatura y términos abreviados.

Ensayos

ISO 34-1/2	Elastómero, vulcanizado o termoplástico. Determinación de la resistencia al desgarre. Parte 1 (2004): Probeta pantalón, angular y creciente. Parte 2 (2007): Probetas pequeñas (de Delft) (sustituye a ISO 816).
ISO 36:2005	Caucho vulcanizado o termoplástico. Determinación de la adhesión a tejidos.
ISO 37:2005	Elastómero, vulcanizado o termoplástico. Determinación de las características de tensión-deformación a tracción.
ISO 48:2007	Elastómero, vulcanizado o termoplástico. Determinación de la dureza (comprendida entre 10 IRHD y 100 IRHD).

ISO 132:2005	Caucho vulcanizado o termoplástico. Determinación de la resistencia al desarrollo de grietas (*crack*) (De Mattia).
ISO 188:2007	Elastómero, vulcanizado o termoplástico. Ensayo de resistencia al envejecimiento acelerado y al calor.
ISO 812:2006	Elastómero, vulcanizado o termoplástico. Determinación de la fragilidad a baja temperatura.
ISO 813:1997	Elastómero, vulcanizado o termoplástico. Determinación de la adherencia a un sustrato rígido. Método del pelado en ángulo recto.
ISO 814:2007	Elastómero, vulcanizado o termoplástico. Determinación de la adherencia al metal. Método de las dos placas.
ISO 815:1991	Elastómero, vulcanizado o termoplástico. Determinación de la deformación remanente después de compresión a temperaturas ambiente, elevadas o bajas.
ISO 1431-/3	Caucho vulcanizado. Resistencia al agrietamiento por ozono. Parte 1 (2004): Ensayo a alargamiento estático y dinámico. Parte 3 (2000): Método de referencia y otros métodos para determinar la concentración de ozono en las salas de laboratorio.
ISO 1432:1988	Caucho vulcanizado o termoplástico. Determinación de la rigidez a baja temperatura (ensayo Gehman).
ISO 1817:2005	Caucho vulcanizado. Determinación de la acción de los líquidos.
ISO 1827:2007	Caucho vulcanizado o termoplástico. Determinación del módulo de cortadura y de la fuerza de adherencia a placas rígidas. Método de la cuádruple cortadura.
ISO 1853:1998	Cauchos vulcanizados o termoplásticos, conductores y disipadores. Medida de la resistividad.
ISO 2781:1988	Caucho vulcanizado. Determinación de la densidad.
ISO 2782:2006	Caucho vulcanizado o termoplástico. Determinación de la permeabilidad a los gases.
ISO 2285:2007	Caucho vulcanizado o termoplástico. Determinación de la deformación permanente a tensión para un alargamiento constante, y de la deformación remanente, el alargamiento y la fluencia bajo carga constante de tracción.
ISO 2921:2005	Caucho vulcanizado. Determinación de las características a baja temperatura. Método de la temperatura de retracción (ensayo TR).
ISO 3384:2005	Caucho vulcanizado o termoplástico. Determinación de la relajación de tensiones a temperatura ambiente y a elevadas temperaturas.
ISO 4649:2002	Caucho vulcanizado o termoplástico. Determinación de la resistencia a la abrasión por medio de un dispositivo de tambor rotativo.
ISO 4662:1986	Caucho. Determinación de la resiliencia de rebote de los vulcanizados.
ISO 4664-1/2	Caucho vulcanizado o termoplástico. Determinación de las propiedades dinámicas. Parte 1 (2005): Guía general. Parte 2 (2006): Método del péndulo de torsión a bajas frecuencias.
ISO 4665:2006	Caucho vulcanizado o termoplástico. Resistencia a la intemperie.
ISO 4666-1/4	Caucho vulcanizado. Determinación de la elevación de temperatura y la resistencia a fatiga en el ensayo con flexómetro. Parte 1 (1982): Principios básicos. Parte 2 (1982): Flexómetro de rotación. Parte 3 (1982): Flexómetro de compresión. Parte 4 (2007): Flexómetro de tensión constante.
ISO 6914:2004	Caucho vulcanizado o termoplástico. Determinación de las características de envejecimiento por medio de la medida de la relajación de tensiones.
ISO 6943:2007	Caucho vulcanizado. Determinación de la tensión de fatiga.
ISO 7619-1/2	Caucho vulcanizado o termoplástico. Determinación de la dureza por penetración. Parte 1 (2004): método del durómetro (dureza Shore). Parte 2 (2004): Método del durómetro de bolsillo IRHD.
ISO/TR 7620	Materiales de caucho. Resistencia química (2005).
ISO 7743:2004	Caucho vulcanizado o termoplástico. Determinación de las propiedades de tensión-deformación a compresión.
ISO 8013:2006	Caucho vulcanizado. Determinación de la fluencia a compresión o a cortadura.
ISO 11346:2004	Caucho vulcanizado o termoplástico. Estimación de la vida y la temperatura máxima de uso.

ISO 13226:2005   Caucho. Elastómeros de referencia normalizados para caracterizar los efectos de los líquidos en los cauchos vulcanizados.

ISO 15113:2005   Caucho. Determinación de las propiedades de fricción.

ISO 18517:2005   Caucho vulcanizado o termoplástico. Ensayo de dureza. Introducción y guía.

ISO 23337:2007   Caucho vulcanizado o termoplástico. Determinación de la resistencia a la abrasión por medio de una máquina de ensayo de Lambourn mejorada.

ISO 23794:2003   Caucho vulcanizado o termoplástico. Ensayo de abrasión. Guía.

La tabla 4.8 establece las correspondencias entre las normas de ensayo específicas para cauchos y elastómeros ISO, ASTM y DIN.

Tabla 4.8   **Equivalencias entre normas de ensayo de los elastómeros**

	ISO	ASTM	DIN
Propiedades físicas			
Densidad	ISO 2781	D792	53479
Coeficiente de dilatación térmica lineal	ISO 11359-1 [1]	D696	53792
Calor específico	ISO 11357-4 [1]	C351	
Conductividad térmica	ISO 8302 [1]	C177	52612
Resistividad eléctrica (volumétrica/superficial)	ISO 1853	D991	53482
Constante dieléctrica / factor de disipación	IEC 60250 [1]	D150	53483
Rigidez dieléctrica	IEC 60243-1 [1]	D149	53981
Propiedades mecánicas			
Ensayo de tracción	ISO 37	D 412	53504
Ensayo de compresión	ISO 7743	D 575	-
Propiedades dinámicas	ISO 4664	D 945	53520
Módulo de cortadura	ISO 1927	D4014	-
Dureza internacional (10 a 100 IRHD)	ISO 48	D 1415	53519
Dureza por penetración a la bola (Shore y IRHD)	ISO 7619	D 2240	53505
Deformación permanente (*compression set*)	ISO 815	D 395	53517
Deformación permanente (*tension set*)	ISO 2285	D412	53318
Relajación de tensiones	ISO 3384	-	-
Resiliencia de rebote	ISO 4662	D 1054	53512
Resistencia al desgarre (*tear strength*)	ISO 34	D 624	53507
Resistencia a la abrasión	ISO 4649	D 1630	53516
Formación de fisuras por fatiga	ISO 132	D 430	53522-1/3
Tensión de fatiga	ISO 6943	-	-
Adherencia a metales	ISO 813	D429	-
Adherencia a tejidos	ISO 36	D413	-
Propiedades tecnológicas			
Características a baja temperatura (test T_r)	ISO 2921	D 1329	-
Temperatura límite de no fragilidad	ISO 812	D 746	53546
Temperatura mínima de rigidización	ISO 1432	-	53548
Envejecimiento acelerado a temperatura	ISO 188	D 573	53508
Resistencia a la fisuración por ozono	ISO 1431	D 1149	53509
Envejecimiento a la intemperie	ISO 4665	D 572	-
Efecto de los líquidos (hinchamiento por aceite, agua)	ISO 1817	D 471	53521
Resistencia química	ISO/TR 7620	-	-
Permeabilidad a los gases	ISO 2782	D 814	53536

[1] Estas normas son comunes a los plásticos y están referenciadas en la lista de normas de aquellos materiales

4.3.4 Cauchos de buenas propiedades mecánicas

Caucho natural, NR; *Poliisopreno sintético*, IR

El caucho natural, NR, es un producto derivado del látex del árbol *havea brasiliensis*. Destaca por las excelentes propiedades mecánicas: resistencia a la tracción, al desgarre, a la abrasión y a la fatiga, y alta tenacidad (tanto si su composición incluye o no cargas), sólo superadas por las de los poliuretanos. También destaca por la baja deformación permanente a 20 °C, por el buen comportamiento a baja temperatura (sólo superado por el BR y los elastómeros de silicona) y por las buenas propiedades eléctricas. Sin embargo, su uso presenta algunas limitaciones: temperatura de servicio máxima moderada y mal comportamiento a los agentes atmosféricos y a los aceites. Entre la amplia gama de aplicaciones destacan aquellas en las que el material se somete a solicitaciones dinámicas (neumáticos de altas prestaciones, elementos de suspensión), gracias a la excelente resistencia mecánica, a la buena resistencia a la fatiga y a la baja disipación por histéresis.

El cis-1,4 poliisopreno, IR, es un material sintético equivalente a NR. Sus propiedades son análogas a las del caucho natural, pero presenta una uniformidad mayor, a pesar de que su precio también es ligeramente superior. Se utiliza en piezas técnicas en sustitución del NR.

Caucho de estireno/butadieno, SBR

Copolímero de estiré/butadieno, también conocido por *buna-S*, que, a diferencia del NR, en su forma de goma pura sin cargas no tiene interés práctico. Con las cargas adecuadas, ofrece unas propiedades mecánicas análogas a las del NR: la resistencia a la tracción y al desgarre y la resiliencia son inferiores, pero la resistencia a la fatiga y a la abrasión son superiores, y responde mejor a la temperatura que el NR. Tiene un mal comportamiento a los agentes atmosféricos (ligeramente mejor que el NR) y a los aceites. Caucho de gran consumo que, gracias al su bajo coste, es una alternativa al NR cuando no se exigen características elásticas elevadas; combinado con el BR mejora el comportamiento a baja temperatura y se usa masivamente en la fabricación de neumáticos de automóvil. También se aplica a piezas moldeadas, recubrimientos de cables, correas, tubos y perfiles.

Caucho de polibutadieno, BR

Su composición es cis-1,4-polibutadieno. Las propiedades mecánicas son discretas (inferiores a NR y SBR), pero tiene una excelente resistencia a la abrasión y una buena resiliencia de rebote. También destaca el buen comportamiento a baja temperatura, a pesar de que la temperatura de servicio máxima es muy moderada. Se usa prácticamente siempre mezclado con NR y SBR (mejora la resistencia a la abrasión y el comportamiento a bajas temperaturas), fundamentalmente en la fabricación de neumáticos, pero también en bandas transportadoras.

4.3.5 Elastómeros resistentes a los agentes atmosféricos

Cauchos butilos: IIR, BIIR, CIIR

Los principales componentes de esta familia son el copolímero de isobutileno/isopreno, IIR, el caucho butilo clorado, CIIR, y el caucho butilo bromado, BIIR.

El IIR destaca por la elevada impermeabilidad a los gases, la buena resistencia a los agentes atmosféricos, al calor y al ataque químico, la baja resiliencia de rebote, la buena flexibilidad a baja temperatura y el buen aislamiento eléctrico, mientras que una de sus principales limitaciones es el mal comportamiento a los aceites. Se usa en cámaras y recubrimientos interiores de neumáticos, aislantes de cables eléctricos, tubos, correas y elementos de disipación.

El caucho butilo BIIR ofrece una mejor impermeabilidad a los gases, y mejor resistencia química y a los agentes atmosféricos que el IIR, y el caucho butilo clorado, CIIR, tiene propiedades intermedias entre el IIR y el BIIR. Últimamente, los cauchos butilos halogenados están desplazando el IIR.

Cauchos de etileno/propileno: EPM, EPDM

Los principales cauchos son el copolímero de etileno/propileno, EPM, reticulado con peróxido, y el terpolímero de etileno/propileno/dieno, EPDM, reticulado con azufre o también con peróxido. Destacan por su excelente resistencia a los agentes atmosféricos, la buena resistencia al ataque químico (ácidos diluidos, álcalis y fluidos hidráulicos) y su elevada temperatura de servicio (130÷150 °C). Las propiedades mecánicas son buenas (inferiores a las del SBR) y las propiedades eléctricas son excelentes, pero tienen mal comportamiento a los aceites. Entre ellos, el EPM, reticulado con peróxido, ofrece una mejor resistencia a los agentes atmosféricos, mientras que el EPDM, reticulado con azufre, tiene una resistencia a la fatiga excelente. La combinación de un coste moderado con las buenas cualidades mecánicas y el buen comportamiento al envejecimiento y a los agentes químicos inorgánicos, lo convierten en el elastómero estándar para aplicaciones que no exijan el contacto con aceites o disolventes (tubos y conducciones, perfiles de ventana, juntas, retenes).

4.3.6 Elastómeros resistentes a los aceites

Cauchos nitrilos: NBR, H-NBR

Los principales miembros son el copolímero de butadieno/acrilonitrilo, NBR, y el caucho nitrilo hidrogenado (parcialmente o totalmente), H-NBR.

El NBR destaca por su buen comportamiento a los aceites y disolventes (mejor que el CR), por las buenas características mecánicas (resistencia a la tracción y a la abrasión) y por su buena resistencia a la temperatura (superior al CR), siendo el coste moderado. Sin embargo, limitan su uso la resistencia moderada a los agentes atmosféricos y la baja resistencia a la llama. Se aplica a usos de carácter general que exigen trabajar en presencia de aceites (juntas y retenes, cintas de transporte, mangueras, recubrimientos de rodillos).

El H-NBR destaca por la excelente resistencia a los agentes atmosféricos y a los aceites, la buena resistencia al ataque químico, las notables características mecánicas (incluso a temperaturas elevadas) y el buen comportamiento a bajas temperaturas. Como inconvenientes están su muy elevado precio y que pequeños grados de insaturación reducen considerablemente sus propiedades. Se usa, especialmente en automoción, para piezas que exigen un buen comportamiento mecánico en medios de fuerte agresión química y ambiental a temperatura elevada, en sustitución del CR y del NBR, y a menudo en competencia con el FPM.

Caucho de cloropreno, CR

Este caucho, también conocido por *neopreno*, se compone de 2-cloro,1-3-butadieno. Destacan sus excelentes propiedades mecánicas (resistencia a la tracción, a la abrasión y al desgarre próximas a las del NR), incluso sin cargas de refuerzo, la buena resiliencia, la buena resistencia al ozono y a los agentes atmosféricos (mejor que el NBR) y el buen comportamiento a la llama (es autoextinguible), a pesar de que su combustión produce humos corrosivos (HCl). Sin embargo, su temperatura máxima de servicio es moderada, su comportamiento a los aceites y disolventes orgánicos menor que el NBR, y su precio es relativamente elevado. Se aplica a productos técnicos de caucho de buena resistencia mecánica que deban resistir los agentes atmosféricos y, moderadamente, los aceites: piezas moldeadas y extruidas; juntas, perfiles, mangueras, revestimientos, correas trapezoidales; recubrimientos de cables resistentes a la llama.

Polietileno clorado, CM; *polietileno clorosulfonado*, CSM

El polietileno clorado, CM, reticula por medio de peróxidos, mientras que el polietileno clorosulfonado, CSM (también conocido por *Hypalon*), es más difícil de procesar. Tanto uno como otro destacan por sus buenas propiedades mecánicas (especialmente a fatiga), el buen comportamiento a los aceites (incluso en caliente), al ozono y a los agentes atmosféricos, la buena resistencia al ataque químico y a los oxidantes, la muy buena estabilidad al calor y el buen comportamiento a la llama, pero en caso de combustión producen humos corrosivos. Se usan en aplicaciones en las que es necesaria una buena resistencia a los aceites, a los agentes atmosféricos y al ataque químico, y también a la llama (recubrimientos de cables, mangueras, piezas moldeadas, membranas).

Elastómero de etileno/acetato de vinilo, EVM (o EVA)

Es un copolímero de etileno/acetato de vinilo, también designado por EVA. Destaca por la excelente resistencia al aire caliente (hasta 160 °C) y a los agentes atmosféricos, y por la muy baja deformación permanente a alta temperatura; con cargas de alúmina hidratada tiene un buen comportamiento a la llama (puede competir con el CR, el CM y el CSM), una buena estabilidad de los colores y un buen comportamiento fisiológico. La principal limitación está en su comportamiento mecánico moderado (baja resistencia al desgarre y a la abrasión). Se usa en elementos de sellado resistentes al calor (150 °C) y en cables, perfiles y membranas. También puede formar aleaciones con NR y SBR para mejorar el comportamiento a los agentes atmosféricos.

Elastómero de poliuretano, AU, EU

Hay elastómeros de poliuretano basados en poliésteres, AU, y basados en poliéteres, EU. Destacan por el excelente comportamiento mecánico (tienen las resistencias a la tracción, a la abrasión y al desgarre más altas entre todos los elastómeros), la baja deformación permanente a temperatura ambiente, y la muy buena resistencia al ozono, a los agentes atmosféricos, a los aceites y disolventes orgánicos. Las principales limitaciones provienen de la baja temperatura de servicio (inferior a 100 °C), la poca resistencia al vapor de agua y el coste relativamente elevado. Se aplica a productos técnicos que exigen unes altas características mecánicas, a la vez que una buena resistencia a los aceites y a los agentes atmosféricos: juntas flexibles, elementos de transmisión, absorbedores de choques o vibraciones, suportes de suspensión, recubrimientos de rodillos y de ruedas.

Elastómeros de epiclorhidrina, CO, ECO, ETER

Los miembros más conocidos de esta familia de elastómeros son: el homopolímero de epiclorhidrina, CO; el copolímero de epiclorhidrina/óxido de etileno, ECO; y el terpolímero de epiclorhidrina/óxido de etileno/dieno (reticulado con sulfuro o peróxido), ETER. Estos elastómeros destacan por la excelente resistencia al ozono, a los agentes atmosféricos y a los aceites (incluso en caliente), la buena resistencia al ataque químico y a los oxidantes, la muy alta impermeabilidad a los gases (especialmente CO), el buen comportamiento a la llama y la buena flexibilidad a baja temperatura, mientras que las principales limitaciones provienen de las moderadas propiedades mecánicas y el elevado coste. Las temperaturas de servicio máximas son: CO, 150 °C; ECO y ETER, 135 °C; mientras que las temperaturas de servicio mínima son: CO, 10 °C; ECO y ETER, 25 °C. Se usan en aplicaciones que exigen un conjunto equilibrado de propiedades, mejores que NBR (juntas, diafragmas, conducciones flexibles, correas, recubrimientos de rodillos). El CO se usa en aplicaciones que requieran una elevada impermeabilidad a los gases a altas temperaturas.

4.3.7 Elastómeros resistentes a altas temperaturas

Elastómeros acrílicos, ACM, EAM

Copolímeros de ésteres acrílicos con monómeros, ACM, y terpolímero de etileno/acrilato de metilo/ácido acrílico, EAM (también conocido por *Vamac*).

Los elastómeros acrílicos ACM destacan por la excelente resistencia a los aceites a elevada temperatura y, en particular, los que contienen aditivos de extrema presión (usados en engranajes muy solicitados con grandes velocidades de deslizamiento); resisten temperaturas elevadas (160÷180 °C) sin degradarse, pero se ablandan considerablemente (para compensarlo, suelen incorporar cargas y aditivos). La escasa resistencia al vapor de agua, a los ácidos y a los álcalis, un comportamiento moderado a baja temperatura y unes características mecánicas moderadas limitan su uso. Sus aplicaciones se hallan entre el NBR y el FPM, y se usan para retenes y juntas que deben trabajar a alta temperatura. El elastómero acrílico EAM destaca por el excelente mantenimiento de las características elásticas a alta temperatura (hasta 175 °C), sólo superadas por el VMQ. Tiene propiedades análogas al ACM, pero con muy superior resistencia al vapor de agua y mejor comportamiento a baja temperatura. Su moderada resistencia a los aceites (comparable al CR) constituye una limitación.

Elastómeros de silicona: VMQ, PVMQ, FVMQ

Entre los elastómeros de silicona hay: el polimetilvinilsiloxano, VMQ; el polimetilfenilvinilsiloxano, PVMQ; y la fluorsilicona, FVMQ.

Los elastómeros VMQ y PVMQ destacan por el amplio rango de temperaturas de servicio en espacios abiertos (desde 60 °C hasta 200 °C, con puntas de hasta 300 °C), por el excelente mantenimiento de las características elásticas, tanto a altas como a muy bajas temperaturas (VMQ hasta −65 °C, y PVMQ hasta −90 °C), por la buena resistencia a los agentes atmosféricos (PVMQ es especialmente resistente a las radiaciones), por ser excelentes aislantes eléctricos, por ser autoextinguibles a la llama y por la buena compatibilidad fisiológica. Sus principales limitaciones son la baja resistencia mecánica, la poca resistencia al ataque químico y al vapor de agua a más de 120 °C, la moderada resistencia a los aceites (comparable a la del CR) y el elevado coste. Se usa donde otros elastómeros fallan, especialmente en mantener las cualidades elásticas a elevadas temperaturas (aplicaciones aeronáuticas, eléctricas, químicas, automoción). Las fluorsiliconas FVMQ combinan la excelente resistencia a los aceites de los polímeros fluorados con la flexibilidad de las siliconas a baja temperatura. Sus principales limitaciones provienen de las moderadas características mecánicas y del coste muy elevado.

Fluorelastómeros, FPM, PFE

Constituyen una amplia familia de polímeros fluorados, con las características propias de los elastómeros. Entre los más interesantes están: los copolímeros, terpolímeros o tetrapolímeros de hexafluoropropileno, tetrafluoroetileno, 1-hidropentafluoroetileno y fluoruro de vinilideno, FPM (FKM, según ASTM; variantes conocidas también por *Viton*, de Du Pont); terpolímero del tipo perfluoroelastómero, FPE (conocido también por *Kalrez*, de Du Pont).

Los elastómeros fluorados FPM destacan por la excelente resistencia a la temperatura (hasta 230 °C con puntas de más de 300 °C), al ataque químico (aceites, hidrocarburos alifáticos, aromáticos y clorados) y a los agentes atmosféricos, por las buenas propiedades mecánicas (sin embargo, se reducen mucho con la temperatura), por ser autoextinguibles a la llama, por las excelentes propiedades eléctricas y por la muy baja permeabilidad a los gases. Sus limitaciones provienen de la moderada resistencia a los ácidos y a los álcalis, del comportamiento moderado a baja temperatura y del coste muy elevado. Los FPM se han transformado en los elastómeros estándares para aplicaciones en ambientes agresivos a muy elevada temperatura (juntas, retenes).

Constituyen una amplia familia de polímeros fluorados, con las características propias de los elastómeros, siendo los más interesantes: los copolímeros, terpolímeros o tetrapolímeros de hexafluoropropileno, tetrafluoroetileno, 1-hidropentafluoroetileno y fluoruro de vinilideno, FPM (FKM, según ASTM; variantes conocidas también por *Viton*, de Du Pont); terpolímero del tipo perfluoroelastómero, FPE (conocido también por *Kalrez*, de Du Pont). El elastómero PFE, con propiedades análogas al FPM, destaca por una resistencia muy superior al ataque químico, a pesar de su coste extremadamente elevado. Tiene aplicaciones análogas a los fluorelastómeros FPM, pero en medios químicos extremadamente agresivos.

4.3.8 Elastómeros termoplásticos (TPE)

Los elastómeros termoplásticos, en constante evolución, están en la frontera entre los termoplásticos y los elastómeros termoestables combinando las propiedades de transformación de los primeros con las propiedades elásticas de los segundos. Las familias más consolidadas son:

Elastómeros termoplásticos olefínicos, TPO/TPE-O

Se componen de aleaciones de elastómero y termoplástico (generalmente el EPM o el EPDM con el PP o el PE-LD) y, según la proporción de los componentes, las propiedades elásticas se acercan más a las de un termoplástico o de un elastómero. Destacan por su gran resistencia al envejecimiento y al ataque químico de productos inorgánicos, por su buen comportamiento a temperatura (hasta 120 °C), la buena resistencia a la abrasión y a la propagación de fisuras, y las excelentes propiedades eléctricas. Las principales limitaciones son el mal comportamiento a los aceites y la moderada resistencia mecánica. Se aplican en la industria eléctrica (recubrimiento de cables), en la automoción (parachoques, alerones, carcasas flexibles), en conductos de lavadoras o en rodillos de impresora. Su coste moderado fomenta su uso.

Elastómeros termoplásticos de estireno, SBS, SIS, SEBS/TPE-S

Se componen de copolímeros de bloque de estireno, con segmentos intercalados de polibutadieno, SBS, o poliisopreno, SIS. Son los elastómeros termoplásticos que permiten una gama de durezas más próxima a los cauchos. Destacan por su excelente comportamiento a bajas temperaturas (-70 °C), la buena elasticidad hasta 60 °C y sus buenas propiedades eléctricas, pero la resistencia mecánica es limitada y presentan un pobre comportamiento a temperatura. Se pueden conformar como termoplásticos y como cauchos, y son fáciles de colorear. Se usan en aplicaciones de poco compromiso donde los costes de material y proceso son fundamentales: perfiles de puerta, protecciones de mancha, esteras, suelas de zapato, mangueras de jardín.

Elastómeros termoplásticos de poliéster, TEEE/TPE-E

Copolímeros de bloque poliéter/éster. Destacan por sus durezas relativamente elevadas (85 Shore A a 70 Shore D), sus buenas características mecánicas y de elasticidad (a pesar de sufrir una considerable fluencia después de una carga prolongada), y su buena resistencia a los agentes atmosféricos y a los aceites, pero son atacados por hidrocarburos clorados, a temperatura elevada, se deterioran con los ácidos y los alcoholes y su coste es relativamente elevado. Tienden a sustituir los termoplásticos flexibles. Se usan en cables, revestimientos de rodillos, muelles, elementos de transmisión, tubos flexibles (hidráulicos, para aceites), amortiguadores y membranas de bomba.

Elastómeros termoplásticos de poliamida, PEBA/TPE-A

Son copolímeros de bloque de polietermida/ácido dicarboxílico. Se comportan como elastómeros termoplásticos técnicos de durezas relativamente elevadas (de 60 Shore A a 70 Shore D). Destacan por su buena elasticidad y resistencia mecánica, por el excelente amortiguamiento del ruido y la resistencia a los carburantes, pero su temperatura de servicio máxima es muy baja (80 °C) y presentan una limitada resistencia a los aceites, ácidos y álcalis. Son compatibles con una amplia gama de cargas y de refuerzos. Se aplican a la automoción (tubos flexibles, juntas, elementos de insonorización), a botas de esquí y a sillines de bicicleta.

Elastómeros termoplásticos de poliuretano, TPU/TPE-U

Variantes termoplásticas de los elastómeros poliuretanos, de durezas comprendidas entre 75 Shore A y 75 Shore D. Destacan por sus elevadas características mecánicas (resistencia a la tracción de 30÷45 MPa, resistencia a la abrasión, resiliencia de rebote y tenacidad, con alargamientos a rotura considerables), sus buenas propiedades a bajas temperaturas, la buena resistencia al envejecimiento (intemperie, radiaciones) y las buenas propiedades eléctricas, siendo las principales limitaciones la moderada temperatura de servicio máxima y el coste. Tienen aplicaciones análogas a los elastómeros permanentes de poliuretano (AU, EU) y compiten con los TPE-E y los TPE-A.

Elastómeros termoplásticos vulcanizados, TPV/TPE-V

Elastómeros termoplásticos formados por mezclas (partículas de elastómero vulcanizado en una matriz de un termoplástico, normalmente una poliofelina), entre los que destacan: PP+EPDM, PP+NBR, PP+NR, PP+SBC, PP+Butil, cada uno de ellos con propiedades particulares y durezas entre 40 Shore A y 45 Shore D. Tienen características técnicas similares a las de muchos cauchos vulcanizados, como: excelente resistencia a la intemperie y al ozono; temperaturas máximas continuas de hasta 135 °C; bajos niveles de deformación permanente; elevada resistencia a la fatiga, a la abrasión y al desgarre; buena resistencia química. Además de la conformación de los termoplásticos y la posibilidad de reciclaje. Tienen aplicaciones en la construcción (aislamientos, juntas de expansión), en la automoción (manguitos y tubos, cableado eléctrico, elementos antichoque, perfilería para ventanas) y en aplicaciones domésticas, especialmente para sustituir el PVC-P flexible y los cauchos termoestables.

Tabla 4.9 **Elastómeros** (hojas 1 y 2)

Grupos de elastómeros		Elastómeros termoplásticos					
Denominación ISO 1629		TPO/TPE-O Olefínico	(div)/TPE-S Estirénico	TEEE/TPE-E Éter-éster	PEBA/TPE-A Poliéter bloque amida	TPU/TPE-U Poliuretano	TPV/TPE-V Vulcanizado
Propiedades físicas	Unidades						
Densidad	Mg/m^3	0,94÷1,00	0,89÷1,16	1,10÷1,30	1,00÷1,20	1,13÷1,25	0,90÷1,20
Coeficiente dilatación	μm/m·K	-	42	-	-	140	-
Calor específico	J/kg·K	-	-	-	-	-	-
Conductividad térmica	W/m·K	-	0,150	-	-	0,220	-
Resistividad eléctrica	Ω·m	-	-	-	-	-	-
Constante dieléctrica	-	-	-	-	-	4,8÷6	-
Rigidez dieléctrica	MV/m	-	-	-	-	28	-
Propiedades mecánicas	Unidades						
Resistencia a tracción [1]	MPa	3,5÷12	3÷12	15÷18	20	25÷45	3÷15
Alargamiento a rotura	%	500÷800	900÷1300	500÷800	-	500÷950	350÷700
Tensión (módulo) [2]	MPa	-	2,4/4,5	-	-	6/12	3/-
Módulo elas. (secante 1%) [3]	MPa	50÷600	-	210	-	220	-
Dureza (Sh A≈IRHD)	Sh A	30A÷65D	30A÷50D	85A÷70D	60A÷70D	75A÷75D	40A÷80A
Deform. permanente -40 °C	%	-	-	-	-	-	-
20 °C	%	[1]	[1]	[2]	[3]	[3]	[4]
120 °C	%	-	-	-	-	-	-
Resiliencia (rebote) [4]	[1÷5]	[1]	[1]	[3]	[3]	[3]	[3]
Resistencia al desagarre	[1÷5]	[1÷2]	-	[2÷3]	-	[4÷5]	[1÷2]
a la abrasión	[1÷5]	[2]	[2÷3]	[3]	[2]	[3]	[3]
Propiedades tecnológicas	Unidades						
Coste	€/kg	1,25	2,75	4,35	5,50	3,75	-
Conformación	pág. 171	Iny	Iny	Iny	Iny/RIM	Iny/Ext	Iny
Temp. servicio (mínima)	°C	-40÷ -50	-70	-50	-40	-40	-40
(máxima continua)	°C	100÷120	60÷80	150	80	90	130
(máxima 5 h)	°C	-	-	-	-	125	150
Resistencia ozono+ag.atm.	[1÷5]	[3]	[1÷3]	[3]	[2]	[3]	[4]
aceites+disolv. orgánicos	[1÷5]	[1]	[1]	[4]	[2]	[3]	[2]
agua 100 °C	[1÷5]	-	-	-	-	[1]	[2]
ácidos	[1÷5]	[3]	-	-	[2]	[1]	[2]
álcalis	[1÷5]	[4]	-	-	[2]	[1]	[2÷3]
llama	[1÷5]	-	-	-	-	V-2	-
Impermeabilidad gases	[1÷5]	-	-	-	-	-	-
Color (negro o color)	[N/C]	-	-	-	C	C	C

[1] Goma pura / goma con cargas   [2] Deformación 100% / 300%   [3] Módulo de elasticidad estático (deformación < 15%)

Elastómeros termoestables

de buenas propiedades mecánicas				resistentes a los agentes atmosféricos			
NR Caucho natural	IR Poliisopreno sintético	SBR Caucho de estireno/butadieno	BR Caucho de polibutadieno	IIR Caucho butilo	CIIR/BIIR Caucho butilo halogenado	EPDM Copolímero etileno/propil	EPDM Terp. etileno/propileno/dieno
0,93	0,93	0,94	0,94	0,92	0,92/0,93	0,86	0,86
216	216	216	208	194	216	-	-
2500	2500	-	-	-	-	-	-
0,165	0,165	0,248	-	0,092	0,142	-	-
$10^{13} \div 10^{15}$	$10^{14} \div 10^{15}$	10^{13}	-	10^{15}	10^{14}	$10^{13} \div 10^{15}$	$10^{13} \div 10^{15}$
2,3÷3,0	2,3÷3,0	2,9	-	2,1÷2,4	-	3,2÷3,3	3,0÷3,5
16÷24	16÷24	-	-	-	-	30	30÷35
20/28	20/24	7/25	3/18	5/21	5/21	5/20	7/25
300÷900	300÷850	400÷600	450÷600	650÷800	650÷800	300÷650	300÷700
-/-	-/-	-/-	-/-	-/-	-/-	-/-	-/-
1÷10							
30÷95	35÷90	40÷95	40÷85	40÷80	40÷80	40÷90	40÷95
15	15	-	-	12	12	20	20
8	8	-	-	10	10	4	8
70	70	-	-	60	60	10	50
[4÷5]	[4÷5]	[3]	[4÷5]	[1]	[1÷2]	[4]	[3÷4]
[5]	[5]	[3]	[3]	[2÷3]	[2]	[2]	[2÷3]
[3÷4]	[3÷4]	[4]	[4÷5]	[2]	[2]	[2÷3]	[2÷3]
1,50÷1,60	1,60÷1,70	1,15÷,1,35	1,60	2,00	2,20	1,90	1,80
-	-	-	-	-	-	-	-
-45	-45	-30	-45÷-70	-38	-38	-35	-35
70÷90	70÷90	80÷100	75	110÷130	115÷135	140÷150	130÷145
150	150	190	170	200	200	220	200
[1]	[1]	[1]	[1]	[3]	[4]	[4÷5]	[4÷5]
[1]	[1]	[1]	[1]	[1]	[1]	[1]	[1]
[1÷2]	[2÷3]	[2÷3]	[2÷3]	[3]	[2]	[4]	[4]
[1÷2]	[2]	[2]	[2]	[3]	[3]	[3÷4]	[3]
[1÷2]	[2]	[2]	[2÷3]	[4]	[4]	[4÷5]	[4]
[1]	[1]	[1]	[1]	[1]	[1]	[1]	[1]
[1÷2]	[1+2]	[2]	[1]	[4]	[4]	[2]	[1÷2]
[N/C]	[N/C]	[N/C]	[-]	[N/C]	[N/C]	[N/C]	[N/C]

[4] Resiliencia de rebote a 20 °C: NR=85%

Tabla 4.9 **Elastómeros** (hojas 3 y 4)

		Elastómeros termoestables (continuación)				
Grupos de elastómeros		resistentes a los aceites				
Denominación ISO 1629		NBR Acrilonitrilo/ butadieno	CR Policloropreno	CM Polietileno clorado	CSM Polietileno clorosulfonado	EVM/EVA Cop. etileno/ acetato vinilo
Propiedades físicas	Unidades					
Densidad	Mg/m^3	0,95÷1,00	1,24	1,10÷1,25	1,10÷1,27	0,98÷1,07
Coeficiente dilatación	µm/m·K	196	200	-	150	-
Calor específico	J/kg·K	-	2500	-	-	-
Conductividad térmica	W/m·K	0,248	0,204	-	0,112	-
Resistividad eléctrica	Ω·m	10^8	10^{10}	-	10^{12}	-
Constante dieléctrica	-	13,0	6,7	-	7,0÷10,0	-
Rigidez dieléctrica	MV/m	-	16÷24	-	18	-
Propiedades mecánicas	Unidades					
Resistencia a tracción [1]	MPa	7/22	12/25	10/-	18/20	5/18
Alargamiento a rotura	%	250÷450	350÷800	-	200÷450	400÷500
Tensión (módulo) [2]	MPa	-/-	-/-	-/-	-/-	-/-
Módulo elasticidad [3]	MPa	-	-	-	-	-
Dureza (Sh A≈IRHD)	Sh A	30÷95	20÷90	50÷98	40÷95	60÷95
Deform. permanente -40 °C	%	45	50	-	-	95
20 °C	%	8	10	-	-	40
120 °C	%	50	30	-	-	4
Resiliencia (rebote) [4]	[1÷5]	[3]	[4]	[2]	[2÷3]	[2÷3]
Resistencia al desagarre	[1÷5]	[3÷4]	[4÷5]	[3]	[3]	[2÷3]
a la abrasión	[1÷5]	[3÷4]	[3÷4]	[3]	[3÷4]	[1÷2]
Propiedades tecnológicas	Unidades					
Coste	€/kg	2,50	3,10	2,80	4,,20	2,60
Transformación	pág. 181	-	-	-	-	-
Temp. servicio (mínima)	°C	-20	-25	-20÷-30	-15	-15÷-30
(máxima continua)	°C	100÷130	85÷100	130÷145	120÷140	120÷160
(máxima 5 h)	°C	180	180	160	200	200
Resistencia ozono+ag.atm.	[1÷5]	[1÷2]	[2÷4]	[5]	[5]	[4÷5]
aceites+disolv. orgánicos	[1÷5]	[3÷4]	[2]	[2÷3]	[2÷3]	[2÷3]
agua 100 °C	[1÷5]	[3]	[2]	[2]	[2÷3]	[3]
ácidos	[1÷5]	[1÷2]	[2]	[3]	[3]	[1÷2]
álcalis	[1÷5]	[2÷3]	[2÷3]	[2÷3]	[4]	[1÷2]
llama	[1÷5]	[1÷2]	[3]	[3]	[3÷4]	[1]
Impermeabilidad gases	[1÷5]	[3÷4]	[3]	[3]	[3÷4]	[3]
Color (negro o color)	[N/C]	[N]	[N]	[-]	[N/C]	[N/C]

[1] Goma pura / goma con cargas [2] Deformación 100% / 300% [3] Módulo de elasticidad estático (deformación < 15%)

			resistentes a altas temperaturas				
AU Poliuretano	ECO Copolímero de epiclorhidrina	H-NBR Caucho nitrilo hidrogenado	ACM Caucho acrilíco	VMQ Elastómero de silicona	FVMQ Elastómero de fluorsilicona	FPM Elastómero fluorado	PFE Elastómero perfluorado
1,15÷1,23	1,27	0,95÷0,98	1,10÷1,15	1,10÷1,35	1,35÷1,50	1,80÷1,90	1,90÷2,00
-	-	-	-	250	250	-	230
-	-	-	-	1250	-	-	945
-	-	-	-	0,225	0,225	0,225	0,190
$10^9 \div 10^{12}$	-	-	-	$10^{13} \div 10^{14}$	$10^{11} \div 10^{13}$	$10^{11} \div 10^{13}$	$5 \cdot 10^{15}$
5,0÷8,0	-	-	-	2,8÷3,0	6,0	5÷15	4,9
12÷18	-	-	-	25	15	10÷20	18
20/45	6/15	8/25	4/15	3/9	-/10	5/15	-/21
250÷450	300÷700	-	100÷250	250÷500	200÷400	100÷450	30÷180
-/-	-/-	-/-	-/-	-/-	-/-	-/-	-/-
10÷400	-	-	-	-	-	-	-
30÷99	40÷90	40÷95	50÷95	20÷80	20÷80	55÷95	65÷95
25	-	-	25	10	-	50	-
7	-	-	5	2	-	18	-
70	20	30	10	3	30	20	30 [5]
[3÷4]	[3]	[4]	[1÷2]	[3]	[2]	[1]	[1]
[3÷5]	[3÷4]	[2÷3]	[2]	[1÷2]	[2]	[2]	[2÷3]
[5]	[2]	[4]	[1÷2]	[1÷2]	[1]	[2÷3]	[2÷3]
8,90	7,50	20,00	8,00	10,00	65,00	50,00	>>>>
-	-	-	-	-	-	-	-
-20÷-30	-40÷-50	-18	-20÷-35	-65	-55	-10÷-20	-10÷-20
70÷90	120÷135	120÷145	160÷180	180÷220	175÷200	200÷230	240÷260
170	220	230	240	280	>300	>300	>300
[3÷4]	[4]	[5]	[3÷4]	[5]	[5]	[5]	[5]
[4]	[4]	[4]	[4]	[2]	[4÷5]	[5]	[5]
[1]	[1]	[-]	[1]	[3÷4]	[4]	[3÷4]	[5]
[1]	[1]	[-]	[1]	[1]	[1÷2]	[2÷3]	[4÷5]
[1]	[1]	[-]	[1]	[1]	[1÷2]	[1÷2]	[5]
[1÷2]	[2÷3]	[-]	[1÷2]	[1÷2]	[1]	[5]	[5]
[3÷4]	[3÷5]	[-]	[3]	[1]	[1]	[4÷5]	[4÷5]
[N/C]	[N]	[-]	[N/C]	[C]	[C]	[N]	[C]

[4] Resiliencia de rebote a 20 °C: NR=85%; [5] A 200 °C

4.4 Materiales compuestos

4.4.1 Introducción

Muchas de las aplicaciones de hoy día (aeronáutica, vehículos, deportes de alta competición, actividades subacuáticas) exigen un conjunto de cualidades (resistencia, rigidez y tenacidad elevadas; buena estabilidad dimensional; resistencia al deterioro; y, a la vez, una densidad y coste bajos) que difícilmente pueden conseguirse con un material homogéneo ya que, a menudo, la mejora de una de ellas va en detrimento de otra (por ejemplo: resistencia versus tenacidad o rigidez versus densidad).

Los materiales compuestos (*composites* en inglés) se han concebido para superar estas limitaciones a partir de los puntos básicos siguientes: a) Dos o más materiales trabajan de manera combinada. b) La disposición mutua de los componentes es un elemento de diseño importante. c) Se busca una mejora de las características de los materiales componentes (aumentar la resistencia, la rigidez, la tenacidad, la estabilidad química y térmica; disminuir la densidad, el coste).

Cuando se analizan a un nivel de detalle suficiente, la mayoría de materiales están formados por partes diferenciadas (fases en los metales y las cerámicas; aditivos dispersos en los polímeros); sin embargo, cuando se habla de materiales compuestos se hace referencia a la combinación de materiales no miscibles en estructuras macroscópicas (generalmente visibles) con la geometría controlada a través del proceso de fabricación.

A pesar de las posibilidades de combinación existentes, muchos de los materiales compuestos utilizados en el diseño de máquinas y aparatos tienen como mínimo un polímero como uno de los componentes. A continuación se tratan brevemente los siguientes tipos de materiales compuestos:

a) *Polímeros reforzados*. Materiales compuestos (polímeros y fibras) que adquieren mejores propiedades mecánicas y térmicas a partir de combinar una matriz de polímero (termoplástico o termoestable) con fibras resistentes.

b) *Polímeros espumados* o expandidos. Materiales compuestos (de un polímero y un gas) que obtienen una baja densidad gracias a la formación, durante la fabricación, de un gran número de células llenas de aire o de un gas en el seno del polímero.

c) *Maderas*. Materiales compuestos naturales (los más utilizados), formado por largas fibras de celulosa parcialmente cristalizada y una matriz de lignina y semicelulosa amorfa.

En el límite entre materiales y productos o piezas elaboradas hay:

d) *Materiales compuestos estructurales*. Materiales compuestos con estructuras distintas en diferentes partes (por ejemplo, superficie y núcleo), a fin de aprovechar las mejores propiedades de los materiales en cada una de ellas (por ejemplo, resistencia en las capas externas, ligereza en las internas). Entre los materiales compuestos estructurales hay las espumas estructurales y los tableros formados por un núcleo en forma de panal de abeja (de cartón o de aluminio), unido a láminas externas de madera contrachapada, plástico reforzado o aluminio.

4.4.2 Polímeros reforzados

Los materiales compuestos con mayores aplicaciones en la industria son los polímeros reforzados, entre los que cabe distinguir: a) *plásticos reforzados con fibra corta*, de matriz termoplástica o termoestable y fibra de refuerzo corta incorporada como aditivo; b) *plásticos reforzados con fibra larga*, generalmente de matriz termoestable y fibras largas, a menudo dispuestas según geometrías preestablecidas. Hay que citar también los productos de caucho u otros elastómeros reforzados con fibras o tejidos de refuerzo (conductos a presión, correas, neumáticos).

Las fibras, de una rigidez mucho mayor que la matriz, soportan la mayor parte de la carga pero, como están separadas entre sí, transmiten y reparten las fuerzas a través de la matriz (tan solo las partes centrales de las fibras trabajan a pleno rendimiento, mientras que en los extremos se produce una disminución de las tensiones hasta cero). Para cada fibra hay una longitud crítica (20÷150 veces el diámetro; 0,5÷1 mm en las de vidrio y de carbono) para la que el punto central trabaja a la máxima tensión; longitudes inferiores de fibra no permiten aprovechar todo su potencial resistente, mientras que longitudes mayores aumentan si lo hacen.

Les fibras cortas pueden incorporarse a la matriz como un aditivo, lo que facilita el refuerzo de muchos materiales termoplásticos (y algunos termoestables). Pueden inyectarse o extrudirse, mientras que la fibra larga exige, en general, procesos de transformación específicos, en los que o bien se parte de masas de moldeo preparadas, o bien se coloca independientemente la fibra y la resina, o bien se trabaja con fibra continua impregnada.

Normativa

Algunas de las normas ISO y EN que se refieren a los polímeros reforzados son:

EN 13677-1/3:2003	Compuestos de moldeo de termoplásticos reforzados. Especificación para GMT. Parte 1: Designación. Parte 2: Métodos de ensayo y requerimientos generales. Parte 3: Requerimientos específicos.
EN 13706-1/3:2002	Compuestos de plásticos reforzados. Especificaciones para perfiles pultrusionados. Parte 1: Designación. Parte 2: Métodos de ensayo y requerimientos generales. Parte 3: Requerimientos específicos.
EN 14598-1/3:2005	Compuestos de moldeo termoestables reforzados. Especificaciones para compuestos de masa preimpregnada (SMC, *sheet moulding compound*) y compuestos de moldeo en masa (BMC, *bulk moulding compound*). Parte 1: Designación. Parte 2: Métodos de ensayo y requisitos generales. Parte 3: Requisitos específicos.
ISO 14125:1998	Compuestos plásticos reforzado con fibras. Determinación de las propiedades de flexión.
ISO 14126:1999	Compuestos plásticos reforzados con fibras. Determinación de las propiedades de compresión en la dirección paralela al plano de laminación.

Plásticos reforzados con fibra corta

Por su propia naturaleza, los termoplásticos tienen algunas características que imponen limitaciones en su uso, como son una baja estabilidad dimensional (coeficientes de dilatación muy elevados), una sensible fluencia bajo carga o *creep* (incluso a temperatura ambiente) y, relacionado con el anterior punto, unas temperaturas de servicio máximas muy moderadas.

Para mejorar estos aspectos, la mayoría de termoplásticos (poliolefinas, PE y PP; poliestireno, PS, y sus copolímeros ABS y SAN; poliésteres saturados, PET y PBT; poliacetales, POM; poliamidas, PA6, PA66, PA11 y PA12; policarbonato, PC; poli(éter de fenileno), PPE; polisulfonas, PSU; plásticos fluorados, PTFE) pueden reforzarse con fibras cortas. En efecto, muchos de los materiales termoplásticos que los fabricantes ofrecen en el mercado (especialmente, el PP y los plásticos técnicos), llevan reforzados de fibras, generalmente de vidrio. El proceso de transformación más habitual en los termoplásticos reforzados es el moldeo por inyección (a alta presión) a partir de un granulado, preparado mediante una extrusión previa, que incorpora la fibra. También pueden transformarse por extrusión, moldeo por soplado, moldeo rotacional y termoconformado.

Las mejoras que aportan las fibras son un fuerte aumento de la estabilidad dimensional (entre 5÷10 veces; dilatación de las fibras muy baja o negativa), un mejor comportamiento a temperatura, sobretodo a fluencia (les temperaturas de servicio máximas aumentan unos 15÷30 °C en los estirenos, unos 50÷70 °C en las poliolefinas y más de 100 °C en las poliamidas) y un sensible aumento de las características mecánicas (resistencia a la tracción, módulo de elasticidad; a pesar de la gran disminución del alargamiento a rotura y, en cierta medida, la tenacidad).

Plásticos reforzados con fibra larga

Estos materiales compuestos obtienen su resistencia y rigidez gracias a una disposición adecuada de las fibras resistentes (vidrio, carbono, arámida) y su consistencia gracias a una matriz de resina (poliéster, epoxi). Las principales propiedades son una baja densidad, una resistencia y rigidez altas (modulables dependiendo del tipo, contenido y disposición de las fibras de refuerzo), y una buena estabilidad dimensional y resistencia química. Los plásticos reforzados con fibra larga han mostrado su eficacia en un amplio campo de aplicaciones (automóviles, embarcaciones, aviones, cascos, depósitos, conducciones, carcasas, antenas parabólicas, palas de aerogenerador, cañas de pescar, raquetas, cuadros de bicicleta, esquís), pero la fabricación de piezas y elementos requiere, en la mayoría de casos, procesos y utillajes específicos para colocar las fibras y la resina de forma adecuada.

Fibras

Las fibras deben colocarse en el seno del material compuesto de manera que sean solicitadas a tracción, tensiones que soportan muy bien. Entre la diversidad de fibras existentes (*fibra de boro*, B, y *fibra de carburo de silicio*, SiC, de características excelentes, pero de precio muy alto; *fibra de polietileno*, PE-UHMW que, debido a la fluencia, se usa combinada con otras fibras), las que se hallan más fácilmente en el mercado son:

Fibras de vidrio

Fueron las primeras en aparecer y hoy día son las más utilizadas. Su fabricación se basa en la reunión de los filamentos procedentes de la hilada del vidrio fundido con un estirado a gran velocidad. En su composición entran varios óxidos, siendo el principal el de silicio, SiO_2 (cuanto mayor es su porcentaje, mejores son las propiedades mecánicas y la temperatura de servicio). La *fibra de vidrio E* (inicialmente destinada a usos eléctricos) es la que se utiliza habitualmente y la de menor coste, mientras que la *fibra de vidrio* R (de resistencia, o S, de *strengh*) tiene mejores propiedades mecánicas y la *fibra de vidrio* C (de *chemical*) tiene una estabilidad química mejorada.

Fibras de carbono

Fibras de distintos estados alotrópicos del carbono que ofrecen una rigidez mayor que las de vidrio. Tienen un coeficiente de dilatación negativo en la dirección de la fibra, que compensa en parte el coeficiente de dilatación positivo de la matriz (piezas de gran estabilidad dimensional). La *fibra de carbono* HT (*high tenacity*), la primera desarrollada, presenta un buen equilibrio de propiedades mecánicas, mientras que la *fibra de carbono* HM (*high modulus*) tiene la máxima rigidez y la *fibra de carbono* HST (*high strain and tenacity*) es adecuada para soportar impactos.

Fibras de arámida (Kevlar)

Fibras de poliamidas aromáticas que destacan por su baja densidad y la enorme capacidad para absorber impactos (armillas antibalas); son autoextinguibles y resistentes a los agentes químicos y, como las fibras de carbono, tienen un coeficiente de dilatación negativo en el sentido longitudinal.

Matrices

La misión de las matrices en los plásticos reforzados con fibra larga son mantener las fibras en la disposición geométrica elegida, transmitir los esfuerzos a las fibras, evitar que trabajen a compresión y proteger las fibras del entorno. Algunas matrices son termoplásticas (PP, PS, PEI, PEEK), pero habitualmente se usan resinas termoestables (UP y EP; sección 4.2).

Resinas de poliésteres insaturados, UP

Junto con la fibra de vidrio, son las resinas más utilizadas en la fabricación de polímeros reforzados con fibra larga y dan lugar a materiales compuestos de buenas características y de coste moderado. Experimentan una contracción importante durante el reticulado, pero presentan un abanico de temperaturas de servicio suficiente para la mayor parte de aplicaciones.

Resinas epoxi, EP

Resinas de características mecánicas más elevadas y mejor resistencia térmica que los poliésteres insaturados, UP, pero también de precio sustancialmente mayor. Debe tenerse presente la fuerte tendencia a absorber humedad, lo que repercute en una disminución de las propiedades mecánicas.

Materiales intermedios

La fabricación de polímeros reforzados con fibra larga hace recomendable la preparación de materiales intermedios que faciliten el proceso de transformación (presentaciones de fibras, masas de moldeo, *prepregs*).

Presentaciones de fibras

Les fibras adoptan distintas formas según su aplicación: *a*) *Roving*, hilo sin torsión enrollado en bobinas, base de distintos procesos de fabricación como la poltrusión, el moldeo por bobinado continuo o discontinuo (figura 4.14); cortada, se usa también en el moldeo por proyección y en la fabricación de *mat*. *b*) *Mat*, fieltro de hilos cortados dispuestos de forma plana en direcciones aleatorias que mantiene la consistencia gracias a una sustancia aglomerante; se usa en la fabricación de masas de moldeo (*mat* impregnado, SMC) y en el moldeo por contacto. *c*) *Hilos cortados*, de varias longitudes (3, 6, 12½, 25, 35 y 50 mm) destinados al moldeo por proyección o a la preparación de *mat* y de masas de moldeo.

Masas de moldeo

Masas pastosas compuestas por una resina (normalmente UP), el refuerzo de fibra, el endurecedor y otros aditivos, preparadas para su moldeo (prensado, inyección), que deben conservarse refrigeradas para evitar un reticulado prematuro. Las formas más frecuentes son: *a*) SMC (*shet moulding compound*), cuando las fibras (vidrio, carbono, arámida) tienen orientaciones aleatorias en un plano (*mat*), destinados a piezas o elementos de forma laminar; *b*) BMC (*bulk moulding compound*), cuando las fibras tienen orientaciones tridimensionales, destinadas a piezas o elementos de formas tridimensionales. Si contienen estireno para facilitar el moldeo, se denominan *premix*.

Prepregs

Tejidos de fibra de refuerzo impregnados de resina con endurecedor y otros aditivos, preparados para el moldeo. Deben guardarse en un frigorífico antes de usarse para evitar un reticulado prematuro.

Tabla 4.10 **Propiedades de las fibras**

Tipos de fibras		Vidrio	Carbono		Arámida
		E	HT	HM	Kevlar 49
Propiedades físicas	**Unidades**				
Densidad	Mg/m³	2,60	1,75÷1,80	1,80÷1,90	1,45
Coeficiente de dilatación	μm/m·K	5	-0,1÷-0,7	-0,5÷-1,3	-2÷ -6
Propiedades mecánicas	**Unidades**				
Resistencia tracción	MPa	3400÷3500	2700÷3500	2000÷3200	2800÷3400
Alargamiento rotura	%	3,3÷4,8	1,2÷1,4	0,4÷0,8	1,9÷2,4
Módulo de elasticidad	GPa	72÷73	228÷238	350÷490	120÷186
Resistencia específica	MPa·m³/Mg	1300÷1350	1500÷1900	1050÷1750	1950÷2350
Módulo E específico	MPa·m³/Mg	28	125÷135	185÷270	83÷128
Propiedades tecnológicas	**Unidades**				
Coste	€/kg	2,20÷6,00	50,00÷80,00	180,00	40,00÷60,00
Diámetro filamento	μm	3÷25	7÷8	6,5÷8	12
Temp. servicio (máxima)	°C	850	2500÷3000	2500÷3000	150 (400)

Tabla 4.11 **Termoplásticos reforzados con fibra corta**

		PP		PA 66		PC	
Fibra de vidrio (%)		-	30	-	30	-	30
Propiedades físicas	**Unidades**						
Densidad	Mg/m^3	0,90	1,14	1,14	1,37	1,20	1,44
Coeficiente de dilatación	μm/m·K	180	70	80	25	65	27
Temp. termodefl. HDT/A	°C	45	140	105	255	130	145
Propiedades mecánicas	**Unidades**						
Resistencia tracción	MPa	28	80	65	130	65	132
Alargamiento rotura	%	500	3	250	5	80	3,6
Módulo de elasticidad	GPa	1,20	6,20	2,00	6,50	2,30	8,60
Módulo fluencia (10^3 h)	GPa	0,46	3,20	0,70	4,00	2,15	6,00
Charpy (sin/con entalla)	kJ/m^3	Nt/10	22/6	Nt/2,5	56/13	Nt/28	30/11
Dureza a la bola	MPa	50	110	80	185	105	145
Propiedades tecnológicas	**Unidades**						
Coste	€/kg	1,35	-	2,75	2,85	2,90	3,40
Temp.servicio (cont./punta)	°C	100/140	100/140	100/180	120/240	130/160	145/220

Tabla 4.12 **Plásticos termoestables reforzados con fibra larga**

		UP		EP		
Fibra de refuerzo Disposición (%)		Vidrio-E *mat* 30	Vidrio-E *roving* 50	Vidrio-E *tejido* 60	Arámida *roving* 30	Carbono-HT *roving* 30
Propiedades físicas	**Unidades**					
Densidad	Mg/m^3	1,65	1,95	1,75	1,40	1,60
Coeficiente de dilatación	μm/m·K	25	12	-	0	-0,2÷0,3
Propiedades mecánicas	**Unidades**					
Resistencia tracción [1]	MPa	110	750/22	1300/-	380	1400/38
Alargamiento rotura [1]	%	2,0	1,8/0,2	1,8/-	2,0	0,8/0,6
Módulo de elasticidad [1]	GPa	8,50	38/10	75/-	22	220/7
Propiedades tecnológicas	**Unidades**					
Coste	€/kg	-	-	-	-	-
Temp. servicio (máxima)	°C	150	180	180	80	260

[1] En las disposiciones de *roving* unidireccional: sentido longitudinal / sentido transversal

Procesos de fabricación con plásticos reforzados

Hay numerosos procesos para fabricar productos semielaborados, elementos y piezas con polímeros reforzados, muchos de ellos específicos para este tipo de material y con un elevado componente manual. Pueden agruparse en: *a*) fabricación de materiales intermedios y productos semielaborados; *b*) fabricación de piezas y elementos en procesos de molde abierto; *c*) fabricación de piezas y elementos en procesos de molde cerrado.

a) *Poltrusión*

mat

roving

impregnación
de resina

hilera   horno

perfil de
material compuesto

oruga de
arrastre

b) *Moldeo por contacto*

fibra de refuerzo

resina

rodillo

molde

c) *Moldeo por proyección simultánea*

resina

resina y fibra

rodillo

roving

molde

d) *Moldeo por bobinado en continuo*

roving

mandrino para bobinado

e) *Moldeo por bobinado en discontinuo*

núcleo giratorio

alimentador
de fibras

baño de
impregnación

roving

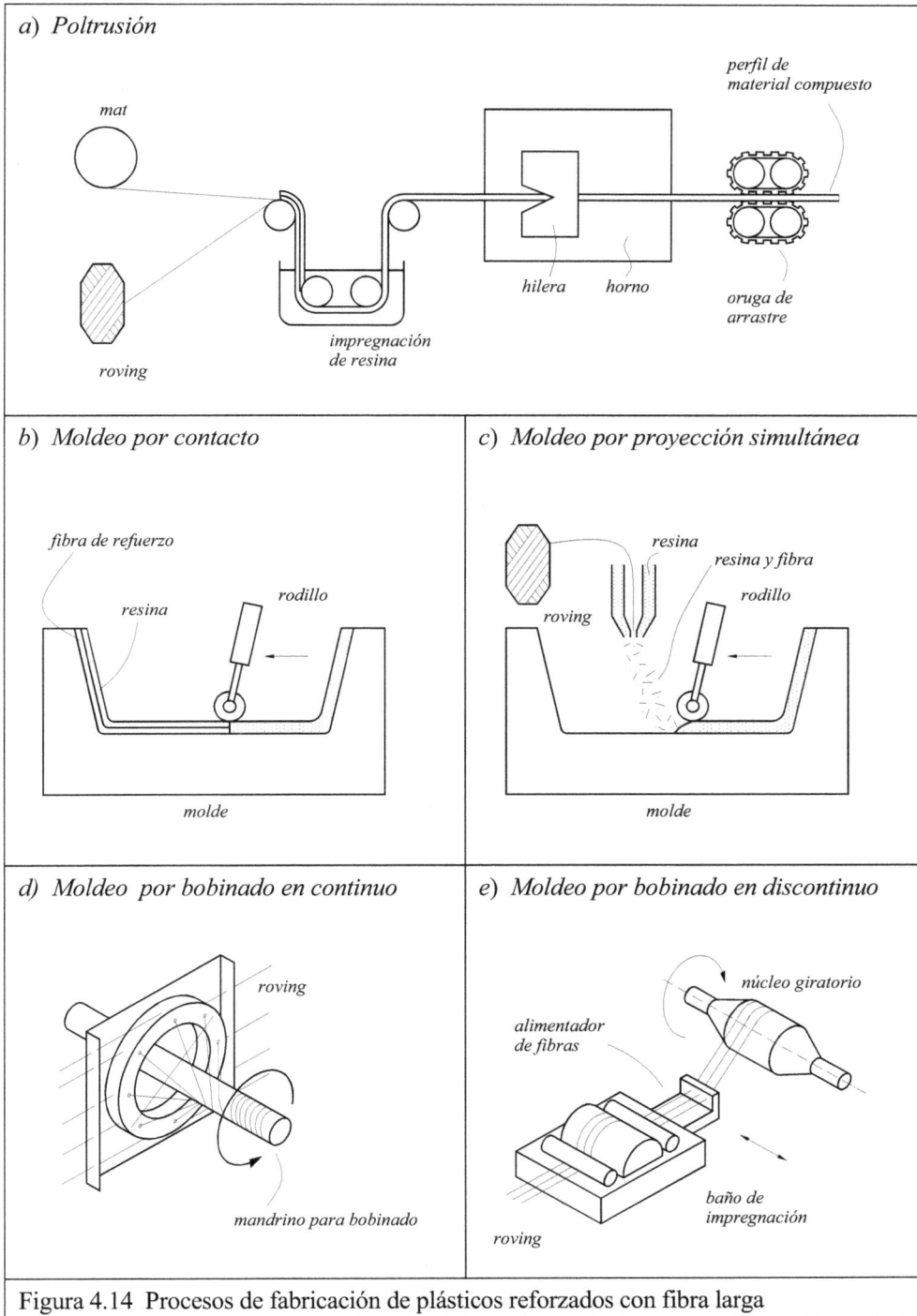

Figura 4.14 Procesos de fabricación de plásticos reforzados con fibra larga

Fabricación de materiales intermedios y productos semielaborados

Fabricación de SMC

La fabricación de los SMC se basa en depositar una capa de resina con aditivos sobre una película de soporte, la cual pasa bajo un cabezal que corta y proyecta la fibra en direcciones aleatorias; una segunda película, también impregnada de resina, se reúne con la primera por la parte superior y, mediante un tren de rodillos, se asegura la mezcla y se calibra el grosor. El conjunto se almacena en un refrigerador para su transformación posterior.

Poltrusión

Proceso análogo a la extrusión que permite obtener productos semielaborados de fibra continua (barras, perfiles, placas) de elevadas características. Se parte de una alimentación de fibras longitudinales y de capas de *mat* que pasan por una estación de impregnación con resina, que se concentran en una hilera con la forma de la sección final, calentada, donde se produce el reticulado. Para hacer avanzar el material, se requiere un robusto sistema de estirado (tren de orugas o mordazas de movimiento alternativo) (figura 4.14*a*).

Fabricación de piezas en procesos de molde abierto

Moldeo por contacto, por proyección y al vacío

El *moldeo por contacto* (figura 4.14*b*) consiste en aplicar sobre un molde de madera (o de material análogo), con el negativo de la forma de la pieza que debe fabricarse, primero una capa antiadherente (*gelcoat*) y, después, capas sucesivas de fibra y de resina líquida hasta obtener el grueso deseado. Es un proceso manual sencillo y versátil, de baja inversión en utillaje, que permite fabricar piezas de grandes dimensiones (depósitos, carrocerías, embarcaciones) utilizando un refuerzo en forma de *mat* o de tejido*s*.

El *moldeo por proyección* es una variante que permite una cierta automatización del proceso por medio de una pistola que, después de cortar la fibra, la proyecta junto con la resina sobre el molde, donde el material se compacta a mano con un rodillo.

El *moldeo al vacío* también es una variante del moldeo por contacto en el que, mediante el recubrimiento de la pieza por una membrana elástica y la aplicación de vacío entre la pieza y la membrana, se asegura una compactación que mejora las características de la pieza (en algunos casos puede aplicarse un contramolde).

Moldeo por centrifugación

Variante del moldeo por proyección que se realiza proyectando la fibra junto con la resina en el interior de un tubo que gira a gran velocidad por medio de un cabezal colocado en el extremo de una lanza; la fuerza centrífuga produce la compactación. También puede introducirse manualmente el *mat* o tejido en el tubo antes de iniciarse el proceso.

Moldeo por bobinado en continuo, en discontinuo

Procesos que se realizan mediante el bobinado o trenado de fibras *roving* previamente impregnadas sobre un núcleo giratorio con la forma interior de la pieza (el núcleo se extrae o queda formando parte de la pieza), la cual resulta de elevada resistencia. Si la forma es tubular, permite el bobinado en continuo (figura 4.14*d*), mientras que si es irregular o cerrada, es necesario un bobinado en discontinuo mediante un robot (figura 4.14*e*).

Fabricación de piezas en procesos de molde cerrado

Los procesos en molde cerrado son los ya descritos para los plásticos termoestables (sección 4.1): *a*) *moldeo por compresión* (materiales SMC, BMC o introduciendo previamente las fibras en forma de *mat*, o tejido, en el molde), *b*) *moldeo por transferencia* (materiales BMC o introduciendo las fibras en el molde), *c*) *moldeo por inyección-reacción* (R-RIM y S-RIM), introduciendo previamente la fibra de refuerzo en el molde.

4.4.3 Polímeros espumados (o expandidos)

Materiales obtenidos por espumado o expansión un polímero. Están formados por una matriz de plástico o elastómero (reforzados o no) y unes células de aire o gas dispuestas de manera que disminuye la densidad del conjunto.

Los polímeros espumados (o espumas) han ido adquiriendo importancia en aplicaciones como el aligeramiento de piezas (parachoques, tableros de automóvil), en los entornos de relación hombre-máquina (interiores de vehículos, mobiliario), en el aislamiento térmico (edificios, depósitos, calefacciones, frigoríficos) y en el aislamiento acústico (edificios, interiores de vehículos), hasta representar hoy día cerca del 10% de los materiales basados en polímeros.

Procesos

Para espumar los polímeros se usan o bien gases comprimidos, que se inyectan a altas presiones, o bien *agentes espumantes* que actúan a bajas presiones por medio de principios físicos (productos de bajo punto de ebullición) o químicos (productos que, por descomposición, desprenden gases del tipo CO, CO_2, N_2, NH_3; especialmente utilizado en los PUR).

Con el espumado se obtienen dos tipo de materiales: *a*) *Espumas homogéneas*, generalmente de baja densidad y propiedades mecánicas moderadas, fabricadas normalmente por extrusión y que se presentan en bloques, láminas (a menudo termoconformables) e hilos. *b*) *Espumas estructurales* (o *integrales*), en las que se forma una piel exterior compacta y unas densidades decrecientes hacia el núcleo, distribución que proporciona un comportamiento mecánico excelente; se obtienen mediante extrusión, moldeo por inyección-espumado, por soplado y por rotación, en los termoplásticos; y mediante moldeo por inyección-reacción (RIM, o R-RIM) en los termoestables (especialmente los PUR). El poliestireno (PS) expandido (también conocido por *Porexpan*) se obtiene por el sistema *styropor* (también aplicado a las poliolefinas): el material se espuma inicialmente con agua a 100 °C para formar unas bolitas, que después se expanden mediante vapor a 110÷120 °C en el interior del molde.

Normas

ISO 844:2007	Plásticos celulares rígidos. Determinación de las propiedades de compresión.
ISO 845:2006	Cauchos y plásticos celulares. Determinación de la densidad aparente.
ISO 1209-1/2	Plásticos celulares rígidos. Determinación de las propiedades de flexión (2007). Parte 1: Ensayo básico a flexión. Parte 2: Determinación de la resistencia a flexión y el módulo de elasticidad aparente a flexión.
ISO 1663:2007	Plásticos celulares rígidos. Determinación de las características de transmisión del vapor de agua.
ISO 1798:1997	Materiales poliméricos celulares rígidos. Determinación de la resistencia a la tracción y el alargamiento a rotura.
ISO 1856:2000	Materiales poliméricos celulares rígidos. Determinación de la deformación permanente (*compression set*).
ISO 1922:2001	Plásticos celulares rígidos. Determinación de la resistencia a cortadura.
ISO 1926:2005	Plásticos celulares rígidos. Determinación de las propiedades a tracción.
ISO 2439:1997	Materiales poliméricos celulares rígidos. Determinación de la dureza (técnica de indentación).
ISO 2440:1997	Materiales poliméricos celulares rígidos. Ensayos de envejecimiento acelerados.
ISO 2796:1986	Plásticos celulares rígidos. Ensayo de estabilidad dimensional.
ISO 2896:2001	Plásticos celulares rígidos. Determinación de la absorción de agua.
ISO 3385:1989	Materiales poliméricos celulares rígidos. Determinación de la fatiga por indentación a carga constante.
ISO 3386-1/2	Materiales poliméricos celulares rígidos. Determinación de las características de tensión-deformación a compresión. Parte 1 (1986): Materiales de baja densidad. Parte 2 (1997): Materiales de alta densidad.

ISO 3582:2000 Materiales poliméricos celulares rígidos. Método de laboratorio para determinar las características de combustión, en posición horizontal, de pequeñas probetas sometidas a una pequeña llama.

ISO 4651:1988 Materiales poliméricos celulares rígidos. Determinación de la capacidad de amortiguamiento dinámico.

ISO 7850:1986 Plásticos celulares rígidos. Determinación de la fluencia a compresión.

ISO 8067:1989 Materiales poliméricos celulares rígidos. Determinación de la resistencia al desgarre (*tear strength*).

ISO 10066:1991 Materiales poliméricos celulares rígidos. Determinación de la fluencia a compresión.

Tabla 4.13 **Normas de ensayo de los polímeros espumados**

		ISO	ASTM	DIN
Propiedades físicas				
Densidad aparente		ISO 845	D1622/A$^{(1)}$/W$^{(2)}$	53420
Conductividad térmica aparente		ISO 8302	C177/C518/V$^{(2)}$	52616
Propiedades mecánicas				
Ensayo de tracción	(rígidos)	ISO 1926	D1623	53504
Ensayo de compresión	(rígidos)	ISO 844	D1621	53421
Ensayo de flexión	(rígidos)	ISO 1209	(D747)	53423
Ensayo de cortadura	(rígidos)	ISO 1922	(C393)	53427
Fluencia a compresión	(rígidos)	ISO 7850	-	53576
Ensayo de tracción	(flexibles)	ISO 1798	E$^{(1)}$/T$^{(2)}$	53571
Deformación permanente	(flexibles)	ISO 1856	D,J$^{(1)}$/B$^{(2)}$	53572
Deformación bajo carga	(flexibles)	ISO 3386	C$^{(1)}$/D$^{(2)}$	53577
Fatiga dinámica	(flexibles)	-	I$^{(1)}$	-
Fluencia a compresión	(flexibles)	ISO 2439	-	-
Resistencia al desgarre	(flexibles)	ISO 8067	G$^{(2)}$	53575
Dureza por indentación	(flexibles)	ISO 10066	-	-
Amortiguamiento dinámico	(flexibles)	ISO 4651	D1596	(53573)
Propiedades tecnológicas				
Estabilidad dimensional		ISO 2796	D 2136/S$^{(2)}$	53431
Absorción de agua		ISO 2896	D 2842/L$^{(2)}$	53433
Difusión de vapor de agua		ISO 1663	C 355	53429
Ensayo acelerado de envejecimiento		ISO 2440	D752/K$^{(1)}$	-
Comportamiento a la llama		ISO 3582	D 1692	75200

$^{(1)}$ ASTM D3574 (Standard Test Methods for Flexible Cellular Materials. Slab, Bonded, and Molded Urethane Foams)
$^{(2)}$ ASTM D3575 (Standard Test Methods for Flexible Cellular Materials Made From Olefin Polymers)

Propiedades

Les *espumas rígidas* pueden ser frágiles (sometidas a sobrecargas se rompen, como las de *PF*), *tenaces* (ceden a las sobrecargas, como las de PVC-U) o *flexibles* (admiten grandes deformaciones elásticas, como las de PVC-P o PUR blando). Las espumas tienen unas mejores relaciones rigidez/densidad y resistencia/densidad que las de los materiales de base. Hay que destacar también el elevado aislamiento térmico y acústico, origen de muchas de sus aplicaciones. Otras propiedades de los polímeros espumados, especialmente la resistencia química y al envejecimiento, y el comportamiento a distintas temperaturas, pueden asimilarse a las de los materiales de base. Las propiedades particulares de los polímeros espumados dan lugar a ensayos específicos (tabla 4.11).

Tabla 4.14 **Espumas rígidas**

		Poliestirenos		PUR	
		Styropor	Extrusión	Extrusión	Estructural
Propiedades físicas	**Unidades**				
Densidad aparente	Mg/m^3	0,010÷0,030	0,025÷0,050	0,020÷0,100	0,400÷0,600
Conductividad térmica	W/m·K	0,036	0,036	0,024	-
Propiedades mecánicas	**Unidades**				
Resistencia tracción	MPa	0,10÷0,50	0,50	0,20÷1,10	0,10÷0,50
Resistencia compresión	MPa	0,06÷0,25	0,15÷0,40	0,10÷0,90	0,06÷0,25
Resistencia flexión	MPa	0,20÷0,50	0,40	0,20÷1,50	0,20÷0,50
Resistencia cortadura	MPa	0,40÷1,20	0,90	0,10÷1,20	0,40÷1,20
Módulo elástico flexión	GPa	-	-	0,002÷0,020	0,600÷1,050
Propiedades tecnológicas	**Unidades**				
Coste	€/kg	-	-	-	-
Temp. servicio (mínima)	°C	-	-	-200	-50
(máxima continua)	°C	70÷80	80÷85	130	120
(máxima punta)	°C	100	100	200	-
Absorción de agua (7 días)	%	2÷3	2	1÷4	-

Tabla 4.15 **Espumas semirígidas y flexibles**

		PE		PVC	PUR
		Styropor	Extrusión	Alta presión	Extrusión
Propiedades físicas	**Unidades**				
Densidad aparente	Mg/m^3	0,025÷0,040	0,030÷0,200	0,050÷0,100	0,020÷0,045
Conductividad térmica	W/m·K	0,036	0,040÷0,050	0,020÷0,040	0,040÷0,050
Constante dieléctrica	-	1,05	0,4	1÷4	1,45
Propiedades mecánicas	**Unidades**				
Resistencia tracción	MPa	0,10÷0,20	0,30÷2,00	0,30÷0,50	0,20
Resistencia compresión	MPa	0,03÷0,06	0,10÷0,80	0,02÷0,04	-
Alargamiento a rotura	MPa	30÷50	90÷200	80÷150	200÷300
Propiedades tecnológicas	**Unidades**				
Coste	€/kg	-	-	-	-
Temp. servicio (mínima)	°C	-	-70	-60	-40
(máxima continua)	°C	100	70÷110	50	100
(máxima punta)	°C	-	-	-	-
Absorción de agua (7 días)	%	1÷2	0,4÷0,5	3	-

Materiales y aplicaciones

En principio cualquier plástico o elastómero es susceptible de espumarse (o expandirse), pero los más frecuentes son los termoplásticos PS, PE, PP y PVC, los termoestables PF, UF y UP y, especialmente, los versátiles poliuretanos, PUR, que han tenido un gran desarrollo en el automóvil.

Espumas de poliuretano

Hay una gran diversidad de espumas de poliuretano, tanto homogéneas como estructurales (normalmente obtenidas por procesos RIM), con una amplia gama de aplicaciones: *a) Espuma rígida de* PUR, material muy reticulado de celdas cerradas, entre tenaz y frágil, con densidades de $0,250 \div 0,600$ Mg/m^3, utilizado en núcleos de estructuras *sandwich* (laminados de aluminio, paneles), para espumar partes vacías (automóviles, embarcaciones) y como a aislante térmico (frigoríficos, depósitos). *b) Espuma flexible de* PUR, material poco reticulado de celdas pequeñas y abiertas, flexible y elástico, con densidades de $0,020 \div 0,060$ Mg/m^3, buen aislante acústico y permeable al aire, utilizado para cojines, asientos y tapicerías (muebles, vehículos), esponjas, revestimientos y elementos de insonorización. *c) Espuma semirígida de* PUR, material de celdas mayoritariamente abiertas, excelente amortiguador de choques y buen aislante acústico, con densidades de $0,060 \div 0,250$ Mg/m^3 que, moldeado, se usa en parachoques y revestimientos. *d) Espuma estructural rígida de* PUR, material moldeado por inyección-reacción (RIM), de malla tupida con celdas cerradas y una piel externa compacta (densidades $0,400 \div 0,600$ Mg/m^3 en el núcleo y de $1,200$ Mg/m^3 en la piel), con o sin fibras de refuerzo, que se aplica a carcasas de electrodomésticos, componentes de carrocería y marcos y perfiles de ventana (sobre alma metálica); *e) Espuma estructural flexible de* PUR, material elástico moldeado por inyección-reacción (RIM), de retícula poco densa, malla espaciosa y una piel semejante al cuero, con densidades de $0,080 \div 0,300$ Mg/m^3, que se aplica a revestimientos de seguridad (volante de automóvil), a determinados recubrimientos de tapicería y a suelas de zapato.

Espumas de poliestireno

El poliestireno es la base de diversos plásticos expandidos de muy baja densidad con importantes aplicaciones: *a) Espuma rígida* (PS o SAN) (*porexpan*), fabricada por el sistema *styropor* (estructura granulada) de color blanco, de celda cerrada y densidades de $0,010 \div 0,080$ Mg/m^3; se aplica al aislamiento térmico y sonoro, al embalaje de objetos delicados y como elemento de relleno para la construcción (variante ignífuga). *b) Espuma extrudida de* PS, de mejor calidad que la anterior y densidades de $0,025 \div 0,050$ Mg/m^3; se fabrica por extrusión en forma de bloques, láminas (admite el termoconformado), perfiles y cuerpos soplados (envases de un solo uso, aislamiento térmico). *c) Espuma estructural* (S/B o ABS, eventualmente con fibras de refuerzo), de consistencia leñosa y densidades de $0,400 \div 900$ Mg/m^3; se usa en piezas y componentes para embalajes, en la industria del mueble y para el aislamiento térmico.

Espumas de cloruro de polivinilo

Polímeros espumados basados en el PVC: *a) Espuma estructural* PVC-U de densidad 0,700 Mg/m^3; se usa en la construcción (interiores y exteriores) en forma de paneles termoconformados. *b) Espuma de* PVC-U, de celdas cerradas y densidades de $0,040 \div 0,130$ Mg/m^3; se usa, en bloques o láminas, como núcleo en materiales sándwich para embarcaciones, boyas y contenedores criogénicos. *c) Espuma de* PVC-P, de celdas cerradas y densidades de $0,050 \div 0,150$ Mg/m^3; se usa, en bloques o láminas, como a material de gran resiliencia para amortiguar vibraciones en las máquinas. *d) Espuma de* PVC-P, de celdas abiertas y densidades de $0,070 \div 0,300$ Mg/m^3; se usa para aislar el sonido.

Espumas de poliolefinas

Polímeros espumados basados en el PE (últimamente también en el PP), reticulados o no, de semirígidos a rígidos, con celda carrada, con gran capacidad para absorber choques sin romperse. Se fabrica tanto por el sistema *styropor*, como por extrusión (láminas) o por inyección-espumado. Se usa para núcleos de parachoques, embalaje de objetos delicados, contenedores y palets.

4.4.4 Maderas y productos derivados

Materiales compuestos naturales formados fundamentalmente por células longitudinales muy resistentes de *celulosa* (fibras) unidas por la *lignina* (matriz) con fuertes enlaces tridimensionales. Las maderas habían sido los materiales de base para la fabricación de las bancadas y las estructuras de las máquinas, pero hoy en día se han sustituido por los metales. Sin embargo, las maderas mantienen una gran importancia en varios sectores industriales (mueble, construcción, embarcaciones) y algunas aplicaciones relacionadas con las máquinas (modelos de fundición, mangos de herramientas, andamios, prototipos).

Propiedades

Las maderas son materiales fuertemente anisótropos, más resistentes en la dirección de las vetas (longitudinal del tronco) que en las direcciones perpendiculares (radial y tangencial al tronco) y más resistentes a tracción que a compresión. Son muy sensibles al contenido de humedad que afecta fundamentalmente las propiedades mecánicas (como más secas más resistentes) y la contracción (desde madera verde a madera secada). Si bien las maderas son menos resistentes y rígidas que los metales, las bajas densidades proporcionan relaciones de resistencia/densidad y rigidez/densidad de valores muy aceptables.

Contenido de humedad, contracción y densidad

El *contenido de humedad* (*CH*, en %) es el porcentaje de agua expresado sobre el peso de la madera secada al horno. En el *punto de saturación de las fibras, PSF*, las maderas retienen la máxima cantidad de agua combinada ($\sim CH=30\%$, en la mayoría de ellas). Las maderas *verdes* normalmente retienen cantidades adicionales de agua en los intersticios del lumen ($CH=30 \div 20$-0%), más altas en la albura que en el corazón, efecto más acusado en las maderas blandas que en las duras (tabla 4.16). La humedad ambiental y la temperatura determinan un *contenido de humedad de equilibrio*.

Por encima del *PSF* las maderas son dimensionalmente estables y las propiedades mecánicas son aproximadamente constantes mientras que, para contenidos de humedad inferiores, se contraen a la vez que mejoran las propiedades mecánicas. Las contracciones más altas son la tangencial y la radial mientras que la longitudinal tiene valores mucho menores (normalmente <0,2%); la contracción volumétrica es aproximadamente la suma de las tres anteriores. Dado que las maderas son fuertemente anisótropas, al secarse se arquean de distinta manera según la zona de la sección del tronco de donde provengan.

La *densidad específica* (ver la *densidad real* en el párrafo siguiente), cociente entre la masa de la estructura de madera (sin agua) y el volumen que ocupa, aumenta cuando la madera pierde humedad por debajo del *PSF* (pueden interpolarse los valores de la tabla 4.16) y se mantiene constante por encima de este valor.

Propiedades físicas

Les *densidades reales* de las maderas (contando la humedad), obtenidas multiplicando las densidades específicas por el factor ($1+CH/100$), son bajas ($0,2 \div 1,1$ Mg/m^3) y la mayor parte de ellas flotan en agua. El coeficiente de dilatación longitudinal es mucho menor ($3 \div 4,5$ μm/m·K) mientras que el radial y tangencial es más elevado ($20 \div 35$ y $30 \div 45$ μm/m·K). El calor específico depende de la temperatura y del contenido de humedad ($580 \div 630$ J/kg·K para las maderas secas). La conductividad térmica es mucho menor que la de los metales e incluso que la de las cerámicas y plásticos ($0,10 \div 0,15$ W/m·K) y, por lo tanto, son excelentes aislantes térmicos. La conductividad eléctrica es de $10^{14} \div 10^{16}$ Ω·m en las maderas secas, y de $10^3 \div 10^4$ Ω·m en el *PSF*. La constante dieléctrica de las maderas secas es de $2 \div 5$ y la de las maderas húmedas es de $5 \cdot 10^3 \div 10^6$. El factor de pérdidas dieléctricas va desde 0,01 para maderas blandas secas hasta 0,95 para maderas duras saturadas.

Propiedades mecánicas

Para caracterizar el comportamiento mecánico fuertemente anisótropo de las maderas son necesarios tres módulos de elasticidad, tres módulos de rigidez y seis coeficientes de Poisson (nueve de ellos independientes) así como las resistencias correspondientes, pero se suelen dar sólo algunos de ellos: resistencia y módulo de elasticidad a flexión en el sentido longitudinal de las vetas, resistencia a compresión en el sentido longitudinal y perpendicular a las vetas, resistencia a cortadura en el sentido longitudinal a las vetas. En algunos casos también se dan la resistencia al impacto a flexión, la resistencia a tracción perpendicular a las vetas y la dureza por penetración de una bola. El coeficiente de fricción contra una superficie lisa va desde 0,3÷0,5 para maderas secas hasta 0,7÷0,9 para maderas en el punto de saturación de las fibras.

Propiedades tecnológicas

Les maderas se trabajan bien (normalmente, tanto mejor cuanto menor es la densidad) y se aprecia la facilidad de pulido (función de la naturaleza fibrosa y no necesariamente relacionada con la aptitud para el corte). Con la luz, las maderas pierden el color y se vuelven grises (capa fina de celulosa degradada y microorganismos). Si están constantemente húmedas o secas, mantienen bien las propiedades mecánicas pero, si la humedad y la temperatura varían, sufren una caída de la resistencia con el tiempo. Las maderas tienen una buena resistencia al ataque químico (más a los ácidos y a las sales que a los álcalis) pero, por la acción del agua o de diversos líquidos orgánicos, pueden hincharse de forma irreversible o degradarse por hidrólisis de la celulosa. Las maderas queman con facilidad y algunas son atacadas por insectos o diversos microorganismos. Hay distintos tratamientos de la madera que mejoran la resistencia química, al fuego y al ataque de insectos y hongos.

Tipos de madera

Según la naturaleza de las especies, las maderas pueden clasificarse en *maderas fuertes*, *maderas blandas*, *maderas resinosas* y *maderas exóticas*. Algunas de las más utilizadas son:

Maderas fuertes

Acacia. Madera dura y elástica que no es atacada por la carcoma y resiste bien la intemperie y bajo el agua, pero se agrieta con facilidad. Se utiliza en muebles, embarcaciones y modelos tradicionales para fundición.

Haya. Madera de un color rosado muy tenaz y que puede curvarse. Es densa y resistente, pero se carcome con relativa facilidad. Se utiliza para pavimentos, mangos de herramienta y muebles.

Fresno. Madera de color muy claro (casi blanca), muy elástica y con pocas deformaciones permanentes, más dura y resistente que el roble, pero poco resistente a la intemperie, y es afectada por los hongos. Se utiliza en elementos de carrocería, aparatos de gimnasia, esquís, mangos de herramientas y remos.

Nogal. Madera dura de color marrón oscuro, de textura fina, que se trabaja bien a máquina (buen pulido y acabado), pero se carcome con facilidad. Se utiliza en la construcción de muebles, tanto macizos como aplacados, en marquetería y en culatas de escopeta.

Roble/*encina*. Maderas duras y elásticas que presentan problemas en el secado. Pueden resistir varios siglos sumergidas en agua y se utilizan en la construcción de puentes, andamios, embarcaciones, muebles, pavimentos, moldes de fundición y botas de vino.

Maderas blandas

Abedul. Madera de fibras rectas y finas, de color amarillo pálido, que no resiste la intemperie y es atacada por la carcoma. Es muy utilizada en la fabricación de contrachapados.

Chopo. Madera de color blanco, muy blanda, ligera y fácil de trabajar, pero muy poco resistente. Se utiliza en muebles corrientes, cajas de embalaje, contrachapados y en la fabricación de papel.

Tilo. Madera de color rosa pálido, de veta fina y homogénea, que se trabaja bien pero es atacada por el carcoma. Se utiliza para pasta de papel.

Maderas resinosas

Abeto. El *abeto común*, de madera blanquinosa con muchos nudos duros (a menudo saltan), es poco resistente a la intemperie y es atacada por hongos, pero su coste es bajo; se utiliza en muebles baratos y en la construcción. El *abeto rojo*, de estructura fina más apreciada, se utiliza en elementos para pequeños aviones.

Cedro. Madera de color rosado, de textura uniforme, fácil de trabajar y resistente a los insectos. Se utiliza para revestimientos de embarcaciones y revestimientos interiores de muebles (el olor aleja los insectos).

Melis. Madera muy compacta de color rojizo, con una fuerte impregnación de resina y casi sin nudos, con una gran estabilidad a la humedad (sumergida en agua se va endureciendo) y no es atacada por los insectos. Se trabaja bien y es resistente al desgaste. Se utiliza en vigas, muebles, palos y traviesas de ferrocarril.

Pino. El *pino blanco* es una madera ligera que se seca fácilmente al horno, moderadamente resistente y fácil de trabajar, de pequeña contracción y bajo coste. Se utiliza en la construcción, en marcos de puertas y ventanas, en cajas y muebles baratos. El *pino rojo* (también conocido por pino de Flandes) es una madera blanda de fibra recta y continua, fácil de trabajar, a pesar de que presenta pequeños nudos. Tiene aplicaciones análogas a las del pino blanco.

Maderas exóticas

Balsa. Es la madera más ligera. De estructura basta, porosa y blanda, ofrece una fácil elaboración y se utiliza en el aislamiento térmico y acústico, en la fabricación de pequeños aviones y en aeromodelismo.

Ébano. Madera de color negro, muy dura y compacta, más densa que el agua, que se pule muy bien. Se usa para muebles de lujo y pianos.

Caoba. Madera muy fina y compacta que no se altera por la humedad ni es atacada por la carcoma. Se usa en muebles caros y en hélices de avión.

Tabla 4.16 **Maderas**

Nombre del árbol		Maderas blandas		Maderas fuertes		
		Pino blanco	Aveto	Roble	Haya	Fresno
Propiedades físicas						
Densidad específica [1]	Mg/m³	0,35/0,38	0,37/0,39	0,60/0,68	0,56/0,64	0,55/0,60
Propiedades mecánicas						
Resistencia flexión [2]	MPa	33/68	41/68	58/106	60/104	66/105
Módulo elástico flexión [2]	GPa	8,3/10,2	8,1/10,5	8,7/12,5	9,5/12	10/12
Resistencia compresión [2][3]	MPa	17/35	20/41	25/52	25/50	28/52
Resistencia compresión [2][4]	MPa	1,3/3,3	1,9/3,7	4,7/7,5	3,8/7	4,7/8,1
Resistencia cortadura [2][3]	MPa	4,7/7,3	5,3/7,7	8,7/14	9/14	9,5/13,4
Propiedades tecnológicas						
Coste	€/kg	1,00÷1,40	-	-	-	-
Contenido humedad [5]	%	62/148	98/160	64/78	55/72	46/44
Contracción radial/tangente	%	2,1/6,1	3,3/7	5,6/10,5	5,5/11,9	4,9/7,8
Contracción volumétrica	%	8,2	9,8	16,3	17,2	13,3

[1] Densidad específica (estructura de la madera, sin agua): $CH=30\%$ / $CH=12\%$ [2] $CH=30\%$ / $CH=12\%$ [3] Dirección paralela a la veta (o grano) [4] Dirección perpendicular a la veta (o grano) [5] CH madera verde: duramen/albura

Productos derivados de la madera

El tamaño de las piezas de madera depende en gran medida de la dimensión de los árboles, de la anisotropía de la madera y de la presencia de nudos. Para aprovechar mejor la madera de los árboles y para obtener materiales más uniformes, mejores características mecánicas y dimensiones mayores, la madera se transforma en diversos tipos de productos derivados:

Maderas laminadas-encoladas

Productos largos o planos, rectos o curvados, de buena estabilidad dimensional, que se obtienen encolando, mediante una resina termoestable (las fenólicas son las que mejor resisten la humedad), listones o elementos de reducidas dimensiones con las vetas dispuestas paralelamente. Se usan para raquetas de tenis, esquís y vigas o estructuras de edificios.

Contrachapados

Láminas fabricadas encolando varias hojas delgadas de madera (obtenidas por corte en el sentido de desenrollado de un tronco), unas sobre otras con las fibras según direcciones alternativamente perpendiculares y en número impar para equilibrar la tendencia al arqueo. Tienen propiedades mecánicas iguales en todas las direcciones del plano y buena estabilidad dimensional.

Conglomerados

Plafones de dimensiones semejantes a los contrachapados y grosores generalmente superiores formados a partir de viruta y partículas largas de madera que, después de secadas, se untan con una resina termoendurecible y se conforman por prensado. A pesar de sus bajas propiedades mecánicas, permite aprovechar hasta el 90 % de la madera de los árboles (50% en las piezas serradas).

4.5 Cerámicas

4.5.1 Introducción

Las cerámicas son materiales inorgánicos de composición fija, unidos por enlaces iónicos o covalentes, constituidos por metales y no metales, con una gran diversidad de estructuras cristalinas. Su nombre proviene del griego *keramikos*, que significa quemado, ya que el proceso habitual de obtención de estos materiales requiere un tratamiento térmico o una cocción a elevada temperatura.

Las propiedades más destacadas de las cerámicas más habituales son: *a*) densidad relativamente baja ($2,20 \div 5,60$ Mg/m^3); *b*) dilatación térmica muy baja ($0,5 \div 15$ µm/m·K), que redunda en una buena estabilidad dimensional; *c*) conductividad eléctrica baja (fuera de algunas cerámicas conductoras, como el grafito) y conductividad térmica también baja (entre los metales y los polímeros), ya que no disponen de electrones libres; *d*) rigidez ($60 \div 460$ GPa) y dureza ($350 \div 3000$ HK) muy elevadas; *e*) resistencia mecánica moderadamente alta ($60 \div 850$ MPa); *f*) tenacidad y ductilidad bajas; *g*) resistencia química muy elevada debido a la estabilidad de los enlaces químicos fuertes. *h*) temperaturas de fusión muy elevadas ($2000 \div 4500$ °C) y, generalmente, también lo son las temperaturas de servicio.

Las cerámicas incluyen una gran diversidad de materiales utilizados en una gran variedad de sectores económicos: los productos estructurales derivados de la arcilla (ladrillos, baldosas, tejas) y los cementos en la construcción; las *porcelanas* (vajillas, sanitarios); las *cerámicas refractarias* (revestimientos de hornos); las *cerámicas abrasivas* (muelas y elementos abrasivos); los vidrios (puertas, ventanas, paredes, claraboyas, vasos y botellas, lentes); y las *cerámicas de ingeniería* (piezas estructurales de máquinas, cojinetes, sellos, aislamientos térmicos y eléctricos). No debe olvidarse la participación de las cerámicas en los materiales compuestos, ya sea como fibras de refuerzo (vidrio, carbono), como partículas (*cermets*, materiales compuestos obtenidos por sinterizado entre una cerámica y una matriz de metal que proporciona tenacidad al conjunto; un de ellos es la *widia*) o como a verdaderos materiales compuestos de cerámica-cerámica (fibras y matriz).

A continuación se analizan los dos grupos de materiales cerámicos con una mayor incidencia en el diseño de máquinas: los vidrios y las cerámicas de ingeniería.

4.5.2 Vidrios

Constituyen un grupo de materiales cerámicos, amorfos y transparentes, de gran importancia práctica (ventanas, óptica, recipientes, elementos eléctricos) formados por combinaciones de varios óxidos, siendo el principal el óxido de silicio, SiO_2, mientras que otros óxidos (Na_2O, K_2O, CaO, BaO, MgO, Al_2O_3, B_2O_3, PbO) entran en distintas proporciones según el tipo de vidrio.

Propiedades

Los vidrios son materiales duros y frágiles, de resistencia a tracción moderada (mucho más resistentes a compresión) y de módulo de elasticidad semejante al del aluminio. Malos conductores del calor y la electricidad, pero de buenas propiedades dieléctricas (algunos de ellos, excelentes) y de gran resistencia al ataque químico. También se distinguen por ser muy impermeables.

El comportamiento térmico de los vidrios es particular, ya que no presentan una temperatura de fusión definida a la cual el material se transforma de líquido a sólido. Hay, en cambio, una temperatura de transición vítrea, T_g, marcada por un cambio de pendiente de la curva de volumen específico (inversa de la densidad), por debajo de la cual el material se considera que es un vidrio y por encima, primero, un líquido sobreenfriado y, después, un líquido.

En la práctica se distinguen cuatro temperaturas de interés para la fabricación, transformación y utilización del vidrio, que, en orden decreciente, son: *a*) *punto de trabajo* (viscosidad aproximada de 1000 Pa·s), por encima del cual el vidrio puede deformarse plásticamente; *b*) *punto de reblandecimiento* (viscosidad de $4 \cdot 10^6$ Pa·s), en el que el vidrio se puede manipular sin producir deformaciones significativas; *c*) *punto de recocido* (viscosidad de 10^{12} Pa·s), en el cual la difusión atómica es suficiente para producir en un tiempo breve prefijado (¼ hora) la liberación de tensiones; *d*) *punto de deformación* (viscosidad $3 \cdot 10^{13}$ Pa·s), en el que se produce la fractura antes que la deformación (la temperatura de transición vítrea es más elevada que este punto).

Fabricación y productos

Transformación

Las piezas y los elementos de vidrio pueden fabricarse mediante distintos procedimientos, que guardan algunos de ellos gran similitud con los descritos para los plásticos: *a*) *Laminación en caliente*. Procedimiento para fabricar láminas planas de vidrio grueso; se vuelca el vidrio en una mesa de manera que forma una capa que se lamina y estira mediante rodillos. *b*) *Estirado vertical*. A partir del material fundido del horno, se realiza un estirado en sentido ascendente mediante de un tren de pares de rodillos que a la vez controlan el espesor; es el procedimiento utilizado para obtener láminas de vidrio delgadas (ventanas, puertas). *c*) *Prensado*. A partir de una cierta cantidad de masa pastosa, se realiza el moldeo mediante una matriz y un punzón (o contramatriz de forma); se obtienen piezas de paredes gruesas (por ejemplo, las piezas que constituirán los tubos de televisión). *d*) *Soplado*. A partir de una pequeña masa de material, se sopla aire en su interior y, así, pasa a formarse un cuerpo vacío; este proceso puede realizarse en el interior de un molde (moldeo por soplado) para hacer botellas, lámparas eléctricas. *e*) *Formación de fibras*, obtenidas a partir de un estirado del material a gran velocidad después de pasar por unas hileras con unos pequeños orificios.

Tratamientos

El vidrio puede someterse a tratamientos posteriores para proporcionarle determinadas características o formas: *a*) *Curvado* u *ondulación*. Se deforma el vidrio después de calentarlo por encima del punto de deformación (proceso análogo al termoconformado de los termoplásticos). *b*) *Recocido*.

Se calienta el vidrio hasta el punto de recocido y se enfría lentamente, a fin de eliminar tensiones. *c) Temple*. Se calienta el vidrio por encima del punto de reblandecimiento y se enfría rápidamente, con el objetivo de introducir tensiones residuales de compresión en las capas superficiales del material para aumentar la resistencia (puertas de vidrio, parabrisas de automóvil, lentes).

Procesos especiales

A partir del vidrio también se obtienen otros productos especiales: *a) vidrios laminados*, constituidos por distintas láminas superpuestas unidas por un material orgánico; tienen más resistencia que los vidrios no laminados, ya que las fisuras no se propagan de una lámina a otra; *b) vidrios armados*, proveídos interiormente de una tela metálica que se incorpora en el momento de fabricarlos, también más resistentes que los vidrios convencionales; *c) desvitrificación*, transformación del vidrio amorfo en cristalino (se pierde la transparencia) controlada a través de determinados agentes nucleantes (óxido de titanio) a fin de obtener las *vitrocerámicas*.

Tipos de vidrio

Hay diversos tipo de vidrio, que se diferencian por la combinación de óxidos de qué están formados, las propiedades y las aplicaciones. A continuación se describen los tipos más frecuentes de vidrio.

Vidrios de sílice fundido y vidrios de alto contenido de sílice (Vycor)

Los vidrios de sílice fundido de un elevado grado de pureza pueden utilizarse hasta 1000 °C, tienen un coeficiente de dilatación térmica muy bajo y una resistencia al choque térmico elevada, pero son difíciles de fundir y su coste es muy alto. Mediante un proceso complejo (desarrollo de una estructura bifásica que, por lixiviado con un ácido, se elimina una de ellas para dar un material de sílice bastante puro que se compacta en un horno a más de 1000 °C, con una reducción del 30% del volumen) se obtienen vidrios de alto contenido de sílice (96%) con un coste inferior, a pesar de sus características ligeramente inferiores al sílice puro. Se utilizan para material de laboratorio.

Vidrios de sosa-cal

La incorporación de sosa, Na_2O, y cal, CaO, al óxido de silicio produce una reducción drástica de la temperatura de fusión hasta unos 730 °C, lo que facilita la fabricación. Estos vidrios son transformados por prensado o soplado y su coste es relativamente bajo, pero su resistencia química y al calor son moderadas. Son los vidrios más utilizados (más del 80%) en aplicaciones como ventanas, envases, lámparas eléctricas.

Vidrios de borosilicato (pyrex)

En estos vidrios se han sustituido la mayor parte de los óxidos alcalinos por óxido de boro. Destacan por el bajo coeficiente de dilatación, la buena resistencia al choque térmico y la buena estabilidad química. Se utilizan especialmente en la industria química.

Vidrios de aluminosilicato

Vidrios con un bajo contenido de sílice, con un gran aumento de la alúmina y del óxido de magnesio en detrimento de los óxidos de sodio y de calcio. Destacan por su resistencia a la temperatura y por el bajo coeficiente de dilatación.

Vidrios al plomo

Vidrios caracterizados por un bajo porcentaje de sílice y un alto porcentaje de óxido de plomo. La temperatura de fusión es baja y se utilizan para cierres herméticos por soldadura. La propiedad de absorber los rayos X les proporciona aplicaciones en ventanas absorbentes, lámparas fluorescentes y tubos de TV. Los elevados índices de refracción proporcionan aplicaciones en lentes acromáticas y vidrios decorativos.

Vidrios E

Con un bajo contenido de óxidos alcalinos y con porcentajes crecientes de óxido de boro, alúmina y óxido de calcio (8,5 14,5 y 22%) se utilizan en forma de fibra para la fabricación de materiales compuestos resina-fibra.

Vidrios eléctricos

Vidrios de varias composiciones (alto contenido de óxido de boro, 28%, y 70% de sílice; contenido moderado de óxido de plomo, 21%, y 63% de sílice), con elevada resistencia eléctrica y bajas pérdidas dieléctricas, destinados a varias aplicaciones en electricidad y electrónica.

Vitrocerámicas

Materiales de composiciones análogas a las de los vidrios de aluminosilicato que, mediante agentes nucleantes ($7 \div 15\%$ de óxido de titanio, TiO_2), se desvitrifican y adquieren un grano muy fino que proporciona interesantes propiedades mecánicas (buena resistencia) y térmicas (coeficiente de dilatación muy bajo, pequeño choque térmico, conductividad térmica elevada), con interesantes aplicaciones (cocinas y hornos, aislamientos eléctricos, circuitos integrados).

4.5.3 Cerámicas de ingeniería

Las cerámicas de ingeniería en general están formadas por un solo compuesto puro o casi puro y ofrecen un conjunto de propiedades (gran estabilidad a temperaturas elevadas, buenas propiedades deslizantes y a la abrasión, aislamiento térmico, propiedades eléctricas, magnéticas y ópticas) que las hacen únicas en determinadas aplicaciones, a pesar de que muchas de ellas no han hallado un lugar destacado en el mercado. En este apartado se estudian las cerámicas de ingeniería usadas en aplicaciones termomecánicas, siendo las más frecuentes hoy día la *alúmina*, Al_2O_3; el *carburo de silicio*, SiC; el *nitruro de silicio*, Si_3N_4; el *óxido de circonio* (o *circonia*), ZrO_2; y los *sialones*.

Propiedades

Propiedades físicas

Las propiedades físicas más destacadas de las cerámicas de ingeniería son: *a*) densidades bajas en comparación con los metales (es un estímulo para la reducción de masas); *b*) dilataciones térmicas pequeñas (piezas de gran estabilidad dimensional); *c*) conductividad térmica baja (la circonia se utiliza como aislante; pero el calor generado por fricción también puede originar microfisuras por choque térmico); *d*) buenas propiedades como aislantes eléctricos y como dieléctricos (aplicaciones en electricidad y electrónica).

Propiedades mecánicas

Las cerámicas de ingeniería destacan por las propiedades mecánicas siguientes: *a*) dureza elevada (se mide con los ensayos Vickers y Knoop), estrechamente relacionada con la elevada resistencia al desgaste; *b*) rigidez elevada (el módulo de elasticidad suele ser más alto que el de los metales); *c*) baja tenacidad (suele ser muy inferior a la de los metales y plásticos), que, combinada con la baja plasticidad y el elevado módulo de elasticidad, da lugar a concentraciones de tensiones sobre las protuberancias y la producción de microfisuras y roturas; *d*) moderada resistencia mecánica (las cerámicas suelen someterse al ensayo de flexión, de realización más fácil que el de tracción, y después se calcula la resistencia a tracción equivalente); la naturaleza de las cerámicas, con una gran sensibilidad a las microfisuras, hace recomendable tomar tensiones admisibles para el cálculo del $10 \div 12\%$ de la resistencia a flexión; la resistencia a compresión es de $7 \div 10$ veces mayor que la de tracción; *e*) buenas propiedades deslizantes y buena resistencia a la abrasión, especialmente en materiales con el grano inferior a una micra (circonia estabilizada, cerámicas vítreas); en otras cerámicas, la acción del rozamiento produce una transformación superficial que induce tensiones de compresión en las capas externas o una tendencia al autopulido.

Tabla 4.17 **Vidrios**

Contenido del material		Sílice (pura/96%)	Vidrio sosa-cal	Vidrio boro-silicato	Vidrio alumino-silicato	Vidrio alto % plomo
Composición						
SiO$_2$	%	96÷100	70÷74	80,5	57	35
Varios óxidos ⁽¹⁾	%	-	24÷28	4,4	18,5	-
AL$_2$O$_3$	%	-	0,5÷2,5	2,2	20,5	-
B$_2$O$_3$	%	0÷4	-	13,9	4	-
PbO	%	-	-	-	-	58
Propiedades físicas						
Densidad	Mg/m^3	2,50	2,22	3,22	-	-
Coeficiente de dilatación	µm/m·K	0,55	9	3,2	42	91
Conductividad térmica	W/m·K	1,3	1,7	1,4	-	-
Resistividad eléctrica	Ω·m	>10^{18}	>10^{10}	10^{13}	-	-
Propiedades mecánicas						
Resistencia tracción	MPa	110	60	65	-	-
Resistencia compresión	MPa	-	1000	1200	-	-
Módulo de elasticidad	GPa	75	73	69	-	-
Coeficiente de Poisson	-	0,16	0,23	0,20	-	-
Dureza	HK	-	-	-	-	-
Propiedades tecnológicas						
Coste	€/kg	-	2,60	4,70	-	-
Temperatura de fusión	°C	1500÷1660	730	820	915	580

(1) Suma de los porcentajes de Na$_2$O, K$_2$O, CaO, BaO y MgO

Propiedades tecnológicas

En general, las cerámicas de ingeniería son extraordinariamente resistentes al ataque químico a pesar de que, sometidas a determinados medios agresivos (ácidos y álcalis fuertes) o medios oxidantes a altas temperaturas, pueden experimentar un deterioro.

Procesos de fabricación

La fabricación de las cerámicas de ingeniería comprenden generalmente tres etapas: preparación de materias primas, conformado del material *en verde* y procesos térmicos de consolidación.

Preparación de materias primas

Las materias primas utilizadas en la fabricación de piezas de cerámica son suministradas habitualmente en forma de polvos de elevada pureza con unes dimensiones (0,1÷20 µm) y distribuciones de partículas adecuadas.

Conformado del material en verde

Los procedimientos más utilizados para dar forma a las piezas de cerámica son: *a) prensado en seco*: se llena una matriz con polvos y mediante un punzón se compactan a altas presiones; es el proceso más eficiente cuando se trata de fabricar grandes series de piezas de buena precisión dimensional y formas relativamente sencillas, evitando así las diferencias de compactación; *b) prensado isostático*: los polvos de material se colocan en el interior de un molde de elastómero que se sella y se sumerge en un baño a elevada presión hidrostática; es adecuado para piezas de formas más complejas con una gran uniformidad de densidades, pero de baja precisión dimensional.

Tabla 4.18 Cerámicas de ingeniería

		Alúmina	Carburo de silicio	Nitruro de silicio	Circonia	Sialones
		Al_2O_3	SiC [1]	Si_3N_4 [2]	ZrO_2 [3]	
Propiedades físicas						
Densidad	Mg/m^3	3,30	2,98/3,14	2,50/3,19	5,20/5,78	3,2
Coeficiente de dilatación	$\mu m/m \cdot K$	8,0	3,4/4,0	2,8/2,8	8,0/10,6	30
Calor específico	$J/kg \cdot K$	1170	710/670	710/710	730/540	710
Conductividad térmica	$W/m \cdot K$	25	87/104	10/25	1,16/2,0	18÷20
Resistividad eléctrica	$\Omega \cdot m$	$>10^{12}$	10^{-2}	$>10^{12}$	-	-
Propiedades mecánicas						
Resistencia tracción equiv.	MPa	450	210/275	120/485	140÷240	450
Resistencia tracción admis.	MPa	25÷50	45/54	20/80	30/75	78
Resistencia compresión	MPa	3000	2000	1200	2000	2000
Módulo de elasticidad	GPa	360	330/410	160/310	-/200	290
Coeficiente de Poisson	-	0,27	0,13/0,14	0,24	-/0,30	0,23
Dureza	HK	1600	1860/2800	1000/1800	400/1200	2000
Propiedades tecnológicas						
Coste	€/kg	-	-	-	-	-
Temperatura de fusión	°C	2320	3110	2170	2840	-

[1] Propiedades de los carburos de silicio (sinterizado por reacción / SiC-alfa)
[2] Propiedades de los nitruros de silicio (enlazado por reacción / prensado en caliente)
[3] Propiedades de las circonias (proyectadas / parcialmente estabilizadas)

Procesos térmicos de consolidación

Después del conformado, los materiales compactados se exponen a elevadas temperaturas para que adquieran la consistencia y aumenten la resistencia. Los procesos más utilizados son: *a) vitrificación*, proceso de fusión parcial a elevada temperatura que consolida la pieza por efectos capilares, a la vez que, al enfriarse, se forma una fase vítrea; es adecuado para cerámicas formadas por diversos componentes; *b) sinterizado*, proceso de difusión en estado sólido a alta temperatura en el que se unen las superficies de los granos; es adecuado para materiales que difícilmente forman fases líquidas.

Principales cerámicas de ingeniería y aplicaciones

Las propiedades de muchas de las cerámicas de ingeniería no dependen tan sólo de la composición del material, sino también del proceso de fabricación.

Alúmina, Al_2O_3

La alúmina, óxido de aluminio casi puro, tiene unas buenas propiedades mecánicas, térmicas y de deslizamiento y, gracias a su precio relativamente bajo, es la más usada de las cerámicas de ingeniería. Se utiliza en sellos mecánicos, en válvulas de grifo y de otros tipos, pistones, componentes de la industria química y petroquímica. Las bajas pérdidas dieléctricas de la alúmina le proporcionan aplicaciones eléctricas (aislante de bugías, aparatos electrónicos).

Carburo de silicio, SiC

El carburo de silicio puede obtenerse por dos procedimientos distintos: a) el SiC sinterizado por reacción es un material poco resistente; b) el SiC-α puede ser sinterizado sin presión para dar un material compactado al 98%, pero experimenta una contracción del 18% durante el proceso. Es una cerámica más dura y resistente al desgaste que la alúmina y tiene una excepcional resistencia a la oxidación a elevadas temperaturas y buena resistencia química (especialmente a los ácidos), pero es frágil y su coste es unas tres veces superior al de la alúmina. Se utiliza como a refuerzo de fibra en materiales compuestos de matriz metálica o cerámica.

Nitruro de silicio, Si_3N_4

El nitruro de silicio se disocia por encima de los 1800 °C, lo que da origen a varios procesos de fabricación: *a*) Si_3N_4 *enlazado por reacción*: después de dar la forma inicial a unos polvos de silicio-metal por medio de los procedimientos habituales, se nitrura en una atmósfera de nitrógeno antes del sinterizado. Este proceso es barato y se presta a la fabricación en grandes series con un pequeño cambio dimensional entre la pieza compactada y la sinterizada, pero para facilitar la nitruración se requiere una porosidad de un 10%, que repercute en la resistencia mecánica y en la oxidación a elevadas temperaturas, sensiblemente menores que las de otras cerámicas de ingeniería. *b*) Si_3N_4 *prensado en caliente*: las piezas, necesariamente de formas muy simples, se fabrican por sinterizado a unos 1700 °C y a una presión de unos 14 MPa (compactación próxima al 100%), consiguiéndose la mayor resistencia entre las cerámicas de ingeniería; sin embargo, su coste es muy elevado ya que la forma final de las piezas se obtiene por rectificado.

Circonia, Zr_2O_3

La circonia, con una capacidad de aislamiento térmico excepcional, también se fabrica por medio de dos procesos: *a*) *Circonia proyectada* (recubrimientos de metales): inmediatamente después de eliminar la capa de óxido superficial del metal, se inicia la proyección del material, que cambia gradualmente de composición desde el metal de base (níquel, cromo o aluminio) hasta circonia pura (espesores de 1÷2,5 mm); esta tecnología se usa con éxito en los motores de reacción en la industria aeronáutica. *b*) *Circonia parcialmente estabilizada*: cuando la circonia se enfría por debajo de los 1170 °C experimenta una transformación cristalina con contracción del volumen y peligro de rotura; pero en combinación con otros óxidos (magnesio, calcio, itrio) se obtiene la llamada *circonia parcialmente estabilizada*, que no cambia de fase y que consigue una tenacidad elevada; por conformado bajo presión isostática (230 MPa), un sinterizado parcial posterior, un mecanizado y un sinterizado final, se obtienen piezas de gran precisión y elevada resistencia.

Sialones

Familia de materiales similares al nitruro de silicio fabricados por mezcla de nitruro de silicio, sílice, alúmina y nitruro de aluminio. Después de compactar el material mediante las técnicas habituales, se sinteriza en nitrógeno a 1800 °C, que experimenta una contracción del 20%. Se utilizan en herramientas de corte y se han experimentado en componentes de motores de explosión. Como materiales estructurales, presentan ventajas respecto al Si_3N_4.

Bibliografía

Libros

AMSTRAD, B.H.; OSTWALD, PH.F.; BEGEMAN, M.L. [1987], *Manufacturing Processes*. John Wiley & Sons, Nueva York.

ASHBY, M.F. [2005], *Materials Selection in Mechanical Design* (3ª edición). Elsevier-Butterworth Heinemann, Oxford (1ª edición: Pergamon Press, Oxford, 1992; 2ª edición: Elsevier-Butterwoth Heinemann, Londres, 1999).

ASHBY, M.; SHERCLIFF, H.; CEBON D. [2007], *Materials. Engineering, Science, Processing and Design*, Elsevier-Butterworth Heinemann, Oxford.

ASM HANDBOOK: Vol. 1 [1990]: *Properties and Selection: Irons, Steels, and High-Performance Alloys*; Vol. 2 [1990]: *Properties and Selection: Nonferrous Alloys and Special-Purpose Materials*; Vol. 3 [1992]: *Alloy Phase Diagrams*; Vol. 4 [1991]: *Heat Treating*; Vol. 5 [1994]: *Surface Engineering*; Vol. 6 [1993]: *Welding, Brazing, and Soldering*; Vol. 7 [1998]: *Powder Metal Technologies and Applications*; Vol. 8 [2000]: *Mechanical Testing and Evaluation*; Vol. 9 [2004]: *Metallography and Microstructures*; Vol. 10 [1986]: *Materials Characterization*; Vol. 11 [2002]: *Failure Analysis and Prevention*; Vol. 12 [1987]: *Fractography*; Vol. 13A [2003]: *Corrosion: Fundamentals, Testing and Protection*; Vol. 13B [2005]: *Corrosion: Materials*; Vol. 13C [2006]: *Corrosion: Environments and Industries*; Vol. 14A [2005]: *Metalworking: Bulk Forming*; Vol. 14B [2006]: *Metalworking: Sheet Forming*; Vol. 15 [1988]: *Casting*; Vol. 16 [1989]: *Machining*; Vol. 17 [1989]: *Nondestructive Evaluation and Quality Control*; Vol. 18 [1992]: *Friction, Lubrication, and Wear Technology*; Vol. 19 [1996]: *Fatigue And Fracture*; Vol. 20 [1997]: *Materials Selection and Design*; Vol. 21 [2001]: *Composites*. ASM International, Metals Park, Ohio (EEUU.

ASM SPECIALTY HANDBOOK: *Aluminium and Aluminium Alloys* [1993, ed. by J.R. DAVIS]; *Stainless Steels* [1994, editor J.R. DAVIS]; *Tool Materials* [1995, editor J.R. DAVIS]; *Carbon and Alloy Steels* [1995, editor J.R. DAVIS]; *Heat Resistant Materials* [1997, editor J.R. DAVIS]; *Magnesium and Magnesium Alloys* [1998, editores M. Avedesian y H. Baker]; *Nickel, Cobalt and Their Alloys* [2000, editor J.R. DAVIS]; *Copper and copper alloys* [2001, editor J.R. DAVIS]; ASM International, Metals Park, Ohio (EEUU).

AVNER, S.H. [1974], *Introduction to Physical Metallurgy*. McGraw-Hill, Nueva York (traducción al español: *Introducción a la metalurgia física*, McGraw-Hill, México, 1979).

BOYER, R.; COLLINGS, E.W.; WELSCH, G. (editores) [1994], *Materials Properties Handbook: Titanium Alloys*. ASM International, Metals Park, Ohio (EEUU).

CAHN, R.W.; HAASEN, P.; KRAMER, E.J. (editores) [1992], *Materials Science and Technology. Constitution and Properties of Steels (Vol 7)*. VHC Verlagsgesellshaft, Weinheim (Alemania) & Nueva York.

CALLISTER JR, W.D. [2000], *Materials Science and Engineering, An Introduction* (5a edición), Wiley, NuevaYork. Traducción al español: *Introducción a la ciencia e ingeniería de los materiales*. Editorial Reverté S.A., Barcelona, 1996.

CARTER, G.F.; PAUL, D.E. [1991], *Materials Science & Engineering*. ASM International (EEUU).

CHAWLA, K. K. [1998], *Composite Materials. Science and Engineering* (2a edición). Springer Verlag, Berlín.

CRANE, F.A.A.; CHARLES, J.A.; FURNESS, J. [1997], *Selection and Use of Engineering Materials* (3ª edición). Elsevier-Butterworth Heinemann, Londres.

CRAWFORD, R.J. [1998], *Plastics Engineering* (3ª edición). Elsevier-Butterworth Heinemann, Oxford.

DAVID, J.R. (editor) [2001]. *Surface engineering for corrosion and wear resistance*, ASM International, Metals Park, Ohio (EEUU).

DI CARPIO, G. [1999], *Los aceros inoxidables*. Grupinox, Barcelona.

DOMININGHAUS, H. [1993], *Plastics for Engineers. Materials, Properties, Applications*. Hanser Publishers, Munic.

DONACHIE, M.J. (ed.) [2000], *Titanium: A Technical Guide* (2ª edición). ASM International, Metals Park, Ohio (EEUU).

DONACHIE, M.J.; DONACHIE, S.J. [2002], *Superalloys: A Technical Guide* (2ª edición). ASM International, Metals Park, Ohio (EEUU).

DORLOT, J.M.; BAÏLON, J.P. [2002]. *Des matériaux* (3ª edición). Presses Internationales Polytechniques, Montréal.

DUFTON, P.W. [2001], *Thermoplastic Elastomers*. Rapra Technology Limited (Reino Unido).

FARRAR, J.C.M. [2004], *The Alloy Tree: A Guide to Low-Alloy Steels, Stainless Steels, and Nickel-base Alloys*. Boca Raton, CRC Press, Cambridge.

FONTANA, M.G. [1987], *Corrosion Engineering* (3ª edición). McGraw-Hill International Editions, Nueva York.

FOREST PRODUCT LABORATORY [1989], *Handbook of Wood and Wood-based Materials for Engineers, Architects, and Builders*. Hemisphere Publishing Corporation, Nueva York.

GNAUCK, B.; FRÜNDT, P. [1992], *Iniciación a la química de los plásticos*. Hanser Editorial, Barcelona.

HARPER, C.A. [2002], *Handbook of Plastics, Elatomers & Composites* (4ª edición), McGraw-Hill, Nueva York.

HELLERICH, W.; HARSCH, G.; HAENLE, S. [1989], *Guía de materiales plásticos. Propiedades, ensayos, parámetros*. Hanser Editorial, Barcelona.

HOFMANN, W. [1989], *Rubber Technology Handbook*. Hanser Publishers, Munich.

HUFNAGEL, W. (ed.) [1992], *Manual del aluminio*. Editorial Reverté, Barcelona.

KAINER, K.U. (ed.) [2003], *Magnesium-Alloys and Technologies*. Wiley-VCH, Weinheim.

KAUFMAN, J.G; ROY, E.L. [2004], *Aluminium Alloy Casting:Properties, Processes and Applications*. ASM International, Metals Park, Ohio (EEUU).

KELLY, A.; ZWEBEN, C. (ed.) [2000], *Comprehensive Composite Materials*: Vol. 1: *Fiber Reinforcements and General Theory of Composites*; Vol. 2: *Polymer Matrix Composites*; Vol. 3: *Metal Matrix Composites*; Vol. 4: *Carbon/Carbon, Cement and Ceramic Matrix Composites*; Vol. 5: *Test Methods, Nondestructive Evaluation, and Smart Materials*; Vol. 6: *Design and Applications*. Elsevier-Pergamon / ScienceDirect.

KRAMER, C. (ed.) [1999], *Aluminium Handbook, Volume 1, Fundamentals and Materials,* Aluminium-Verlag GmbH, Düsseldorf.

(Varios) [2003], *Aluminium Handbook, Volume 2: Forming, Casting, Surface Treatment, Recycling and Ecology*. Aluminium-Verlag GmbH, Düsseldorf.

KUTZ, M. [2002], *Handbook of materials selection*. John Wiley and Sons, Nueva York.

LAMB, S. (editor) [2002], *CASTI Handbook of Stainless Steels & Nickel Alloys* (2ª edición), CASTI Publishing Inc., Edmonton (Canadá).

MAÑÀ I REIXACH, F.; CERES I HERNÁNDEZ, F. (editores) [1989], *Fustes per a la construcció. Propietats, macrostructura i microstructura*. ITEC (Institut de Tecnologia de la Construcció de Catalunya), Barcelona.

MORTON, M. [1995], *Rubber Technology* (3ª edición). Kluwer Academic Publishers, Dordrecht – Boston-Londres.

PORTER, F.C. [1991], *Zinc Handbook:Properties, Processing and Use in Design*. Marcel Dekker, Nueva York.

RICHARDSON, D.W. [1992], *Modern Ceramic Engineering. Properties, Processing and Use in Design*. Marcel Dekker, Inc., Nueva York.

SAECHTLING, H. [1992], *International Plastics Handbook for the Technologist, Engineer and User*. Hanser, Munic.

SHACKELFORD, J.F. [1999], *Introduction to Materials Science for Engineers* (5ª edición). Prentice Hall International, New Jersey. Traducción al español: *Introducción a la Ciencia de Materiales para Ingenieros*. Pearson Alhambra, 2005.

SHACKELFORD, J.F.; ALEXANDER, W. [2001], *Materials Science and Engineering Handbook* (3ª edición). CRC Press LLC, EEUU.

SMITH, W.F. [2004], *Foundations of Materials Science and Engineering* (3ª edición). McGraw-Hill Professional. Traducción al español: *Fundamentos de la ciencia e ingeniería de materiales* (2ª edición). McGraw-Hill, Madrid, 1992).

VIDAL DE CÁRCER, M. [1984], *Cauchos y elastómeros*. Editado por el autor (impreso por I.G. Manual Pareja), Barcelona.

Páginas web

Aceros, materiales férricos y aceros inoxidables

ALLVAC (company, Reino Unido), http://www.allvac.com/allvac/pages/Steel/Default.htm [2007].

ARCELOR (steel company, Luxemburg; belongs Mittal Steel Gruop, India), http://www.arcelor.com/fcse/prg/new_web_list.pl?color=67b2b7&langlist=EN [2007].

CORUS (steel company, Reino Unido; pertenece a Tata Steel Gruop, India), http://www.corusgroup.com/en/products/ [2007].

DIHEL STEEL (tool steel company, EEUU), http://www.diehlsteel.com/default.aspx [2007].

eFUNDA, INC (EEUU), http://www.efunda.com/materials/alloys/alloy_home/alloys.cfm [2007].

GOODFELLOWS (Metals and Materials for Research and Industry, Reino Unido, EEUU, Alemania, Francia, China), http://www.goodfellow.com/csp/active/STATIC/E/A.HTML [2007].

INSITU (mat24.de, Alemania), http://www.insitu.de/ [2007].

MATWEB, Material Property Data (Automation Creations, Inc., EEUU), http://www.matweb.com/search/SearchSubcat.asp [2007].

OTUA (Office Tecnique pour l'Outilization de l'Acier, Francia), http://www.salzgitter-flachstahl.de/en/Produkte/unsere_qualitaetsphilosophie/ [2007].

SALZGITTER FLASHSTAHL (Salzgitter Group, Alemania), http://www.uss.com/corp/products/products.htm [2007].

SUMITOMO METALS (KOKURA) Ltd. (Japón), http://www.kokura.sumitomometals.co.jp/e/product/index.html [2007].

THYSSENKRUPP A.G. (Alemania; TyssenKrupp Materials Ibérica, España), http://www.thyssen-iberica.es/htm/aceros_especiales.htm [2007].

USS (United States Steel Corporation, EEUU) http://www.uss.com/corp/products/products.htm [2007].

Aluminio y aleaciones de aluminio

ALUSELECT (Aluminium European Association (Reino Unido), http://aluminium.matter.org.uk/aluselect/default.asp [2007].

eFUNDA, INC (EEUU), http://www.efunda.com/materials/alloys/alloy_home/alloys.cfm [2007].

EURALLIAGE (Grup LNF, Les-Non-Ferreux, Francia), http://www.euralliage.com/ [2007].

GOODFELLOWS (Metals and Materials for Research and Industry, Reino Unido, EEUU, Alemania, Francia, China), http://www.goodfellow.com/csp/active/STATIC/E/A.HTML [2007].

INSITU (mat24.de, Alemania), http://www.insitu.de/ [2007].

MATWEB, Material Property Data (Automation Creations, Inc., EEUU), http://www.matweb.com/search/SearchSubcat.asp [2007].

THERMAFLO INC. (EEUU), http://www.thermaflo.com/engref.shtml [2007].

Cobre y aleaciones de cobre

COPER DEVELOPMENT ASSOCIATION (EEUU), http://www.copper.org/resources/properties/homepage.html [2007].

COPPER DEVELOPMENT ASSOCIATION UK (Reino Unido), http://www.cda.org.uk/megab2/general/pub120/pub120.htm [2007].

eFUNDA, INC (EEUU), http://www.efunda.com/materials/alloys/alloy_home/alloys.cfm [2007].

EURALLIAGE (Grup LNF, Les-Non-Ferreux, Francia), http://www.euralliage.com/ [2007].

GOODFELLOWS (Metals and Materials for Research and Industry, Reino Unido, EEUU, Alemania, Francia, China), http://www.goodfellow.com/csp/active/STATIC/E/A.HTML [2007].

INSITU (mat24.de, Alemania), http://www.insitu.de/ [2007].

KUPFERINSTITUT (Alemania), http://www.copper-key.org/index.php?lang=english [2007].

Magnesio, Titanio, Cinc y aleaciones

ALLVAC (empresa, Reino Unido), http://www.allvac.com/allvac/pages/Titanium/default.htm [2007].

eFUNDA, INC (EEUU), http://www.efunda.com/materials/alloys/alloy_home/alloys.cfm [2007].

GOODFELLOWS (Metals and Materials for Research and Industry, Reino Unido, EEUU, Alemania, Francia, China), http://www.goodfellow.com/csp/active/STATIC/E/A.HTML [2007].

INSITU (mat24.de, Alemania), http://www.insitu.de/ [2007].

INTERNATIONAL ZINC ASSOCIATION (Bélgica), http://www.zincworld.org/index.html [2007].

UMICORDE (materials technology group, Bélgica), http://www.zincdiecasting.umicore.com/ZincAlloysZamakProducts/ [2007].

Níquel y superaleaciones

ALLVAC (empresa, Reino Unido), http://www.allvac.com/allvac/pages/Nickel/default.htm [2007].

GOODFELLOWS (Metals and Materials for Research and Industry, Reino Unido, EEUU, Alemania, Francia, China), http://www.goodfellow.com/csp/active/STATIC/E/A.HTML [2007].

MATWEB, Material Property Data (Automation Creations, Inc., EEUU), http://www.matweb.com/search/SearchSubcat.asp [2007].

SPECIAL METALS CORPORATION (company group, EEUU), http://www.specialmetals.com/products/ [2007].

Plásticos y elastómeros

CAMPUS WEBVIEW (Chemie Wirtschaftsförderungs-GmbH, Alemania), http://www.m-base.de/wv50/index.html [2007].

IDES, THE PLASTIC WEB (EEUU), http://www.ides.com/plastics/A.htm [2007].

MATERIAL SELECTION GUIDE, Boedeker Plastics Inc., Texas (EEUU), http://www.boedeker.com/mguide.htm [2007].

MATWEB, Material Property Data (Automation Creations, Inc., EEUU) http://www.matweb.com/search/SearchSubcat.asp [2007].

PLASTICS TECHOLOGY (Gardner Publications, Inc., EEUU), http://www.ptonline.com/ [2007].

Cerámicas

GOODFELLOW (Metals and Materials for Research and Industry, Reino Unido, EEUU, Alemania, Francia, China),

http://www.goodfellow.com/csp/active/gfMaterialTables.csp?type=60&prop=MEC [2007].

Selección de materiales

MATWEB, Material Property Data (Automation Creations, Inc., EEUU), http://www.matweb.com/tools/contents.asp [2007].

CEDAM, *software* (Francia), http://www.cedametal.com/indexfr.htm [2007].

CES SELECTOR (Cambridge Engineering Selector), (Granta, Reino Unido), http://www.grantadesign.com/products/ces/ [2007].

PLASTICS TECHOLOGY MATERIALS SELECTION DATABASE (Gardner Publications, Inc., EEUU), http://66.192.79.234/index.cfm?CFID=21841174&CFTOKEN=cefc081c9a83e24f662BEADB-E0C6-28C4-9E11A5C493638B78&jsessionid=a430b40d28204f136415 [2007].

Webs generales sobre materiales

AZOM, The A to Z of Materials (Australia), http://www.azom.com/materials.asp [2007].

CENTRE DE PROJECCIÓ TÈRMICA (Universitat de Barcelona, España), http://www.cptub.com/welcome.html

GLOBALSPEC COMPANY INFO (Nueva York (EEUU): Materials, Chemicals and Adhesives, http://materials.globalspec.com/ProductFinder/Materials_Chemicals [2007].

GOODFELLOW (Metals and Materials for Research and Industry, Reino Unido, EEUU, Alemania, Francia), http://www.goodfellow.com/csp/active/gfHome.csp [2007].

KEY-TO-METALS (Suiza), http://www.key-to-metals.com/ [2007].

MACHINES DESIGN (Penton Media Inc., EEUU): Engineering Materials, http://www.machinedesign.com/ASP/enggMaterial.asp?catId=372 [2007].

MARYLAND METRICS (EEUU): Metals Identification, http://mdmetric.com/tech/tech3/metalid.htm [2007].

MATBASE, a leap forward on material data, http://www.matbase.com/index.php [2007].

MATERIAL INDEX (MEMS and Nanotechnology Exchange, EEUU), http://www.memsnet.org/material/ [2007].

THE HENDRIX GROUP (EEUU): Materials & Corrosions Engineers, http://www.hghouston.com/ssdata.html [2007].

UB (UNIVERSITAT DE BARCELONA, España), DEPARTAMENT DE CIÈNCIA DE MATERIALS I ENGINYERIA METAL·LÚRGICA (ejercicios de materiales para autocorrección), http://www2.ub.edu/materials/AUTOMAT/index.htm [2007].

WIKIPEDIA (La enciclopedia libre), http://ca.wikipedia.org/wiki/Portada [2007].

Organizaciones de normalización sobre materiales

AENOR (Asociación Española de Normalización Y Certificación, España), http://www.aenor.es/desarrollo/normalizacion/normas/buscadornormas.asp?pag=p [2007].

AFNOR (Association Française de Normalization, Francia), http://www.boutique.afnor.org/NE1AccueilNormeEdition.aspx?lang=French [2007].

AISI (American Iron and Stell Institute, EEUU), http://www.steel.org//AM/Template.cfm?Section=Home [2007].

ASM INTERNATIONAL (The Materials Information Society, EEUU), http://www.asminternational.org/ [2007].

ASME (American Society of Mechanical Enginers, EEUU), http://www.asme.org/Codes/ [2007].

ASTM INTERNATIONAL (EEUU), http://www.astm.org/cgibin/SoftCart.exe/NEWSITE_JAVASCRIPT/index.shtml?L+mystore+myya9165 [2007].

BIS (Bureau of Indian Standards, Índia), http://www.bis.org.in/ [2007].

BSI (British Standard, Reino Unido) http://www.bsi-global.com/en/Standards-and-Publications/ [2007].

CEN (European Commitee for Standardization, Bélgica), http://www.cen.eu/boss/sitemap.htm [2007].

DIN (Deutches Institur für Normung and V., Alemania) http://www.din.de/cmd?level=tpl-bereich&menuid=47562&cmsareaid=47562&languageid=en [2007].

GOST R (Federal Agency on Technical Regulating and Metrology, Rusia), http://www.gost.ru/wps/portal/pages.en.Main [2007].

IEC (International Electrotechnical Comission, Suiza), http://www.iec.ch/ [2007].

ISO (International Organization for Standardization, Suiza), http://www.iso.org/iso/en/CatalogueListPage.CatalogueList [2007].

JISC (Japanese Industrial Standards Committee, Japón), http://www.jisc.go.jp/eng/index.html [2007].

SAE International (The premier society dedicated to advancing mobility engineering worldwide, EEUU), http://www.sae.org/standardsdev/ [2007].

SAC (Standardization Administration of China), http://www.sac.gov.cn/english/home.asp [2007].

UNI (Ente Nazionale Italiano de Unificazione, Italia), http://webstore.uni.com/unistore/public/searchproducts [2007].

Sistemas de normalización
Tablas de correspondencias de materiales

Introducción

A medida que los sistemas técnicos se han hecho más complejos y que las relaciones comerciales se han ido globalizando, la normalización de productos y sistemas se ha hecho cada vez más determinante en las nuevas actividades económicas.

La normalización es el proceso de elaboración y aprobación de documentos técnicos con requisitos y especificaciones de aplicación voluntaria. Sus objetivos principales son, sin eliminar la competencia, aportar beneficios al conjunto del sistema económico (unificación de dimensions, parámetros, características, protocolos, procedimientos), optimizar los recursos (cualidad, impactos ambientales) y asegurar determinados aspectos de calidad de vida (usabilidad, ergonomía, seguridad).

Hoy día existen numerosas organizaciones de normalización a diversos niveles:

Normas internacionales: las desarrolladas principalmente por ISO, IEC e ITU.

Normas regionales: desarrolladas por organizaciones que abarcan una región del mundo: CEN, CENELEC y ETSI en Europa (ver mas adelante); COPANT, *Pan American Standards Commission*; PASC, *Pacific Area Standards Congress* (Australia, Canadá, Colombia, Corea, Estados Unidos de America, Filipinas, Indonesia, Japón, México, Nueva Zelanda, Perú, Rusia, Suráfrica, Tailandia, Vietnam, China, entre otros); ARSO, *African Regional Organization for Standardization*; o AIDMO, *Arab Industrial Development and Mining Organization*.

Normas subregionales: organizaciones de normalización en ámbitos como: AMN, *Asociación Mercosur de Normalización* (MERCOSUR: Argentina, Brasil, Uruguay, Paraguay); CROSQ *Regional Organisation for Standards and Quality* (CARICOM, Comunidad del Caribe, 1958: 15 miembros); ACCSQ, *Consultative Committee for Standards and Quality* (ASEAN, Asociación de Naciones del Sureste Asiático, 1967: Indonesia, Malasia, Filipinas, Singapur, Tailandia, Brunei, Vietnam, Laos, Myanmar y Camboya).

Normas Nacionales: cada país tiene su propio sistema de normas. Las normas europeas (coordinadas por CEN, CENELEC y ETSI) y las normas americanas (coordinadas por ANSI, EEUU) han adquirido un notable impacto internacional. Otras normas nacionales de interés son las japonesas (JIS) y las rusas (GOST R), de importancia estable o decreciente, y las normas chinas (SAC) e indias (BIS), de incidencia creciente.

Organizaciones de normalización de los países más significativos

País	Acrónimo	Organización de normalización (miembro de ISO-IEC)
Algeria	IANOR	Institut Algérien de normalisation
Alemania	DIN	Deutsches Institut für Normung
Arabia Saudita	SASO	Saudi Arabian Standards Organization
Argentina	IRAM	Instituto Argentino de Normalización y Certificación
Australia	SA	Standards Australia
Austria	ON	Österreichisches Normungsinstitut
Bangladesh	BSTI	Bangladesh Standards and Testing Institution
Bélgica	NBN	Bureau de Normalisation
Brasil	ABNT	Associação Brasileira de Normas Técnicas
Canadá	SCC	Standards Council of Canada
Chile	INN	Instituto Nacional de Normalización
China	SAC	Standardization Administration of China

Organizaciones de normalización de los países más significativos (continuación)

País	Acrónimo	Organización de normalización (membre de ISO-IEC)
Colombia	INCOTEC	Instituto Colombiano de Normas Técnicas y Certificación
Congo	OCC	Office congolais de contrôle
Corea, República de	KATS	Korean Agency for Technology and Standards
Dinamarca	DS	Dansk Standard
Egipto	EOS	Egyptian Organization for Standardization and Quality
España	AENOR	Asociación Española de Normalización y Certificación
Estados Unidos	ANSI	American National Standards Institute
Etiopía	QSAE	Quality and Standards Authority of Etiopía
Filipinas	BPS	Bureau of Product Standards
Finlandia	SFS	Suomen Standardisoimisliitto
Francia	AFNOR	Association française de normalisation
Grecia	ELOT	Hellenic Organization for Standardization
Hungria	MSZT	Magyar Szabványügyi Testület
India	BIS	Bureau of Indian Standards
Indonesia	BSN	Badan Standardisasi Nasional
Irán	ISIRI	Institute of Standards and Industrial Research of Iran
Irlanda	NSAI	National Standards Authority of Ireland
Israel	SII	Standards Institution of Israel
Italia	UNI	Ente Nazionale Italiano di Unificazione
Japón	JISC	Japanese Industrial Standards Committee
Kenia	KEBS	Kenya Bureau of Standards
Marruecos	SNIMA	Service de Normalisation Industrielle Marocaine
México	DGN	Dirección General de Normas
Nigeria	SON	Standards Organisation of Nigeria
Noruega	SN	Standardiseringen i Norge
Paquistán	PSQCA	Pakistan Standards and Quality Control Authority
Países Bajos	NEN	Nederlands Normalisatie-instituut
Polonia	PKN	Polski Komitet Normalizacyjny
Portugal	IPQ	Instituto Português da Qualidade
Perú	INDECOPI	Inst. Nac. Defensa Competencia y Protección Propiedad Intelectual
Reino Unido	BSI	British Standards Institution
República Checa	ČNI	Český normalizační institut
Rumania	ASRO	Asociatia de Standardizare din România
Rusia	GOST R	Federal Agency on Technical Regulating and Metrology
Suráfrica	SABS	South African Bureau of Standards
Sudán	SSMO	Sudanese Standards and Metrology Organization
Suiza	SNV	Association suisse de normalisation
Suecia	SIS	Swedish Standards Institute
Tanzania	TBS	Tanzania Bureau of Standards
Tailandia	TISI	Thai Industrial Standards Institute
Turquía	TSE	Türk Standardlari Enstitüsü
Ucrania	DSSU	State Committee of Uk. on Tech. Regulation and Consumer Policy
Venezuela	FONDONORMA	Fondo para la Normalización y Certificación de la Calidad
Vietnam	TCVN	Directorate for Standards and Quality

Sistema internacional

Los principales organismos internacionales de normalización son:

ISO (*International Organization for Standardization*; *Organización Internacional de Normalización*). Creada en 1947 (precedida por ISA, en 1926) y con sede en Ginebra (Suiza), abarca todos los ámbitos técnicos excepto la electrotecnia y las telecomunicaciones. Los 158 miembros (2006) son organizaciones de normalización que representan diferentes países (una por país).

IEC (*International Electrotechnical Commission*; *Comisión Electrotécnica Internacional*). Fundada en 1906 y con sede en Ginebra. Es la organización global que prepara y publica normas internacionales para las tecnologías eléctricas, electrónicas y asociadas.

ITU (*International Telecomunication Union*; *Unión Internacional de las Telecomunicaciones*). Fundada en 1865 y con sede en Ginebra, Suiza. Es un órgano de las Naciones Unidas que estudia los aspectos técnicos de explotación y tarifarios, y publica *recomendaciones* (de hecho, normas) en vistas a la normalización de las telecomunicaciones a nivel mundial.

Estas organizaciones (que colaboran estrechamente entre sí a través del WSC, *World Standards Cooperation*) han aprobado decenas de miles de normas que cubren prácticamente todos los campos de actividad. Los documentos se elaboran en *comités técnicos*, TC (ISO y IEC), o *grupos de estudios*, SG (ITU), con la participación de representantes de diferentes procedencias (fabricantes, usuarios, expertos, investigadores, gobiernos) y se aprueban en órganos plenarios. Muchas normas se elaboran a partir de normas nacionales a las que luego sustituyen, pero cada vez es más frecuente la elaboración y aprobación de nuevas normas directamente por los organismos internacionales.

No siendo estas organizaciones gubernamentales y teniendo las normas carácter voluntario, a menudo éstas se transforman en obligatorias al ser adoptadas o prescritas por leyes o reglamentos de los países miembros.

Sistema europeo

Orígenes autónomos de las normativas nacionales

Históricamente, cada país europeo ha desarrollado su sistema de normas de forma autónoma, dando designaciones y especificaciones distintas, expresadas también en lenguas distintas. Entre los organismos de normalización de los países europeos, cabe destacar:

Alemania: DIN (*Deutsches Institut für Normung*). Fue creado en 1917 y tiene la sede en Berlín. Con el refuerzo de VDI (*Verein Deutscher Ingenieure*, Asociación de los Ingenieros Alemanes, creada el 1856 y con más de 120.000 miembros), es la organización de normalización europea más potente y sus normas han sido referencia en muchos países de todo el mundo.

España: AENOR (*Asociación Española de Normalización y Certificación*). Fue creada en 1986 con la entrada de España al Mercado Común (en sustitución de IRANOR, organismo de normalización anterior), con sede en Madrid. La marca UNE designa las normas españolas.

Francia: AFNOR (*Association Française de Normalization*), creada en 1926 con sede en la zona de París. La marca NF designa las normas francesas. Con los organismos asociados forman el Groupe AFNOR.

Italia: UNI (*Ente nazionale Italiano de Unificazione*), creado en 1921 (entonces con el nombre UNIM gracias al impulso de la industria mecánica), tiene sedes en Milano y Roma. La marca UNI designa las normas italianas.

Reino Unido: BSI (*British Standard Institution*) es el organismo de normalización inglés, creado en 1901 y con sede en Londres. La marca BS designa las normas inglesas. Este organismo, con las entidades que prestan servicios asociados, forma el BSI Group.

Comunidad Europea y convergencia de normativas

Uno de los elementos claves del actual proceso de integración europea es, precisamente, hacer converger los sistemas de normas de los estados miembros en el sistema de normas europeo EN. Los organismos europeos de normalización dan apoyo a las políticas de la Unión Europea (EU).

A partir de 1985, el Consejo de Europa adopta en materia de normalización el llamado *new approach* (nueva aproximación) basado en los siguientes principios: 1. La armonización legislativa de la EU se limita a adoptar directivas (obligatorias) con los requisitos esenciales que deben cumplir los productos para asegurar su libre circulación en el mercado europeo. 2. La tarea de concretar las especificaciones técnicas adecuadas a los requisitos esenciales corresponde a las organizaciones de normalización competentes. 3. Las especificaciones técnicas mantienen el carácter de normas voluntarias. 4. Finalmente, los estados miembros reconocen que los productos fabricados según las normas armonizadas son conformes a los requisitos esenciales de las directivas; a falta de normas, los fabricantes deben demostrar que cumplen estos requisitos.

Los organismos europeos de normalización son:

CEN (Comité Europeo para la Normalización), creado en 1961 con sede en Bruselas (Bélgica). Forma parte del sistema europeo de normalización y es responsable de todos los ámbitos técnicos excepto la electrotecnia y las telecomunicaciones.

CENELEC (Comité Europeo para la Normalización de la Electrotecnia), creado en 1973 por agrupación de las anteriores organizaciones CENELCOM y CENEL, con sede en Bruselas (Bélgica). Forma parte del sistema europeo de normalización y es responsable de la normalización en los ámbitos de la electricidad, la electrónica y las tecnologías afines.

ETSI (Instituto Europeo de la Normalización de las Telecomunicaciones), operativo desde unos años antes, fue reconocido oficialmente en 1992 por la Comunidad Europea. Tiene la sede en Sophie-Antipol, cerca de Niza (Francia) y es responsable de la normalización de las tecnologías de la información y la comunicación (TIC) en Europa.

Las normas europeas (EN) son documentos elaborados de forma transparente y consensuada por todas las partes interesadas, y ratificados por uno de los tres anteriores. Los estados miembros tienen la obligación de implementar las normas europeas EN en sus respectivos países dándoles el estatus de normas nacionales y retirando cualquier otra norma que entre en contradicción con ellas.

Sistema americano

Si el sistema europeo se caracteriza por el esfuerzo de armonización de las numerosas normativas de los estados miembros, el sistema americano destaca por coordinar numerosas organizaciones que generan normativas con gran capacidad de incidencia tanto a nivel nacional como mundial.

Al exigir ISO un solo interlocutor por estado, ANSI (*American National Standards Institute*) ejerce este papel en EEUU. Algunas de las entidades y asociaciones americanas más significativas en el ámbito de la normalización de los materiales son:

ANSI (*American National Standards Institute*), establecida en 1969 y con sede en Washington. Tiene como precedentes AESC (*American Engineering Standards Committee*) fundado en 1918 por cinco sociedades de ingeniería y tres agencias gubernamentales, convertido el 1928 en ASA (*American Standards Association*), reorganizado el 1966 en USASI (*United States of America Standards Institute*), para finalmente adoptar la forma actual en 1969. Es la organización que supervisa el desarrollo de normas en EEUU, siendo a la vez miembro de la ISO y la IEC. ANSI también acredita a otras organizaciones americanas que realizan certificaciones de acuerdo con los requisitos definidos en las normas internacionales.

AISI (*American Iron and Steel Institute*). Asociación de los fabricantes de acero de EEUU que, a partir de una organización precedente creada en 1855, adopta su actual forma en 1908. Responde a la necesidad de cooperar para recoger y difundir informaciones, realizar investigaciones y proporcionar un foro de debate sobre temas de interés de la industria del acero. Realiza actividades de normalización.

ASM International (*The Materials Information Society*) desde 1959 tiene la sede en Materials Park cerca de Cleveland, Ohio (EEUU). Después de varias vicisitudes, el modesto *Steel Treaters' Club* fundado el 1913 en Detroit deviene en 1920 la ASST (*American Society for Steel Treating*), más tarde (1933) la ASM (*American Society for Metals*) y finalmente, en 1986, adopta la denominación *ASM International*. Para conseguir sus objetivos, ASM funda el 1990 tres sociedades afiliadas: HTS (*ASM Heat Treating Society*), TSS (*ASM Thermal Spray Society*) y EDFAS (*Electronic Devices Failure Analysis Society*), a las que se adhieren más tarde IMS (*International Metallographic Society*) y SCTE (*Society of Carbide and Tool Engineers*). En 1959, ASM traslada su sede al espectacular entorno de Metals Park (hoy Materials Park). El 1983 ASME ensancha sus objetivos a otros materiales de ingeniería (plásticos, compuestos, cerámicas y materiales electrónicos). En 1923 publica el primer Handbook Metals, obra de referencia sobre la materia que ha crecido en sucesivas ediciones hasta la 8ª (1961-1976, primera multivolumen con 11 volúmenes) y la 9ª (1989-2006, 17 volúmenes). También publica la prestigiosa revista *Metal Progress* iniciada en 1930, y denominada desde 1986 *Advanced Materials & Processes*.

ASTM International (*Standards Worldwide*), con sede en Philadelphia. El 1898, en un contexto conflictivo entre compañías de ferrocarril y suministradores, se creó la sección americana de IATM (*International Association for Testing Materials*) que, poco después (1902), se constituía como organización autónoma con el nombre de ASTM (*American Society for Testing Materials*). Con el tiempo, el campo de acción de la entidad se fue ampliando (nuevos materiales, otros sectores industriales: energía, automóvil) y durante la Segunda Guerra Mundial tuvo un papel determinante en la definición de los materiales de guerra. En 1961 puso el énfasis no sólo en los ensayos, sino también en la especificación de materiales (ASTM, *American Society for Testing and Materials*). En el año 1988 impulsa la creación del IRS (*Institute for Standards Research*) para potenciar el proceso de desarrollo de normas. Finalmente, en el 2001 adopta su nombre actual (*ASTM International*).

SAE International (*The premier society dedicated to advancing mobility engineering worldwide*), con sede en Warrendal (cerca de Pittsburg), Pennsylvania (EEUU). SAE (entonces *Society of Automobile Engineers*) nació en 1905 para fomentar el intercambio entre los técnicos asociados y también para promover el uso de las normas en la naciente industria del automóvil. Hacia 1916, SAE se expande para cubrir todas las formas de transporte motorizado, incluyendo camiones, aviones, buques y maquinaria agrícola (*Society of Automotive Engineers*). Después de la Segunda Guerra Mundial, SAE estableció relaciones con otros países, transformándose en una entidad internacional orientada a la ingeniería de la movilidad.

UNS (*The Unified Numbering System*), gestionado conjuntamente por ASTM y SAE, es un sistema de designación de materiales metálicos ampliamente aceptado en EEUU. Consiste en una letra seguida de 5 dígitos. Las principales designaciones son: A: aluminio y aleaciones; C, cobre y aleaciones; F: fundición de hierro; G: aceros al C y aleados AISI-SAE; H: aceros bonificados AISI-SAE; J: aceros fundidos; N: níquel y aleaciones; S: aceros inoxidables y resistentes al calor; T: aceros de herramientas; W: materiales para soldar; Z: cinc y aleaciones. Normalmente, las primeras cifras reproducen otras designaciones de sociedades americanas (AISI-SAE para los aceros al C y aleados; AISI para los aceros inoxidables; AA para los Al, designación de los Cu, etc.).

Otros organismos nacionales de normalización

Japón

JISC (*Japanese Industrial Standards Committee*). Se estableció su regulación en 1946 y tiene la sede en Tokio (Japón). Juega un papel central en las actividades de normalización del Japón y sus funciones son establecer y mantener las JIS (marca de las normas japonesas), administrar la acreditación y la certificación, participar y contribuir en las actividades de normalización internacionales, y desarrollar normas de medida y de las infraestructuras técnicas necesarias. La Ley de Normalización Industrial del Japón, que establece los fundamentos legales de las JIS, fue decretada en 1949 y revisada en 2004. La asociación JSA (*Japanese Standards Association*), establecida en 1945 después de la Segunda Guerra Mundial y radicada en Tokio, resultado de la fusión de la *Dai Nihon Aerial Technology Association* y la *Japan Management Association*, es una organización cuyos objetivos son "educar al público en relación a la estandarización y unificación de las normas industriales y contribuir a la mejora tecnológica y al aumento de la eficiencia en la producción". También tiene la misión de publicar las normas japonesas aprobadas.

Rusia

GOST R. La historia de las normas de la URSS se remonta a 1925 cuando se estableció una agencia (más tarde denominada *Gosstandart*) destinada a la normalización. Publicada la primera norma GOST (*Gosudarstvennyy Standart*, o norma de estado), en 1968 el número de títulos creció hasta más de 30.000 en 1991, momento del colapso de la Unión Soviética. A pesar del esfuerzo para estandarizar la economía, y del carácter prescriptivo de las normas GOST, el sistema soviético no proporcionó la flexibilidad suficiente para estimular la innovación ni la creatividad.

Después de la desintegración de la URSS, ISO reconoce las normas GOST como regionales, y pasan a ser administradas por EASC (*Euro-Asian Interstate Council for Standardization, Metrology and Certification*, creado en 1992). Se usan en 12 estados del CIS (Commonwealth of Independent States: Rusia, Bielorrusia, Ucrania, Moldavia, Kazajstán, Azerbaiján, Armenia, Kyrgizstán, Uzbekistán, Tayikistán, Georgia y Turkmenistán) además de las normas propias de cada estado. Entre otros aspectos, las normas GOST cubren la energía, el petróleo, el gas, la construcción, el transporte, las telecomunicaciones, la minería, la madera y la protección ambiental. Las actuales normas nacionales rusas son las GOST R.

China

SAC (*Standardization Administration of the People's Republic of China*). Organismo nacional de normalización que, bajo la autorización del Consejo de Estado y el control de la AQSIQ (*General Administration of Quality Supervision Inspection and Quarantine of the People's Republic of China*), ejerce funciones centralizadas de administración de las normas en China, así como funciones de supervisión. Existen otras administraciones unificadas de normalización a nivel de las provincias, las regiones autónomas y las entidades locales. Las normas chinas se dividen en: normas nacionales (requerimientos técnicos unificados a nivel nacional); normas profesionales (requerimientos técnicos para determinados campos profesionales); normas locales (requerimientos técnicos necesarios en un ámbito local); y normas de empresa (requerimientos técnicos para una determinada empresa).

India

BIS (*Bureau of Indian Standards*, sede en Nueva Delhi, India). Durante el periodo anterior a la independencia, las actividades de normalización fueron esporádicas y limitadas a organizaciones de compra gubernamentales. Reconocida la importancia de la normalización después de la independencia, se estableció en 1947 la ISI (*Indian Standards Institution*) por medio de una resolución gubernamental. Con la voluntad de crear una cultura de calidad y fomentar una mayor participación de los consumidores, el gobierno aprobó diversas leyes y disposiciones durante los años 1986 y 1987 para establecer el actual sistema BIS (*Bureau of Indian Standards*).

Tabla An2.1 Aceros de construcción (hoja 1)

EN	EN-ISO	ASTM [1]	UNS	JIS [3]	Normas de países europeos sustituidas por EN				
					BS	NF	DIN	UNE	UNI
Europea	Internacional	EEUU	EEUU	Japón	Reino Unido	Francia	Alemania	España	Italia
Numérica	Simbólica	Numérica	Numérica	Simbólica	Simbólica	Simbólica	Simbólica	Simb./Num.	Simbólica

Aceros estructurales no aleados

EN 10025-2		ASTM A1011 [2]	UNS	JIS G3101 [a] JIS G3106 [b]	BS 4360	NF A35-501	DIN 17100	UNE 36.080	UNI 7070
1.0038	S235JR	SS 36	G10100	SS400 [a]	40B	E24-2	RSt37-2	AE235-B FN	Fe360 B-FN
1.0114	S235J0	SS 36	G10150	SM400A [b]	40C	E24-3	St37-3U	AE235-C	Fe360 C
1.0117	S235J2	-	-	SM400B,C [b]	40D	E24-4	St37-3N	-	Fe360 D
1.0044	S275JR	SS 40	G10160	-	43B	E28-2	St44-2	AE255-B	Fe430 B
1.0143	S275J0	SS 40	G10200	-	43C	E28-3	St44-3U	AE 255-C	Fe430 C
1.0145	S275J2	SS 40	-	-	43D	-	St44-3N	-	Fe430 D
1.0045	S355JR	SS 50	-	SM490A,B [b]	50B	E36-2	-	AE355-B	Fe510 B
1.0553	S355J0	SS 50	-	SM490YA [b]	50C	E36-3	St52-3U	AE355-C	Fe510 C
1.0577	S355J2	SS 50	G10240	-	50D	A52FP	St52-3N	AE355-D	Fe510 D
1.0596	S355K2	-	-	-	50DD	E36-4	-	AE 55-DD	Fe510 DD
1.0590	S450J0	-	-	-	55C	-	-	-	-

Aceros para construcción mecánica

EN 10025-2		ASTM	UNS	JIS G3101 [a] JIS G3106 [b] JIS G3128 [c]	BS	NF A35-501	DIN 17100	UNE 36.080	UNI 7070
1.0035	S185	A283 A,B,C,D	-	SS330 [a]	-	A33	St 33	A310-0	Fe320
1.0050	E295	A573 50	-	SS490 [a]	-	A50-2	St 50-2	A490	Fe490
1.0060	E335	A678 C	-	SM570 [b]	-	A60-2	St 60-2	A590	Fe590
1.0070	E360	A514 A, A517 A	-	SHY685 [c]	-	A70-2	St 70-2	A690	Fe690

Aceros estructurales soldables de grano fino (N, laminación de normalización; M, laminación termomecánica)

EN 10025-3/4		ASTM A1011	UNS	JIS 3106	BS 4360	NF A36-201	SEW 083	UNE 36.081	UNI 7382
1.0545	S355N	HSLAS 50-1	K02303	SM490B	50	E355R	StE355	AE355KG	FeE355KGN
1.0546	S355NL	A633 B,C	K12000		50EE	E355FP	TStE355	AE355KT	FeE355KTN
1.8902	S420N	HSLAS 60-1		SM490C	-	E420R	StE420	AE420KG	-
1.8912	S420NL	A633 E	K12202		-	E420FP	TStE420	AE420KT	-
1.8901	S460N	HSLAS 65-1		SM520C	55C	E460R	TSt460	AE460KG	FeE460KGN
1.8903	S460NL				55EE	E460FP	TStE460	AE460KT	FeE460KTN
1.8823	S355M	A572 C	-	-	-	E355R	StE355TM	-	FeE355KGTN
1.8834	S355ML	A633 C	K12000			E355FP	TStE355TM		FeE355KTTN
1.8825	S420M	A572 60	-	-	-	E420R	StE420TM	-	-
1.8836	S420ML	A633 E	K12202			E420FP	TStE420TM		-
1.8827	S460M	A572 65		-	-	E460R	TSt460TM	-	FeE460KGTN
1.8838	S460ML	-				E460FP	TStE460TM	-	FeE460KTTN

Aceros con resistencia mejorada a la corrosión atmosférica

EN 10025-5		ASTM A606	UNS	JIS G3114	BS 4360	NF A35-502	SEW 087	UNE 36.082	UNI
1.8946	S355J2WP	A242 1	-	-	-	E36WA4	-	AE355W1D	Fe510D1K1
1.8965	S355J2W	HR50WK70	-	(SMA490W)	WR50C	E36WB4	WTSt52-3	AE355W2D	Fe510D2K1

Aceros estructurales de alto límite elástico templados y revenidos

EN 10025-6		ASTM	UNS	JIS G3106	BS 4360	NF A36-000	SEW 090	UNE	EU 137
1.8909	S460QL	(A537 A2)	K02400	(SM 58)	(55F)	E 460T FP	TStE 460V	-	FeE 460 VKT
1.8926	S550QL	-	-	-	-	E 550T FP	TStE 550V	-	FeE 550 VKT
1.8928	S690QL	A709 G.100	-	-	-	E 690T FP	TStE 690V	-	FeE 690 VKT
1.8983	S890QL	-	-	-	-	-	TStE 890V	-	-
1.8933	S960QL	-	-	-	-	E 960T-11	TStE 960V	-	-

Tabla An2.1 Aceros de construcción (hoja 2)

EN	EN-ISO	ASTM [1]	UNS	JIS	Normas de países europeos sustituidas por EN				
					BS	NF	DIN	UNE	UNI
Europea	Internacional	EEUU	EEUU	Japón	Reino Unido	Francia	Alemania	España	Italia
Numérica	Simbólica	Numérica	Numérica	Simbólica	Simbólica	Simbólica	Simbólica	Simb./Num.	Simbólica

Aceros para aplicaciones a presión

EN 10028-1/7		Diversas ASTM	UNS	JIS G3115 [d] JIS G3467 [e] JIS G3127 [f]	BS 1501	NF A36-205	DIN 17155	UNE 36.087	UNI 5869
1.0345	P235GH	A285 C/A414 C	K02201	SPV235 [d]	360-161	A37CP	HI	A37 RCI	Fe360-1KW
1.0425	P265GH	A414 E	K02505	-	430-161	A42CP	HII	A42 RCI	Fe410-1KW
1.0481	P295GH	A299/A414 F	K03102	SPV315 [d]	-	A48CP	17Mn4	A47 RCI	Fe460-1KW
1.0473	P355GH	A414 G	K03103	SPV355 [d]	-	A52CP	19Mn6	A52 RCI	Fe510-1KW
1.5415	16Mo3	A204 A,B,C	K12020	STFA12 [e]	CM-240	15D3	(EN, N y ≈S)	F2601	16Mo3KW
1.7335	13CrMo4-5	A387 11/12	K11789	STFA22 [e]	27-620	15CD3.5	(EN, N y ≈S)	F2631	(≈S)
1.5637	12Ni14	A203 D,E,F	K32025	SL3N275 [f]	503LT60	3,5Ni355	(EN, N y S)	F2643	-

Aceros para embutición y conformación en frío

EN 10130		ASTM A1008 [1]	UNS	JIS G3141	BS 1449	NF A36-401	DIN 1623	UNE 36.086	UNI 5866
1.0330	DC01	CS	G10110	SPCC	CR4/CR3	C	St12	AP00	FeP01
1.0347	DC03	DS	G10060	SPCD	CR2	E	St13	AP02/AP03	FeP03
1.0338	DC04	DDS/EDDS	G10060	SPCE/SPCEN	CR1	ES	St14	AP04	FeP04
1.0312	DC05	-	-	-	-	SES	(St15)	-	-
1.0873	DC06	-	-	-	-	IF 18	-	-	-

Aceros laminados en caliente para conformar en frío (EN 10111)

EN 10111		ASTM A1011 [3]	UNS	JIS G3131	BS 1449	NF A36.301	DIN 1614	UNE 36.093	UNI 5867
1.0332	DD11	CS-B	G10110ob	SPHC	HR3	1C	StW22	AP11	FeP11
1.0398	DD12	DS-A	G10110ob	SPHC	HR2	-	RRStW23	AP12	-
1.0335	DD13	DS-B	G10060	SPHD	HR1	3C	StW24	AP13	FeP13
1.0389	DD14	-	G10060	SPHE	-	3CT	-	-	-

Aceros laminados en caliente HSLA, para conformar en frío

EN 10149-2		ASTM A1011 [2]	UNS	JIS G3134	BS 1449-1	NF A36.231	SEW 092	UNE 36.090	UNI 8890
1.0980	S420MC	HSLAS-F G.60-2	-	SPFH 540	50F45	E420D	QStE420TM	-	FeE420TM
1.0984	S500MC	HSLAS-F G.70-2	-	-	(60F55)	(E490D)	QStE500TM	AE490HC	Fe490TM
1.8969	S600MC	-	-	-	(68F62)	(E620D)	QStE600TM	-	-
1.8974	S700MC	ASTM A514	Diversos	-	75F70	(E690D)	QStE690TM	-	-

[1] La norma ASTM A1008 sustituye desde el año 2000 las normas: A366 (CS, commercial steel), A607 (HSLAS, high-strength, low-alloy steel), A611 (SS, structural steel), A620 (DS, drawing steel), A715 (HSLAS-F, high-strength, low-alloy steel, with improved formability), A963 (DDS, deep drawing steel) y A969 (EDDS, extra deep drawing steel).
Análogamente, la norma ASTM A1011 sustituye desde el año 2000 las normas: A569 (CS), A570 (SS), A607 (HSLAS), A622 (DS) y A715 (HSLAS-F)

[2] En la literatura, esta familia de aceros europeos se equipara a numerosas normas ASTM, siendo algunas de las más frecuentes: EN S235JR/J0 con ASTM A283 C (la norma A284 ha sido sustituida por la anterior); EN S235J2 con ASTM A36; EN S275JR/J0 con ASTM A529 42,50; EN S275J2 con ASTM A572 42,50; EN S355JR/J0 con ASTM A633 A,B,C; y EN S355J2 con ASTM A656 50

[3] Las normas japonesas referenciadas en esta tabla (que no tienen la misma estructuración que las normas EN) son: G3101, aceros de construcción de uso general; G3106, aceros para construcciones soldadas; G3115 y G3117, aceros para aparatos a presión; G3128, chapas resistentes para construcciones soldadas; G3467, tubos para calderas a presión. En cada caso, con unas letras, se indican las correspondencias entre las normas y los materiales

Tabla An2.2 Aceros de máquinas (hoja 1)

EN	EN-ISO	AISI/ASTM	UNS	JIS	Normas de países europeos sustituidas por EN				
					BS	NF	DIN	UNE	UNI
Europea	Internacional	EEUU	EEUU	Japón	Reino Unido	Francia	Alemania	España	Italia
Numérica	Simbólica	Numérica	Numérica	Simbólica	Simbólica	Simbólica	Simbólica	Numérica	Numérica

Aceros no aleados para temple y revenido (de calidad) (EN 10083-2)

EN 10083-2		ASTM A568 ASTM A576	UNS	JIS G4051	BS 970	NF A35-552	DIN 17200	UNE 36.011	UNI 7845
1.0406	C25	1025	G10250	S25C	(070M26)	-	C25	(F1120)	(C25)
1.0501	C35	1035	G10350	S35C	(080M36)	AF55C35	C35	(F1130)	(C35)
1.0503	C45	1045	G10450	S45C	(080M46)	AF65C45	C45	(F1140)	(C45)
1.0535	C55	1055	G10550	S55C	(070M55)	AF70C55	C55	(F1150)	(C55)

Aceros no aleados de temple y revenido (especiales) (EN 10083-1), acabados en E y R

EN 10083-1		ASTM A568 ASTM A576	UNS	JIS G4051	BS 970-1	NF A35-552	DIN 17200	UNE 36.011	UNI 7845
1.1158 1.1163	C25E C25R	1025	G10250	S25C	070M26	XC25 XC25u	Ck25 Cm25	F1120 F1125	-
1.1181 1.1180	C35E C35R	1035	G10350	S35C	080M36	(XC38H1) (XC38H1u)	Ck35 Cm35	F1130 F1135	1C35 C35
1.1191 1.1201	C45E C45R	1045	G10450	S45C	080M46	(XC48H1) (XC48H1u)	Ck45 Cm45	F1140 F1145	1C45 C45
1.1203 1.1209	C55E C45E	1055	G10550	S55C	070M55	XC55H1 XC55H1u	Ck55 Cm55	F1150 F1155	1C55 C55

Aceros aleados de temple y revenido

EN 10083-1		ASTM A304	UNS	JIS G4052	BS 970-1	NF A35-553	DIN 17200	UNE 36.012	UNI 7845
1.1170	28Mn6	1330H	H13300	SMn433H	150M28	-	(EN, N y S)	F1203	C28Mn
1.7006 1.7025	46Cr2 46CrS2	5140H o 5150H	H51400 o H51500	-	-	-	(EN, N y S) (EN, N y S)	-	45Cr2 -
1.7034 1.7038	37Cr4 37CrS4	5135H o 5140H	H51350 o H51400	SCr435H o SCr440H	(530M36) -	38C4 38C4u	(EN, N y S) (EN, N y S)	F1201 F1206	38Cr4 -
1.7220 1.7226	34CrMo4 34CrMoS4	4135H o 4137H	H41350 o H41370	SCM435H	(708M32) -	34CD4 34CD4u	(EN, N y S) (EN, N y S)	F1250 F1255	35CrMo4 -
1.7225 1.7227	42CrMo4 42CrMoS4	4140H o 4142H	H41400 o H41420	SCM440H	(708M40) 709M40	42CD4 42CD4u	(EN, N y S) (EN, N y S)	F1252 F1257	42CrMo4 -
1.6582	34CrNiMo6	4340H	H43400	JIS G4104 SMCM447	(817M37)	35NCD6	(EN, N y S)	(F1270)	35NiCrMo6
1.6773	36NiCrMo16	-	-	-	(835M30)	35NCD16	(EN, N y S)	(F1260)	-
1.8159	51CrV4	6150H	H61500	JIS G4801 SUP10	(735A50)	50CV4	50CrV4	F1430	(EN, ≈S)

Aceros aleados de temple y revenido al B

EN 10083-1		ASTM J1268	UNS	JIS	BS-970-1	NF A35-552	DIN 1624	UNE 36.011	UNI 3756
1.5530	20MnB5	10B21/15B21	H15211		174H20	20MB5	22B2	F-1293	21B3
1.5531	30MnB5	15B30	H15301				28B2		
1.5532	38MnB5					38MB5			

Tabla An2.2 Aceros de máquinas (hoja 2)

EN	EN-ISO	AISI/ASTM	UNS	JIS	Normas de países europeos sustituidas por EN				
					BS	NF	DIN	UNE	UNI
Europea	Internacional	EEUU	EEUU	Japón	Reino Unido	Francia	Alemania	España	Italia
Numérica	Simbólica	Numérica	Numérica	Simbólica	Simbólica	Simbólica	Simbólica	Numérica	Numérica

Aceros para cementación

EN 10084		AISI/SAE	UNS	JIS G4052	BS-970-3	NF A35-551	DIN 17210	UNE 36.013	UNI 7846
1.1121	C10E	1010	G10100	JIS G4051	045M10	XC10	Ck10	F1510	C10
1.1207	C10R			S10C	-	XC10u	-	F1512	-
1.7131	16MnCr5/	5115	G51150	SCr415	590M17	16MC5	(EN, N y S)	F1516	(EN, S)
1.7139	16MnCrS5				-	16MC5u	(EN, N y S)	F1519	-
1.7243	18CrMo4/	-	-	SCM418	708M20	18CD4	(EN, N y S)	F1550	(EN, S)
1.7244	18CrMnS4				-	18CD4u		F1559	-
1.5752	15NiCr13	3310		SNC815H	655H13	≈12NC15	(EN, N y ≈S)	≈ F1540	-
1.6523	20NiCrMo2-2/	8620H o	H86200 o	SNCM220H	805H20 o	20NCD2	(EN, N y ≈S)	F1522	(EN, ≈S)
1.6526	20NiCrMoS2-2	8622H	H86220		805H22	20NCD2u	(EN, N y ≈S)	F1532	(EN, ≈S)
1.6657	14NiCrMo13-4	-	-	-	832H13	16NCD13	(EN, N y S)	F1560	(EN, ≈S)

Aceros para nitruración

EN 10085		A355	UNS	JIS G4202	BS 970	NF A36-560	DIN 17211	UNE 36.014	UNI 8077
1.8519	31CrMoV9	-	-	-	-	-	(EN, N y ≈S)	F1721	31CrMoV12
1.8509	41CrAlMo7-10	A	J24056	SACM645	905M39	40CAD6-12	(EN, N y ≈S)	F1740	(EN, ≈S)

Aceros para muelles

EN 10089		A322	UNS	JIS G4801	BS 970-2	NF A35-571	DIN 17221	UNE 36.015	UNI 3545
1.5026	56Si7	9255	G92550	SUP6	251A58	55S7	55Si7	F-1440	55Si7
1.7176	55Cr3	5155H	H51550	SUP9(A)	525H60	55C3	(EN, N y S)	-	
1.7108	61SiCr7	9262	G92620	-	-	60SC7	(EN, N y ≈S)	F1442	

Aceros para rodamientos

EN ISO 683-17		ASTM A295	UNS	JIS G4805	BS 970	NF A35-565	DIN 17230	UNE 36.027	UNI 3097
1.3505	100Cr6	52100	E52100	SUJ2	534A99	100C6	(EN, N y S)	F1310	(EN, S)

Aceros de fácil mecanización

EN 10087		ASTM A297 ASTM 108	UNS	JIS G4804	BS 970-1	NF A35-561 NF A35-562	DIN1651	UNE 36.021	UNI 4838
1.0715	11SMn30	1213	G12130	SUM22	230M07	S250	9SMn28	F2111	CF9SMn28
1.0718	11SMnPb30	12L13		SUM22L	-	S250Pb	9SMnPb28	F2112	CF9SMnPb28
1.0721	10S20	1212	G12120	SUM21	(210M15)	10F20	9S20	F2121	CF10S20
1.0764	36SMn14	1137	G11370	SUM41	(216M36)	35MF6	-	F2131	CF35SMn10
1.0762	44SMn28	1144	G11440	SUM43	-	45FM6,3	-	F2133	CF45SMn28

Tabla An2.3 Aceros para herramientas

EN	EN-ISO	ASTM	UNS	JIS	Normas de países europeos sustituidas por EN				
					BS	NF	DIN	UNE	UNI
Europea	Internacional	EEUU	EEUU	Japón	Reino Unido	Francia	Alemania	España	Italia
Numérica	Simbólica	Numérica	Numérica	Simbólica	Simbólica	Simbólica	Numérica	Numérica	Numérica

Aceros de herramientas no aleados para trabajar en frío

EN ISO 4957		A686	UNS	JIS G4401	BS 970	NF A35-590	DIN 17350	UNE 36.018	UNI 2955
1.1730	C45U	1045	T31502	-	-	XC48	C45W	-	-
1.1525	C80U	W1A-8	T72301	SK6	060A81	Y80	C80W1	F5103	C80KU
1.1545	C105U	W1A-10	T72302	SK3	BW1A	Y105	C105W1	F5118	C100KU

Aceros de herramientas aleados para trabajar en frío

EN ISO 4957		A681	UNS	JIS G4404	BS 4659	NF A35-590	DIN 17350	UNE 36.018	UNI 2955
1.2842	90MnCrV8	O2	T31502	-	BO2	90MV8	(EN, N y ≈S)	F5229	90MnVCr8KU
1.2363	X100CrMoV5	A2	T30102	SKD12	BA2	Z100CDV5	(EN, N y ≈S)	F5227	X100CrMoV51KU
1.2379	X153CrMoV12	D2	T30402	SKD11	BD2	Z160CDV12	(EN, N y ≈S)	(F5211)	X155CrMoV121KU
1.2550	60CrV8	S1	T41901	-	BS1	55WC20	(EN, N y ≈S)	F5242	55WCrV8KU
1.2311 1.2312	40CrMnMo7 40CrMnMoS8	P20 P20+S	T51620	-	-	40CMD8 40CMND8+S	(EN, N y ≈S)	F5303	(35CrMo8KU)
1.2738	40CrMnNiMo8-6-4	P20+Ni	-	-	-	40CMND8	(EN, N y S)	-	-
1.2316	X38CrMo16	-	-	-	-	Z40CD16	(EN, N y ≈S)	F5267	X38CrMo161KU

Aceros de herramientas para trabajar en caliente

EN ISO 4957		A681	UNS	JIS G4401	BS 4659	NF A35-590	DIN 17350	UNE 36.018	UNI 2955
1.2714	55NiCrMoV7	L6	T61206	SKT4	BH224/5	55NCDV7	(EN, N y ≈S)	F5307	55NiCrMoV7KU
1.2343	X37CrMoV5-1	H11	T20811	SKD6	BH11	Z38CD25	(EN, N y ≈S)	F5317	X37CrMoV51KU
1.2344	X40CrMoV5-1	H13	T20813	SKD61	BH13	Z40CDV5	(EN, N y ≈S)	F5318	X40CrMoV511KU
1.2365	32CrMoV12-28	H10	T20810	SKD7	BH10	32 DCV 28	X32CrMoV33	F5313	30CrMoV1227KU

Aceros rápidos para herramientas

EN ISO 4957		A681	UNS	JIS G4403	BS 4659	NF A35-590	DIN 17350	UNE 36.018	UNI 2955
1.3343	HS6-2-5C	A600 M2	T11302	(SKH51)	BM2	Z85WDCV	S6-5-2	F5603	HS6-5-2-2
1.3243	HS6-5-2-5	M35	-	SKH55	BM35	Z85WDKCV	S6-5-2-5	F5613	(EN, S)
1.3207	HS10-4-3-10	H48	T11348	SKH57	B T42	Z130WKCDV	S10-4-3-10	F5553	(EN, S)

Tabla An2.4   Aceros inoxidables

EN	EN-ISO	ASTM	UNS	JIS	Normas de países europeos sustituidas por EN				
					BS	NF	DIN	UNE	UNI
Europea	Internacional	EEUU	EEUU	Japón	Reg. Unit	Francia	Alemania	España	Italia
Numérica	Simbólica	Numérica	Numérica	Simbólica	Simbólica	Simbólica		Numérica	

Aceros inoxidables ferríticos

EN 10088-1		ASTM A959	UNS	JIS G4304	BS 970	NF A35-572	DIN 17440	UNE 36.016	UNI 7500
1.4512	X2CrTi12	409	S40900	SUH 409	409S19	Z6CT12	(EN, N y S)	F3112	(EN, S)
1.4016	X6Cr17	430	S43000	SUS 430	430S17	Z8Cr17	(EN, N y S)	F3113	(EN, S)
1.4105	X6CrMoS17	430F	S43020	SUS 430F	-	Z8CF17	(EN, N y S)	F3114	(EN, S)
1.4113	X6CrMo17-1	434	S43400	SUS 434	434S17	Z8CD17-01	(EN, N y S)	F3116	(EN, S)

Aceros inoxidables martensíticos

EN 10088-1		ASTM A959	UNS	JIS G4304	BS 970	NF A35-572	DIN 17440	UNE 36.016	UNI 7500
1.4005	X12CrS13	416	S41600	SUS 416	416S21	Z11CF13	(EN, N y S)	F3412	(EN, S)
1.4021	X20Cr13	420	S42000	SUS 420J1	420S29	Z20C13	(EN, N y S)	F3402	(EN, S)
1.4057	X17CrNi16-2	431	S43100	SUS 431	431S29	Z15CN16-02	(EN, N y S)	F3427	(EN, S)
1.4125	X105CrMo17	440 C	S44004	SUS 440C	-	Z100CD17	(EN, N y S)	-	(EN, S)

Aceros inoxidables austeníticos

EN 10088-1		ASTM A959	UNS	JIS G4304	BS 970	NF A35-572	DIN 17440	UNE 36.016	UNI 7500
1.4372	X12CrMnNiN17-7-5	201	S20100	SUS 201	-	Z12CMN17-07	-	-	-
1.4310	X10CrNi18-8	301	S30100	SUS 301	301S21	Z11CD17-08	(EN, N y S)	F3517	(EN, S)
1.4301	X5CrNi18-10	304	S30400	SUS 304	304S31	Z6CN18-09	(EN, N y S)	F3504	(EN, S)
1.4306	X2CrNi19-11	304 L	S30403	SUS 304L	304S11	Z2CN18-10	(EN, N y S)	F3503	(EN, ≈S)
1.4541	X6CrNiTi18-10	321	S32100	SUS 321	321S31	Z6CNT18-10	(EN, N y S)	F3523	(EN, S)
1.4550	X6CrNiNb18-10	347	S34700	SUS 347	347S31	Z6CNNb18-10	(EN, N y S)	F3524	(EN, S)
1.4305	X8CrNiS18-9	303	S30300	SUS 303	303S31	Z8CNF18-09	(EN, N y S)	F3508	(EN, S)
1.4401	X5CrNiMo17-12-2	316	S31600	SUS 316	316S31	Z6CND17-12	(EN, N y S)	F3534	(EN, S)
1.4404	X2CrNiMo17-12-2	316L	S31603	SUS 316L	316S11	Z2CND17-12	(EN, N y S)	F3533	(EN, ≈S)
1.4571	X6CrNiMoTi17-12-2	316 Ti	S31635	SUS 316Ti	320S17	Z6CDNT17-12	(EN, N y S)	F3535	(EN, S)
1.4580	X6CrNiMoNb17-12-2	316 Cb	S31640	SUS 316Nb	318S17	Z6CNDNb17-2	(EN, N y S)	F3536	(EN, ≈S)
1.4335	X1CrNi25-20	310 LC	-	-	-	Z2CN25-20	(EN, N y S)	-	-
1.4568	X7CrNiAl17-7	631	S17780	SUS 631	301S81	Z9CNA17-07	(EN, N y S)	-	-

Aceros inoxidables dúplex (austeno-ferríticos)

EN 10088-1		ASTM A959	UNS	JIS G4304	BS 970	NF A35-572	DIN 17440	UNE	UNI
1.4462	X2CrNiMoN22-5-3	S31803	S32205	SUS329J3L	318S13	Z2CND22.05Az	(EN, N y S)	-	-

Tabla An2.5 Fundiciones y aceros para moldeo

EN	EN-ISO	ASTM	UNS	JIS	Normas de países europeos sustituidas por EN				
					BS	NF	DIN	UNE	UNI
Europea	Internacional	EEUU	EEUU	Japón	Reino Unido	Francia	Alemania	España	Italia
Numérica	Simbólica	Numérica	Numérica	Simbólica	Simbólica	Simbólica	Numérica	Numérica	Numérica

Fundiciones grises

EN 1561		ASTM A48	UNS	JIS G5501	BS 1452	NF A32-101	DIN 1691	UNE 36.111	UNI 5007
EN-JL1010	EN-GJL-100	(20B)	-	FC100	Grade 100	-	GG10	FG10	-
EN-JL1020	EN-GJL-150	(25B)	F11601	FC150	Grade 150	FGL150	GG15	FG15	G15
EN-JL1030	EN-GJL-200	30B	F12101	FC200	(Grade 220)	FGL200	GG20	FG20	G20
EN-JL1040	EN-GJL-250	35B	F12401	FC250	(Grade 260)	FGL250	GG25	FG25	G25
EN-JL1050	EN-GJL-300	45B	F13101	FC300	Grade 300	FGL300	GG30	FG30	G30
EN-JL1060	EN-GJL-350	50B	F13501	FC350	Grade 350	FGL350	GG35	FG35	G35

Fundiciones nodulares

EN 1563		ASTM A536	UNS	JIS G5502	BS 2789	NF A32-201	DIN 1693	UNE 36.118	UNI 4544
EN-JS1010	EN-GJS-350-22	-	-	FCD350-22	-	FGS350-22	GGG35.3	-	GS370-17
EN-JS1020	EN-GJS-400-18	60-40-18	F32800	FCD400-18	(SNG370/17)	(FGS370-17)	GGG 40.3	(FGE38-17)	GS400-12
EN-JS1030	EN-GJS-400-15	-	-	FCD400-15	(SNG420/12)	(FGS400-12)	-	(FGE42-12)	-
EN-JS1040	EN-GJS-450-10	(65.45.12)	(F33100)	FCD450-10	-	FGS450-10	-	-	-
EN-JS1050	EN-GJS-500-7	70.50.05	-	FCD500-7	SNG500/7	FGS500-7	GGG 50	FGE50-7	GS500-7
EN-JS1060	EN-GJS-600-3	(80.60.03)	(F34100)	FCD600-3	SNG600/3	FGS600-3	GGG 60	FGE60-2	GS600-3
EN-JS1070	EN-GJS-700-2	100.70.03	F34800	FCD700-2	SNG700/2	FGS700-2	GGG70	FGE70-2	GS700-2
EN-JS1080	EN-GJS-800-2	(120.90.02)	(F36200)	FCD800-2	800/2		GGG80	-	GS800 2
EN-JS1090	EN-GJS-900-2	-	-	-	-	FGS900-2	-	-	-

Fundiciones ADI

EN 1564		ASTM A897M	UNS	JIS G5503	BS	NF	DIN 1693	UNE	UNI
EN-JS1100	EN-GJS-800-8	(850-550-10)	-	FCAD900-8	-	-	GGG80BAF	-	-
EN-JS1110	EN-GJS-1000-5	(1050-750-07)	-	FCAD1000-5	-	-	GGG100	-	-
EN-JS1120	EN-GJS-1200-2	1200-850-04	-	FCAD1200-2	-	-	GGG120	-	-
EN-JS1130	EN-GJS-1400-1	1400-1100-02	-	FCAD1400-1	-	-	GGG1400	-	-

Aceros de moldeo no aleados normalizados

EN 10293		ASTM A27	UNS	JIS G5101	BS 3100	NF A32-054	DIN 1681	UNE 36.252	UNI 3158
1.0420	GE200+N	60-30	J02500	SC360, SC410	-	XC18-M	GS38.3	(F8101)	FeG38VR
1.0446	GE240+N	65-35	J03002	SC450, SC480	A1	XC32-M	GS45.3	(F8104)	FeG450
1.0552	GE260+N	(70-36)	J03501	SCC3	A2	XC42-M	GS52.3	(F8106)	FeG49-1
1.0558	GE300+N	(70-40)	J02501	SCC5	A3	-	GS60.3	(F8108)	FeG570

Aceros de moldeo para bonificar

EN 10293					BS 3100	NF A32-054	DIN 17205	UNE 36.255	UNI
1.6220	G20Mn5					20M5-M	(EN, N, ≈S)		
1.7230	G34CrMo4	A29 4135				35CD4-M	(EN, N, ≈S)	F8331	
1.6570	G32NiCrMo8-5-4					30NCD8-M	(EN, N, ≈S)	F8351	
1.4421	GX4CrNi16-4					-			

Aceros de moldeo inoxidables (EN 10283) **y refractarios** (EN 10295)

EN 10283, EN 10295		ASTM A743M	UNS	JIS G5121	BS 3100	NF A32-056	DIN 17445	UNE 36.257 UNE 36.258	UNI 3159
1.4011	GX12Cr12	CA-15	J91150	SCS-1	420C21	Z12C13M	(EN, ≈S)	-	(EN, ≈S)
1.4308	GX5CrNi19-11	CF-8	J92600	SCS-13A	304C15	Z6CN18-10M	(EN, ≈S)	F8411	(EN, ≈S)
1.4408	GX5CrNiMo19-11-2	CF-8M	J92900	SCS-14A	316C16	Z6CND18-12M	(EN, ≈S)	F8414	(EN, ≈S)
1.4848	GX40CrNiSi25-20	A351M HK40	J94204	SCH-22	310C40	-	(EN, ≈S)	F8452	(EN, ≈S)

Tabla An2.6 Aluminio y aleaciones de aluminio. Equivalencias entre normas

EN	EN-ISO	ASTM	UNS	JIS	Normas de países europeos sustituidas por EN				
					BS	NF	DIN	UNE	UNI
Europea	Internacional	EEUU	EEUU	Japón	Reino Unido	Francia	Alemania	España	Italia
Numérica	Simbólica	Numérica	Numérica	Simbólica	Simbólica	Simbólica	Numérica	Numérica	Numérica

Aleaciones de aluminio para forja

EN 573 EN 586	ISO 209	ASTM ANSI	UNS	JIS H4000 H4040	BS 1470 BS 4300	NF A02-104 NF A50-xxx	DIN 17007 diversas	UNE 38.001 UNE 38.300	UNI 7426 UNI 9001/8
AW-1050A	Al99,5	(1050)	(A91050)	A1050	1B	A5	3.0255	L-3051	4507
AW-1080A	Al99,8	1080A	A91080	A1080	1E	A8	3.0285	L-3081	4509
AW-1200	Al99,0	1200	A91200	A1200	1C	A4	3.0205	L-3001	3567
AW-1350	EAl99,5	1350	A91350	-	1ª	A5L	3.0257	L-3052	-
AW-2011	Al Cu6BiPb	2011	A92011	A2011	FC1	A-U5PbBi	3.1655	L-3192	6362
AW-2014	Al Cu4SiMg	2014	A92014	A2014	(H15)	A-U4SG	3.1255	L-3130	3581
AW-2017A	Al Cu4MgSi(A)	(2017)	(A92017)	A2017	H14	A-U4G	3.1325	L-3120	3579
AW-2024	Al Cu4Mg1	2024	A92024	A2024	2L97/L98	A-U4G1	3.1355	L-3140	3583
AW-2030	Al Cu4PbMg	2030	-	-	7L25	A-U4Pb	(3.1645)	L-3121	-
AW-3003	Al Mn1Cu	3003	A93003	A3003	N3	A-M1	3.0517	L-3810	7788
AW-3004	Al Mn1Mg1	3004	-	A3004	-	A-MG1	3.0526	L-3820	6361
AW-5005	Al Mg1(B)	5005	A95005	A5005	N41	A-G0.6	(3.3315)	L-3350	5764
AW-5052	Al Mg2,5	5052	-	A5052	L80/L81	A-G2.5C	3.3523	L-3360	3574
AW-5083	Al Mg4,5Mn0,7	5083	A95083	A5083	N8	A-G4.5MC	3.3547	L-3321	7790
AW-5086	Al Mg4	5086	A95086	A5086	-	A-G4MC	3.3545	L-3322	5452
AW-5754	Al Mg3	5754	-	-	(N51)	A-G3M	3.3535	L-3390	-
AW-6005A	Al SiMg(A)	6005A	-	-	-	A-GS0.5	3.3210	L-3454	-
AW-6060	Al MgSi	(6063)	(A96063)	A2x5	(H9)	A-GS	3.3206	L-3441	3569
AW-6061	Al Mg1SiCu	6061	A96061	A6061	H20	A-GSUC	3.3211	L-3420	6170
AW-6063	Al Mg0,7Si	6063	-	A2x5	H9	(A-GS)	(3.3206)	L-3441	(3569)
AW-6082	Al Si1MgMn	6082	-	-	H30	A-GSM0.7	3.2315	L-3451	3571
AW-7020	Al Zn4,5Mg1	(7005)	(A97005)	7N01	H17	A-Z5G	3.4335	L-3741	7791
AW-7049	AW-AlZn8MgCu	7049	-	-	-	-	-	-	-
AW-7075	Al Zn5,5MgCu	7075	A97075	A7075	2L95	A-Z5GU	3.4365	L-3710	3735

Aleaciones de aluminio para moldeo

EN 1706	EN 1706	ASTM B85	UNS	JIS H5202	BS 1490	NF A57-703	DIN 1725	UNE 38.xxx	UNI diversas
-	(ISO, Al 99,5)	150.1	-	-	-	-	-	-	-
AC-21000	AC-AlCu4MgTi	204.0	A02040	AC1B			3.1371	L-2140	UNI 3044
AC-42000	AC-AlSi7Mg	356.0	A03560	AC4C	LM25	A-S7G	-	L-2651	UNI 3599
AC-42100	AC-AlSi7Mg0,3	A356.0	A13560	AC4CH		-	3.2371		-
AC-43000	AC-Al Si10Mg(a)	360.0	A03600	AC4A	LM2	A-S10G	3.2381	L-2560	UNI 3599
AC-44100	AC-AlSi12(b)	413.0	A04130	AC3A	LM6	A-S13Y	≈3.2581	L-2520	UNI 4514
AC-45200	AC-AlSi5Cu3Mn	363.2	-	≈AC2A	LM4	A-S5U	-	L-2610	UNI 7963
AC-46200	AC-AlSi8Cu3	A380.0	-	ADC10	LM24	A-S9U3	3.2163	L-2630	UNI 3601
AC-47000	AC-AlSi12(Cu)	A413.1	-	AD1.1	LM20	A-S12-1	3.2583	L-2530	UNI 7369/2
AC-51000	AC-AlMg3(b)	515.0	-	≈AC7A		-	-	-	UNI 3059
AC-51200	AC-AlMg9	520.0	A05200	≈AC7B		-	3.3292	-	UNI 3056
AC-71000	AC-AlZn5Mg	712.0	A07120			A-Z5G	-	L-2710	UNI 3602

Tabla An2.7 Cobre y aleaciones del cobre. Equivalencias entre normas

EN	EN-ISO	UNS	JIS	Normas de países europeos sustituidas por EN				
				BS	NF	DIN	UNE	UNI
Europea	Internacional	EEUU	Japón	Reino Unido	Francia	Alemania	España	Italia
Numérica	Simbólica	Numérica	Simbólica	Simbólica	Simbólica	Numérica	Numérica	Numérica

Aleaciones de cobre para forja

EN[1]	EN[1]	UNS	JIS H3100/10	BS 6017 y 2870/5	NF A51-050 y A51-100/09	DIN 1708, 17660/66	UNE 37.103, 37.137	UNI 5649 y altres
CW004A	Cu-ETP	C11000	C1100	C101	Cu-a1	2.0060/65	C-1110	(=ISO)
CW005A	Cu-FRHC	C11020	C1102	C102	Cu-a2	2.0062	C-1115	(=ISO)
CW011A	Cu-Ag0,04	C11400	-	Cu-Ag-2	-	2.1201	C-1140	CuAg0,05
CW024A	Cu-DHP	C12200	C1220	C106	Cu-b1	2.0090	C-1120	(=ISO)
CW100C	CuBe1,7	C17000	C1700	CB101	(=ISO)	2.1245	C-9415	-
CW104C	CuCo2Be	C17500	C1750	C112	-	2.1285	C-9425	-
CW106C	CuCr1Zr	C18150	-	CC102	-	2.1293	C-1171	CuCrZr
CW118C	CuTeP	C14500	C1450	C109	-	2.1546	C-1191	CuTe(P)
CW303G	CuAl8Fe3	C61400	C6140	CA106	CuAl7Fe2	2.0932	C-8210	P-CuAl8Fe3
CW352H	CuNi10Fe1Mn	C70600	C7060	CN102	(=ISO)	2.0872	C-9213	(=ISO)
CW354H	CuNi30Mn1Fe	C71500	C7150	CN107	CuNi30FeMn	2.0882	C-9215	(=ISO)
CW410J	CuNi18Zn27	C77000	C7701	NS107	(=ISO)	2.0742	C-9233	P-CuNi18Zn27
CW451K	CuSn5	C51000	C5102	PB102	-	-	C-7130	-
CW505L	CuZn30	C26000	C2600	CZ106	U-Z30	2.0265	C-6130	P-OT70
CW507L	CuZn36	C27200	-	CZ107	(=ISO)	2.0335	(C-6135)	(P-OT65)
CW509L	CuZn40	C28000	C2800	CZ109	U-Z40	2.0360	C-6140	P-OT60
CW603N	CuZn36Pb3	C36000	-	CZ124	(=ISO)	2.0375	C-6425	-
CW614N	CuZn39Pb3	C38500	-	CZ121-Pb3	CuZn40Pb3	2.0401	C-6440	-
CW705R	CuZn25Al5Fe2Mn2Pb	C67000	-	CZ116	-	-	-	-
CW706R	CuZn28Sn1As	C44300	C4430	CZ111	CuZn29Sn1	2.0470	C-6830	P-CuZn28Sn1
CW718R	CuZn39Mn1AlPbSi	-	-	-	-	-	-	-
CW719R	CuZn39Sn1	C46000	C-4640	CZ133	CuZn38Sn1	2.0530	C-6840	6399

Aleaciones de cobre para moldeo

EN 1982	EN 1982	UNS	H5101/2 H5111/5	BS 1400	NF A51-703/7 A51-715	DIN 1705/9 1714/16	UNE 37.103	UNI 5273/5 7013
CC331G	CuAl10Fe2-C	C95200	Al BC 1	AB1	CuAl10Fe3	2.0940	C-4210	CuAl9Fe3
CC333G	CuAl10Fe5Ni5-C	C95500	Al BC 3	AB2	CuAl10Fe5Ni5	2.0975	C-4220	CuAl11Fe4Ni4
CC380H	CuNi10Fe1Mn1-C	C96200	-	-	CuNi10	2.0815	-	-
CC381H	CuNi30Fe1Mn1-C	-	-	-	CuNi30	-	-	-
CC480K	CuSn10-C	C90700	-	PB4	-	2.1050	C-3110	CuSn10
CC481K	CuSn11P-C	-	-	PB1	-	-	C-3112	-
CC482K	CuSn11Pb2-C	C92700	-	-	-	2.1061	C-3350	-
CC484K	CuSn12Ni2-C	C91700	-	CT2	G-CuSn12Ni	2.1060	C-3820	-
CC491K	CuSn5Zn5Pb5-C	C83600	BC 6	LG2	CuSn5Zn5Pb5	2.1096	C-3520	CuSn5Zn5Pb5
CC493K	CuSn7Zn4Pb7-C	C93200	-	-	CuSn7Pb6Zn4	2.1090	-	CuSn7Zn4Pb6
CC495K	CuSn10Pb10-C	C93700	LBC 3	LB2	CuSn10Pb10	2.1176	C-3320	CuSn10Pb10
CC497K	CuSn5Pb20-C	C94100		LB5	CuPb20Sn5	2.1188	C-3340	CuSn5Pb20
CC750S	CuZn33Pb2-C	-	YBsC 2	SCB3	CuZn33Pb	2.0290	C-2410	CuZn34Pb2
CC762S	CuZn25Al5Mn4Fe3-C	C86100	HBsC 4	HTB3	-	2.0598	C-2620	-

[1] Diversas normas (entre otras): EN 1652, placas, bandas y discos para usos generales; EN 1977, alambres de cobre para trefilar; EN 12163, barras para usos generales; EN 12164, barras para mecanización; EN 12165, productos y semiproductos de forja; EN 12166, alambres para usos generales; EN 12420, piezas forjadas; y EN 12451, tubos sin soldadura para intercambiadores de calor

Tabla An2.8 Cinc, Magnesio, Titanio y aleaciones. Equivalencias entre normas

EN	ISSO	ASTM	UNS	JIS	Normas de países europeos sustituidas por EN				
					BS	NF	DIN	UNE	UNI
Europea	Internacional	EEUU	EEUU	Japón	Reino Unido	Francia	Alemania	España	Italia

Aleaciones de cinc

EN 1774	EN 12844	B86/71/791	UNS	JIS H2201	BS 1004	NF A55-102	DIN 1743	UNE 37.302	UNI 3717
ZP3	ZnAl4	AG40A	Z33520	ZDC-2	A	Z-A4	Z400	ZnAl4	G-ZnAl4
ZP5	ZnAl4Cu1	AG41A	Z33531	ZDC-1	B	Z-A4U1	Z410	ZnAl4Cu1	G-ZnAl4Cu1
ZP8	ZnAl8Cu1	ZA-8	Z35636	-	-	Z-A8U1	-	-	G-ZnAl8Cu1
ZP12	ZnAl12Cu1	ZA-12	Z35631	-	-	-	-	-	G-ZnAl12Cu1
ZP27	ZnAl27Cu2	ZA-27	Z35841	-	-	-	-	-	G-ZnAl27Cu1

Aleaciones de magnesio

EN 1753	ISO 16220	ASTM B90	UNS	JIS H4201/4	BS 3373 BS 2970	NF A57-705	DIN 17800 DIN 1729	UNE 36.037	UNI
MB10020	Mg 99,8	ASTM B843	-	-	-	-	3.5003	-	-
MA11311	MgAl3Zn1	AZ31B	M11311	MB1	MAG-E-111	G-A3Z1	3.5312	L-6110	-
-	MgAl8Zn	AZ80A	M11800	MCin2, MC2	MAG1	G-A8Z	3.5812	L-6130	-
-	MgZn6Zr	ZK60A	M16600	-	MAG-E-161	-	3.5161	L-6221	-
-	MgTh2Mn	HM21A	M13210	-	-	-	-	L-6512	-
-	MgTh3Mn	HM31A	M13312	-	-	-	-	L-6513	-
-	MgAl6Zn3	AZ63A	M11630	MCin1, MC1	-	-	3.5632	L-5110	-
MC21121	MgAl9Zn1	AZ91A	M11910	MC2A	MAG3/7	G-A9Z1	3.5912	-	-

Aleaciones de titanio

EN/AECMA (1)	ISO 5832	ASTM B381	UNS	JIS H4600	BS	NF AIR-9182	DIN 17850/51	UNE 38.700	UNI 10258
Ti-P99001	Ti99,8	Grade 1	R50250	Grade 1	2TA1	T35	3.7025	L-7001	Tipo 1
Ti-P99002	Ti99,7	Grade 2	R50400	Grade 2	2TA2 a 5	T40	3.7035	L-7002	Tipo 2
-	Ti99,6	Grade 3	R50550	Grade 3	-	T50	3.7055	L-7003	Tipo 3
Ti-P99003	Ti99,5	Grade 4	R50700	Grade 4	2TA6 a 9	T60	3.7065	L-7004	Tipo 4
-	TiPd0,2	Grade 7	R52400	Grade 12	2TP1	-	3.7235	L-7021	Tipo 6
-	TiAl5Sn2,5	Grade 6	R54520	-	2TA14 a 17	T-A5E	3.7154	L-7101	-
Ti-P64001	TiAl6V4	Grade 5	R56400	Grade 60	2TA10 a 13	T-A6V	3.7164	L-7301	Tipo 5
-	TiAl6V4ELI	Grade 23	R56401	-	TA 11	-	3.7165	-	-
Ti-P64002	TiAl6V6Sn2	AMS 4978	R56620	-	-	TA6V6E2	3.7175	L-7303	TiAl6V6Sn2,5
-	TiAl5Fe2,5	-	-	-	-	-	3.7110	-	-
-	TiV13Cr11Al3	AMS 4917	R58010	-	-	-	-	L-7701	-

(1) ADS, AeroSpace and Defence Industries Association of Europe, creada en 2005 a partir de AECMA (Association Européenne des Constructeurs de Matériel Aérospatial, fundada en 1950). Tiene la sede en Bruselas y representa los intereses de las industrias europeas aeronáutica, del espacio, la defensa y la seguridad. De acuerdo con el CEN, desarrolla y publica normas sobre materiales, en especial sobre Al, Mg, Ti, Ni y superaleaciones

Tabla An2.9 Níquel, aleaciones de níquel y superaleaciones

Denominación técnica	EN	DIN		ASTM/AMS		JIS	BS	NF
	Europea	Alemania		EEUU		Japón	Reino Unido	Francia
	Numérica	Simbólica	Numérica	Numérica	UNS	Simbólica	Simbólica	Simbólica

Níquel y aleaciones de níquel

Den. técnica	ISO/EN	DIN 17740	Wr.No	ASTM/AMS	UNS	JIS	BS 3072/6	NF
Níquel 200	ISO NW2200	Ni99,2	2.0460/6	ATSM B160	N02200	NW2200	NA11	Ni01
Níquel 201	ISO NW2201	LC-Ni99	2.0461/8	ASTM B160	N02201	NW2201	NA12	Ni02
Monel 400	ISO NW4400	NiCu30Fe	2.4360	ASTM B164	N04400	NW4400	NA13	NU30
Monel K500	ISO NW5500	NiCu30Al	2.4375	ASTM B865	N05500	-	NA18	NU30AT

Superaleaciones sobre la base del hierro

Den. técnica	ISO/AECMA[1]	DIN	Wr.No	ASTM/AMS	UNS	JIS G4901/2	BS 3072/6	NF
Incoloy 800	ISO NW8800	X10NiCrAlTi32-20	1.4876	ASTM B408	N08800	NCF800	NA15	Z8NC32-21
Incoloy 801	ISO NW8801	GX50CrNi30-30	-	AMS 5552	N08801	-	-	-
Incoloy 825	ISO NW8825	NiCr21Mo	2.4858	ASTM B163	N08825	NCF825	NA16	NFe32C20DU
Incoloy A286	EN FE-PA2601	X5NiCrTi2615	1.4980	ASTM A638	S66286	-	HR 650	-
Discaloy		-			S66220	-	-	-
Incoloy 901	-	NiFe35Cr14MoTi	LW2.4662	AMS 5660	N19901	-	-	Z8NCDT42
Incoloy 903	-	-	-	-	N19903	-	-	Z3NK38
Incoloy 907	-	NiCr25No7Ti	2.4693	-	N19907	-	-	-
Incoloy 909	-	-	2.4692	AMS 5884	N19909	-	-	-

Superaleaciones sobre la base del níquel

Den. técnica	ISO/AECMA[1]	DIN 17750	Wr.No	ASTM/AMS	UNS	JIS G4901/2	BS 3072/6	NF
Hasteloy X		NiCr22Fe18Mo	2.4665	5390A	N06002	NW6002	HR6	NC22FeD
Inconel 600	ISO NW6600	NiCr15Fe	2.4816	ASTM B166	N06600	NCF600	NA14	NC15Fe
Inconel X750	ISO NW7750 EN NI-PH2801	NiCr15Fe7TiAl	2.4669	AMS 5698	N07750	NCF750	HR505	NC15TNbA
Inconel 718	ISO NW7718 EN NI-P100HT	NiCr19FeNbMo	WL2.4668	ASTM B637	N07718	NCF718	HR8	NC19FeNb
Nimonic 90	ISO NW7090 EN NI-P96HT	NiCr20Co18Ti	2.4632	AMS 5829	N07090		NA19, HR2	NCK20TA
Nimonic 105	ISO NW3021 EN NI-P61HT	NiCo21Mo15CrAlTi	2.4634	-	-	-	HR3	NK20CDA
Nimonic 115	EN NI-P102HT	NiCo15Cr15MoAlTi	2.4636			-	HR4	NCK15ATD
Udimet 500		NiCr18Co18MoTi	2.4983	AMS 5751	N07500	-	-	NCK19DAT
Waspaloy	ISO NW7001 EN NI-P101HT	NiCr19Fe19NbMo	WL2.4668	AMS 5544	N07001	-	-	NC20K14

Superaleaciones sobre la base del cobalto

Den. técnica	ISO/EN	DIN	Wr.No	ASTM/AMS	UNS	JIS	BS	NF
Haynes 188	-	CoCr22W14Ni		AMS 5772	R30188	-		KC22WN
Haynes 25 Udimet L605	-	CoCr20W15Ni	W2.4964	AMS 5759	R30605	-	-	KC20WM

[1] ADS, AeroSpace and Defence Industries Association of Europe, creada en 2005 a partir de AECMA (Association Européenne des Constructeurs de Matériel Aérospatial, fundada en 1950). Tiene la sede en Bruselas y representa los intereses de las industrias europeas aeronáutica, del espacio, la defensa y la seguridad. De acuerdo con el CEN, desarrolla y publica normas sobre materiales, en especial sobre Al, Mg, Ti, Ni y superaleaciones

www.ingramcontent.com/pod-product-compliance
Lightning Source LLC
Chambersburg PA
CBHW080521220326
41599CB00032B/6158